Vorwort

Die Leistungselektronik hat sich aus der Stromrichtertechnik zu einem wichtigen Gebiet der elektrischen Energietechnik entwickelt. Ihre Bedeutung wächst mit zunehmenden Ansprüchen an Steuerbarkeit und Umformung elektrischer Energie ständig. Die Fortschritte der Halbleiter-Leistungsbauelemente – Siliziumdioden, Thyristoren und Leistungstransistoren – haben ihren Durchbruch entscheidend gefördert. Die Leistungselektronik ist heute eine in weiten Bereichen konsolidierte Technik.

Leistungselektronik ist eine komplexe Technik. Sie umfaßt den Leistungsteil, also die Stromrichterschaltung, und den Steuer- und Regelteil sowie Hilfsstromkreise und Schutzeinrichtungen. Regelungstechnisch ist ein Stromrichter Leistungsstellglied in einem Regelkreis. Zwischen der elektrischen Energiequelle und dem Stromrichter einerseits und dem Stromrichter und der Last andererseits treten Wechselwirkungen auf.

Zielsetzung dieses Buches ist eine leicht verständliche Darstellung der Grundlagen der Leistungselektronik. Dabei wird der Versuch unternommen, systematische Merkmale herauszuarbeiten, um das Gebiet überschaubar zu machen. Eine allgemeine Systemtheorie der Stromrichter kann sich auf wenige Elemente beschränken.

Die Stromrichter werden nach ihrer inneren Wirkungsweise, nämlich der Art der Kommutierung, unterschieden und behandelt. So wird die Schaltungstechnik von Halbleiterschaltern und -stellern, von fremdgeführten und von selbstgeführten Stromrichtern dargestellt. Außerdem werden die elektrischen und thermischen Eigenschaften der Leistungsbauelemente sowie deren Beschaltung, Zündung und Kühlung beschrieben. Auch das Zusammenwirken von Stromrichter und Netz bzw. Stromrichter und Last wird behandelt. Die Untersuchung der energetischen Verhältnisse führt zu allgemeinen Aussagen. Anwendungsschwerpunkte von Stromrichtern mit Leistungs- und Frequenzbereich werden aufgezeigt.

Das vorliegende Buch ist im Forschungsinstitut Berlin der Allgemeinen Elektrizitäts-Gesellschaft nach einer Vorlesung über Leistungselektronik an der Technischen Universität Berlin entstanden.

Das Buch wendet sich sowohl an Studierende als auch an Ingenieure und Naturwissenschaftler in der Praxis, die sich einen Überblick über das Gebiet der Leistungselektronik verschaffen wollen. Außer Grundkenntnissen in Elektrotechnik und Mathematik wird nichts vorausgesetzt. Die Darstellung verwendet die Definitionen der gültigen DIN-Normen.

Die erste Auflage des Buches erschien 1975 und fand eine gute Aufnahme. Inzwischen sind Ausgaben in japanischer, koreanischer, spanischer und ungarischer Übersetzung herausgebracht worden. Eine erweiterte englische Ausgabe ist 1985 erschienen.

Die dritte deutsche Auflage wurde 1985 um zahlreiche Tabellen erweitert, so daß das Buch auch als Nachschlagewerk benutzt werden kann. Außerdem wurden in den letzten Jahren entwickelte neue Halbleiter-Bauelemente (wie GTOs, IGBTs und

MOSFETs) aufgenommen. Die vierte Auflage wurde 1989 wiederum überarbeitet und aktualisiert. Das gleiche gilt für die fünfte Auflage von 1991 und die sechste von 1996.

Berlin, im Juli 1996   K. Heumann

Inhalt

Verzeichnis der verwendeten Formelzeichen (Auswahl)

Zeitabhängige Größen

u, i	Augenblickswert einer Größe
U, I	Effektivwert einer Größe
û, î	Scheitelwert einer Größe

Indizes

AV, av	Mittelwerte (arithmetische Mittelwerte)
EFF, eff	Effektivwerte (quadratische Mittelwerte)
M, max	Größtwerte
N	Nennwerte
b	zum Stromrichter gehörend
k	Kommutierungs-, Kurzschluß-
i	ideeller Wert
L	Leitungs-
t	zum Stromrichtertransformator gehörend
σ	Streu-

Elektrische und andere physikalische Größen

Formel-zeichen	Größe	Einheit
B	magnetische Induktion	$T = Vs/m^2$
C	Kapazität	$F = As/V$
C_B	Beschaltungskapazität	F
C_k	Kommutierungskapazität	F
C_d	Glättungskapazität	F
D	Verzerrungsleistung	VA
D_r	ohmsche Gleichspannungsänderung	V
D_x	induktive Gleichspannungsänderung	V
d_r	gesamte relative ohmsche Gleichspannungsänderung	1, %
d_{rt}	Anteil von d_r aus den Wicklungswiderständen des Stromrichtertransformators	1, %
d_x	gesamte relative induktive Gleichspannungsänderung	1, %
d_{xb}	Anteil von d_x aus Induktivitäten von Drosselspulen und Leitungen innerhalb des Stromrichters	1, %
d_{xt}	Anteil von d_x aus den Streuinduktivitäten des Stromrichtertransformators	1, %

d_{xL}	Anteil von d_x aus den Netzinduktivitäten (äußere relative induktive Gleichspannungsänderung)	1, %
f	Frequenz	s^{-1}, Hz
f_1	Lückfaktor	1
f_p	Pulsfrequenz	s^{-1}, Hz
g	Anzahl der Kommutierungsgruppen, auf die sich der Gleichstrom aufteilt	
g	Grundschwingungsgehalt	1, %
H	magnetische Feldstärke	A/m
I, i	Strom	A
I_d	Gleichstrom (arithmetischer Mittelwert)	A
I_L	netzseitiger Leiterstrom (Effektivwert)	A
I_{1L}	Grundschwingung des netzseitigen Leiterstromes (Effektivwert)	A
I_{Li}	ideeller netzseitiger Leiterstrom (Effektivwert)	A
I_p	Zweigstrom (Effektivwert)	A
I_v	ventilseitiger Leiterstrom des Stromrichtertransformators (Effektivwert)	A
I_ν	Wechselkomponente des überlagerten Oberschwingungsstromes mit der Ordnungszahl ν (Effektivwert)	A
k	Oberschwingungsgehalt	1, %
L	Induktivität	H = Vs/A
L_d	Glättungsinduktivität	H
L_k	Kommutierungsinduktivität	H
L_σ	Streuinduktivität	H
M	Drehmoment	Nm
n	Drehzahl	min^{-1}
p	Pulszahl	
P_A	Ausgangsleistung (abgegebene Wirkleistung) des Stromrichters	W
P_d	Wirkleistung auf der Gleichstromseite	W
P_E	Eingangsleistung (aufgenommene Wirkleistung) des Stromrichters	W
P_L	Wirkleistung auf der Wechselstromseite	W
P_{1L}	Grundschwingungs-Wirkleistung auf der Wechselstromseite	W
P, p	Wirkleistung	W = VA
P_{vt}	Wicklungsverluste des Stromrichtertransformators	W
Q	Blindleistung	VA, var
Q	Kurzschlußleistung	VA
Q	elektrische Ladung	C = As
Q_L	Blindleistung auf der Wechselstromseite	var
Q_{1L}	Grundschwingungs-Blindleistung auf der Wechselstromseite	var

q	Kommutierungszahl	
R	Wirkwiderstand	$\Omega = V/A$
S	Scheinleistung	VA
S_d	Gleichstromleistung	VA
S_L	Scheinleistung auf der Netzseite	VA
S_{1L}	Scheinleistung der Grundschwingungen auf der Wechselstromseite	VA
S_{iL}	ideelle netzseitige Scheinleistung	VA
S_m	Kurzschlußleistung des Wechselstromnetzes	VA
s	Anzahl der in Reihe geschalteten Kommutierungsgruppen	
T	Periodendauer; Zeitkonstante	s
T_a	Ausschaltzeit	s
T_e	Einschaltzeit	s
t	Zeit	s
t_u	Überlappungszeit (Kommutierungszeit)	s
t_F	Stromflußzeit (Durchlaßzeit)	s, °, rad
t_R	Sperrzeit	s, °, rad
t_c	Schonzeit (Freihaltezeit)	s
U, u	Spannung	V
U_d	Gleichspannung (arithmetischer Mittelwert)	V
U_{di}	ideelle Gleichspannung bei Vollaussteuerung	V
$U_{di\alpha}$	ideelle Gleichspannung bei Steuerwinkel α	V
U_{dr}	gesamte ohmsche Gleichspannungsänderung	V
U_{drt}	Anteil von U_{dr} aus den Wicklungswiderständen des Stromrichtertransformators	V
U_{dx}	gesamte induktive Gleichspannungsänderung	V
U_{dxb}	Anteil von U_{dx} aus Induktivitäten von Drosselspulen und Leitungen innerhalb des Stromrichters	V
U_{dxt}	Anteil von U_{dx} aus den Streuinduktivitäten des Stromrichtertransformators	V
U_{dxL}	Anteil von U_{dx} aus den Netzinduktivitäten (äußere induktive Gleichspannungsänderung)	V
U_{d0}	konventionelle Leerlaufgleichspannung für Gleichrichterbetrieb in Vollaussteuerung	V
$U_{d0\alpha}$	konventionelle Leerlaufgleichspannung bei Steuerwinkel α	V
U_{d00}	tatsächliche Leerlaufgleichspannung für Gleichrichterbetrieb in Vollaussteuerung	V
$U_{d\alpha}$	U_d bei Steuerwinkel α	V
U_{im}	ideelle Scheitelsperrspannung am Stromrichterzweig	V
U_{i0m}	U_{im} bei nicht wirksamer Saugdrossel (nahe Leerlauf)	V
U_k	Kommutierungsspannung	V
u_{kt}	relative Kurzschlußspannung des Stromrichtertransformators	1, %

U_L	netzseitige Leiterspannung (Effektivwert)	V
U_m	Scheitelwert der höchsten Wechselspannung zwischen zwei Anschlüssen eines Stromrichtersatzes oder eines Stromkreises	V
U_{s0}	Sternspannung, Phasenspannung (Leerlaufspannung) zwischen einem ventilseitigen Leiter und dem Sternpunkt (Effektivwert)	V
U_{v0}	Ventilseitige Leerlaufspannung zwischen den Wechselstromanschlüssen zweier kommutierender Stromrichterhauptzweige (Effektivwert)	V
U_{xt}	induktive Komponente der Kurzschlußspannung des Stromrichtertransformators (Effektivwert)	V
u_{xt}	relativer, auf Nennspannung bezogener Wert von U_{xt}	1, %
$U_{\nu i}$	ideelle Wechselspannungskomponente der Ordnungszahl ν (Effektivwert)	V
u	Überlappungswinkel	°, rad
u_0	Anfangsüberlappung	°, rad
W, w	Arbeit, Energie	Ws
w_i	ideeller Wechselspannungsgehalt (ideelle Welligkeit)	1, %
Z	Scheinwiderstand	Ω
β	Voreilwinkel (bei Wechselrichterbetrieb)	°, rad
Δ	Differenz	
γ	Löschwinkel (bei Wechselrichterbetrieb)	°, rad
δ	Anzahl der gleichzeitig kommutierenden Kommutierungsgruppen (bezogen auf das Netz oder eine Drosselspule)	
η	Wirkungsgrad	1, %
λ	Leistungsfaktor (total)	1
ν	Ordnungszahl von Oberschwingungen	
ν	Kreisfrequenz einer freien Schwingung	s^{-1}
τ	Zeitkonstante	s
φ_1	Phasenwinkel zwischen den Grundschwingungen von Wechselspannung und Wechselstrom	°, rad
$\cos \varphi_1$	Grundschwingungs-Leistungsfaktor (Verschiebungsfaktor)	1
ω	Kreisfrequenz	s^{-1}

Indizes bei Leistungshalbleitern

A	Anodenanschluß
K	Kathodenanschluß
G	Steueranschluß
E	Emitteranschluß
B	Basisanschluß
C	Kollektoranschluß
D	Drain (bei MOSFETs)

S	Source (bei MOSFETs)
F	Durchlaßzustand, Vorwärtsrichtung (bei Dioden)
T	Durchlaßzustand (bei Thyristoren)
R	Rückwärtsrichtung
D	Sperrzustand in Vorwärtsrichtung
(BR)	Durchbruchspannungen
(BO)	Kippspannungen
(TO)	Schleusenspannungen
H	Haltebetrieb
P, p	Pulsbetrieb
(th)	thermische Werte
Q, q	Abschalt-; Freiwerde-
R (als 2. Index)	periodisch
S (als 2. Index)	Stoß-, nicht periodisch

Größen bei Leistungshalbleitern

u_A	Spannung an einem Leistungshalbleiter (allgemein)
i_A	Strom in einem Leistungshalbleiter (allgemein)

bei Dioden

u_F	Durchlaßspannung (Augenblickswert)
U_F	Durchlaßgleichspannung
$U_{(TO)}$	Schleusenspannung
u_R	Sperrspannung (Augenblickswert)
U_R	Gleichsperrspannung
U_{RRM}	periodische Spitzensperrspannung
i_F	Durchlaßstrom (Augenblickswert)
I_F	Durchlaßgleichstrom
I_N	Nennstrom
I_{FAVM}	Dauergrenzstrom
i_R	Sperrstrom
P_F, p_F	Durchlaßverlustleistung
r_F	Ersatzwiderstand

bei Thyristoren

u_T	Durchlaßspannung (Augenblickswert)
U_T	Durchlaßgleichspannung
$U_{(TO)}$	Schleusenspannung
u_D	positive Sperrspannung (Augenblickswert)
U_D	positive Gleichsperrspannung
$U_{(BO)}$	Kippspannung

$\left(\dfrac{du}{dt}\right)_{krit}$	kritische Spannungssteilheit
u_R	negative Sperrspannung (Augenblickswert)
U_R	negative Gleichsperrspannung
U_{RRM}	negative periodische Spitzensperrspannung
U_{RSM}	negative Stoßspitzenspannung
U_G	Steuerspannung
U_{GT}	Zündspannung
i_T	Durchlaßstrom (Augenblickswert)
I_T	Durchlaßgleichstrom
I_N	Nennstrom
I_{TAVM}	Dauergrenzstrom
I_H	Haltestrom
$\left(\dfrac{di}{dt}\right)_{krit}$	kritische Stromsteilheit
i_D	positiver Sperrstrom (Augenblickswert)
I_D	positiver Sperrstrom (Gleichwert)
i_R	negativer Sperrstrom (Augenblickswert)
I_R	negativer Sperrstrom (Gleichwert)
I_G	Steuerstrom
I_{GT}	Zündstrom
P_T, p_T	Durchlaßverlustleistung
P_D	Sperrverlustleistung in Vorwärtsrichtung
P_R	Sperrverlustleistung in Rückwärtsrichtung
P_G	Steuerverlustleistung
W_T, w_T	Einschaltverlustarbeit
W_Q, w_Q	Ausschaltverlustarbeit
r_T	Ersatzwiderstand
t_{stg}	Speicherzeit
t_{rr}	Sperrverzug(zeit)
t_q	Freiwerdezeit
t_{gd}	Zündverzug(zeit)
t_{gr}	Durchschaltzeit
t_{gs}	Zündausbreitungszeit
R_{th}	Wärmewiderstand
R_{thJG}	innerer Wärmewiderstand
R_{thGU}	äußerer Wärmewiderstand
$Z_{(th)t}$	transienter Wärmewiderstand
ϑ	Celsius-Temperatur
$\vartheta_{(vj)}$	Ersatzsperrschichttemperatur
ϑ_G	Gehäusetemperatur
ϑ_K	Kühlkörpertemperatur
ϑ_U	Umgebungstemperatur

bei bipolaren Transistoren

u_{CB}	Kollektor-Basis-Spannung (Augenblicksgesamtwert)
U_{CB}	Kollektor-Basis-Spannung (Gleichwert)
u_{CE}	Kollektor-Emitter-Spannung (Augenblicksgesamtwert)
U_{CE}	Kollektor-Emitter-Spannung (Gleichwert)
i_e	Emitterstrom (Augenblickswert der Wechselgröße)
i_E	Emitterstrom (Augenblicksgesamtwert)
I_E	Emitterstrom (Gleichwert)
i_b	Basisstrom (Augenblickswert der Wechselgröße)
i_B	Basisstrom (Augenblicksgesamtwert)
I_B	Basisstrom (Gleichwert)
i_c	Kollektorstrom (Augenblickswert der Wechselgröße)
i_C	Kollektorstrom (Augenblicksgesamtwert)
I_C	Kollektorstrom (Gleichwert)
P_V	Verlustleistung
t_d	Verzögerungszeit
t_r	Anstiegszeit
t_f	Abfallzeit
t_s	Speicherzeit, Entladeverzug

bei Feldeffekt-Transistoren

U_{DS}	Drain-Source-Spannung
U_{SG}	Source-Gate-Spannung
I_D	Drain-Strom
I_{DS}	Drain-Source-Strom
$R_{DS(on)}$	Einschaltwiderstand

bei Insulated-Gate-Bipolar-Transistoren

U_{CE}	Kollektor-Emitter-Spannung
U_{GE}	Gate-Emitter-Spannung
I_C	Kollektorstrom
I_E	Emitterstrom

1   Einführung und Definitionen

Die Leistungselektronik umfaßt das Schalten, Steuern und Umformen elektrischer Energie unter Verwendung von Stromrichterventilen und schließt die zugehörigen Meß-, Steuerund Regeleinrichtungen ein. Der Anteil an elektrischer Energie, welcher von der Leistungselektronik geschaltet, gesteuert und umgeformt wird, erhöht sich ständig. Sie stellt somit ein wichtiges Bindeglied zwischen Energieerzeugung und Verbraucher dar (Bild 1.1), dessen Bedeutung mit den zunehmenden Ansprüchen an Steuerbarkeit und Umformung elektrischer Energie wächst [1.1], [1.2], [1.3].

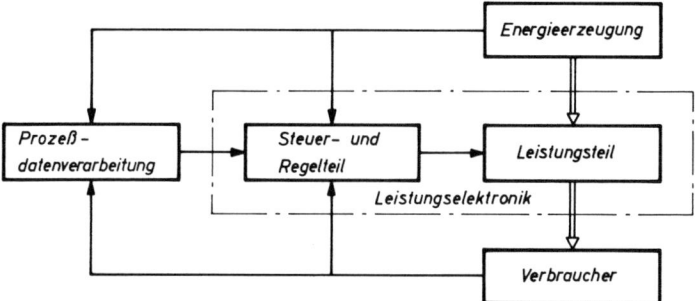

Bild 1.1 Leistungselektronik

Man unterscheidet den Leistungsteil und den Steuerungs- und Regelungsteil. Sowohl im Leistungsteil als auch im Steuerungs- und Regelungsteil werden heute überwiegend Bauelemente auf der Basis von einkristallinem Halbleitermaterial eingesetzt: Im Leistungsteil also Siliziumdioden, Thyristoren und Leistungstransistoren, im Steuerungs- und Regelungsteil Dioden, Transistoren und integrierte Schaltkreise. Durch Verwendung gleichartiger Bauelemente wird die für die Zuverlässigkeit wichtige Kompatibilität der Baugruppen, Geräte und Anlagen der Leistungselektronik erreicht.

1.1   Entwicklungsgeschichte

Die Leistungselektronik hat sich aus der Stromrichtertechnik entwickelt, die eine jahrzehntelange Tradition hat. Schon in den dreißiger Jahren waren Stromrichteranlagen mit Quecksilberdampfventilen vorwiegend als nicht steuerbare oder steuerbare Gleichrichter mit Leistungen bis in den Megawattbereich in großer Anzahl in Betrieb [1], [2]. Zunächst waren die einfachsten Stromrichter, nämlich ungesteuerte Gleichrichter, am Anfang dieses Jahrhunderts zum Zweck der Batterieladung aus einphasigem oder dreiphasigem Wechselstrom entwickelt worden. Im Laufe der weiteren Entwicklung kamen neue Anwendungsgebiete hinzu, nämlich die Speisung von Gleichstromverbrauchern mittlerer Leistung (sogenannter Licht- und Kraftbetrieb) über Gleichrichterunterwerke und städtische Gleichstromnetze, außerdem der Betrieb von Gleichstrombahnen und der Elektrolysebetrieb.

Bei den Gleichstrombahnen handelt es sich um städtische Straßenbahnen, Hoch- und Untergrundbahnen sowie Vorortbahnen, bei denen Gleichstrommotoren wegen ihrer guten Anfahreigenschaften und leichten Steuerbarkeit eingesetzt werden. In einer Reihe von europäischen Ländern wurde dann auch die Elektrifizierung der Fernbahnen mit Gleichspannungsnetzen durchgeführt, die mittels Quecksilberdampfgleichrichtern gespeist wurden.

Bild 1.2 zeigt die Entstehung der verschiedenen Bauarten von Stromrichterventilen.

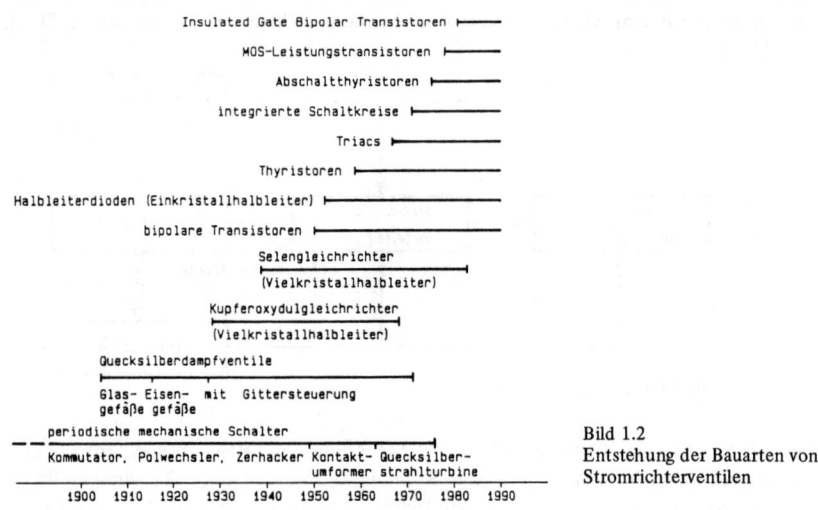

Bild 1.2
Entstehung der Bauarten von Stromrichterventilen

Stromrichterventile sind Funktionselemente, die periodisch abwechselnd in den elektrisch leitenden und in den nichtleitenden Zustand versetzt werden (DIN 41 750, Bl. 1). Echte Ventile haben eine richtungsabhängige Leitfähigkeit, die unter bestimmten Voraussetzungen im Vakuum, in Gasen oder in Halbleitern gegeben ist. In Bild 1.3 sind die Bauarten von echten Stromrichterventilen aufgeführt. Dies sind Hochvakuumventile, Gasentladungsventile und Halbleiterventile. Die Halbleiterventile haben sich gegenüber den anderen Bauarten in der Leistungselektronik fast vollständig durchgesetzt.

Hochvakuumventile
   mit Glühkathode
Gasentladungsventile
   Edelgasventile
      mit Glühkathode und Edelgasfüllung
   Quecksilberdampfventile
      mit Glühkathode und Quecksilberdampf-
      füllung (Thyratron)
      mit flüssiger Kathode (Quecksilberkathode)
      mit Dauererregung (Excitron)
      mit Zündstift (Ignitron)

Halbleiterventile
   Vielkristallhalbleiter
      Kupferoxydulgleichrichter
      Selengleichrichter
   Einkristallhalbleiter
      Halbleiterdioden
      Thyristoren
      Transistoren

Bild 1.3 Bauarten von echten Stromrichterventilen

Bei unechten Ventilen, die keine richtungsabhängige Leitfähigkeit haben, ergibt sich durch periodische Betätigung mechanischer Kontakte oder ähnlicher Einrichtungen eine Ventilwirkung. Unechte Ventile sind also die in Bild 1.2 unten aufgeführten periodischen mechanischen Schalter, die als Kommutatoren bei elektrischen Maschinen schon in der Mitte des vergangenen Jahrhunderts benutzt wurden (Entdeckung des elektrodynamischen Prinzips durch W. Siemens 1866 und Bau der ersten Gleichstromdynamos). Später kamen sogenannte Polwechsler für Rufanlagen im Fernsprechdienst der Post und mechanische Zerhacker zur Erzeugung von Wechselspannung aus einer Batterie auf. Eine Sonderstellung auf dem Gebiet der Gleichstromversorgung von Elektrolyseanlagen hat sich der Kontaktumformer etwa zwei Jahrzehnte lang errungen. Er arbeitet mit periodisch betätigten mechanischen Kontakten, die von einer Exzenterwelle synchron im Takt der Netzfrequenz geschaltet werden. Quecksilberstrahlturbinen schalten periodisch mit einem rotierenden Quecksilberstrahl.

Anfang des Jahrhunderts wurden die ersten Gasentladungsventile mit echten Ventileigenschaften entwickelt, bei denen die periodischen Schaltfunktionen durch elektrische Bogenentladungen vorgenommen werden. Die ersten Quecksilberdampfgleichrichter hat P. Cooper-Hewitt im Jahre 1902 gebaut. Zunächst wurden Quecksilberdampfventile mit flüssiger Kathode als Ein- oder Mehrkolben-Glasgefäße gebaut. Schon bald entwickelten in den USA P. Cooper-Hewitt und F. Conrad die ersten Eisengleichrichter (in Europa B. Schäfer im Jahre 1910), bei denen anstelle von Glas Eisengefäße verwendet werden, die den Vorteil größerer mechanischer Festigkeit und besserer Kühlung besitzen und damit den Weg zu großen Leistungen eröffneten. Eisengleichrichter wurden später entweder als Schweißkonstruktion mit aufgeschraubter Deckelplatte mit Vakuumpumpe für die größten Stromstärken oder als vakuumdicht verschweißte Eisengefäße ohne Vakuumpumpe gebaut. Gekühlt werden sie entweder mit Luft oder bei hohen Leistungen mit Wasser. Quecksilberdampfventile mit flüssiger Kathode beherrschen Ströme von einigen 1000 A bei Spannungen bis zu mehreren kV. Für die Hochspannungs-Gleichstrom-Übertragung wurden hochsperrende Sonderbauformen bis über 150 kV Sperrspannung entwickelt.

Unterschieden werden Quecksilberdampfventile mit Dauererregung, sogenannte E x - c i t r o n s , und mit Zündstift, sogenannte I g n i t r o n s .

Nachdem J. Langmuir im Jahre 1914 das Prinzip der Gittersteuerung einer Bogenentladung entdeckt hatte, wurde im Jahre 1922 von P. Toulon eine Methode für die Anwendung der Gittersteuerung zur Spannungsregelung angegeben. Damit ergab sich die Möglichkeit, steuerbare Gleichrichter zu bauen, außerdem aber auch Wechselrichter, bei denen der Energiefluß in umgekehrter Richtung verläuft. Neben den Quecksilberdampfventilen mit flüssiger Kathode waren auch Ventile mit Glühkathode entwickelt worden, die entweder ebenfalls mit einer Quecksilberdampffüllung oder mit einer Edelgasfüllung (vorzugsweise Argon) arbeiten. Sie werden als T h y r a t r o n s bezeichnet und beherrschen Spannungen bis etwa 15 kV bei Ventilströmen unter 20 A.

Mit diesen zur Verfügung stehenden, technisch ausgereiften Gasentladungsventilen erreichte die Stromrichtertechnik vom Ende der zwanziger Jahre an größere technische Bedeutung. Die Quecksilberdampfventile wurden hauptsächlich zur Umformung von Wechsel- und Drehstrom in steuer- und regelbaren Gleichstrom eingesetzt. Bereits in den dreißiger Jahren wurde das Problem der Erzeugung von Einphasen-Wechselstrom bei 16 2/3 Hz für die Speisung von Bahnnetzen aus dem 50-Hz-Drehstromnetz mittels Umrichter in Angriff genommen und in einer Versuchsanlage im Schwarzwald realisiert. Wesentliche technische Schwierigkeiten bestanden jedoch in der Erzeugung der erforderlichen Zündimpulse mit den damals zur Verfügung stehenden Bauelementen im Steuerkreis, insbesondere bei umfangreicheren Stromrichterschaltungen.

Für Gleichrichterzwecke im unteren Leistungsbereich wurden um 1930 die ersten Halbleitergleichrichter eingesetzt, nämlich zunächst Kupferoxydulgleichrichter und bald danach Selengleichrichter, deren Ausgangsbasis vielkristallines Halbleitermaterial ist. Selengleichrichter sind kontinuierlich verbessert worden und haben auch heute noch erhebliche Einsatzgebiete als Kleingleichrichter (z. B. Hochspannungsgleichrichter in Fernsehgeräten).

In den fünfziger Jahren gelang die Entwicklung von Halbleiterdioden aus einkristallinem Halbleitermaterial, zunächst von Germaniumdioden und einige Jahre später auch von Siliziumdioden, bei denen sich höhere Spannungen erreichen lassen. Im Jahre 1958 wurden dann von der General Electric in USA die ersten T h y r i s t o r e n entwickelt, die man damals steuerbare Siliziumgleichrichter (Silicon Controlled Rectifier) nannte. Diese neuartigen steuerbaren Leistungshalbleiter leiteten in der elektrischen Energietechnik eine vergleichbare Entwicklung ein wie ein Jahrzehnt vorher die Erfindung der Transistoren in der Nachrichtentechnik. Anfang der sechziger Jahre führten Entwicklungsarbeiten zu einer stetigen Verbesserung der Halbleiterbauelemente und der zugehörigen Schaltungstechnik, wodurch sich eine rasche Entwicklung und Erweiterung der klassischen Stromrichtertechnik ergab. Neben den mit Quecksilberdampfventilen bereits zu technischer Reife entwickelten Schaltungen wurden neuartige Schaltungen und Anwendungen erschlossen. Dies wurde durch zwei Faktoren begünstigt: Die Verbesserung der elektrischen Eigenschaften der Leistungshalbleiter, die gegenüber den Quecksilberdampfventilen wesentliche Vorteile, und zwar neben der niedrigen Durchlaßspannung und der Rückzündfreiheit besonders auch im dynamischen Schaltverhalten, haben, und die Fortschritte auf dem Gebiet der im Steuerungs- und Regelungsteil eingesetzten Bauelemente, die auch die Verwirklichung umfangreicher Steuer- und Regelaufgaben ermöglichen.

Mitte der sechziger Jahre wurde der Begriff der Stromrichtertechnik zu dem der Leistungselektronik erweitert.

Die Leistungselektronik ist heute eine in weiten Bereichen konsolidierte Technik. Seit Beginn der achtziger Jahre haben sich jedoch starke neue Impulse ergeben. In den Steuerungs- und Regelungsteil drängen verstärkt integrierte Schaltkreise ein. Mit ihnen vollzieht sich ein Übergang von analogen zu digitalen Schaltungen. Die Informationsverarbeitung erfolgt zunehmend über Mikroprozessoren. Im Leistungsteil von selbstgeführten Stromrichtern können im Bereich bis über 100 kW Leistungstransistoren eingesetzt werden. Im unteren Leistungsbereich beginnen sich Feldeffekttransistoren einzuführen. Abschaltthyristoren (GTOs) vereinfachen Gleichstromsteller und Wechselrichter (kleines Gewicht und Volumen, besserer Wirkungsgrad, weniger Geräuschentwicklung) [1.4].

1.2   Grundfunktionen von Stromrichtern

Stromrichter sind Einrichtungen zum Umformen oder Steuern elektrischer Energie unter Verwendung von Stromrichterventilen (DIN 41 750, Bl. 1). Mit Stromrichtern läßt sich also der Energiefluß zwischen verschiedenen Stromsystemen steuern. Bei der Kupplung von Wechsel- und Gleichstromsystemen ergeben sich vier Grundfunktionen (Bild 1.4):

1. Gleichrichten, d. h. die Umformung von Wechselstrom in Gleichstrom, wobei Energie vom Wechselstrom- in das Gleichstromsystem fließt.

2. Wechselrichten, d. h. die Umformung von Gleichstrom in Wechselstrom, wobei Energie vom Gleichstrom- in das Wechselstromsystem fließt.

3. Gleichstromumrichten, d. h. die Umformung von Gleichstrom gegebener Spannung und Polarität in solchen einer anderen Spannung und gegebenenfalls umgekehrter Polarität, wobei Energie von einem Gleichstrom- in das andere Gleichstromsystem fließt.

4. Wechselstromumrichten, d. h. die Umformung von Wechselstrom einer gegebenen Spannung, Frequenz und Phasenzahl in solchen einer anderen Spannung, Frequenz und gegebenenfalls anderer Phasenzahl, wobei Energie von einem Wechselstrom- in das andere Wechselstromsystem fließt.

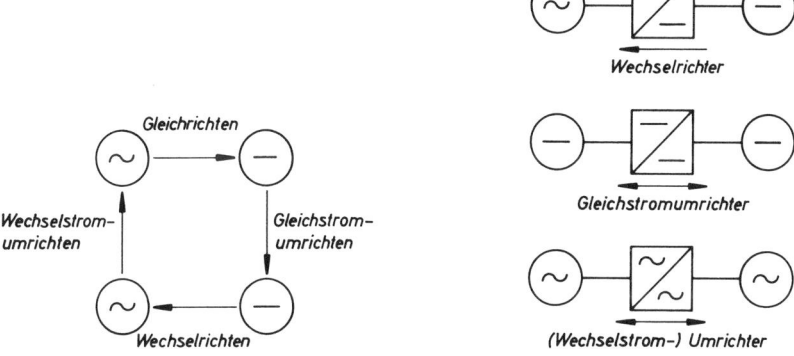

Bild 1.4 Arten der Energieumformung   Bild 1.5 Arten von Stromrichtern

Diese vier Grundfunktionen bei der Umwandlung elektrischer Energie werden von entsprechenden Arten von Stromrichtern vorgenommen (Bild 1.5), nämlich die Grundfunktion Gleichrichten von einem Gleichrichter, die Grundfunktion Wechselrichten von einem Wechselrichter, die Grundfunktion Gleichstromumrichten von einem Gleichstromumrichter und die Grundfunktion Wechselstromumrichten von einem Wechselstromumrichter, welcher meist abgekürzt nur Umrichter genannt wird. Bei Gleich- und Wechselrichtern ist die Energierichtung vorgegeben. Bei Gleichstrom- und Wechselstromumrichtern kann im allgemeinen Fall die Richtung des Energieflusses wechseln.

Die Grundfunktionen von Stromrichtern können, wie in Bild 1.4 dargestellt, bei der Kupplung von Wechselstrom- und Gleichstromnetzen angewendet werden. Sie treten jedoch in gleicher Weise auch bei der Speisung von aktiven oder passiven Verbrauchern aus Wechselspannungs- oder Gleichspannungsquellen auf. Neben den genannten Grundfunktionen werden Stromrichter für weitere Aufgaben eingesetzt, z. B. zur Blindleistungserzeugung oder zum Schalten von Wechselstrom- und Gleichstromkreisen. Diese Aufgaben lassen sich jedoch auch als Sonderfälle des Wechselstrom- bzw. Gleichstromumrichtens auffassen. Die begrenzte Zahl von Grundfunktionen wird durch eine Vielzahl von Stromrichterschaltungen verwirklicht, auf die später ausführlich eingegangen wird.

2 Systemkomponenten

Bei der allgemeinen Beschreibung eines Systems zur Energieumformung mit Stromrichtern werden nur wenige Elemente benötigt: Spannungsquellen, Transformatoren, Widerstände, magnetische und elektrische Energiespeicher und Schaltfunktionen ausführende Stromrichterventile [6].

2.1 Lineare Komponenten

Unter der Voraussetzung idealisierter Quellen, idealisierter Transformatoren und linearer passiver Elemente ergeben sich die in Bild 2.1 angegebenen linearen Systemkomponenten von Stromrichterschaltungen.

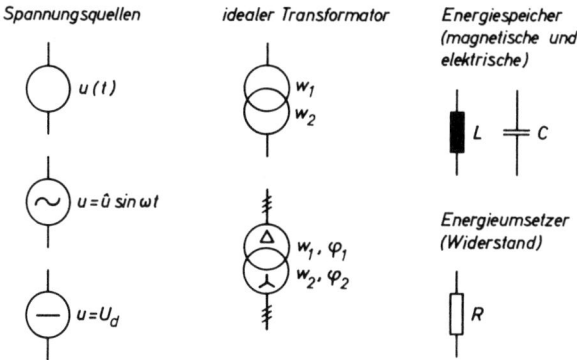

Bild 2.1 Lineare Systemkomponenten von Stromrichterschaltungen

Eine a l l g e m e i n e S p a n n u n g s q u e l l e hat den zeitlichen Verlauf u(t). Eine sinusförmige Spannungsquelle wird durch den Zeitverlauf der Spannung

$$u = \hat{u} \sin \omega t \qquad (2.1)$$

und eine Gleichspannungsquelle durch die Spannung

$$u = U_d \qquad (2.2)$$

beschrieben.

Ein i d e a l e r T r a n s f o r m a t o r hat das Übersetzungsverhältnis w_1/w_2, mit dem die elektrischen Größen Spannung und Strom zwischen Primär- und Sekundärseite in ihrem Betrag umgewandelt werden. Ein idealer Transformator speichert keine elektrische Energie. Das Leistungsgleichgewicht zwischen Primär- und Sekundärseite bleibt bei der Transformation von Spannungen und Strömen erhalten. Bei mehrphasigen Transformatoren ist zusätzlich eine Phasenverschiebung zwischen primären und sekundären elektrischen Größen möglich. Dies hängt von der Schaltung des Transformators ab. Energie wird auch in diesem Fall in einem idealen Transformator nicht gespeichert.

Ein W i r k w i d e r s t a n d R stellt einen Energieumsetzer dar, dessen Zusammenhang zwischen Strom und Spannung nach dem ohmschen Gesetz mit

$$i = \frac{u}{R} \tag{2.3}$$

beschrieben wird. Die in Wärme umgesetzte elektrische Leistung ist U^2/R bzw. RI^2. Eine I n d u k t i v i t ä t L stellt einen magnetischen Energiespeicher dar. Spannung und Strom einer Induktivität sind nach

$$u = L \frac{di}{dt} \tag{2.4}$$

miteinander verknüpft. Die in einer Induktivität L bei einem Strom i gespeicherte magnetische Energie ist $Li^2/2$.

Eine K a p a z i t ä t C stellt einen elektrischen Energiespeicher dar. Strom und Spannung einer Kapazität sind nach

$$i = C \frac{du}{dt} \tag{2.5}$$

miteinander verknüpft. Die in einer Kapazität C bei einer Spannung u gespeicherte elektrische Energie ist $Cu^2/2$.

2.2   Halbleiterschalter

Die Funktionen von Stromrichtern setzen periodische Schaltvorgänge voraus, die mit Hilfe von Stromrichterventilen vorgenommen werden. Bei echten Ventilen wird von einer richtungsabhängigen elektrischen Leitfähigkeit Gebrauch gemacht, die im Vakuum, in Gasen oder in Halbleitern gegeben sein kann. Als unechte Ventile werden diejenigen bezeichnet, bei denen ohne eine richtungsabhängige Leitfähigkeit durch mechanische Kontakte oder ähnliche Einrichtungen eine Ventilwirkung erreicht wird.

Die wichtigsten Stromrichterventile für die Leistungselektronik sind Halbleiterbauelemente, und zwar die nicht steuerbare Halbleiterdiode und der steuerbare Thyristor. Sonderbauformen des Thyristors (Zweirichtungsthyristor und abschaltbarer Thyristor) und Leistungstransistoren gewinnen an Bedeutung (s. Abschn. 3).

Allgemein lassen sich Halbleiterschalter nach ihrer Fähigkeit, Strom in einer oder zwei Richtungen zu führen, und nach ihrer Ein- und Ausschaltbarkeit unterscheiden.

In Bild 2.2 sind einschaltbare Halbleiterschalter für eine und zwei Stromrichtungen zusammengestellt. Links ist jeweils das entsprechende Schaltzeichen für Diode, Thyristor und Zweirichtungsthyristor (TRIAC) dargestellt (DIN 40 700, Bl. 8), rechts daneben die Strom-Spannungs-Kennlinie. Einschaltbar bedeutet in diesem Zusammenhang, daß, abge-

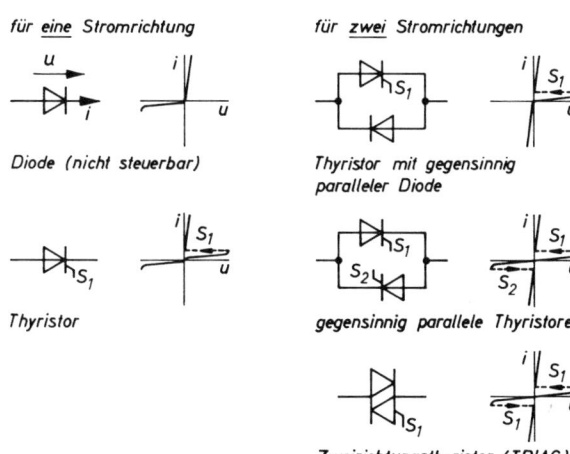

für *eine* Stromrichtung

für *zwei* Stromrichtungen

Diode (nicht steuerbar)

Thyristor mit gegensinnig paralleler Diode

Thyristor

gegensinnig parallele Thyristoren

Zweirichtungsthyristor (TRIAC)

Bild 2.2   Einschaltbare Halbleiterschalter

sehen von der nicht steuerbaren Diode, bei der der Strom beim Positivwerden der Anoden-spannung von selbst zu fließen beginnt, der Stromeinsatz durch Zünden eines Steueran-schlusses S bei positiver Anodenspannung definiert, d. h. von weiteren Größen z. B. der Zeit abhängig, eingeleitet werden kann. Diode und Thyristor können auf Grund ihrer Ventileigenschaft Strom nur in einer Richtung führen. Die Diode schaltet bei auftreten-der positiver Anodenspannung ohne weiteres in den Durchlaßzustand, ein Thyristor nur bei gleichzeitig anliegendem Zündimpuls.

Ein Thyristor mit gegensinnig parallelgeschalteter Diode oder gegensinnig parallelge schaltete Thyristoren können Strom in zwei Richtungen führen. Beim Zweirichtungsthy-ristor (TRIAC) ist diese Eigenschaft in einem Halbleiterbauelement vereint. Seine Strom-Spannungs-Kennlinie entspricht der gegensinnig paralleler Thyristoren.

In Bild 2.3 sind ein- und ausschaltbare Halbleiterschalter zusammengestellt. Wieder sind jeweils links die entsprechenden Schaltzeichen für Thyristoren, abschaltbare Thyristoren (GTO für Gate Turn-Off) und Transistoren und rechts die jeweiligen Strom-Spannungs-Kennlinien dargestellt.

Abschaltbar bedeutet, daß der Hauptstrom im Halbleiterschalter durch einen entspre-chenden Löschimpuls im Steuerkreis unterbrochen werden kann. Beim abschaltbaren Thyristor wird die Stromunterbrechung über einen negativen Zündimpuls auf den Steuer-anschluß vorgenommen. Thyristoren können über Löschzweige abgeschaltet werden (s. Abschn. 8). Das Schaltzeichen für einen Thyristor mit Löschzweig wird häufig abgekürzt – wie in Bild 2.3 gezeichnet – durch ein eingerahmtes Thyristorsymbol mit zwei Steuer-anschlüssen gezeichnet. Abschaltbare Thyristoren und Thyristoren mit Löschzweigen ermöglichen nur eine Stromrichtung. Durch gegensinnig parallelgeschaltete Dioden ergeben sich Halbleiterschalter für zwei Stromrichtungen, die in der einen Richtung ein- und ausge-schaltet werden können.

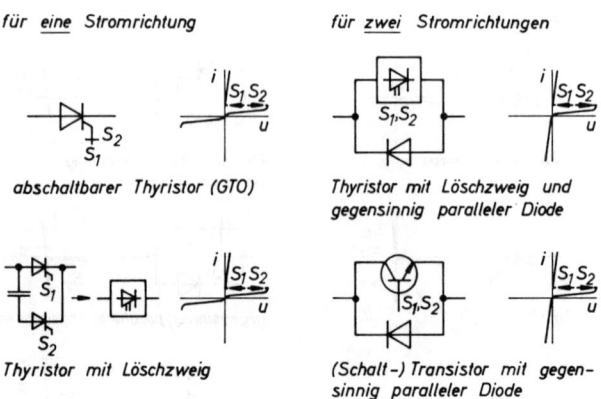

Bild 2.3 Ein- und ausschaltbare Halbleiterschalter

Für die Untersuchung des Verhaltens von Stromrichterschaltungen können die Kennlinien der Halbleiterschalter zunächst idealisiert werden, d. h. für die Durchlaßkennlinie wird Durchlaßspannungsabfall 0 unabhängig vom Durchlaßstrom angenommen, für den Sperrzustand Rückwärtsstrom 0 unabhängig von der Sperrspannung. Eine solche Idealisierung der Halbleiterschalter ist natürlich nur bedingt zulässig. Sie liefert beispielsweise keine Aussagen über Verlustleistungen, Durchlaßspannungsabfälle, Isolationsvermögen oder dynamische Schalteigenschaften. Für die Untersuchung der Grundfunktionen einer Stromrichterschaltung ist sie jedoch zulässig und ergibt ausreichend genaue Ergebnisse.

2.3   Netzwerksimulation

Die Netzwerksimulation bedient sich dieser vereinfachten Behandlung von Halbleiterschaltern, wobei einem Thyristor die beiden Größen Thyristorspannung und Thyristorstrom zugeordnet werden und der Zusammenhang zwischen diesen beiden elektrischen Größen durch zwei unterschiedliche, im allgemeinen idealisierte Kennlinienzweige gekennzeichnet wird [13], [2.1], [2.2], [2.3], [2.4], [2.5], [2.6], [2.7], [2.8], [2.9], [2.10], [2.11], [2.12], [2.13], [2.14].

Das Vorgehen bei einer Netzwerksimulation soll am Beispiel des Thyristors verdeutlicht werden. Nach Bild 2.4a können einem Thyristor die beiden elektrischen Größen Thyristorspannung u_A und Thyristorstrom i_A zugeordnet werden. Der Zusammenhang zwischen diesen beiden elektrischen Größen ist durch zwei unterschiedliche Kennlinienzweige gekennzeichnet (Bild 2.4b). Der Haltestrom i_H legt den Mindeststrom fest, der für die Aufrechterhaltung des Betriebes auf der Durchlaßkennlinie erforderlich ist. Die Spannung u_D kennzeichnet die Mindestspannung, bei der der Thyristor noch eingeschaltet werden kann. Allgemein läßt sich der Thyristorstrom danach mathematisch mit

$$i_A = f(u_A, z) \tag{2.6}$$

beschreiben. Der Strom i_A ist nicht allein von der Spannung u_A abhängig, sondern auch von der Zustandsgröße z. Betrieb auf der Sperrkennlinie bedeutet z = 0, Betrieb auf der Durchlaßkennlinie z = 1. Der Übergang von der Thyristorspannung u_A zum Thyristorstrom i_A wird durch einen Kennlinienblock mit zwei Kennlinienästen beschrieben der durch die Zustandsgröße z gesteuert wird (Bild 2.4c). Die Zustandsgröße z wird ihrerseits durch einen Speicherblock geliefert, der das „Gedächtnis" des Thyristors beschreibt. Dieser Speicher wird dominierend gesetzt, wenn das Zündsignal s ansteht und die Einschaltbedingung $B(u_A > u_D)$ erfüllt ist. Er wird gelöscht, wenn der Thyristorstrom i_A den Haltestrom i_H unterschreitet. Statt der Beschreibung durch einen Kennlinienblock ist auch die Darstellung durch R-L-Kombinationen und eingeprägte Spannungen gebräuchlich, deren Werte von der Zustandsgröße z vorgegeben werden (Bild 2.4d und e).

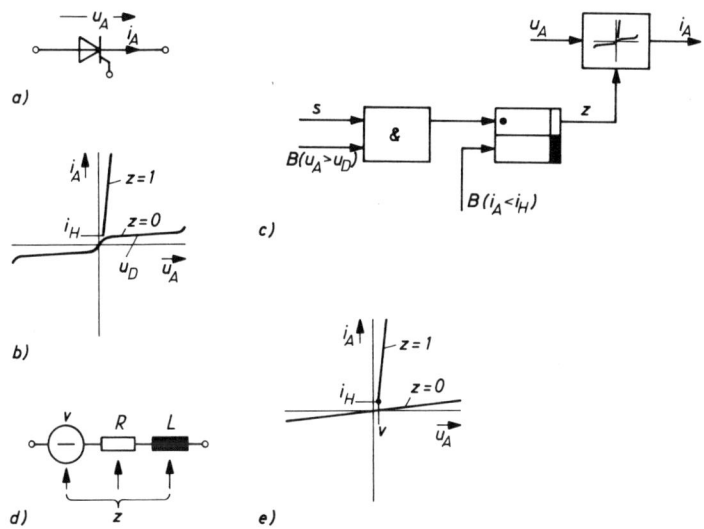

Bild 2.4 Mathematisches Simulationsmodell eines Thyristors

Für alle in Bild 2.2 und 2.3 aufgeführten Halbleiterschalter lassen sich entsprechende mathematische Simulationsmodelle aufstellen, die allerdings teilweise, z. B. im Fall des TRIACs, wesentlich komplizierter sein können.

2.4   Nichtlineare Komponenten

Natürlich gibt es außer den Halbleiterschaltern noch andere nichtlineare Komponenten in Stromrichterschaltungen. Nichtlinearitäten werden insbesondere durch Sättigungserscheinungen in den Eisenkreisen von Induktivitäten, elektrischen Maschinen oder Transformatoren hervorgerufen. Bild 2.5 zeigt typische Formen von Hystereseschleifen, bei denen ein nichtlinearer Zusammenhang zwischen der magnetischen Feldstärke H und der magnetischen Induktion B besteht, damit auch meist ein nur in Teilbereichen linearer Zusammenhang zwischen Strom und Spannung bei der entsprechenden Induktivität, Maschine oder Transformator. Bei der Simulation kann dies durch eine entsprechend der Hystereseschleife angenäherte geknickte oder gekrümmte Magnetisierungskennlinie berücksichtigt werden.

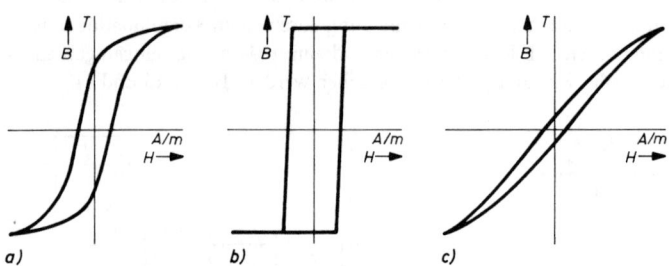

Bild 2.5 Typische Hystereseschleifen
   a) normale, abgerundete Schleife
   b) rechteckige Schleife
   c) schräge bzw. flach ansteigende Schleife

Andere auftretende Nichtlinearitäten in Stromrichterschaltungen können von dem Verhalten der Last hervorgerufen werden, z. B. bei der Speisung von Lichtbögen, beim Schmelzen, dem Laden von Batterien oder dem Betrieb auf elektrische Maschinen (s. Abschn. 10). In der Schutztechnik werden Komponenten mit nichtlinearem Zusammenhang zwischen Strom und Spannung eingesetzt, z. B. spannungsabhängige Widerstände, Überspannungsableiter oder sättigbare Drosseln.

Zusammenfassend soll noch einmal festgestellt werden, daß sich die meisten Eigenschaften von Stromrichtern bzw. Stromrichterschaltungen unter idealisierten Voraussetzungen mit wenigen Systemkomponenten, nämlich Spannungsquellen, Transformatoren, Energieumsetzern und Energiespeichern sowie idealisierten Halbleiterschaltern untersuchen lassen. Mit diesen Elementen läßt sich bereits eine allgemeine Systemtheorie der Stromrichter-Schaltungstechnik aufstellen.

2.5   Simulationsprogramme für die Leistungselektronik

In den letzten Jahrzehnten sind Simulationsprogramme entwickelt worden, mit denen sowohl Schaltungen als auch Bauelemente der Leistungselektronik untersucht werden können. Hierzu werden von den Bauelementen bzw. den Schaltungen geeignete Modelle aufgestellt, mit denen Simulationen durchgeführt werden [2.24], [2.25].

2.5.1   Beispiele für Simulationsprogramme

Im folgenden werden Beispiele für Simulationsprogramme angegeben, welche in der Leistungselektronik angewendet werden.

2.5.1.1 NETASIM   Der NETASIM Simulator wurde in den 70er Jahren von AEG entwickelt.

NETASIM bietet die Möglichkeit des Aufbaus von Netzlisten und ist damit eine Erweiterung von ASIM für die Bedürfnisse der Leistungselektronik. Die Modelle können auf Bauteilebene (Standard-Bibliotheken), durch Differentialgleichungen, sowie auf funktionaler- und logischer Ebene spezifiziert werden. Vorhandene Modelle unterstützen den Aufbau von Steuer- und Regelblöcken. Eine graphische Benutzeroberfläche steht zur Verfügung.

Der NETASIM Simulator besitzt folgende Simulationsmöglichkeiten:

– die digitale Simulation kontinuierlicher Systeme
– die Simulation und Verknüpfung unterschiedlicher Systeme, z. B. elektrische, mechanische und thermische

Die wichtigsten Analysearten des NETASIM Simulator sind:

DC   Gleichstrom Arbeitspunktbestimmung
TRAN   Einschwinganalyse
FOU   Fourieranalyse

Der Simulator arbeitet nach dem Schrittweitenverfahren; Kernverfahren ist dabei die automatische Integration des Differentialgleichungssystems. Bei Schaltvorgängen führt dieser Algorithmus zu einer hohen Anzahl von Iterationsschritten.

2.5.1.2 NETOMAC   Der NETOMAC Simulator wurde in den 70er Jahren bei Siemens entwickelt.

Eine neue Version ermöglicht zusätzlich die Realisierung von Steuer- und Regelblöcken durch logische Gleichungen.

NETOMAC besitzt folgende Simulationsmöglichkeiten:

– die Simulation analoger Schaltkreise mit kontinuierlichen Variablen
– die Simulation von Verhaltensmodellen (Laplace-Ebene)
– die Simulation und Verknüpfung unterschiedlicher Systeme, z. B. elektrische, mechanische und thermische Systeme.

Die wichtigsten Analysearten bei NETOMAC sind:

DC   Gleichstrom Arbeitspunktbestimmung
AC   Wechselstrom Kleinsignalanalyse
TRAN   Einschwinganalyse
FOU   Fourieranalyse

Der Simulator arbeitet mit einer festen, vorgebbaren Schrittweise und einer Ereignissteuerung. Durch Vorgabe des Ereigniszeitpunktes wird durch Interpolation eine parallele Verschiebung des Zeitnetzes in das Schaltereignis bewirkt.

2.5.1.3 PSPICE Der SPICE Simulator wurde in den frühen 70er Jahren an der Berkeley Universität, Kalifornien entwickelt und später als PC-Version PSPICE verkauft. SPICE erlaubt nur die Simulation analoger Schaltungen. Modelle lassen sich aus Grundelementen (Standard-Bibliothek) aufbauen; so entstandene Modelle können in eigenen Bibliotheken zusammengefaßt werden. Die Benutzeroberfläche von PSPICE erlaubt die einfache Bedienung des Simulators.

Der PSPICE Simulator besitzt folgende Simulationsmöglichkeiten:

– Die Simulation analoger Schaltkreise mit kontinuierlichen Variablen
– Einbau von Verhaltensmodellen in die Simulation (Laplace-Ebene)
– Einbau von Funktionsmodellen in die Simulation

Die wichtigsten Analysearten des PSPICE Simulators sind:

DC   Gleichstrom Arbeitspunktbestimmung
AC   Wechselstrom Kleinsignalanalyse
NOISE   Kleinsignal Rauschanalyse
TRAN   Einschwinganalyse
FOU   Fourieranalyse

Die Lösung von Gleichungssystemen erfolgt bei PSPICE nach der Methode der LU-Faktorisierung mit anschließendem Vorwärts- und Rückwärtseinsetzen.

Bei der Analyse des Zeitverhaltens verwendet PSPICE aus Gründen der Stabilität eine implizierte Integrationsmethode, wie z. B. das Rückwärts-Euler-Verfahren.

Die Behandlung von Nichtlinearitäten erfolgt in PSPICE mit Hilfe des Newton-Raphson-Algorithmus. Bei Schaltvorgängen führt dieser Algorithmus zu einer hohen Anzahl von Iterationsschritten, die die Rechenzeit erheblich verlängern. Die durch Schaltvorgänge auftretenden Unstetigkeiten führen zu Konvergenzproblemen.

2.5.1.4 SABER Der SABER Simulator, seit 1986 verfügbar, ermöglicht die Kombination analoger und digitaler Modelle innerhalb einer Simulation. Die Modelle können auf Bauteile- (Primitive-), Funktionaler- (Functional-) oder Verhaltensebene (Behavioral-Level) spezifiziert werden. Die Modellierung kann getrennt von der Simulation mit Hilfe der von Analogy entwickelten Hardware Description Language MAST sowie in den Programmiersprachen C, Pascal und Fortran erfolgen.

Die Grundbibliothek umfaßt analoge und gemischt analog/digitale (mixed mode) Templates. Vorhandene SPICE Bibliotheken können übernommen werden. Die Erstellung spezieller Modelle kann durch Kombination von Grundelementen, Eingabe von Funktionen und logischen Gleichungen oder durch die Eingabe von Differentialgleichungen (im Zeitbereich, Laplace- oder Z-Ebene) erfolgen. Eine einfache Handhabung des Programmpaketes ist durch eine graphische Benutzeroberfläche gegeben.

Der SABER Simulator ist ein sogenannter General Purpose Simulator, er schließt die folgenden Simulations-Kategorien ein:

- die Simulation analoger Schaltkreise mit kontinuierlichen Variablen
- die Simulation digitaler Schaltkreise im Zeitbereich
- die Simulation von Verhaltensmodellen in zeit- und wertkontinuierlicher Form (Laplace Ebene)
- die Simulation von Verhaltensmodellen in zeitdiskreter Form (Z-Ebene)
- die Simulation der Kombination von Modellen, die auf unterschiedlicher Ebene definiert wurden (Primitive-, Functional- oder Behavioral Level)
- die gemischte Simulation (mixed mode) von zeitkontinuierlichen und zeitdiskreten analogen Signalen sowie digitalen Signalen
- die Simulation und Verknüpfung unterschiedlicher Systeme, z. B. elektrische, mechanische, optische und thermische Systeme.

Der SABER Simulator besitzt eine sogenannte „offene" Architektur, d. h. die Modelle sind völlig unabhängig von dem eigentlichen Simulator

Im Gegensatz zu herkömmlichen Analog-Simulatoren berücksichtigt SABER bei der Mixed-Mode Simulation auch das Auftreten von Ereignissen (events), z. B. Schaltvorgänge.

Treten keine Ereignisse auf, arbeitet der Simulator mit einer variablen Schrittweitensteuerung, wobei er die Differentialgleichung nach dem Newton-Raphson oder Katzenelson Algorithmus löst. Dabei wird in Abhängigkeit der gewählten Fehlertoleranz die Schrittweite korrigiert.

Tritt jedoch innerhalb der Schrittweite ein Event auf, z. B. ein Schaltereignis, so ist der Schaltaugenblick direkt bekannt und muß nicht durch ein Iterationsverfahren angenähert werden. Dadurch ist SABER schneller als herkömmliche Simulatoren wie z. B. SPICE.

2.5.2 Vergleich der Eigenschaften der Simulationsprogramme

PSPICE bzw. SPICE wurde als einer der ersten Simulatoren für kontinuierliche Systeme für die Elektrotechnik entwickelt. Die Simulatoren NETOMAC und NETASIM wurden als firmeninterne Simulatoren im Bereich der Energietechnik entwickelt und im Laufe der Zeit für den Einsatz im Bereich der Leistungselektronik weiterentwickelt (NETASIM ist eine Erweiterung von ASIM). Der relativ neue SABER-Simulator ist als sogenannter General Purpose Simulator konzipiert. Hier ist im Gegensatz zu den anderen Simulatoren eine vollständige Trennung der Bibliotheken vom eigentlichen Simulator gegeben.

Die Eingabe erfolgt bei allen Simulatoren textuell, wobei die Eingabe bei NETOMAC spaltenorientiert ist. Neuerdings steht bei SABER optional eine graphische Eingabe zur Verfügung. PSPICE, SABER und NETASIM verfügen über eine einfach zu handhabende Benutzeroberfläche (SABER: Fenster-Technik), welche die Durchführung von Simulationen erleichtert. SABER, NETOMAC und NETASIM ermöglichen eine ständige Kontrolle des Simulationslaufes. Dazu muß bei NETOMAC die Simulation unterbrochen werden und bei den anderen beiden Program-

Tabelle 2.1 Eigenschaften von Simulationsprogrammen

	PSPICE	SABER	NETOMAC	NETASIM
Entstehungszeitpunkt	1973 (SPICE)	1986	15 Jahre alt	20 Jahre alt
Benutzerfreundlichkeit	einfache Bedienbarkeit (Menu geführt) selbsterklärend	einfache Bedienbarkeit (Fenstertechnik, Menu geführt) selbsterklärend	keine Benutzeroberfläche	einfache Bedienbarkeit (Fenstertechnik, Menu geführt)
Eingabeformat	textuell	textuell graphisch	textuell, spaltenorientiert	textuell
Ausgabeformat	graphisch textuell	graphisch textuell Überwachung und Veränderung während der Simulation möglich	graphisch textuell	graphisch textuell Überwachung und Veränderung während der Simulation möglich
Programmstruktur	stark eingeschränkte Erweiterbarkeit Standard-Bibliotheken spezielle Bibliotheken Erstellung eigener Bibliotheken aus Grundbausteinen	offene Architektur durch Erstellung eigener Templates Anwenderschnittstelle Standard-Bibliotheken spezielle Bibliotheken Erstellung eigener Modelle	Einbindung eigener Unterroutinen möglich Anwenderschnittstelle Standard-Bibliotheken Erstellung eigener Modelle	stark eingeschränkte Erweiterbarkeit Standard-Bibliotheken Erstellung eigener Modelle aus Grundbausteinen
Modelle	Grundelemente	Grundelemente Differentialgleichungen Funktionale- und Logische-Modelle Verhaltens-Modelle (Laplace-, Z-Ebene)	Grundelemente externe Schnittstelle in Form eines externen Reglerblockes vorhanden	Grundelemente Differentialgleichungen Funktionale und logische Modelle

Halbleiter-Modelle	Schalter Subnetz analytisch	Schalter Subnetz analytisch physikalisch	Schalter Subnetz	Schalter Subnetz
Unstetigkeiten	Interpolation; Schrittweiten-Steuerung	Interpolation; Schrittweiten- oder Ereignis-Steuerung	Interpolation; Ereignis-Steuerung	Interpolation; Schrittweiten-Steuerung
Analyse	DC AC Transient Fourier	DC AC Transient Fourier	indirekt DC AC Transient Fourier	DC Transient Fourier
Spezielle Anwendungen	Elektrotechnik Elektronik	Gemischt Elektrisch/ Mechanisch/Optisch ... Leistungshalbleiter-simulation Leistungselektronik Regelungstechnik Antriebstechnik	Energietechnik Elektrotechnik Antriebstechnik Regelungstechnik Leistungselektronik	Energietechnik Elektrotechnik Antriebstechnik Regelungstechnik Leistungselektronik
Verbreitung	weltweit	zunehmend	gering	gering
Hardware	PC	Workstation: SUN Apollo HP DEC VAX	Atari Apollo Workstation PC (in Vorbereitung)	VAX Workstation PC
Dokumentation	Handbücher umfangreiche Literatur	Handbücher	Eingabevorschriften selbsterstellte Unterlagen	Handbücher

men kann dies parallel zum Simulationslauf geschehen. Zusätzlich können während der Simulation bei SABER, NETOMAC und NETASIM die Simulationsparameter geändert werden.

Die Einbindung eigener Bauelemente in die Simulation ist bei SABER direkt durch seine offene Architektur und bei NETOMAC durch einen vordefinierten externen Reglerblock möglich. Bei allen Simulatoren können Modelle aus Grundelementen aufgebaut werden und Benutzer-Bibliotheken erstellt werden. SABER erlaubt die Spezifikation eigener Bauteile in Form von Differentialgleichungen, Funktionen, Logikgleichungen und Verhaltensmodellen. Dies erlaubt SABER auch Halbleitermodelle auf einer physikalischen Ebene zu simulieren. Bei NETASIM ist die Spezifikation eigener Bauteile in Form von Differentialgleichungen, Funktionen und Logikgleichungen möglich.

SABER, NETOMAC und NETASIM ermöglichen die Bildung von Steuer- und Regelblöcken, die die Realisierung aufwendiger Ansteuerungen von Schaltelementen der Leistungselektronik vereinfachen. Bei PSPICE müssen diese Blöcke aufwendig auf Bauteileebene realisiert werden, welches die Simulationszeit unnötig verlängert.

SABER verfügt zur Simulation neben einer Schrittweitensteuerung auch über eine Ereignissteuerung. NETOMAC arbeitet mit fest vorgebbarer Schrittweite nach der Ereignissteuerung. Durch die Ereignissteuerung wird die Rechenzeit gegenüber den nach dem Iterationsverfahren arbeitenden Programmen PSPICE und NETASIM vermindert.

Bei PSPICE führt das Iterationsverfahren zu Konvergenzproblemen, die zum Abbruch der Simulation führen und nur durch schaltungstechnische Maßnahmen zu beheben sind.

Alle Simulatoren verfügen über die wichtigsten Analysearten. Die Tabelle 2.1 zeigt eine Gegenüberstellung der Eigenschaften der aufgeführten Simulationsprogramme.

In den beiden folgenden Abschnitten sollen zunächst die elektrischen und thermischen Eigenschaften der Leistungshalbleiter sowie ihre Beschaltung, Zündung und Kühlung genauer dargestellt werden. Danach werden in Abschn. 5 mit den soeben definierten Systemkomponenten Schaltvorgänge und innere Wirkungsweise von Stromrichtern untersucht.

3 Leistungshalbleiter

Stromrichterventile der Leistungselektronik auf Halbleiterbasis werden als Leistungs-Halbleiterbauelemente bezeichnet. Sie sollen hier abgekürzt Leistungshalbleiter genannt werden. Die wichtigsten Leistungshalbleiter sind Siliziumdioden, Thyristoren und Leistungstransistoren [3.20], [3.22], [3.33], [3.34].

Außer den Leistungshalbleitern gibt es noch Stromrichterventile anderer Bauart (s. Bild 1.2 und 1.3). Es sind dies Quecksilberdampfventile mit Glühkathode (Thyratrons) und mit flüssiger Kathode (Excitrons mit Dauererregung und Ignitrons mit Zündstift). Excitrons und Ignitrons werden als einanodige Eisengefäße ausgeführt. Daneben wurden mehranodige Großgefäße als geschweißte Eisengefäße mit aufgeschraubter Deckelplatte gebaut (s. Abschn. 1.1). Für höchste Spannungen bis über 100 kV im Strombereich bis etwa 1 A werden Hochvakuum-Stromrichter mit Glühkathode im Hochfrequenzgebiet und für Röntgenanlagen eingesetzt. Abgesehen von Sonderanwendungen sind die Quecksilberdampfventile in den beiden letzten Jahrzehnten vollständig von den Thyristoren verdrängt worden, aber noch in großer Zahl im Betrieb.

Bei den Stromrichterventilen auf Halbleiterbasis kann man zwischen vielkristallinen Halbleitern und einkristallinen Halbleitern unterscheiden. Vielkristalline Halbleiter sind Kupferoxydulgleichrichter und Selengleichrichter. Kupferoxydulgleichrichter wurden früher als Meßgleichrichter eingesetzt.

Selengleichrichter haben noch einige Anwendungsgebiete. Sie bestehen aus einer auf eine Metallplatte aufgebrachten dünnen Selenschicht mit als Gegenelektrode aufgespritzter Weichmetall-Legierung. Die Sperrschicht wird zwischen Selen und Gegenelektrode gebildet. Ihre maximale Sperrspannung liegt zwischen 30 und 50 V. Durch Reihenschaltung vieler Selengleichrichter können hohe Sperrspannungen erreicht werden.

Die oben angegebenen Leistungshalbleiter, nämlich Siliziumdioden, Thyristoren und Leistungstransistoren, werden aus einkristallinem Halbleitermaterial aufgebaut. Ausgangsmaterial sind heute fast ausschließlich Silizium-Einkristalle. Früher wurde auch Germanium als Halbleitermaterial verwendet.

Auf den Leitungsmechanismus bei Halbleitern wird hier nur kurz eingegangen, weil dieser in anderen Veröffentlichungen ausführlich beschrieben ist [7], [9], [18], [20].

PN-Übergang Alle Leistungshalbleiter enthalten einen oder mehrere PN-Übergänge, die für eine Spannungspolarität Sperrvermögen haben und bei entgegengesetzter Polarität Strom bei kleinem Durchlaßspannungsabfall führen können.

Ein Silizium-Einkristall hat ein Kristallgitter vom Diamanttypus, bei dem jedes Siliziumatom von vier Nachbaratomen umgeben ist, die ein Tetraeder bilden. Je eins der vier Außenelektronen des Siliziumatoms geht mit einem Außenelektron der vier Nachbaratome eine Elektronenpaarbindung ein.

In ein solches Kristallgitter können Störstellen eingebaut werden, z. B. indem man ein Siliziumatom durch ein Element der 5. Gruppe des periodischen Systems, beispielsweise Phosphor, Arsen oder Antimon, ersetzt, das ein Valenzelektron mehr als Silizium hat.

Das fünfte Valenzelektron steht wegen der nur losen Bindung an der Störstelle für den Leitungsvorgang zur Verfügung. Solche Störstellen, die ein überschüssiges Leitungselektron zur Verfügung stellen, bezeichnet man als Donatoren. Einen Störstellenhalbleiter mit überschüssigen Valenzelektronen nennt man N-Leiter oder Überschußleiter. Werden die Störstellen im Siliziumgitter durch ein Element der 3. Gruppe des periodischen Systems wie Bor, Aluminium, Indium oder Gallium ersetzt, so entsteht ein P-Leiter oder Defektleiter. Weil diese Elemente nur drei Valenzelektronen haben, ist eine Elektronenpaarbindung unvollständig. Es entsteht ein Loch- oder Defektelektron, das zur elektrischen Leitung beitragen kann, weil es einen positiven Ladungsträger darstellt. Die Störstellen eines P-Leiters, die ein Defektelektron freigeben, also ein Elektron aufnehmen, bezeichnet man als Akzeptoren.

Den gezielten Einbau von Fremdatomen in einen Halbleiter nennt man Dotieren. Der Leitfähigkeitstyp eines Halbleiters ist von der Differenz der Konzentration von Donatoren und Akzeptoren abhängig; wenn die Donatoren überwiegen, entsteht ein N-Leiter, überwiegen die Akzeptoren, ein P-Leiter.

Silizium und Germanium können sowohl N-leitend als auch P-leitend dotiert werden. Selen ist nur in P-leitender Form bekannt. Die wichtigste Voraussetzung für die Herstellung von Leistungshalbleitern ist die gezielte Einstellung der N- oder P-Leitung bewirkenden Störstellen-Konzentrationen. Die Leitfähigkeit (der reziproke Wert des spezifischen Widerstandes) ist der Störstellenkonzentration angenähert proportional. Bei P- und N-leitendem Silizium kann der spezifische Widerstand in einem Bereich von ungefähr 10^{-3} Ω cm bis 10^4 Ω cm eingestellt werden. Dies geschieht in einer dünnen einkristallinen Siliziumscheibe (einige 100 μm) in aufeinanderfolgenden P- und N-leitenden Schichten. Bei modernen Herstellungsverfahren lassen sich Schichtdicken und Störstellenkonzentrationen wählen und variieren.

Wo P- und N-leitende Schichten aufeinanderstoßen, entsteht ein PN-Übergang, der die einfachste Struktur eines Halbleitergleichrichters darstellt. Ein solcher PN-Übergang sperrt, wenn die N-leitende Schicht gegenüber der P-leitenden positives elektrisches Potential hat, weil der Übergang in diesem Fall an beweglichen Ladungsträgern verarmt. Wird die Polarität der äußeren Spannung umgekehrt, so wandern Elektronen und Defektelektronen in den PN-Übergang, der dadurch stromleitend wird.

Halbleiterdioden haben nur einen PN-Übergang, Thyristoren und Transistoren mehrere PN-Übergänge, außerdem eine zusätzliche Steuerelektrode.

Gehäusebauformen Die mit verschieden dotierten Schichten versehene Siliziumscheibe (das eigentliche Halbleitersystem) wird bei allen Leistungshalbleitern zum Schutz gegen mechanische Beschädigung und atmosphärische Einflüsse in ein Gehäuse eingebracht. Dieses leitet außerdem die im Halbleitersystem auftretenden elektrischen Verluste an einen Kühlkörper ab. Bei Siliziumdioden und Thyristoren haben sich im mittleren und hohen Leistungsbereich zwei Standardbauformen herausgebildet: Die einseitig kühlbare Zelle mit Flachboden oder Schraubbolzen und die zweiseitig kühlbare Scheibenzelle.

Bild 3.1 zeigt einen Thyristor in der Ausführung als Flachbodenzelle. Das eigentliche Halbleitersystem wird mit vorgespannten Tellerfedern auf einen massiven Gehäuseboden aus Kupfer gepreßt. Ein Keramikring isoliert den mit einem Stempel kontaktierten

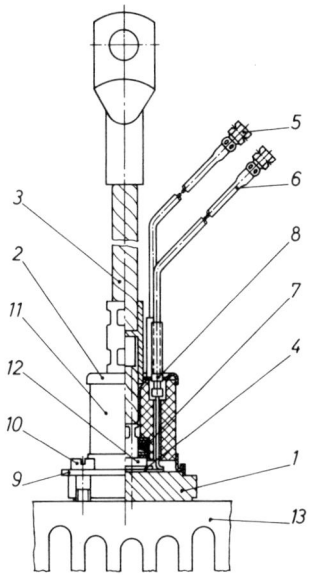

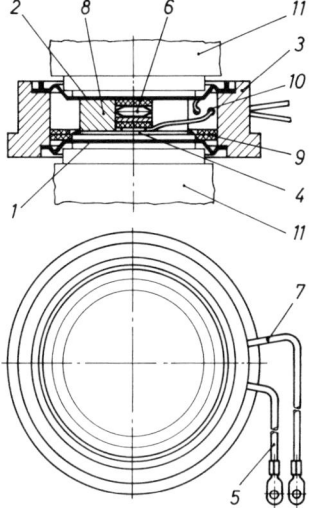

1 Gehäuseboden	7 Tellerfedern
(Anodenanschluß)	8 keramische
2 Gehäusekappe	Durchführung
3 Kathodenanschluß	9 Spannring
4 Thyristorsystem	10 Schraube
5 zweiter Kathoden-	11 Keramikring
anschluß	12 Stempel
6 Steueranschluß	13 Kühlkörper

1 Anodenanschluß	7 zweiter Kathoden-
2 Kathodenanschluß	anschluß
3 Keramikring	8 Stempel
4 Thyristorsystem	9 Isolationsscheiben
5 Steueranschluß	10 keramische
6 Tellerfedern für	Durchführung
Steueranschluß	11 Kühlkörper

Bild 3.1 Thyristor (Flachbodenzelle),
Halbschnitt

Bild 3.2 Thyristor (Scheibenzelle)

oberen Kathodenanschluß gegen den Anodenanschluß am Gehäuseboden. Die Flachbodenzelle wird mit einem Spannring auf einen Kühlkörper geschraubt.

Bild 3.2 zeigt einen Thyristor in der Ausführung als Scheibenzelle. Hier liegt das Thyri-
storsystem in einem scheibenförmigen Gehäuse, dessen obere und untere Anschlüsse
durch einen Keramikring gegeneinander isoliert sind. Der Kontaktdruck wird durch Ver-
spannen der oberen und unteren Kühlkörperhälften gegeneinander erzeugt und durch
einen Kupferstempel im Gehäuse auf das Halbleitersystem gebracht. Die Steuerelektrode
wird durch Tellerfedern aufgepreßt.

Bei Flachbodenzellen wird die Verlustwärme nur nach einer Seite abgeführt, bei Schei-
benzellen auf zwei Kühlkörperhälften nach beiden Seiten.

Im folgenden werden die wichtigsten elektrischen Eigenschaften von Leistungshalbleitern
angegeben.

3.1   Halbleiterdioden

Bild 3.3 zeigt den schematisierten Aufbau einer Halbleiterdiode. Diese hat einen PN-Übergang. Bei positiver Anode fließt Durchlaßstrom von der Anode zur Kathode. Bei positiver Kathode sperrt der PN-Übergang, wobei nur ein sehr kleiner Rückwärtsstrom von einigen mA auftritt, solange die maximal zulässige Sperrspannung nicht überschritten wird.

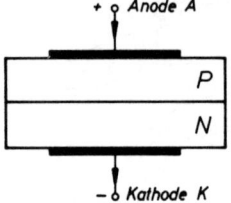

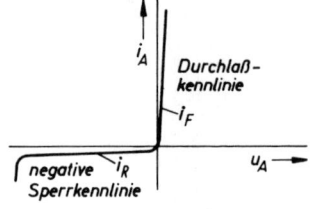

Bild 3.3 Halbleiterdiode (schematisierter Aufbau)   Bild 3.4 Kennlinie einer Halbleiterdiode

3.1.1   Kennlinie

In Bild 3.4 ist die Kennlinie einer Halbleiterdiode dargestellt. Sie besteht aus zwei Ästen: Der Sperrkennlinie bei negativer Anodenspannung u_A und der Durchlaßkennlinie bei positiver Anodenspannung. Wichtige elektrische Kenngrößen einer Halbleiterdiode sind die Nennsperrspannung U_{RN}, das ist der dauernd zulässige Scheitelwert der Sperrspannung bei sinusförmiger Anschlußspannung, und der Nennstrom I_N, das ist der arithmetische Mittelwert des dauernd zulässigen Durchlaßstroms. Nennströme gelten in Verbindung mit dem zugehörigen Kühlkörper.

Aussagefähiger als die Nennwerte bei den Leistungshalbleitern sind die zulässigen Grenzwerte für Strom und Spannung. Aus diesen Grenzwerten ergeben sich durch Sicherheitsfaktoren für den Betrieb empfohlene Nennwerte.

Mit Dauergrenzstrom I_{FAVM} wird der arithmetische Mittelwert des höchsten dauernd zulässigen Durchlaßstroms bei sinusförmigen Stromhalbschwingungen bezeichnet. Für die Auslegung der Schutzeinrichtungen sind außerdem der Grenzstrom, bei dem Abschaltung erfolgen muß, der Stoßstrom, der nur einmal als Sinushalbschwingung bei 50 Hz aus dem Nennbetrieb auftreten darf, und das Grenzlastintegral $i^2 t$ maßgebend.

Die Durchlaßspannung u_F ist die in Durchlaßrichtung zwischen den Anschlüssen einer Halbleiterdiode auftretende Spannung. Sie beträgt bei Siliziumdioden 1 V bis 1,5 V. Der höchste periodisch zulässige Augenblickswert der Sperrspannung heißt höchstzulässige periodische Spitzensperrspannung U_{RRM}. Mit Rücksicht auf betriebsmäßige Überspannungen werden Dioden üblicherweise an einer Anschlußspannung betrieben, deren Scheitelwerte um den Sicherheitsfaktor 1,5 bis 2 niedriger als die höchstzulässige periodische Spitzensperrspannung ist.

Sowohl die Durchlaßkennlinie als auch besonders die Sperrkennlinie sind von der Temperatur des Halbleitersystems abhängig. Diese wird als Sperrschichttemperatur bezeichnet.

Der Sperrstrom nimmt mit steigender Sperrschichttemperatur stark zu. Für Siliziumdioden ist eine obere Sperrschichttemperatur zwischen 150 °C und 200 °C zulässig. Sili-
zium-Leistungsdioden erreichen Sperrspannungen von mehreren kV und Dauergrenzströme
bis über 1000 A (s. Bild 13.24).

3.1.2 Schaltverhalten

Das Schaltverhalten von Halbleiterdioden wird durch einen Durchlaßverzug und einen
Sperrverzug gekennzeichnet. Beim Einschalten vergeht eine gewisse (allerdings sehr kurze)
Zeit, ehe der Durchlaßstrom fließt, weil zuerst Ladungsträger aus den hochdotierten
Zonen in den PN-Übergang injiziert werden müssen. Diese Verzögerung nennt man Durch-
laßträgheit.

Beim Ausschalten einer Halbleiterdiode erlischt der Strom nicht im Nulldurchgang, sondern fließt zunächst in negativer Richtung weiter, bis die Basiszone von Ladungsträgern
frei geworden ist und Sperrspannung übernommen werden kann (Bild 3.5). Man nennt dies
die Sperrträgheit. Nach Ablauf der Speicherzeit t_{stg} reißt der Rückstrom mit großer Steilheit ab. Die Diode übernimmt die Sperrspannung. Die in Bild 3.5 schraffierte Strom-Zeit-
fläche heißt Speicherladung Q_{stg}. Sie wächst mit steigender Sperrschichttemperatur,
steigendem Durchlaßstrom und mit steigender Kommutierungsstromsteilheit.

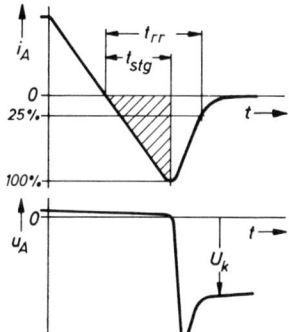

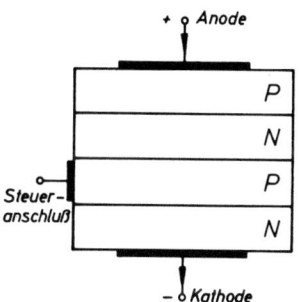

Bild 3.5 Ausschalten einer Halbleiterdiode

Bild 3.6 Thyristor (Vierschichttriode)

3.2   Thyristoren

Ein Thyristor ist ein Leistungshalbleiter mit vier Schichten abwechselnder Leitfähigkeit
PNPN [3.1], [3.3], [3.7]. Bild 3.6 zeigt den schematisierten Aufbau. Der Anodenanschluß
liegt an der äußeren P-Zone, der Kathodenanschluß an der äußeren N-Zone. Der Steueranschluß ist (beim normalen, kathodenseitig steuerbaren Thyristor) an der kathodenseitigen P-Zone angebracht.

Thyristoren wurden ursprünglich Silicon Controlled Rectifier (SCR) genannt, also steuerbare Siliziumgleichrichter. Mitte der sechziger Jahre hat man sich international auf die Bezeichnung Thyristor geeinigt. (Thyristor ist ein Kunstwort wie Transistor.)

3.2.1   Kennlinie

Die Kennlinie eines Thyristors in Bild 3.7 hat drei Äste: Die negative Sperrkennlinie, die positive Sperrkennlinie und die Durchlaßkennlinie [3.2]. Die negative Sperrkennlinie entspricht der von Halbleiterdioden. Unterhalb der höchstzulässigen negativen Spitzensperrspannung fließt ein negativer Sperrstrom i_R von einigen mA, der mit steigender Sperrschichttemperatur zunimmt. Solange über den Steueranschluß kein Steuerstrom zur Kathode fließt, sperrt ein Thyristor auch bei positiver Anodenspannung u_A. Unterhalb der höchstzulässigen positiven Spitzensperrspannung U_{AM} fließt dann nur ein positiver Sperrstrom i_D von einigen mA.

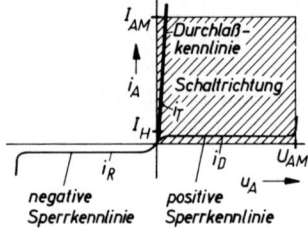

Bild 3.7
Kennlinie eines Thyristors

Wird ein Thyristor bei positiver Anodenspannung über einen vom Steueranschluß zur Kathode fließenden Steuerstrom gezündet, so schaltet er auf die Durchlaßkennlinie um. Diese Durchlaßkennlinie entspricht der einer Halbleiterdiode mit dem Unterschied, daß infolge von drei statt einem vorhandenen PN-Übergängen eine etwas höhere Durchlaßspannung u_T von 1,2 V bis über 2 V auftritt. Das Umschalten von der positiven Sperrkennlinie auf die Durchlaßkennlinie tritt auch ohne Steuerstrom auf, wenn die zulässige positive Spitzensperrspannung überschritten wird oder die Spannungssteilheit einen kritischen Wert überschreitet.

Die positive Sperrspannung, bei der ein Thyristor bei Steuerstrom 0 vom gesperrten in den leitenden Zustand schaltet, heißt Nullkippspannung $U_{(BO)null}$. Eine solche Zündung darf nicht betriebsmäßig periodisch vorgenommen werden, während ein gelegentliches Zünden durch Überschreiten der Nullkippspannung im Störungsfall zulässig ist. Dagegen führt ein Überschreiten der zulässigen Sperrspannung auf der negativen Sperrkennlinie zur Zerstörung des Thyristors.

Ein einmal gezündeter Thyristor kann über den Steueranschluß nicht wieder gelöscht werden. Erst wenn der Anodenstrom durch Änderungen im äußeren Stromkreis den Haltestrom I_H unterschreitet, sperrt der Thyristor wieder. Ein Thyristor verhält sich in dieser Beziehung wie ein Thyratron oder ein Quecksilberdampfventil.

Wichtige elektrische Kenngrößen eines Thyristors sind die höchstzulässige periodische negative S p i t z e n s p e r r s p a n n u n g U_{RRM} und der N e n n s t r o m I_N, das ist der arithmetische Mittelwert des dauernd zulässigen Durchlaßstroms. Der höchste dauernd zulässige Durchlaßstrom bei Belastung mit sinusförmigen Stromhalbschwingungen wird D a u e r g r e n z s t r o m I_{TAVM} genannt. Mit G r e n z s t r o m wird der Wert des Durchlaßstromes bezeichnet, bei dem abgeschaltet werden muß, damit ein Thyristor nicht zerstört wird. Bei Belastung mit Grenzstrom kann ein Thyristor vorübergehend seine Sperrfähigkeit in Durchlaßrichtung (auch Schaltrichtung genannt) verlieren. Der Stoßstrom ist nur einmalig als sinusförmige Halbschwingung bei 50 Hz zulässig. Er wird für vorausgehenden Leerlauf oder Nennbelastung angegeben. Das Grenzlastintegral i^2t dient zur Bemessung der Schutzeinrichtungen.

Auch für Thyristoren werden in Datenblättern zulässige Grenzwerte von Strom und Spannung angegeben, aus denen sich für die verschiedenen Anwendungen empfohlene Nennwerte ergeben. Der Anwender bestimmt die Sicherheitsfaktoren nach den Grenzdaten der Thyristoren und den in seiner Schaltung auftretenden Beanspruchungen.

3.2.2   Schaltverhalten

Zulässige Sperrspannung und Dauergrenzstrom kennzeichnen die stationären Eigenschaften eines Thyristors. Die dynamischen Eigenschaften beschreiben sein Schaltverhalten [3.4], [3.5], [3.9], [3.19]. Die wichtigsten sind die maximal zulässige S p a n n u n g s - s t e i l h e i t $(du/dt)_{krit}$, die maximal zulässige S t r o m s t e i l h e i t $(di/dt)_{krit}$ und die F r e i w e r d e z e i t t_q.

Bild 3.8 zeigt das Einschalten eines Thyristors. Wie eine Halbleiterdiode benötigt auch ein Thyristor für das Einschalten eine endliche Zeit. Nach dem Einsatz des Zündstroms i_{GT} vergeht die Z ü n d v e r z u g s z e i t t_{gd}, ehe die Thyristorspannung u_A zusammenbricht. Der Thyristorstrom i_A steigt mit endlicher Geschwindigkeit an. Sein Verlauf ist selbstverständlich von der Impedanz des Lastkreises abhängig, Innerhalb der D u r c h s c h a l t - z e i t t_{gr} sinkt die Thyristorspannung von 90% auf 10% des Anfangswertes.

Dann schließt sich die Z ü n d a u s b r e i t u n g s z e i t t_{gs} an, die bei den großflächigen Thyristoren eine wichtige Rolle spielt. Sie kommt durch die endliche Ausbreitungsgeschwindigkeit des Zündvorganges von einer dem Steueranschluß nahen Stelle der Kathode über die ganze Kathodenfläche zustande.

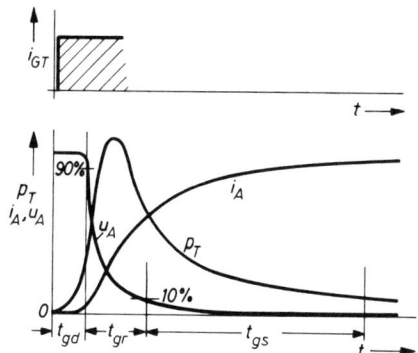

Bild 3.8
Einschalten eines Thyristors

Die Ausbreitungsgeschwindigkeit liegt in der Größenordnung 0,1 mm/μs. Die Zündverzugszeit liegt bei 1 bis 2 μs, die Durchschaltzeit in der gleichen Größenordnung. Die Zündausbreitungszeit kann bis über 100 μs betragen. Sie ist abhängig vom Durchmesser der Siliziumscheibe und von der Anordnung des Steueranschlusses.
Während des Einschaltens wird die Einschaltverlustleistung

$$p_T = u_A i_A \tag{3.1}$$

umgesetzt. Sie kann erhebliche Augenblickswerte von mehreren kW annehmen. Da sie in einem kleinen Volumen der Siliziumscheibe in der Nähe des Steueranschlusses umgesetzt wird, besteht die Gefahr einer Zerstörung, wenn die Stromsteilheit zu groß wird oder die Schaltfrequenz zu hoch ist [3.12].
Bild 3.9 zeigt das Ausschalten eines Thyristors. Wie bei einer Halbleiterdiode fließt der Thyristorstrom nach dem Nulldurchgang in umgekehrter Richtung zunächst ungehindert weiter. Erst im Zeitpunkt t_2 beginnt die kathodenseitige Sperrschicht Sperrspannung aufzunehmen. Die Thyristorspannung u_A wird negativ und liegt etwa bei der Abbruchspannung der kathodenseitigen Sperrschicht. Im Zeitpunkt t_4 ist die Ladungsträgerkonzentration an der anodenseitigen Sperrschicht so weit abgebaut, daß auch dieser PN-Übergang Sperrspannung aufnehmen kann. Danach geht der Thyristorstrom mit großer Anfangssteilheit gegen Null.

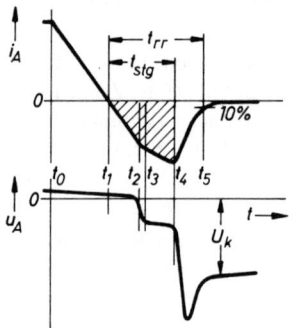

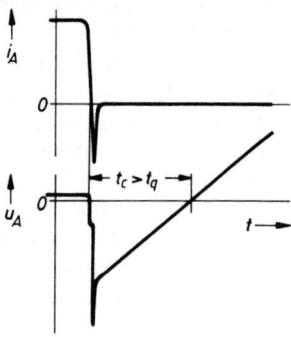

Bild 3.9 Ausschalten eines Thyristors

Bild 3.10 Freiwerdezeit eines Thyristors

Die Zeit vom Nulldurchgang des Stromes bis zum Abklingen auf 10% seines Scheitelwertes wird wie bei der Halbleiterdiode S p e r r v e r z u g s z e i t t_{rr} genannt. Die zwischen t_1 und t_4 gespeicherte Ladungsträgermenge heißt S p e i c h e r l a d u n g Q_{stg}. Sie nimmt wie bei Siliziumdioden mit steigender Sperrschichttemperatur, steigendem Durchlaßstrom und steigender Stromsteilheit zu. Das steile Abreißen des Thyristorstroms zum Zeitpunkt t_4 führt zu Überspannungen. Um diese auf zulässige Werte zu begrenzen, ist eine sogenannte Trägerstaueffekt-Beschaltung (TSE-Beschaltung) notwendig (s. Abschn. 4.1.1).
Nach dem Abschalten des Thyristorstromes muß vorübergehend negative Sperrspannung zwischen Thyristoranode und -kathode liegen. Der Thyristor ist nämlich zunächst

nicht in der Lage, positive Sperrspannung aufzunehmen. Zwar sperren die beiden äußeren PN-Übergänge, in den Basiszonen und vor allem an der mittleren Sperrschicht sind jedoch zunächst nach dem Abschalten noch überzählige Ladungsträger vorhanden, die durch Rekombination abgebaut werden müssen. Erst danach kann der Thyristor auch positive Sperrspannung übernehmen, ohne durchzuschalten.

Mit F r e i w e r d e z e i t t_q wird die Mindestzeit zwischen dem Nulldurchgang des Stromes von der Vorwärts- zur Rückwärtsrichtung und der frühest zulässigen Wiederkehr einer positiven Sperrspannung bezeichnet. Wird die Sperrspannung vor Ablauf der Frei-werdezeit positiv, so schaltet der Thyristor auch ohne Steuerstrom wieder durch.

Den Zeitraum negativer Sperrspannung nach dem Nulldurchgang des Stromes, der von einer bestimmten Schaltung vorgegeben wird, nennt man S c h o n z e i t t_c. Diese Schonzeit ist also eine Eigenschaft der Schaltung, während die Freiwerdezeit eine Eigen-schaft des Thyristors ist. Die Schonzeit t_c muß in jedem Betriebszustand größer als die Freiwerdezeit sein (Bild 3.10). Damit dies auch bei vorübergehenden Spannungsabsen-kungen oder auftretenden Überströmen der Fall ist, wird meist mit einem Sicherheits-faktor von mindestens 1,3 bis 1,5 gearbeitet.

Die Freiwerdezeit t_q eines Thyristors ist nicht konstant. Sie wächst mit steigender Sperr-schichttemperatur erheblich an. Außerdem nimmt sie geringfügig mit steigendem vorher-gehendem Durchlaßstrom zu. Eine dritte Einflußgröße ist die Höhe der negativen Sperr-spannung während der Schonzeit. Wenn diese Spannung größer als 50 V ist, wird die Freiwerdezeit kaum noch beeinflußt. Bei sehr niedriger negativer Sperrspannung während der Schonzeit, wie sie z. B. bei Thyristoren mit gegenparallelgeschalteter Diode auftritt, steigt die Freiwerdezeit erheblich an (bis um einen Faktor 2 bis 2,5).

3.2.3 Thyristordaten

Je nach der Art der Anwendung werden bei der Bemessung von Thyristoren Sperrfähig-keit, Durchlaßspannung oder Freiwerdezeit besonders berücksichtigt [3.8].
Die Durchlaßspannung bestimmt bei vorgegebener Kühlung den Dauergrenzstrom. Die Freiwerdezeit ist eine wichtige dynamische Eigenschaft der Thyristoren, die insbeson-dere bei Anwendungen mit höheren Frequenzen und in Schaltungen mit Zwangskom-mutierung eine wichtige Rolle spielt (s. Abschn. 8).

Es lassen sich jedoch jeweils nur zwei der angegebenen Größen auf Kosten der dritten optimieren. Dies geschieht mit folgenden drei Parametern: Spezifischer Widerstand des Siliziums, Trägerlebensdauer und Dicke der N-Basis. Große Basisdicke und hoher spezi-fischer Widerstand ergeben hohe Spannungsfestigkeit. Bei großer Trägerlebensdauer wird der Durchlaßspannungsabfall klein, dagegen steigt die Freiwerdezeit an.

Je nach dem Anwendungsgebiet haben sich zwei Thyristorarten entwickelt: N-Thyristo-ren für Anwendungen bei Netzfrequenz von 50 oder 60 Hz und F-Thyristoren mit nied-rigen Freiwerdezeiten zwischen 60 μs und weniger als 20 μs, wie sie für Schaltungen mit Zwangskommutierung und bei Mittelfrequenz gebraucht werden. F-Thyristoren werden auch schnelle oder Inverter-Thyristoren genannt. N-Thyristoren können erheblich höhere

Freiwerdezeiten zwischen 100 μs bis über 200 μs haben. Sie erreichen etwa die doppelte Spannungsfestigkeit wie F-Thyristoren und auch höhere Nennströme. Die Grenzwerte für N-Thyristoren liegen bei 2,5 kV bis 4 kV Sperrspannung und über 1000 A Dauergrenzstrom. Bei F-Thyristoren werden je nach Freiwerdezeit Spannungen von 1,2 kV bis 2,5 kV bei Strömen von mehr als 500 A erreicht [3.10], [3.14], [3.15]. Die Spannungsfestigkeit von Thyristoren ist durch die Einführung besonderer Schrägschlifftechniken der Randzonen wesentlich erhöht worden [3.11], [3.13]. Die Steigerung der Strombelastbarkeit wurde durch eine kontinuierliche Vergrößerung des Durchmessers der Siliziumscheibe bei gleichzeitig struktureller Verbesserung des Kristalldurchmessers erzielt. Die höchsten Stromwerte erreicht man mit Thyristoren in Scheibenzellenbauform mit doppelseitiger Kühlung [3.23].

Eine besonders homogene Dotierung des Silizium-Ausgangsmaterials erhält man durch Neutronenbestrahlung im Kernreaktor. Hierbei wird eine genau definierte Anzahl von Siliziumatomen in Phosphoratome umgewandelt, die extrem gleichmäßig im Kristallvolumen verteilt sind. Damit lassen sich Siliziumkristalle großen Durchmessers mit hoher Homogenität der Dotierung herstellen. Mit diesem neutronendotierten Siliziummaterial (NDS-Material = neutronendotiertes Silizium-Material) lassen sich Hochstromthyristoren mit 100 mm Kristalldurchmesser bauen (Dauergrenzstrom über 2000 A). Früher konnten so große Siliziumscheiben nur für eine wirtschaftliche Herstellung kleiner Bauelemente benutzt werden, wobei nach der Herstellung vieler Bauelementstrukturen in einer Siliziumscheibe diese Bauelemente aus dieser Siliziumscheibe herausgetrennt und selektiert werden.

3.2.4   Thyristorarten

Bisher wurde der normale Thyristor mit Kennlinienästen nach Bild 3.7 beschrieben. Exakt ausgedrückt ist dies eine kathodenseitig steuerbare rückwärtssperrende Thyristortriode. Daneben gibt es eine Reihe anderer Thyristorarten.

Allgemein ist ein Thyristor definiert als ein bistabiles Halbleiterbauelement mit mindestens drei Zonenübergängen, das von einem Sperrzustand in einen Durchlaßzustand oder umgekehrt umgeschaltet werden kann (DIN 41 768). Für die rückwärtssperrende Thyristortriode darf jedoch der Ausdruck Thyristor allein verwendet werden, wenn Mißverständnisse ausgeschlossen sind.

Andere Thyristorarten sind Thyristordioden, anodenseitig steuerbare rückwärtssperrende Thyristortrioden, rückwärtssperrende Thyristortetroden, abschaltbare Thyristortrioden und Zweirichtungs-Thyristortrioden. Außerdem gibt es noch anoden- oder kathodenseitig steuerbare rückwärtsleitende Thyristortrioden. Bild 3.11 zeigt die Schaltzeichen für die verschiedenen Thyristorarten (nach DIN 40 700, Bl. 8). Thyristordioden sind Vierschichtenelemente ohne Steueranschluß. Sie werden durch Überschreiten der Kippspannung oder der kritischen Spannungssteilheit gezündet. Beim anodenseitig steuerbaren Thyristor liegt der Steueranschluß an der anodenseitigen N-Schicht. Bei Thyristortetroden sind beide Basiszonen kontaktiert. Sie können daher entweder kathodenseitig oder anodenseitig gesteuert werden.

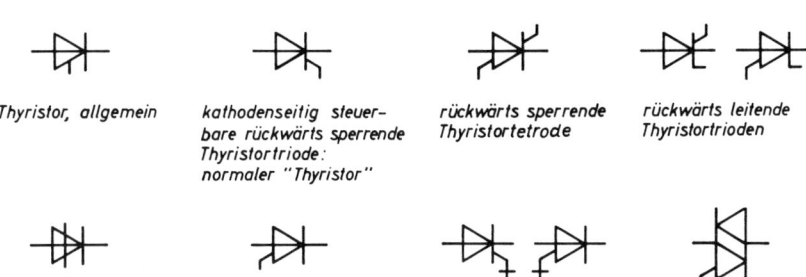

Bild 3.11 Schaltzeichen von Thyristoren (nach DIN 40 700, Bl. 8)

Neben den aufgeführten Thyristorarten mit unterschiedlichen Kennlinien wird die kathodenseitig steuerbare rückwärtssperrende Thyristortriode, der normale Thyristor also, zur Verbesserung seiner Schalteigenschaften mit besonderen Steuerelektrodenanordnungen versehen. Der wichtigste ist der sogenannte Querfeldemitter [3.6]. Solche Thyristoren haben eine höhere zulässige Stromänderungsgeschwindigkeit di/dt und eignen sich für Schaltungen mit höheren Stromsteilheiten und für Anwendungen im Mittelfrequenzgebiet [3.16].

Zur Verbesserung der Spannungsänderungsfestigkeit werden Kathodennebenwege (shorted emitter) angebracht, die den kathodenseitigen PN-Übergang an einzelnen Stellen der P-Basiszone überbrücken.

In den letzten Jahren sind schnellschaltende Thyristoren weiter entwickelt worden. [3.29], [3.30], [3.31]. Besondere Bedeutung für selbstgeführte Stromrichter und Anwendung im Mittelfrequenzgebiet haben der asymmetrisch sperrende Thyristor (ASCR), der rückwärtsleitende Thyristor (RLT), der Gate-Assisted-Turn-Off-Thyristor (GATT) sowie der Abschaltthyristor (GTO) gewonnen. In Tabelle 3.1 sind der Schichtaufbau und die technologischen Besonderheiten von einem normalen Thyristor (SCR) und von ASCR, RLT und GTO gegenübergestellt [3.37].

Daneben werden bei Mittel- und Hochspannungs-Stromrichtern zunehmend direkt lichtgesteuerte Thyristoren eingesetzt. In Elektronikschützen und zur Steuerung von Wechsel- und Drehstrom finden Zweirichtungs-Thyristoren (TRIAC) Anwendung.

3.2.4.1 Zweirichtungs-Thyristortriode (TRIAC)
Zweirichtungs-Thyristortrioden, auch bidirektionale Thyristoren oder TRIACs genannt, können Strom in beiden Richtungen führen. Sie enthalten in einer Siliziumscheibe zwei gegenparallel geschaltete PNPN-Zonenfolgen. Die Polarität für den Zündstrom kann beliebig sein. TRIACs erreichen Spitzensperrspannungen zwischen 1000 und 1500 V bei Strömen bis über 100 A. Kritisch ist bei ihnen die zulässige Spannungssteilheit nach der Kommutierung, die nur einige 10 V/μs zuläßt. TRIACs werden in Elektronikschützen sowie zur Helligkeitssteuerung von Lampen eingesetzt (s. Abschn. 6.1).

Tabelle 3.1 Herstellungstechnologien für schnelle Thyristoren

Halbleiter / Merkmale	SCR	ASCR	RLT	GTO
Schaltzeichen				
Schichtaufbau				
Technologische Besonderheit – der Dotierung	doppelt diffundierte p-Zonen	dünne, doppelt dotierte n-Basis	dünne, doppelt dotierte n-Basis und diffundierter Diodenring	Kathodenstreifen und Anodenkurzschlüsse exakt zueinander justiert
– der Maskierung	einseitige Fotoprozesse	einseitige Fotoprozesse	beidseitige Fotoprozesse	beidseitige Fotoprozesse
Lateralstruktur der Kathode	zusammenhängende, einfache, ringförmige oder grob verzweigte Kathodenflächen (Streifenbreite 2 mm bis 3 mm)	wie SCR	wie SCR, außen zusätzlich Diodenring	Vielzahl einzelner schmaler Kathodenstreifen, Breite 0,1 mm bis 0,4 mm
Kontakt-Aufbau	Löt- oder Druckkontakt, Strukturscheibe bei verzweigter Kathode	wie SCR	wie SCR	Overlay-Technik mit Bondkontakt oder Druckkontakt mit Höhendifferenz im Si-Element zwischen Gate und Kathodenstreifen

3.2.4.2 Asymmetrisch-sperrender-Thyristor (ASCR) Der asymmetrisch sperrende Thyristor besitzt eine stark eingeschränkte Sperrfähigkeit in Rückwärtsrichtung. Durch den Einbau einer hochdotierten N-Zone wird diese auf etwa 20 V begrenzt. Andererseits kann dadurch die Dicke der N-Basiszone bei unverändertem Sperrvermögen in Vorwärtsrichtung verringert werden. Dadurch werden das Durchlaßverhalten verbessert und die Freiwerdezeit nahezu halbiert. Eine andere mögliche Auslegung wäre die Verdopplung der Vorwärts-Sperrspannung unter Beibehaltung der sonstigen Eigenschaften.

3.2.4.3 Rückwärtsleitender Thyristor (RLT) Der rückwärtsleitende Thyristor entspricht in seiner elektrischen Wirkungsweise der Parallelschaltung eines schnellen Thyristors mit einer Diode umgekehrter Polarität [3.32], [3.39]. Der RLT hat die gleiche Fünfschicht-Struktur im Thyristorteil wie der ASCR und zusätzlich einen außen liegenden Dioden-ring. Durch die asymmetrische Struktur des rückwärtsleitenden Thyristors kann der Aktivteil optimiert werden. Bei gleicher Vorwärts-Sperrspannung ist die Freiwerdezeit um den Faktor 0,6 oder die Durchlaßspannung um den Faktor 0,7 kleiner als bei symmetrisch sperrenden Thyristoren. Durchlaß- und Schaltverluste sind bei gleicher Spannung entsprechend geringer. Bis zu Stromstärken von 100 A werden Thyristor- und Diodenteil im Stromverhältnis 1 : 1 hergestellt. Bei größeren Strömen wird entsprechend den Anforderungen in selbstgeführten Stromrichtern die Stromtragfähigkeit der integrierten Diode gegenüber dem Thyristor verringert.

Zur Verringerung der Anzahl der Bauelemente werden häufig zwei rückwärtsleitende Thyristorchips in einem isolierten Modul integriert. Dies ergibt Platz- und Gewichtsersparnis, übersichtliche Schaltungsaufbauten sowie definierte Verhältnisse bezüglich der Freiwerdezeit (kleine Streuinduktivitäten).

3.2.4.4 Gate-Assisted-Turn-Off-Thyristor (GATT) Die Freiwerdezeit eines Thyristors kann durch das Anlegen einer negativen Gate-Kathoden-Spannung nach dem Stromnulldurchgang verkürzt werden. Dieser Vorgang wird Gate-Assisted-Turn-Off genannt. Bild 3.12 zeigt den typischen Verlauf von Strömen und Spannungen eines GATT [3.42]. Man erreicht Freiwerdezeiten unter 10 μs. Damit lassen sich in Parallelschwingkreis-Wechselrichtern Frequenzen von 10 kHz verwirklichen (s. Abschn. 7.3). Typische Daten für den GATT sind: Sperrspannung 1200 V, Dauergrenzstrom 400 A, di/dt = 1000 A/μs, Freiwerdezeit t_q = 10 μs (bei einer negativen Gate-Kathoden-Spannung U_{GK} = -15 V).

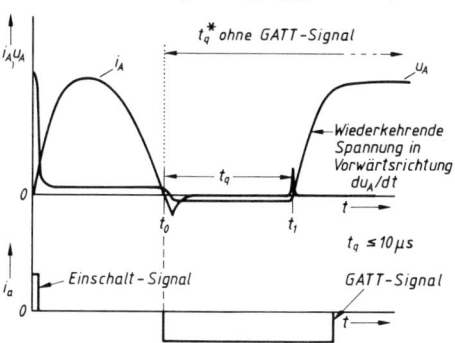

Bild 3.12
Typischer Verlauf von Strömen und
Spannungen eines GATT

3.2.4.5 Abschaltthyristor (GTO) Abschaltbare Thyristoren können durch Steuerströme einer Polarität gezündet und Steuerströme entgegengesetzter Polarität wieder gelöscht werden. Sie werden abgekürzt GTO genannt (Gate-Turn-Off) [3.38].

Schon Anfang der sechziger Jahre wurden vereinzelt abschaltbare Thyristoren (für Ströme von einigen Ampere und Spannungen von mehreren hundert V) angeboten. Derartige Bauelemente größerer Schaltleistung stehen jedoch erst seit wenigen Jahren zur Verfügung. Erreicht werden Sperrspannungen bis 2,5 kV und mehr und Abschaltströme bis über 1000 A.

GTOs haben − wie konventionelle Thyristoren − eine Vierschichtenstruktur abwechselnder Leitfähigkeit PNPN. Die Kathodenfläche ist in Streifen geringer Breite aufgeteilt, die von den Gate-Bahnen umgeben sind. Gegenüber konventionellen Thyristoren muß ein niedriger Flächenwiderstand der P-Basiszone angestrebt werden, außerdem eine ausreichende Sperrfähigkeit der Gate-Kathoden-Sperrschicht sowie ein verminderter Stromverstärkungsfaktor des PNPN-Teilsystems. Diese Maßnahmen sind erforderlich, um den negativen Steuerstrom, durch den der Thyristor abgeschaltet werden soll, möglichst klein zu halten.

Ein typischer Abschaltvorgang eines GTOs ist in Bild 3.13 dargestellt. Nach dem Einsetzen des negativen Steuerstrom i_G vergeht eine Speicherzeit von einigen μs bis der mittlere PN-Übergang des Thyristorsystems sperrt und der Steilabfall des Anodenstroms i_A einsetzt. Die Anstiegssteilheit der wiederkehrenden Anodenspannung u_A wird durch Beschaltungskondensatoren bestimmt. Die zulässigen Werte der Spannungssteilheit von GTOs liegen zwischen 100 V/μs bis 1000 V/μs.

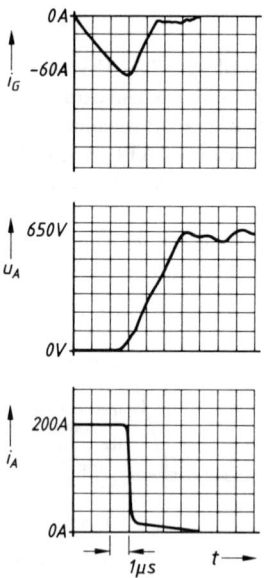

Bild 3.13 Abschaltvorgang eines GTO-Thyristors

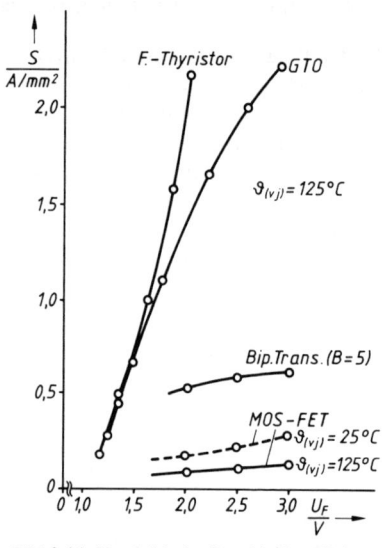

Bild 3.14 Vergleich der Durchlaßkennlinien verschiedener steuerbarer Halbleiterbauelemente

Nach dem Steilabfall bleibt ein kleiner, erst in einigen μs abklingender Stromschweif bestehen, der durch restliche Ladungsträger in der N-Basiszone verursacht wird. Sein Verlauf ist weitgehend unabhängig von der Art der Ansteuerung. Dieser Stromschweif kann jedoch die Abschaltverluste deutlich erhöhen. Bild 3.14 zeigt den Vergleich typischer Durchlaßkennlinien verschiedener steuerbarer Halbleiterbauelemente. Von den abschaltbaren Bauelementen erreicht nur der GTO aufgrund seiner Vierschichtenstruktur angenähert so günstige Werte wie ein Frequenzthyristor.

Eine Analyse des möglichen Einsatzes in selbstgeführten Stromrichtern führt zu dem Ergebnis, daß GTOs für Stromrichter mit eingeprägter Spannung und Kommutierung auf der Gleichstromseite geeignet sind (s. Abschn. 11.3.2), während Stromrichter mit eingeprägtem Strom und Kommutierung auf der Wechselstromseite (s. Abschn. 11.3.1) den Einsatz von GTOs ohne zusätzliche Hilfszweige nicht zulassen. Dies ergibt sich aus der unterschiedlichen Streuinduktivität bei den Stromrichterarten.

GTOs müssen beim Einsatz in Gleichstromstellern und Wechselrichtern mit einer geeigneten Beschaltung versehen werden (s. Abschn. 4.1.6). Für den Steuerimpulsgenerator ergibt sich als Zusatzanforderung, daß Steuerströme beider Polaritäten erzeugt werden müssen. Die erforderliche Stromsteilheit und Amplituden, insbesondere des negativen Impulses, sind erheblich größer als bei konventionellen Thyristoren (s. Abschn. 4.2.3).

Die obere Frequenzgrenze für den Einsatz von GTO-Thyristoren wird durch die Schaltzeiten und die Abschaltverlustenergie bestimmt. Wegen der kleinen Schaltzeiten (vgl. Bild 3.13) können bei geeigneter Beschaltung Schaltfrequenzen von mehreren kHz leicht verwirklicht werden. GTOs kleiner Schaltleistung gestatten noch höhere Schaltfrequenzen (> 10 kHz).

3.2.4.6 Lichtgesteuerter Thyristor Bei lichtgesteuerten Thyristoren werden die zur Zündung notwendigen Ladungsträgerpaare durch Licht erzeugt, das über einen Lichtleiter in das Thyristorgehäuse auf die Siliziumscheibe geführt wird. Da mittels Licht übertragbare Zündenergie recht gering ist, sind Gate-Strukturen mit hoher Einschaltempfindlichkeit erforderlich. Andererseits müssen diese Elemente aber auch unempfindlich gegen du/dt-Beanspruchung sein. Kleinere Gateflächen und kurze Energielichtimpulse erfüllen diese Forderungen. Die lichtempfindliche Fläche schaltet nur einen geringen Teil des gesamten Volumens durch. Deshalb müssen zusätzliche, stromverstärkende Strukturen den Einschaltvorgang unterstützen.

Die Erzeugung des Lichtsignals erfolgt über lichtemittierende Dioden (LED). Die Übertragung der Zündimpulse über Lichtleitungen gewährleistet eine sichere Potentialtrennung zwischen dem Leistungs- und dem Steuerungsteil. Lichtgesteuerte Thyristoren werden daher bevorzugt bei Stromrichtern für Mittel- und Hochspannung eingesetzt (z. B. bei HGÜ-Stromrichtern).

Direkt lichtgezündete Thyristoren stehen bereits für Spannungen bis 4 kV und Ströme zwischen 1,5 und 3 kA zur Verfügung.

3.2.4.7 Static-Induction-Thyristor (SITh) In den letzten Jahren wurden schnellschaltende Bauelemente mit kleinem Steuerleistungsbedarf entwickelt, bei denen der Durchlaßwiderstand durch Ladungsträgerinjektion in eine hochohmige Schicht mit Hilfe von elektrostatischer Induktion gesteuert wird. Die prinzipielle Funktionsweise entspricht der der Feldeffekttransistoren (s. Abschn. 3.3.2).

Bild 3.15 zeigt die Struktur eines SI-Thyristors [3.42]. Mit dem Begriff Thyristor wird im allgemeinen eine Vierschicht-Anordnung bezeichnet, die ohne Steuersignal in ihrem Schaltzustand verharrt. Der SI-Thyristor besitzt dagegen von der Anode zur Kathode eine Diodenstruktur, d. h. das Bauelement ist in Vorwärtsrichtung selbstleitend. Es kann jedoch von einer negativen Gate-Kathoden-Spannung abgeschaltet werden.

Die möglichen Anwendungen von Static-Induction-Thyristoren in Stromrichtern sind die gleichen wie für GTOs, jedoch herrscht ohne Steuerstrom Durchlaßzustand, während der Sperrzustand durch einen negativen Steuerstrom aufrecht erhalten werden muß. Die Schaltzeiten sind noch kürzer als bei GTOs (Turn-Off-Time um 3 μs). Das zulässige di/dt ist um ungefähr eine Zehnerpotenz größer als bei normalen Thyristoren (> 7000 A/μs). Der Aufwand bei der Gate-Ansteuerung ist geringer als beim GTO. Die Durchlaßspannung ist jedoch erheblich größer.

Die SI-Thyristoren stehen erst am Beginn ihrer Entwicklung. Versuchsmuster für 600 V und 40 A, für 2500 V und 300 A sowie für 4000 V und 500 A sind in Japan gebaut worden. Neben der Ausführung als Static-Induction-Thyristor (SITh) werden auch Static-Induction-Transistoren (SIT) entwickelt (s. Abschn. 3.3 3).

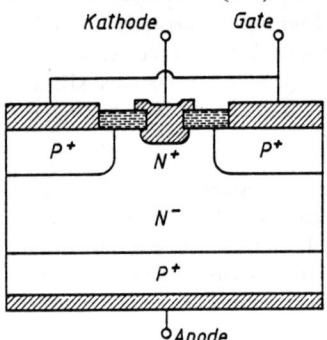

Bild 3.15 Struktur eines SI-Thyristors

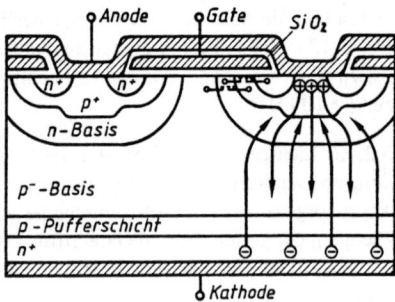

Bild 3.16 p-Typ MCT

3.2.4.8 MOS-Controlled-Thyristor (MCT) Der bisher auf dem Markt verfügbare MOS-Controlled-Thyristor ist ein Einquadrant-Leistungsschalter [3.60], [3.62]. Er ist für eine Spannungspolarität zwischen Anode und Kathode ausgelegt. Der Gate-Anschluß steuert den Zustand des Bauelementes: entweder der Leitendzustand in Vorwärtsrichtung, bei dem das Bauelement Strom zwischen Anode und Kathode leitet oder der Sperrzustand in Vorwärtsrichtung, wobei das Element nur Leckstrom führt innerhalb der maximal zulässigen Spannung. Bild 3.16 zeigt den Schnitt für ein p-Typ MCT.

Im Durchlaßzustand verhält sich der MCT wie andere Thyristoren. Elektronen werden aus der n-Kathode und Löcher aus der p-Anode injiziert. Löcher vom oberen p-n-p-Transistor erzeugen Basisstrom im unteren n-p-n-Transistor. Elektronen vom unteren n-p-n-Transistor speisen den Basisstrom in den p-n-p-Transistor. Dieser positive Feedback-Mechanismus ermöglicht Ladungsträgern beider Polarität durch die schwach dotierte mittlere Zone zu fließen und einen „diodengleichen" Durchlaßzustand zu erzeugen.

Zum Abschalten des MCTs wird das Gate gegenüber der Anode mit positiver Spannung beaufschlagt. Das Feld des Gates konvertiert die Oberfläche der p-Region unter dem Gate zu einem dünnen n-Typ-Layer, welcher das n-Source direkt mit der oberen n-Basis verbindet. Dies schafft einen zusätzlichen leitenden Pfad für Elektronen zum Anodenanschluß, welcher p-Anodendiffusion vermeidet. Weil dieser Pfad einen niedrigeren Spannungsabfall anbietet als die obere Basis/p-Anodenschicht, werden Elektronen um diese Schicht herumgeleitet, der obere Transistor des Bauelementes schaltet ab. Das Abschalten des oberen Transistors unterbricht die regenerative Aktion, die ein Thyristor braucht, um zu leiten, und der untere Transistor schaltet ebenfalls ab.

Zum Einschalten des Bauelementes wird die Gatepolarität negativ gegenüber der Anode gepolt. Dies erzeugt einen dünnen p-Layer entlang der Oberfläche der oberen Basis, welcher die p-Anode mit der unteren Basis verbindet. Löcherstrom kann direkt in die untere Basis fließen und erzeugt Stromfluß in dem unteren n-p-n-Transistor. Der untere Transistor seinerseits beginnt Elektronen in die Basis des oberen p-n-p-Transistors zu injizieren, und das Bauelement gerät in den Leitendzustand in Vorwärtsrichtung.

Anforderungen an die Ansteuerung Der MCT ist ein spannungsgesteuertes Bauelement. Ein Stromimpuls wird nur für das Laden oder Entladen der Eingangskapazität gebraucht.

Bild 3.17 zeigt ein typisches Gatesignal eines p-Typ-MCTs. Für das Abschalten wird eine positive Spannung von 18 V zwischen Gate und Anode benötigt. Beim Einschalten des MCTs genügt eine negative Gate-Anoden-Spannung von 7 V. Die Zeit zwischen dem Laden und Entladen der Eingangskapazität muß < 200 ns sein. Eine höhere Ladezeit führt zu einer Reduktion des maximal schaltbaren Stromes.

Der Spannungsabfall in Vorwärtsrichtung entspricht der von Thyristoren und liegt, abhängig vom Strom, zwischen 0,8 und 1,2 V (bei Nennstrom ungefähr 1 V). Weil die Halbleiterstruktur sowohl n- als auch p-Emitter enthält, wächst die Spannung in Vor-

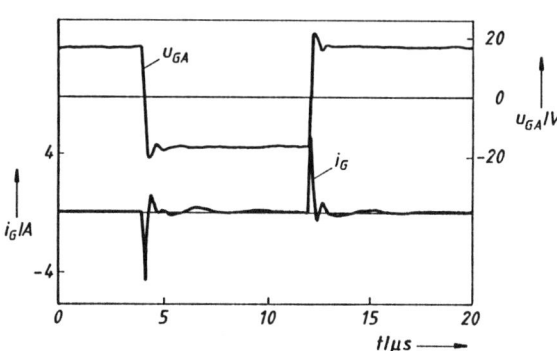

Bild 3.17
Typische Ansteuerung eines
MCT ($C_{ein} = 10nF$, $R_G = 1\ \Omega$)

wärtsrichtung nicht so schnell mit der Nennsperrspannung wie bei einem IGBT. Verglichen mit einem Leistungs-MOSFET, bei dem der Durchlaßverlust eine exponentiale Funktion der Nennsperrspannung ist, liegt der Durchlaßverlust pro Flächeneinheit ungefähr 10× höher als bei einem MCT von 600 V.

Schaltverfahren Das Ein- bzw. Ausschalten von MCTs erfolgt in Zeiten von einigen 100 ns. Das Einschaltverhalten wird wesentlich durch das Recoveryverhalten der Freilaufdiode bestimmt. Verglichen mit IGBTs ist der Einschaltverlust bei MCTs niedriger, was auf den langsameren GTO-typischen Stromanstieg zurückzuführen ist (s. Bild 3.18a). Das Abschaltverhalten wird durch den Schweifstrom bestimmt, der auch für einen großen Teil der Abschaltverluste verantwortlich ist. Typischerweise ist Abschaltzeit und Abschaltverlust beim MCT größer als bei IGBTs (s. Bild 3.18b). Die Abschaltzeit beträgt hier 1,5 µs, der Abschaltverlust 8,6 mWs.

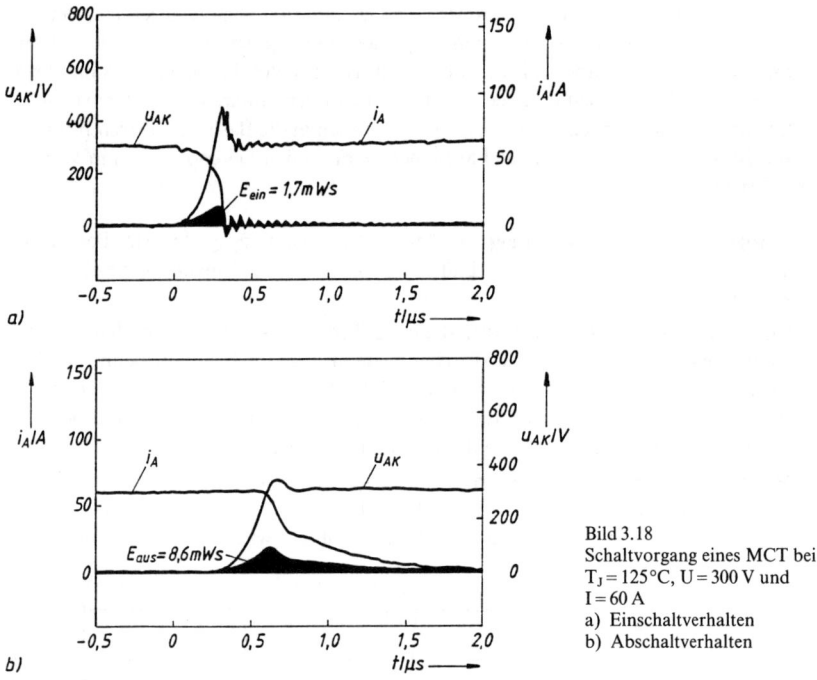

Bild 3.18
Schaltvorgang eines MCT bei
$T_J = 125\,°C$, $U = 300\,V$ und
$I = 60\,A$
a) Einschaltverhalten
b) Abschaltverhalten

Überstromverhalten Bei Anwendungen in Chopperschaltungen und Wechselrichtern ist das Kurschlußverhalten der Halbleiter-Bauelemente ein sehr wichtiger Aspekt. Ein Nachteil der MCTs besteht darin, daß sie nicht in der Lage sind, Kurzschlußströme zu begrenzen wie bipolare Transistoren und IGBTs. Daher muß eine interne Schutzschaltung vorgesehen werden. Außerdem besteht eine obere Grenze für den abschaltbaren Anodenstrom, oberhalb derer der Strom nicht mehr über das Gate abgeschaltet werden kann.

3.3   Leistungstransistoren

Im Schaltbetrieb arbeitende Transistoren können als Stromrichterventile im Leistungsteil eingesetzt werden. Schon seit Anfang der sechziger Jahre sind bipolare Leistungstransistoren auf Siliziumbasis entwickelt worden. Dies sind Transistoren mit geringem Wärmewiderstand zwischen Kristall und Gehäuse, die eine hohe Verlustleistung vertragen (bei
$25\ ^\circ C$ Umgebungstemperatur > 1 W). Kennzeichnend für die Abgrenzung zwischen Transistoren kleiner Leistung und Leistungstransistoren ist der Wärmewiderstand. Die Grenze
liegt bei einem Wärmewiderstand von 15 K je Watt. Gehäuse für Leistungstransistoren
sind vorwiegend aus Metall, aber auch aus Kunststoffen. Die Kühlflächen müssen eine
gute Wärmeableitung sicherstellen. Man unterscheidet N i e d e r f r e q u e n z - L e i -
s t u n g s t r a n s i s t o r e n (NF) und H o c h f r e q u e n z - L e i s t u n g s t r a n -
s i s t o r e n (HF). Die Grenze zwischen beiden Gruppen liegt bei 30 MHZ, wo die Transistorparameter nicht mehr technologieabhängig sind, sondern eher geometrieabhängig
werden. Bei NF-Leistungstransistoren sind die Parameter hauptsächlich von dem ausgewählten Herstellungsverfahren abhängig. Bei HF-Leistungstransistoren gewinnt die Kri-
stallgeometrie einen starken Einfluß auf die Transistorparameter. In Schaltungen der
Leistungselektronik werden NF-Leistungstransistoren eingesetzt [3.17], [3.18], [3.21].
Je nach Anwendungsschwerpunkt sind in den siebziger Jahren Leistungstransistoren für
hohe Ströme oder für hohe Spannungen entwickelt worden.

Hochstromtransistoren schalten Ströme bis zu 600 A bei maximalen Sperrspannungen
von 100 V bis 150 V. Hochsperrende Transistoren (Hochvolttransistoren) haben maximale Sperrspannungen bis über 1000 V bei Strömen von über 50 A (s. Bild 13.24).
Damit können Stromrichterschaltungen mit Leistungen bis in den Bereich von mehreren
zehn kW mit Leistungstransistoren erreicht werden. In den letzten Jahren sind noch
leistungsfähigere Transistortypen entwickelt worden. Mit doppelseitig gekühlten Leistungstransistoren in Scheibenbauform werden Strom-Spannungs-Kombinationen von
200 A, 1200 V oder 400 A, 1000 V erreicht.

Zur Leistungssteigerung ist sowohl Reihen- als auch Parallelschaltung von Leistungstransistoren in einem Stromrichterzweig möglich. Außerdem werden Leistungsmodule angeboten, bei denen bereits mehrere Transistoren in einer Baueinheit parallelgeschaltet sind.
Leistungsmodule erreichen Kollektorströme über 1000 A.

Seit 1971 gibt es sogenannte Darlington Leistungstransistoren, die aus zwei unabhängigen Transistoren (meistens aus dem gleichen Chip) monolithisch aufgebaut sind. Eine
solche Kombination vereinfacht den Entwurf der Endstufen in Verstärkerschaltungen.
Es werden Stromverstärkungen über 1000 bei relativ großen Strömen erreicht.

Transistorarten Ein Transistor ist ein aus Halbleitern (Silizium) entwickeltes steuerbares
elektronisches Verstärkerelement, bei dem ein Strom von Ladungsträgern durch den Halb-
leiterkristall von einer Elektrode zur anderen wandert. Die Stromstärke kann dabei durch
eine Zwischenelektrode verstärkt werden (Steuerbarkeit).

Aus der Halbleiterspitzendiode aus Germanium oder Silizium wurde 1948 von Bardeen
und Brattain der erste Transistor mit Spitzenkontakten entwickelt (A-Transistor). Aus
ihm entstand dann der Flächentransistor. Er besteht aus drei verschiedenen Kristallgebie-

ten desselben Halbleitermaterials, jedoch mit verschiedener Dotierung in der Anordnung
PNP oder NPN (s. Bild 3.19 und 3.20). Im allgemeinen ist der Basiskristall wesentlich
dünner als die äußeren Emitter- und Kollektorkristalle. Die Basiszone hat die geringste
Dotierung, der Emitter die höchste. Zwischen den Kristallzonen liegen die sehr dünnen
Sperrschichten.

Bei der Herstellung der Transistoren müssen unterschiedliche technische Maßnahmen
ergriffen werden, um die entsprechenden Reinheiten der Ausgangskristalle zu erreichen
und an den Oberflächen störende Inversionsschichten zu vermeiden. Für die verschiedenen Anwendungen wurden jeweils spezielle Transistorarten entwickelt. Bei Planar-
Transistoren handelt es sich um Silizium-Transistoren mit diffundierten Basiszonen, bei
denen die PN-Übergänge durch dünne SiO_2-Oberflächenschichten geschützt sind. Die
meisten Transistoren werden nach dem Legierungsverfahren hergestellt: Legierungs-
Transistoren. In einen Basiskristall vom N-Typ legiert oder diffundiert man von beiden
Seiten P-dotierende Stoffe (Akzeptoren) ein, z. B. Bor, Indium oder Gallium. Weitere
Transistorarten sind Drift-Transistoren, Mesa-Transistoren und Epitaxial-Planar-Transi-
storen. Sie haben verbesserte Frequenzeigenschaften und werden im Hochfrequenzbereich
eingesetzt. Bei allen bisher aufgeführten Transistorarten werden für den Leitungsmecha-
nismus beide Arten von Ladungsträgern (Majoritäts- und Minoritätsträger) ausgenutzt.
Als Oberbegriff spricht man von bipolaren Transistoren.

Der Feldeffekt-Transistor weicht vom Grundprinzip des Flächentransistors ab (nämlich
der Steuerung einer Diodenstrecke durch räumlich benachbarte Ladungsträgerinjektion).
Bei ihm wird der in einem Halbleiter fließende Strom von Majoritätsladungsträgern durch
die Raumladungszonen zweier gegenüberliegender, in Sperrichtung vorgespannter PN-
Übergänge gesteuert. Die Steuerung erfolgt nahezu stromlos, da die Steuerelektrode in
Sperrichtung vorgespannt sind. Feldeffekt-Transistoren sind die gebräuchlichsten Vertre-
ter der unipolaren Transistoren, bei denen (im Unterschied zu bipolaren Transistoren)
nur eine Ladungsträgerart zur Wirkung kommt.

Oberflächen-Feldeffekt-Transistoren mit MOS-Struktur (abgekürzt MOS-FETs) sind in
den vergangenen Jahren als MOS-Leistungstransistoren entwickelt worden und dringen
in den untersten Leistungsbereich ein (s. Abschn. 3.3.2).

3.3.1 Bipolare Leistungstransistoren

Bipolare Leistungstransistoren sind nach dem Legierungsverfahren hergestellte Flächen-
transistoren mit niedrigem Wärmewiderstand und hoher zulässiger Verlustleistung.

3.3.1.1 Aufbau Ein Transistor ist ein Verstärkerelement, das im Gegensatz zum Thyristor durch eine Ladungsträgersteuerung stetig ausgesteuert werden kann. Die Ladungsträgersteuerung wird durch einen Steuerstrom vorgenommen. Da bei einer stetigen Aussteuerung im Transistor selbst ein erheblicher Teil der Leistung in Wärme umgesetzt
wird, weil der Transistor einen Teil der Spannung aufnimmt, wird bei Anwendungen im
Leistungsteil der Schaltbetrieb bevorzugt.

Im Schaltbetrieb ist ein Transistor entweder voll gesperrt oder voll ausgesteuert. Schaltbetrieb eines Leistungstransistors entspricht dem bistabilen Verhalten eines Thyristors,

wobei ein Transistor jedoch im Gegensatz zum normalen Thyristor über den Steuerstrom auch gesperrt werden kann.

Ein bipolarer Transistor besteht aus drei verschieden dotierten Schichten. An die beiden äußeren Schichten werden der Emitter E und der Kollektor C kontaktiert, an die mittlere Zone die Basis B. Transistoren können entweder mit der Schichtfolge PNP oder NPN aufgebaut sein. Bild 3.19 zeigt den schematisierten Aufbau eines PNP-Transistors und das zugehörige Schaltzeichen. Bild 3.20 zeigt schematisierten Aufbau und zugehöriges Schaltzeichen eines NPN-Transistors. Leistungstransistoren auf Siliziumbasis werden heute meist als NPN-Transistoren hergestellt.

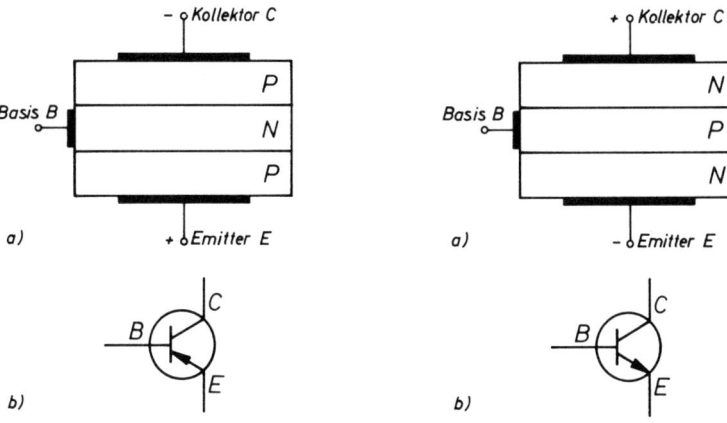

Bild 3.19 PNP-Transistor (Dreischichttriode)
         a) schematischer Aufbau
         b) Schaltzeichen

Bild 3.20 NPN-Transistor (Dreischichttriode)
         a) schematisierter Aufbau
         b) Schaltzeichen

3.3.1.2 Grundschaltungen Transistoren können grundsätzlich in drei verschiedenen Schaltungen betrieben werden: Emitterschaltung, Basisschaltung oder Kollektorschaltung.

Bei der Emitterschaltung fließt der Laststrom über den Emitter und den Kollektor, während der Steuerstrom über den Emitter und die Basis eingespeist wird (Bild 3.21). In dieser Schaltung erreicht man bei Leistungstransistoren Stromverstärkungsfaktoren über 10. Bei voller Aussteuerung liegt zwischen Emitter und Kollektor ein Durchlaßspannungsabfall für den Laststrom von 1 V bis 1,5 V. Dies entspricht der Durchlaßspannung von Halbleiterdioden oder Thyristoren.

Die Basisschaltung (gezeichnet für einen NPN-Transistor) ist in Bild 3.22 dargestellt. Die Steuerung erfolgt wieder über den Emitterbasiskreis. Der Laststrom fließt über Kollektor, Emitter und Steuerspannungsquelle. Die Basisschaltung wird in der Hochfrequenztechnik verwendet.

Bei der Kollektorschaltung wird der Ausgangskreis zwischen Kollektor und Emitter gebildet, der Eingangskreis zwischen Basis und Kollektor. Die Kollektorschaltung dient zur Impedanzwandlung.

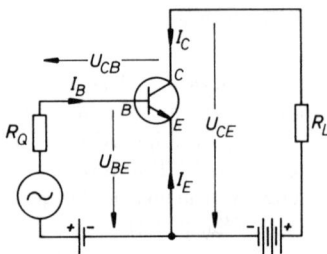

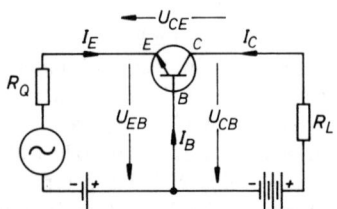

Bild 3.21 Emitterschaltung eines NPN-Transistors   Bild 3.22 Basisschaltung eines NPN-Transistors

3.3.1.3 Kennlinienfeld Leistungstransistoren im Schaltbetrieb werden in Emitterschaltungen betrieben. In Bild 3.23 ist das Ausgangskennlinienfeld eines NPN-Transistors in Emitterschaltung dargestellt. Im Sperrbereich fließt bei großer Kollektor-Emitter-Spannung U_{CE} nur ein kleiner Kollektorstrom I_C. Im Sättigungsbereich, der durch Steigerung des Basisstroms I_B erreicht wird, fließt ein großer Kollektorstrom I_C bei niedriger Kollektor-Emitter-Spannung U_{CE}.

Im Schaltbetrieb wird zwischen den Arbeitspunkten Aus und Ein möglichst schnell hin- und hergeschaltet. Der Weg im Kennlinienfeld zwischen beiden Punkten hängt von der Art der Impedanz im Lastkreis ab. In Bild 3.23 ist eine Widerstandsgerade eingezeichnet.

3.3.1.4 Schaltverhalten Das Einschaltverhalten eines Transistors im Schaltbetrieb entspricht angenähert dem Verhalten eines Thyristors (s. Bild 3.8). Bild 3.24 zeigt den Verlauf der Kollektor-Emitter-Spannung u_{CE} und des Kollektorstromes i_C beim Einschalten über einen Basisstrom i_B für die Emitterschaltung. Dabei tritt vorübergehend eine Einschaltverlustleistung

$$p = u_{CE} i_C \qquad (3.2)$$

auf. Verzugs- und Durchschaltzeit können ähnlich wie beim Thyristor definiert werden.

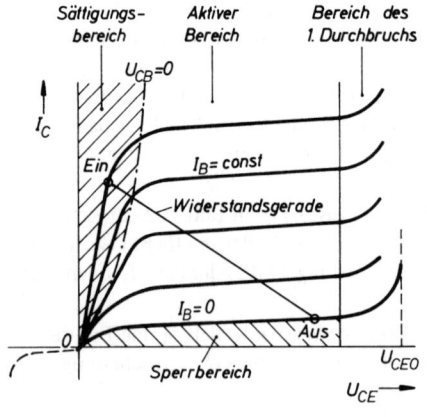

Bild 3.23
Ausgangskennlinien eines NPN-Transistors
in Emitterschaltung

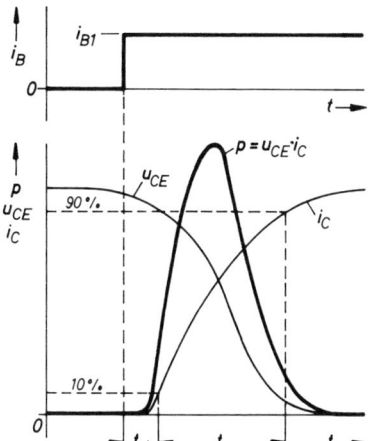

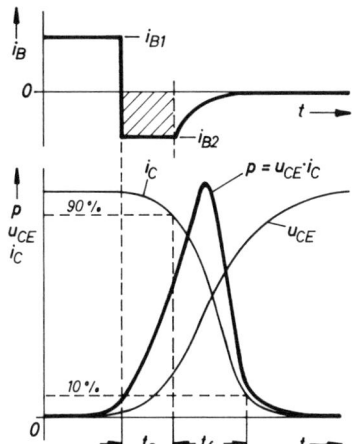

Bild 3.24 Einschalten eines Transistors   Bild 3.25 Ausschalten eines Transistors

Das Ausschalten eines Transistors in Emitterschaltung ist in Bild 3.25 dargestellt. Es wird über den Basisstrom i_B vorgenommen. Kollektorstrom i_C und Kollektorspannung u_{CE} schalten in einer endlichen Zeit um, während der eine große Ausschaltverlustleistung p auftritt.

Die Fläche unter der Verlustleistungskurve beim Ein- bzw. Ausschalten stellt eine Verlustenergie dar, die während des Schaltvorgangs im Leistungstransistor umgesetzt wird. Die Schaltverluste müssen insbesondere bei höheren Betriebsfrequenzen in der Verlustbilanz des Transistors berücksichtigt werden.

3.3.2 MOS-Leistungstransistoren

Die ersten Versuche, ein elektronisches Bauelement herzustellen, das auf dem Feldeffekt beruht, reichen bis in das Jahr 1930 zurück (J. E. Lilienfeld in New York) und führten zu einer Reihe von Patenten. Nach dem zweiten Weltkrieg gelang bei der Untersuchung des Feldeffektes die Entdeckung des Transistoreffektes in den Bell Telephone Laboratories durch Bardeen, Brattain und Shockley. Anfang der sechziger Jahre wurde der MOSFET (Metall-Oxid-Silizium-Feldeffekt-Transistor) vorgestellt. Die horizontal aufgebauten MOSFETs konnten lange Zeit wegen ihrer geringen zulässigen Verlustleistung nur in der Signalelektronik angewandt werden. Dies hat sich seit Anfang der achtziger Jahre verändert. Heute stehen MOS-Leistungstransistoren zur Verfügung, die aus vielen kleinen Einzelelementen mit vertikalen Strukturen bestehen, welche intern parallelgeschaltet sind. Die moderne Integrationstechnik ermöglicht die Parallelschaltung mehrerer hundert Einzeltransistoren auf einem Chip [3.24], [3.25], [3.26], [3.27].
Beispielsweise werden folgende Datenkombinationen bei MOSFETs erreicht:

$$U_{DS} = 50 \text{ V}, \qquad I_D = 40 \text{ A}, \qquad R_{DS(on)} < 0{,}03 \ \Omega$$

oder $U_{DS} = 1000 \text{ V}, \qquad I_D = 5 \text{ A}, \qquad R_{DS(on)} < 2 \ \Omega.$

Damit stehen der Leistungselektronik im unteren Leistungsbereich neue abschaltbare Halbleiterbauelemente mit kurzen Schaltzeiten und geringem Steuerleistungsbedarf zur Verfügung, mit denen man Schaltfrequenzen bis über 50 kHz erreichen kann [3.28], [3.35], [3.36].

3.3.2.1 Aufbau Je nach dem Herstellungsverfahren und der Form der Zellen (z. B. hexagonal oder rechteckig) sind unterschiedliche Typen von MOSFETs entwickelt worden.

Mit der sogenannten D-MOS Technologie (Double-Diffused-MOS Technology) lassen sich höhere Stromdichten und höhere Sperrspannungen verwirklichen als mit den ersten Leistungs-MOSFETs, die nach der Surface Groove Technologie (ringförmige Gate-Anschlüsse) hergestellt wurden.

Bild 3.26 zeigt den Aufbau einer Einzelzelle von vielen parallelgeschalteten Elementen eines SIPMOS-Transistors. Die dargestellte SIPMOS-Struktur zeigt die wesentlichen Merkmale aller Leistungs-MOSFET. Das Grundmaterial ist eine auf hochleitendem Substrat aufgebrachte Epitaxieschicht, deren Dotierstoffkonzentration und Dicke die Spannungsfestigkeit der Struktur bestimmt.

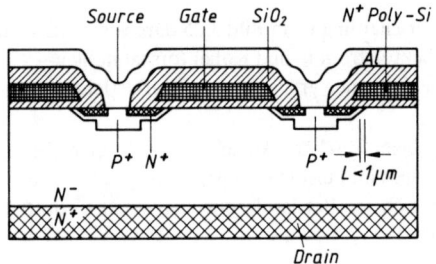

Bild 3.26
Leistungs-Feldeffekt-Transistor
in SIPMOS-Struktur

Auf der Oberfläche sind die Source-Zellen angeordnet, die alle mit einer Al-Source-Schicht zusammengebunden sind. Jede Source-Zelle besteht aus einem N^+-Ring in einem P-Gebiet, die miteinander durch Aluminium (Al) verbunden sind. Auf der Oberfläche zwischen den Zellen liegt das isolierte Polysilizium eingebettet zwischen dem dünnen Gateoxid und dem dickeren Zwischenoxid unter dem Al-Source-Anschluß. Mit positiver Spannung auf der Gate-Elektrode werden durch das elektrische Feld Elektronen auf die Oberfläche gezogen, die eine leitende Verbindung zwischen N^+-Source und N^--Drain verursachen. Durch die Gatespannung wird der Strom moduliert. Dazu ist (bis auf die kapazitiven Umladeströme) kein Eingangsstrom notwendig, da die Gate-Elektrode völlig isoliert ist. Der isolierte Aufbau ermöglicht die Ansteuerung mit sehr wenig Leistung.

Die Stromergiebigkeit eines Leistungs-MOSFET für gegebene Spannung ist um so größer, je mehr Zellen er enthält, also je größer seine Fläche ist.

3.3.2.2 Kennlinienfeld In Bild 3.27 sind als Beispiel die Kennlinienfelder vom 36 mm^2 großen SIPMOS-Transistoren wiedergegeben [3.40]. Der BUZ 15 kann zwar nur bis 50 V sperren, aber mehrere hundert A impulsartig schalten. Sein Durchlaßwiderstand ist kleiner als 30 mΩ, dadurch kann er im eingeschalteten Zustand 40 A leiten.

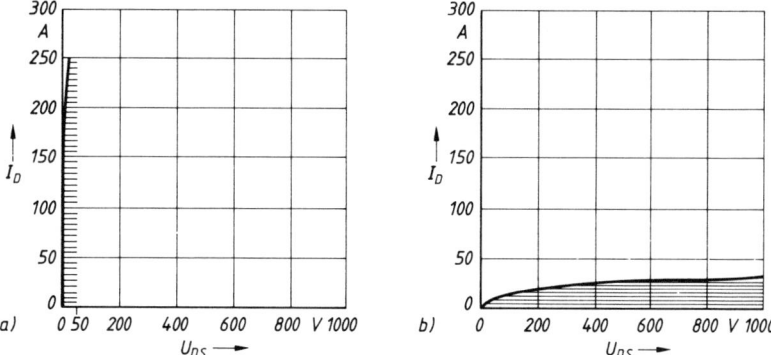

Bild 3.27 Kennlinienfelder von zwei SIPMOS-FETs [16 mmm × 6 mm Siliziumfläche]
a) BUZ 15 (für 50 V), b) BUZ 54 (für 1000 V)

Der Hochspannungs-Transistor BUZ 54 kann noch immer einige 10 A impulsartig
schalten, aber sein Dauerstrom beträgt nur 5 A, weil er mehr als 2 Ω Durchlaßwiderstand hat.

Die Kennlinien deuten den einzigen Nachteil der Leistungs-MOS-Transistoren an: für
hohe Spannungen geeignete MOSFET haben größeren Spannungsabfall und größeren
R_{DSon} als gleichgroße bipolare Transistoren oder Thyristoren.

3.3.2.3 Ansteuerung und Schaltverhalten Da die Leistungs-MOSFET eine isolierte Steuerelektrode haben, sind sie ohne Leistung ansteuerbar, wenn die Schaltfrequenz und die
Schaltgeschwindigkeit klein ist. Für eine hohe Schaltgeschwindigkeit müssen die parasi-
tären Kapazitäten schnell umgeladen werden. Dazu ist natürlich doch ein Eingangsstrom
notwendig, der aber noch immer wesentlich kleiner ist, als es für die Ansteuerung von
Bipolartransistoren notwendig wäre.

Für die Ansteuerung genügt ein Impulsgenerator mit 50 Ω Ausgangswiderstand. Die
Ansteuerleistung ist zwar größer, als sie direkt von gängigen VLSI-Bausteinen geliefert
werden könnte. Sie ist aber wesentlich kleiner, als es für vergleichbare bipolare Transistoren notwendig wäre.

Leistungs-MOSFETs schalten auch schneller als bipolare Leistungstransistoren. Bei
hochsperrenden SIPMOS-Transistoren liegen die Ein- und Ausschaltzeiten unter 50 ns
(bei Schaltleistungen von > 10 kW) [3.41].

3.3.3 Static-Induction-Transistoren (SIT)

1950 erhielten Nishizawa und Watanabe ein japanisches Patent für ein Bauelement, daß
sie Electrostatic Induction Transistor (SIT) nannten. Die grundsätzliche Idee ist, den
Durchlaßwiderstand durch Ladungsträgerinjektion in eine hochohmige Schicht mit Hilfe
von elektrostatischer Induktion zu steuern. Die prinzipielle Funktionsweise entspricht
der der Feldeffekttransistoren [3.42].

Die Struktur und die Ausgangskennlinien eines selbstleitenden Leistungs-SIT sind in
Bild 3.28 dargestellt. Die P^+-dotierte Gate-Anordnung ist im N^--Kanal eingebettet. Durch
Anlegen einer negativen Gate-Source-Spannung entsteht eine positive Raumladungs-Zone
im N^--Gebiet, die den leitenden Kanal verengt. Mit steigender Spannung breitet sich die
Raumladungszone weiter aus und schnürt schließlich den Kanal völlig ab.

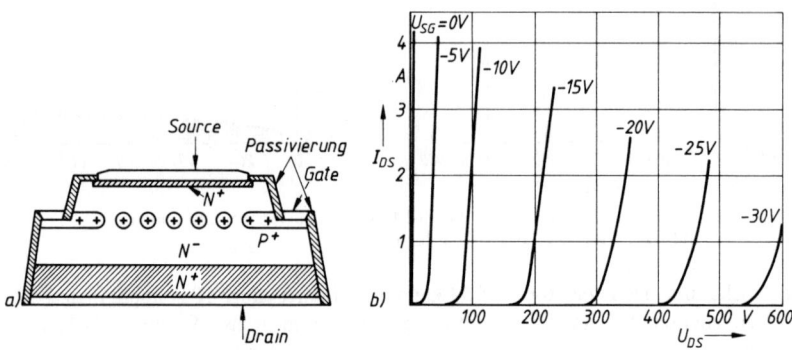

Bild 3.28 Static-Induction Transistor
a) Struktur, b) Ausgangskennlinienfeld

Derzeit angebotene Leistungs-SIT unterscheiden sich weder im Durchlaßwiderstand
noch in den Gate-Source-Kapazitäten wesentlich von den Werten vergleichbarer Leistungs-MOSFETs. Ihre Schaltzeiten von 200 bis 300 ns werden von den meisten MOSFETs
unterboten. Ein Beispiel ist:

$U_{DS} = 800$ V; $I_{DS} = 10$ A (60 A Spitze);

Einschaltzeit: t_{on} = 250 ns;
Ausschaltzeit: t_{off} = 300 ns;
Durchlaßwiderstand: $R_{DS(on)}$ = 0,66 bis 1,5 Ω.

SIT mit höheren Sperrspannungen und kürzeren Schaltzeiten sind angekündigt.
In Stromrichterschaltungen besteht durch die selbstleitende Eigenschaft dieser Elemente
die Gefahr von Kurzschlüssen. Deshalb muß dafür gesorgt sein, daß immer die volle negative Abschnürspannung am Gate ansteht, bevor eine Drain-Source-Spannung angelegt wird.

3.3.4   Insulated-Gate-Bipolar-Transistoren (IGBT)

Der IGBT besteht, genau wie ein MOSFET, aus sehr vielen einzelnen parallel geschalteten Zeilen.

3.3.4.1 Aufbau Die vertikale Struktur ist am Querschnitt einer Zelleneinheit in Bild
3.29 dargestellt. Mit Hilfe des ebenfalls gezeigten Ersatzschaltbildes erkennt man die
Darlingtonschaltung aus einem N-Kanal-MOSFET und einem PNP-Transistor.

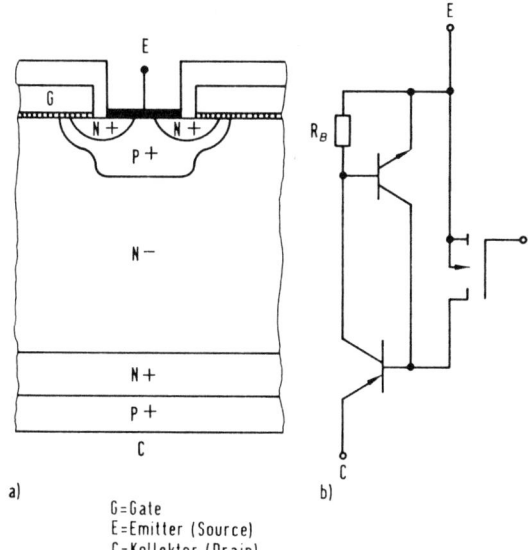

Bild 3.29
IGB-Transistor
a) Querschnitt einer Zelleneinheit
b) Ersatzschaltbild

G=Gate
E=Emitter (Source)
C=Kollektor (Drain)

Der Herstellungsprozeß ist an die DMOS-Technik angelehnt, wobei auf ein P^+-Substrat eine N^--Epitaxieschicht aufgebracht und in weiteren Arbeitsschritten die MOS-Struktur eindiffundiert wird.

In normalen Betrieb liegt am Kollektor gegenüber dem Emitter positive Spannung. Beträgt die Spannung zwischen Gate und Emitter Null, befindet sich die obere Sperrschicht (P^+-Wanne und N^--Epitaxieschicht) im Vorwärts-Sperrzustand und der IGBT läßt keinen Stromfluß zu. Wenn nun eine ausreichend hohe positive Spannung zwischen Gate und Emitter gelegt wird, beginnt ein MOSFET-Strom aus dem N^+-Gebiet in die N^--Epitaxieschicht zu fließen, der innerhalb der Chipstruktur zum Basisstrom des PNP-Transistors wird und diesen in den Durchlaßzustand schaltet. Dabei werden aus dem P^+-Substrat Minoritätsladungsträger in die N^--Epitaxieschicht injiziert. Diese Eigenschaft der bipolaren Ausgangsstruktur verbessert die Durchlaßspannung eines IGBT gegenüber dem MOSFET um etwa den Faktor 10. Die Anordnung dieser Schichten bedingt, daß der IGBT ein eingeschränktes Rückwärtssperrvermögen von 5−10 V besitzt, das sich aber positiv auf die Schaltgeschwindigkeit auswirkt. Diese Eigenschaft des IGBT ist ein wesentlicher Vorteil gegenüber dem MOSFET, der in seiner Chipstruktur hier eine parasitäre gegenparallele Diode mit unbefriedigenden dynamischen Eigenschaften besitzt. Dem IGBT kann daher problemlos eine geeignete schnelle Diode gegenparallel geschaltet werden, die in den meisten Anwendungen ohnehin benötigt wird.

Durch parasitäre Elemente der Struktur kam es bei IGBT der ersten Generation zu einem Einrasten des Laststromes (Latch-Effekt) beim Überschreiten bestimmter Strom- und Temperaturgrenzwerte, so daß die Steuerbarkeit verloren ging und der IGBT in aller Regel zerstört wurde. Verantwortlich dafür ist ein parasitärer Thyristor, der aus der Rückkopplung des PNP-Teils mit dem NPN-Teil der Struktur gebildet wird. Sobald deren Gesamtverstärkung größer als eins wird, kommt es zum Zünden des Thyristors und der IGBT ist nicht mehr steuerbar. Durch Verbesserungen der Strukturgeometrie und einiger Fertigungsprozesse konnte dieses Einrastverhalten beseitigt werden (Einbau einer N^--Pufferschicht).

Das vorgeschlagene Schaltungssymbol für bipolare Transistoren mit isolierter Steuerelektrode (IGBT) und die Anschlußkennzeichnungen für einen N-Kanal-Typ zeigt Bild 3.30.

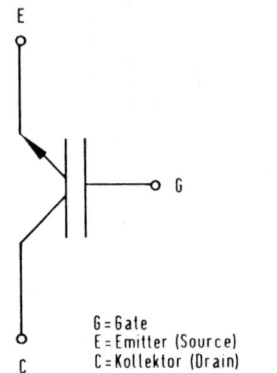

G = Gate
E = Emitter (Source)
C = Kollektor (Drain)

Bild 3.30   Schaltsymbol für einen
N-Kanal IGBT

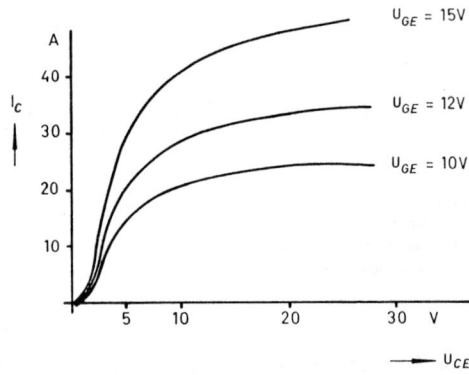

Bild 3.31   Typisches Ausgangskennlinienfeld $I_c = f(U_{CE})$

3.3.4.2 Kennlinienfeld Die Eingangscharakteristik der IGBT ist ähnlich der eines MOSFET (vgl. Bild 3.27). Er besitzt eine kapazitive Eingangsimpedanz und schaltet die Kollektor-Emitter-Strecke erst nach Überschreiten einer bestimmten Gate-Emitter-Schleusenspannung ($U_{GE(th)}$) durch. Sie beträgt im allgemeinen 2 bis 5 Volt. Typische IGBT-Ausgangskennlinien zeigt Bild 3.31. Wie beim MOSFET wird die Schar der Ausgangskurven durch Änderung der Gate-Spannung (U_{GE}) erzeugt. Im Gegensatz zum MOSFET muß die Kollektor-Emitter-Spannung eine kleine Schwelle überschreiten, bevor ein wesentlicher Kollektorstrom fließt. Diese Schwelle entspricht dem Spannungsabfall des Basis-Emitter-Überganges des PNP-Teils.

Im weiteren Verlauf der Ausgangskurven können, wie bei bipolaren Transistoren, ein Sättigungsbereich und ein linearer Bereich unterschieden werden. Im Schalterbetrieb ist vor allem der Sättigungsbereich wichtig, in dem der effektive Durchlaßwiderstand bei MOSFET wesentlich höher ist, so daß IGBTs höhere Arbeitsströme ermöglichen. Die Durchlaßspannung im Sättigungsbereich ist eine Funktion von Gatespannung, dem Kollektorstrom und der Temperatur.

Der Temperaturkoeffizient der Durchlaßspannung ist beim MOSFET positiv und beim Bipolar-Transistor negativ. Die Kombination beider im IGBT führt zu einem kleinen positiven Temperaturkoeffizienten bei höheren Strömen, so daß die Gefahr von Stromeinschnürungen („hot spots" bei Bipolar-Transistoren) nicht vorhanden und Parallelschaltung relativ einfach möglich ist.

3.3.4.3 Ansteuerung und Schaltverhalten

Das Einschaltverhalten des IGBT ist bestimmt durch seine MOS-Gatestruktur. Übersteigt die Gatespannung nach der Verzögerungszeit ($t_{d(on)} \approx 50$ ns) die Schwellenspannung, wird der MOSFET-Teil leitend und steuert anschließend den PNP-Teil in den leitenden Zustand. Die gesamte Einschaltzeit von IGBTs beträgt etwa 200 ns und entspricht derjenigen von MOSFETs mit gleicher Eingangskapazität.

Die typischen Verläufe von Kollektorstrom und Gatespannung bei ohmscher Last zeigt Bild 3.32. Die Stufe im Gatespannungsverlauf entspricht dem Erreichen der Schwellenspannung und dem darauf folgenden steilen Anstieg des Kollektorstromes. In diesem Zeitbereich finden Lade- bzw. Umladevorgänge der durch das isolierte Gate vorhandenen Kapazitäten statt, die den Kurvenverlauf beeinflussen. Erst nach Erreichen des Sättigungswertes des Kollektorstromes steigt die Gatespannung auf den Versorgungswert der Treiberschaltung (typ. 12 V).

Die genannten Schaltzeiten werden wesentlich durch die Ausführung der Treiberschaltung bestimmt.

Das Ausschaltverhalten des IGBT ist ebenfalls in Bild 3.32 dargestellt. Es lassen sich drei wesentliche Phasen unterscheiden. Die Abschaltverzögerung $t_{d(off)}$ ist die Zeit, die die Gate-Treiberschaltung benötigt, die Gatespannung soweit zu verringern, daß der Kollek-

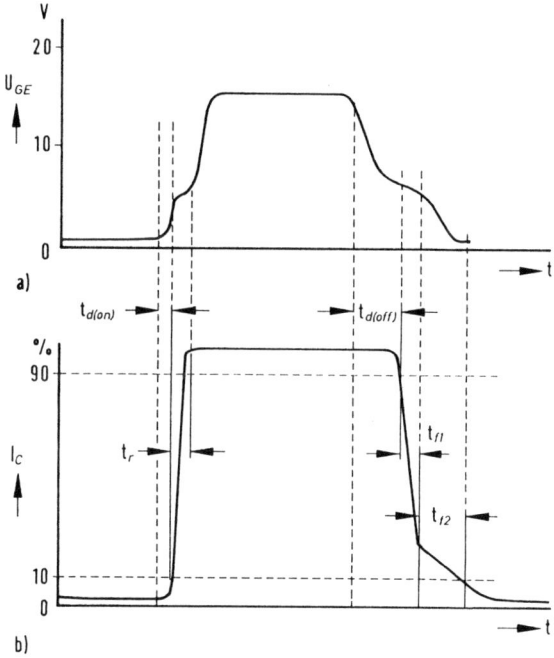

Bild 3.32 Typische Kurvenformen beim Schalten
a) Gate-Emittler-Spannung U_{GE}, b) Kollektor-Strom I_C

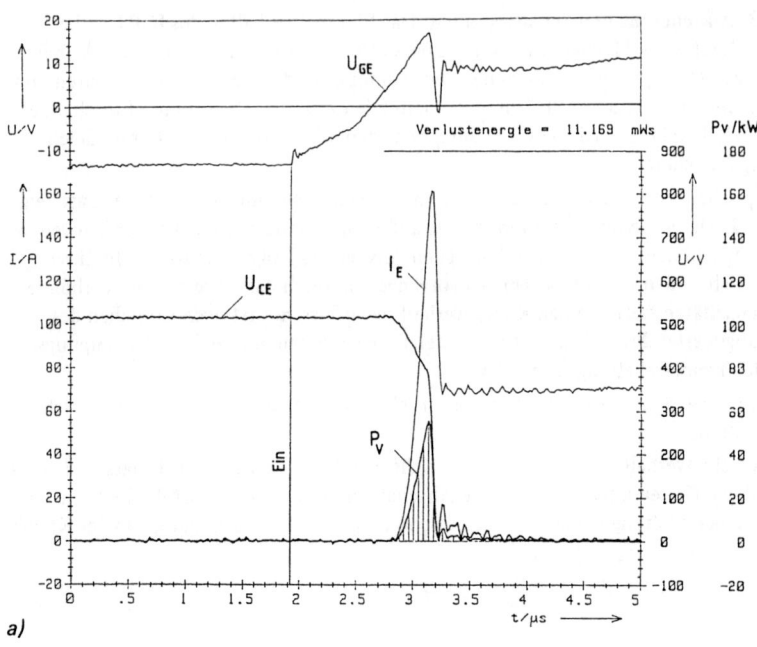

a)

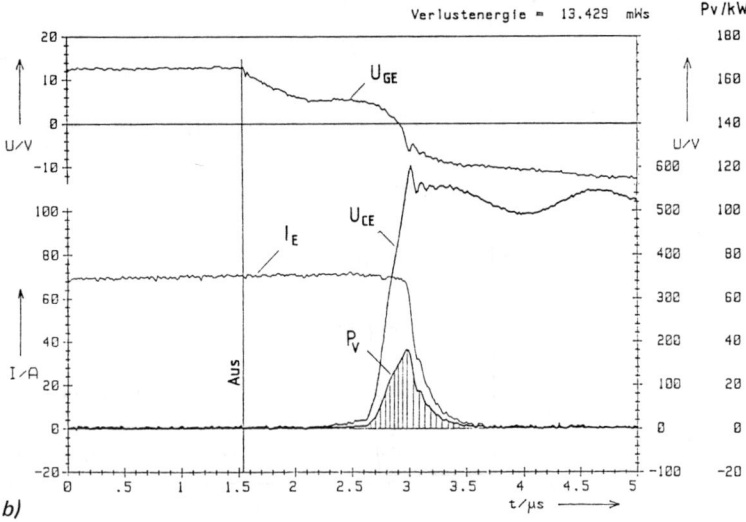

b)

Bild 3.33   Ein- und Ausschaltvorgang eines IGBTs (für 1000 V, 100 A)
         a) Einschalten, b) Ausschalten

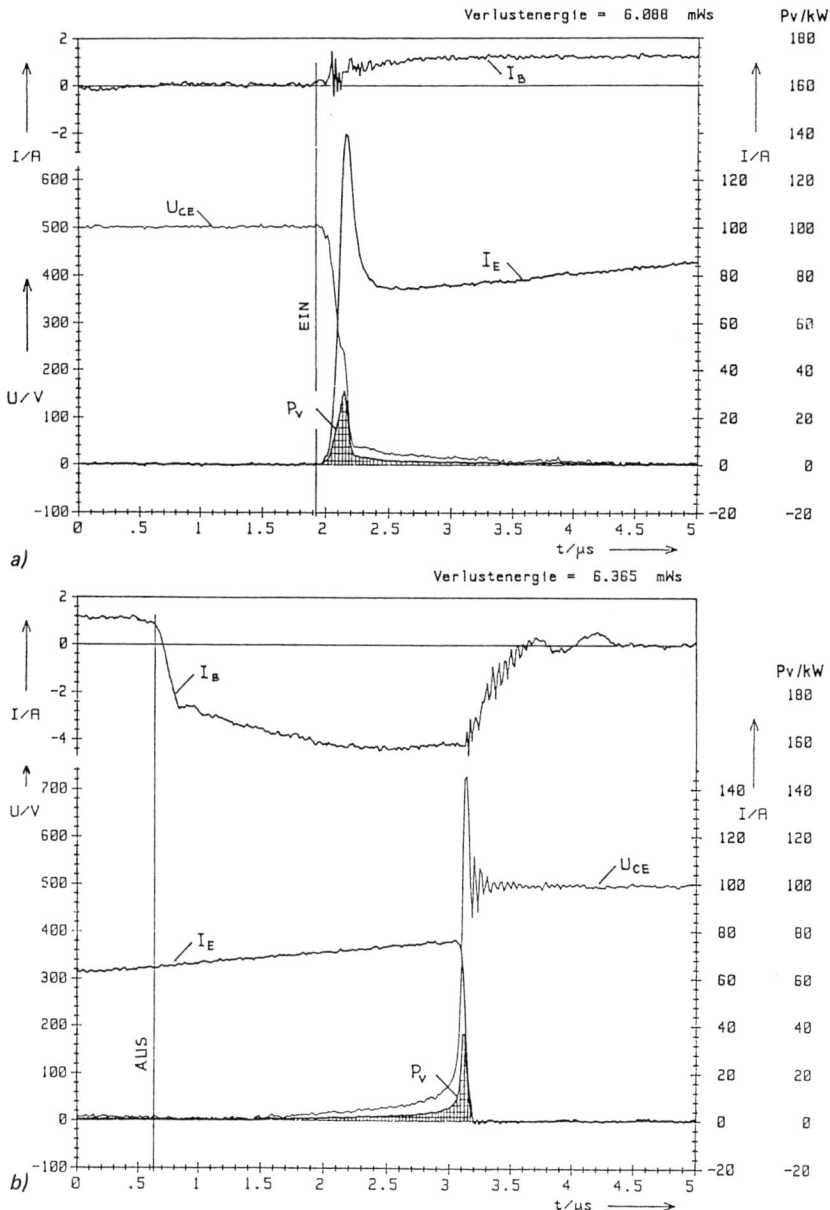

Bild 3.34 Ein- und Ausschaltvorgang eines bipolaren Transistors mit Feinstruktur (SIRET für
1000 V, 80 A)
a) Einschalten, b) Ausschalten

torstrom gerade abzusinken beginnt. Dabei wird die Gate-Emitter-Kapazität weitgehend entladen. Die zweite Phase ist der erste Teil t_{f1} der Stromabfall zeigt und entspricht der Abschaltzeit des MOSFET-Teils. Sie ist bestimmt durch die Auslegung der Treiberschaltung, die in diesem Zeitabschnitt den Strom für die Umladung der Kollektor-Gate-Kapazität aufbringen muß und damit die Anstiegsgeschwindigkeit der Kollektorspannung festlegt. Sie liegt in der Größenordnung von 200 bis 500 ns.
Die dritte Phase t_{f2} entspricht der Abschaltzeit des PNP-Teils. nachdem der MOSFET-Kanal unterbrochen ist. In dieser Zeit rekombinieren die Minoritätsladungsträger der N^--Epitaxieschicht. Eine Beeinflussung von t_{f2} durch die Treiberschaltung ist, im Gegensatz zu bipolaren Transistoren, nicht möglich, da die Basis des PNP-Teils von außen nicht zugänglich ist. Nur eine Verringerung der Minoritätsladungsträger-Lebensdauer kann t_{f2} verkürzen. Dies ist erreichbar durch die Struktur (N^+-Pufferschicht) oder eine Schwermetalldotierung bzw. Elektronenbestrahlung der IGBT-Chips. Das Aussehen dieses PNP-Abschaltstromschweifes ist ein typisches Merkmal für die Auslegung eines IGBT.

Bild 3.33 zeigt den oszillographierten Ein- und Ausschaltvorgang eines IGBTs für 1000 V und 100 A. Die Ein- und Ausschaltzeiten liegen im Bereich von 0,5 μs. Der Schweifstrom nach dem Ausschalten fließt allerdings fast eine weitere μs. Die Schaltverlustenergien ergeben sich durch Integration der Verlustleistung p (Fläche unter der Kurve). In Bild 3.34 ist zum Vergleich der Ein- und Ausschaltvorgang eines Transistors mit Feinstruktur (SIRET) dargestellt. Ein- und Ausschaltzeiten liegen bei 0,2 μs. Nach dem Ausschalten tritt kein Schweifstrom auf.

3.4   Leistungsmodule

3.4.1   Modulaufbau

Der Aufbau von Gleich-, Wechsel- und Umrichtern wird durch Halbleitermodule wesentlich vereinfacht. Deshalb hat sich seit den 70er Jahren für Bauelemente kleiner und mittlerer Leistung die Modultechnik etabliert. Dabei werden die Halbleiterbauelemente zu Brückenzweigen oder kompletten Brückenschaltungen zusammengefaßt, häufig auch mit integrierten Dioden. Die Wärmeabfuhr eines Power-Moduls ist durch seinen thermischen Widerstand begrenzt, der wiederum von dem angewandten mechanischen Druck abhängt. Aus wirtschaftlichen Gründen werden Plastikgehäuse bevorzugt. Daher stellen hohe Spannungen ($> 2 \, kV$) eine besondere Herausforderung dar. Da der Strom pro Modul begrenzt ist, ist es wichtig, mehrere Module parallelschalten zu können. Ein Betrieb ohne Beschaltung ist aus wirtschaftlichen Gründen wünschenswert. Daher wird ein Aufbau mit niedrigen Induktivitäten angestrebt, der zur Strip-Line-Technik und zu flachen Gehäusen führt. Löttechniken müssen sorgfältig überprüft werden, damit Fehlstellen vermieden werden. Für nichtstationäre Anwendungen ist die Zuverlässigkeit von gebondeten Kontakten häufig ungenügend. Trotz mancher Einschränkungen haben Module eine erfolgversprechende Zukunft. Der wichtigste Grund dafür liegt darin, daß sie Möglichkeiten zur weiteren Vereinfachung der Konstruktionen und des Aufbaus bieten und damit bei den meisten Anwendungen einen wirtschaftlichen Vorteil haben. In den letzten Jahren hat man den Modulen intelligente Funktionen hinzugefügt. Funktionen wie beispielsweise das Erkennen von Überstrom, Übertemperatur oder eines möglichen Spannungsausfalls. Beispiele hierfür sind der TEMPFET und der PROFET. Der TEMPFET enthält Übertemperatur- sowie Überlastschutz und kann durch externe Komponenten kurzschlußfest betrieben werden. Der PROFET ist kurzschlußfest und hat zusätzlich einen Überspannungs- schutz, Schutz der Eingänge, eine Leerlauferkennung sowie eine Abschaltung bei Überspannung und eine Status-Rückmeldung.

3.4.2 Intelligentes Leistungsmodul

Das Konzept für ein „Intelligent Power Module" (IPM) zeigt Bild 3.35. Es enthält die Leistungsstufe mit den IGBTs und Rückstromdioden in Drehstrombrückenschaltung einschließlich zusätzlicher Sensoren für Strom- und Temperaturüberwachung, außer- dem die Ansteuerung, Schutzkreise und das Zeitmanagement. Das Schaltnetzteil sollte davon galvanisch getrennt sein. Nach der am besten dafür geeigneten Methode wird noch gesucht. Infrage kommen induktive, optische oder andere Verfahren. Die ersten IPMs brachte Mitsubishi vor einigen Jahren auf den Markt. Inzwischen füh- ren auch andere Hersteller Entwicklungen von intelligenten IGBT-Modulen durch und bieten sie auf dem Markt an. Die technischen Lösungen für die Stromversor- gung der Treiberstufen sind bei den einzelnen Herstellern noch unterschiedlich. Der Trend geht auf die Zusammenfassung zu einer Netzstromversorgung hin.

Sowohl bei den IGBTs als auch beim IPMs sind in den letzten Jahren in Abständen von ein bis zwei Jahren neue Generationen auf dem Markt erschienen. Dies liegt u. a. daran, daß die Leistungsbauelemente von der Entwicklung der Mikroelektronik stark profitieren. Bild 3.36 vergleicht die Entwicklung der Strukturbreiten von Lei- stungshalbleitern und Memory-Bauteilen während der letzten zwei Dekaden.

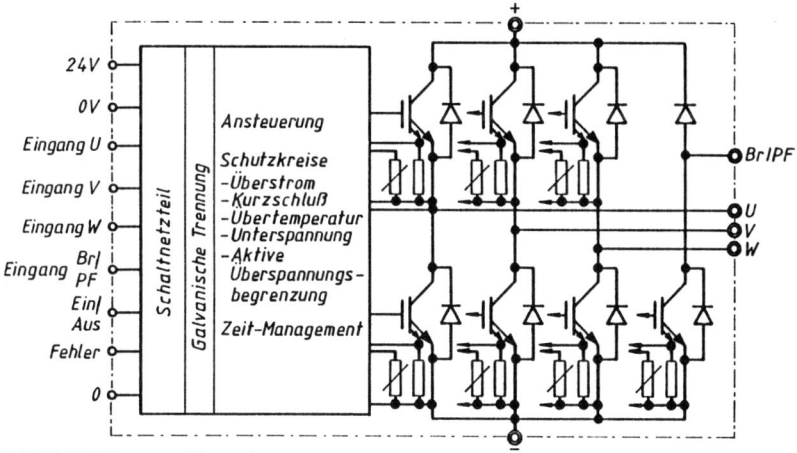

Bild 3.35 IPM Konzept (Siemens)

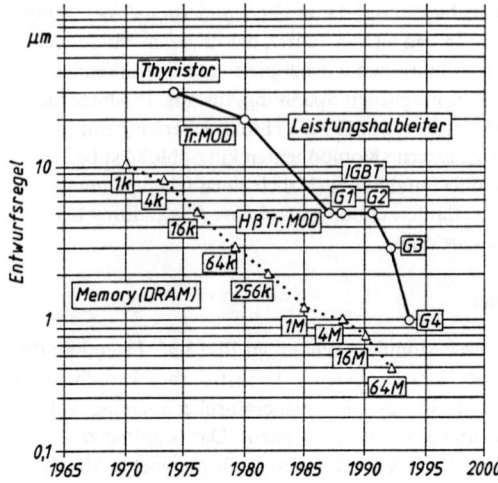

Bild 3.36
Entwurfsregel von Memory-Bauteilen
(DRAM) und Leistungsbauelementen
(Mitsubishi Electric)

3.4.3 Hochvolt-IC

Im untersten Leistungsbereich bieten Hochvolt ICs in Zukunft Chancen einer drastischen Reduzierung der Wechselrichtergröße. Ein monolithisches IC enthält dabei sowohl die Leistungsstufe (Drehstrombrücke mit IGBTs und Rückstromdioden) als auch Steuerfunktionen wie Ansteuerungen für die PWM und Schutzfunktionen. Bild 3.37 zeigt das funktionale Blockdiagramm eines dreiphasigen, monolithischen Hochvolt-Wechselrichter-ICs für 50 W, die Chipgröße beträgt 25 mm². Hochvolt-ICs erfordern einen beträchtlichen Entwicklungsaufwand und modernste Halbleitertechnologie. Sie sind daher Anwendungen mit hohen Stückzahlen vorbehalten.

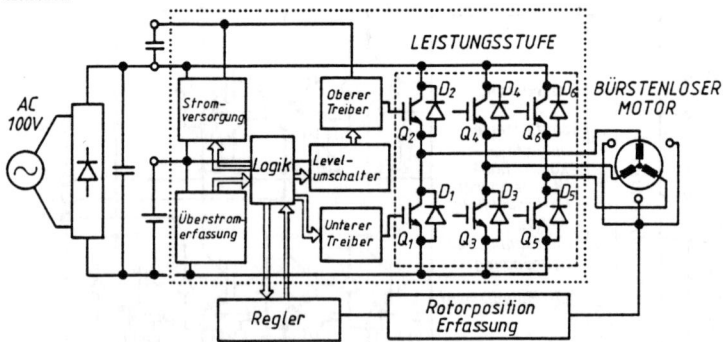

Bild 3.37 Funktionelles Blockdiagramm eines dreiphasigen monolithischen Hochspannung-Wechselrichter-ICs
(250 V, 1 A, fp = 20 kHz, P = 50 W), Chip Größe 25 mm² (Miyazaki et al., Hitachi, IPEC-Tokyo, 1990)

4 Beschaltung, Zündung, Kühlung und Schutzeinrichtungen

Wenn Leistungshalbleiter in Stromrichterschaltungen einwandfrei arbeiten sollen, sind dazu drei Voraussetzungen zu erfüllen:

1. Sie sind vor unzulässigen Spannungs- und Strombeanspruchungen zu schützen.
2. Steuerbare Leistungshalbleiter, wie Thyristoren oder Leistungstransistoren, benötigen geeignete Steuergeneratoren zur Erzeugung der notwendigen Steuerströme.
3. Die in den Leistungshalbleitern auftretende Verlustwärme muß abgeführt werden.

Zum Schutz gegen unzulässige Spannungsbeanspruchungen dient bei Leistungshalbleitern die Beschaltung [4.16], [4.18]. Steuerimpulsgeneratoren erzeugen Steuerimpulse definierter Anstiegsgeschwindigkeit, Höhe und Dauer. Die Kühlung wird durch Montage der Leistungshalbleiter auf geeignete Kühlkörper sichergestellt, von denen die Verlustwärme über Gase (Luft) oder Flüssigkeit (Wasser, Öl) abgeführt wird.

Ohne geeignete Beschaltung und Kühlung sowie bei steuerbaren Ventilen auch ohne geeignete Steuerströme sind Leistungshalbleiter nicht funktionstüchtig. Ausfälle sind fast immer auf mangelhafte Beschaltung, Zündung oder Kühlung zurückzuführen. Den zusätzlichen Schutz vor unzulässigen Überströmen übernehmen Strombegrenzer, Schmelzsicherungen, Schnellschalter oder Kurzschließer [4.14], [4.20], [4.21], [4.23].

4.1 Beschaltung

Unter Beschaltung versteht man das Anbringen von Kondensatoren und Widerständen, manchmal auch in Kombination mit vorgeschalteten Induktivitäten, zur Bedämpfung von Überspannungen und zur Verminderung des Spannungs- oder Stromanstiegs in den Leistungshalbleitern. Auf Grund ihres physikalischen Aufbaus haben diese nur eine begrenzte Spannungsfestigkeit und lassen nur bestimmte Höchstwerte für die Spannungssteilheit und für die Stromsteilheit zu. Diese Grenzwerte können den Datenblättern entnommen werden. Häufig führt schon eine kurzzeitige Überschreitung der angegebenen Grenzwerte zur Zerstörung der Halbleiterelemente.

Die notwendigen Beschaltungsmaßnahmen sollen am Beispiel der Thyristoren behandelt werden. Für Halbleiterdioden und Leistungstransistoren gelten ähnliche Bedingungen. Bild 4.1 zeigt typische Beschaltungen von Thyristoren. Grundbeschaltung ist die Kondensator-Widerstands-Kombination C_B und R_B parallel zum Thyristor. Diese RC-Beschaltung kann durch einen zusätzlichen hochohmigen Widerstand R_P erweitert werden.

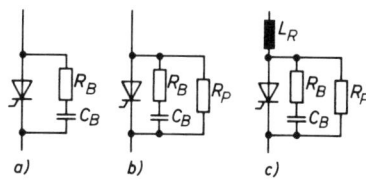

Bild 4.1
Thyristorbeschaltung

Zur Begrenzung der Strom- und Spannungssteilheit kann außerdem eine Reiheninduk-tivität L_R vorgesehen werden. Diese Reiheninduktivität kann entweder lineares Verhal-ten haben, d. h. konstante Induktivität unabhängig vom Strom, oder nichtlineares Ver-halten, d. h. stromabhängige Induktivität. In diesem Fall wird ein sättigbarer Eisenkern verwendet.

Die Beschaltung bei Thyristoren erfüllt drei Aufgaben:

1. Die Bedämpfung von Überspannungen, die durch den Trägerstaueffekt (TSE) mit plötzlichem Abreißen des negativen Rückstromes hervorgerufen werden. Man spricht dann von TSE-Beschaltung [4.4].

2. Die Begrenzung der Spannungssteilheit.

3. Die gleichmäßige Spannungsaufteilung bei Reihenschaltung, und zwar sowohl für den statischen als auch für den dynamischen Fall, d. h. bei Ein- und Ausschaltvorgängen.

In Sonderfällen wird außerdem noch eine Begrenzung der Stromsteilheit durch Reihen-induktivitäten vorgenommen.

4.1.1 TSE-Beschaltung

Die Wirkungsweise einer RC-Kombination parallel zum Thyristor als RC-Beschaltung soll mit Bild 4.2 erläutert werden. Der Strom i_A im Thyristor wird im Zeitpunkt t_0 am Ende der Recoveryzeit unterbrochen (in Wirklichkeit mit endlicher Steilheit). Der Strom kom-mutiert in den Beschaltungskreis. Es entsteht ein mit dem Wirkwiderstand R_B gedämpfter Reihenschwingkreis aus L_k und C_B.

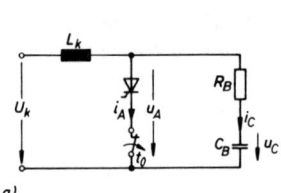

Bild 4.2 Ersatzschaltung zur Berechnung der
TSE-Beschaltung
a) Ersatzschaltung
b) Strom- und Spannungsverlauf

Strom- und Spannungsverlauf lassen sich aus der Differentialgleichung

$$U_k = L_k \frac{di_C}{dt} + R_B i_C + \frac{1}{C_B} \int i_C dt \qquad (4.1)$$

berechnen. Als Lösung für den Strom

$$i_C = Ae^{-\frac{t-t_0}{\tau}} \sin\left[\nu(t-t_0) - \varphi_i\right] \tag{4.2}$$

ergibt sich eine gedämpfte Schwingung mit der Zeitkonstante

$$\tau = \frac{2L_k}{R_B} \quad \text{und der Kreisfrequenz} \quad \nu = \sqrt{\frac{1}{L_kC_B} - \left(\frac{R_B}{2L_k}\right)^2}.$$

Die entsprechende Gleichung für die Kondensatorspannung u_C lautet

$$u_C = \frac{1}{C_B} \int i_C dt = ZA \cdot e^{-\frac{t-t_0}{\tau}} \sin\left[\nu(t-t_0) - \varphi_u\right] + U_k \tag{4.3}$$

mit dem Schwingungswiderstand $Z = \sqrt{L_k/C_B}$.
Die Konstanten ergeben sich aus den Anfangsbedingungen.

In Bild 4.2 ist der Spannungs- und Stromverlauf für die angenommenen Werte $U_k = 500$ V, $L_k = 100\,\mu$H, $C_B = 0,5\,\mu$F, $R_B = 10\,\Omega$ und Rückstrom $I_0 = 30$ A quantitativ aufgetragen. Im Zeitpunkt t_0 springt die Thyristorspannung u_A auf den Wert R_BI_0 und nähert sich in einer gedämpften Schwingung dem Augenblickswert der Kommutierungsspannung U_k. Der Scheitelwert der Sperrspannung kann beträchtlich über dem Wert U_k der Kommutierungsspannung liegen. Die TSE-Beschaltung ist entsprechend auszulegen. In Wirklichkeit sind die Verhältnisse etwas günstiger als in Bild 4.2 dargestellt, weil der Thyristorstrom am Ende der Recoveryzeit mit endlicher Steilheit abklingt.

4.1.2 du/dt-Begrenzung

Die RC-Beschaltung bewirkt auch in Kombination mit vorgeschalteten Induktivitäten eine Begrenzung der Spannungssteilheit du/dt am Thyristor in Schaltzeitpunkten. Bild 4.3 zeigt eine vereinfachte Ersatzschaltung zur Berechnung der du/dt-Beanspruchung. Es wird angenommen, daß im Zeitpunkt t_0 eine Spannung U_k über die Kommutierungsinduktivität L_k auf den Thyristor geschaltet wird. Dies tritt in Stromrichterschaltungen durch Schaltfunktionen anderer Ventile auf. Die Kommutierungsinduktivität L_k wird durch Leitungsinduktivitäten und andere Streuinduktivitäten, z. B. von Transformatoren,

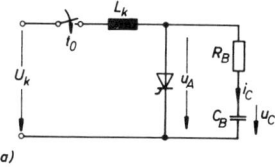

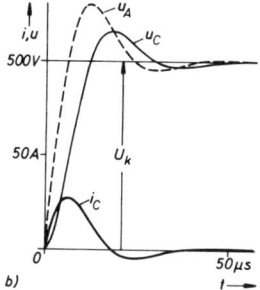

Bild 4.3 Ersatzschaltung zur Berechnung
der du/dt-Beanspruchung
a) Ersatzschaltung
b) Strom- und Spannungsverlauf

gebildet. Ein genauer Wert ist daher häufig nur abzuschätzen. Beim Schließen des Ersatzschalters im Zeitpunkt t_0 bildet sich wieder ein gedämpfter Reihenschwingkreis, der mit anderen Randbedingungen nach Gl. (4.1), (4.2) und (4.3) berechnet werden kann.

In Bild 4.3 ist für die angenommenen Werte $L_k = 50\ \mu H$, $C_B = 0,5\ \mu F$, $R_B = 10\ \Omega$ und die Kommutierungsspannung $U_k = 500$ V der Spannungs- und Stromverlauf quantitativ aufgetragen. Dabei ist im Zeitpunkt t_0 die Kondensatorspannung $u_C = 0$ angenommen. Für Spannung und Strom ergeben sich gedämpfte Schwingungen.
Die maximale Spannungssteilheit im Thyristor tritt im Zeitpunkt t_0 auf. Sie kann aus Gl. (4.2) und (4.3) berechnet werden. Man erhält

$$\frac{du_A}{dt} = R_B\,\frac{di_C}{dt} + \frac{du_C}{dt}.$$

(4.4)

Für das angegebene Beispiel ergibt sich der Wert $du_A/dt_{max} = R_B U_k/L_k = 100$ V/μs. Dieser Wert muß kleiner als die in den Datenblättern angegebene zulässige Spannungssteilheit sein.

4.1.3   Transformator- und Lastbeschaltung

Neben der direkten Beschaltung der Leistungshalbleiter (der Zellenbeschaltung) können Beschaltungsglieder auch an anderen Komponenten einer Stromrichterschaltung angebracht werden. In Bild 4.4 sind weitere Beschaltungen angegeben. Die Transformatorbeschaltung unterdrückt Überspannungen, die durch Schalten des Transformators oder durch Lastwechsel auftreten. Darüber hinaus dämpft sie aus dem speisenden Wechselstromnetz einlaufende Überspannungen.

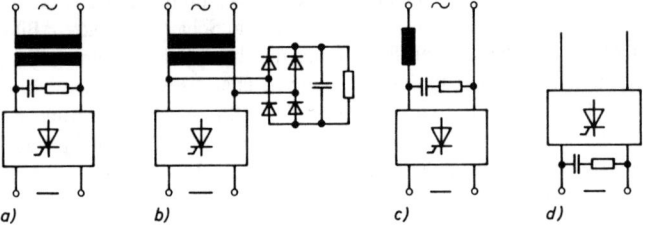

a)   b)   c)   d)

Bild 4.4 Transformator-, Wechselstromnetz- und Lastbeschaltung

Statt eines auf der Sekundärseite des Transformators direkt angeschlossenen RC-Gliedes kann die Transformatorbeschaltung auch über eine Gleichrichterbrücke angeschlossen werden. Dann kann als Beschaltungskondensator ein unipolarer Gleichspannungskondensator verwendet werden. Bei direktem Netzanschluß ohne Transformator wird meist eine Schutzdrossel eingefügt, hinter der eine RC-Beschaltung liegen kann. Schließlich kann eine RC-Beschaltung auch auf der Lastseite zusätzlich zur Zellenbeschaltung vorgenommen werden.

4.1.4   Reihenschaltung

Bei Reihenschaltung von Thyristoren muß sichergestellt werden, daß sich die Gesamt-
spannung möglichst gleichmäßig auf die in Reihe geschalteten Thyristoren verteilt [4.1],
[4.2]. Ohne Beschaltung ist dies absolut nicht gewährleistet, weil Thyristoren gleichen
Typs unterschiedliche Rückwärtsströme haben können, wobei sich eine gleichen Rückwärtsströmen entsprechende ungleichmäßige Spannungsverteilung ergeben würde, und
weil außerdem beim Ein- und Ausschalten infolge von ungleichmäßiger Zündverzugszeit
und ungleichmäßiger Trägerstauladung die Schaltzeitpunkte in Reihe liegender Thyristoren im Mikrosekundenbereich unterschiedlich sein können. In diesem Fall bricht beim
Einschalten die Spannung an dem Thyristor mit der kleinsten Zündverzugszeit zuerst
zusammen, wodurch sich bei den übrigen Thyristoren eine kurzzeitige Spannungserhöhung ergibt. Beim Ausschalten übernimmt der Thyristor mit der kleinsten Sperrverzugs-
ladung kurzzeitig die volle Kommutierungsspannung.
Diese Effekte müssen durch eine entsprechende Beschaltung gemildert werden.

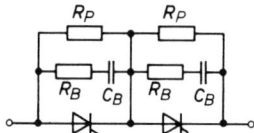

Bild 4.5
Statische und dynamische Spannungsaufteilung
der Reihenschaltung von Thyristoren

Bild 4.5 zeigt die Beschaltung für statische und dynamische Spannungsaufteilung. Die
hochohmigen Parallelwiderstände R_p bestimmen die statische Spannungsaufteilung. Ihr
Strom muß dazu um etwa eine Größenordnung höher als der Rückwärtsstrom der Thyristoren sein. Die dynamische Spannungsaufteilung übernehmen die RC-Beschaltungs-
glieder. Der Beschaltungskondensator C_B speichert Ladungsdifferenzen ΔQ infolge
ungleichmäßiger Zündverzugszeit beim Einschalten und ungleichmäßiger Trägerstauladung beim Ausschalten. Er wird dabei um eine Differenzspannung

$$\Delta U_c = \frac{\Delta Q}{C_B} \tag{4.5}$$

höher aufgeladen. Dies führt beim Ausschalten zu einer der TSE-Spannung überlagerten
zusätzlichen Spannungserhöhung, die so klein wie möglich gehalten werden muß. Der
Beschaltungskondensator C_B ist nach Gl. (4.5) abhängig von den auftretenden Ladungsdifferenzen ΔQ bei Thyristoren eines Typs.

4.1.5   Parallelschaltung

Bei der Parallelschaltung von Thyristoren wird eine möglichst gleichmäßige Stromaufteilung angestrebt. Auch hier ist wie bei der Spannungsaufteilung bei Reihenschaltung eine
statische und eine dynamische Stromaufteilung zu unterscheiden. Die statische Stromaufteilung ergibt sich aus den Durchlaßkennlinien der parallelgeschalteten Thyristoren
sowie aus im Kreis vorhandenen Wirkspannungsabfällen. Bei schnellen Stromänderungen,

z. B. während Schalt- und Kommutierungsvorgängen, wird die dynamische Stromaufteilung zusätzlich stark von den in der Parallelschaltung vorhandenen Induktivitäten beeinflußt.

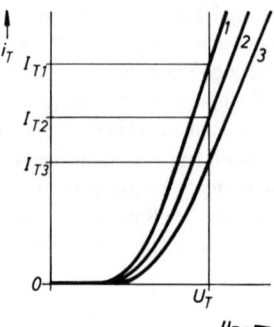

Bild 4.6
Parallelbetrieb von Thyristoren mit unterschiedlichen
Durchlaßkennlinien

Bild 4.6 zeigt die Stromaufteilung beim Parallelbetrieb von Thyristoren mit unterschiedlichen Durchlaßkennlinien. Im stationären Betrieb ist die Spannung U_T an den parallelen
Thyristoren gleich. Entsprechend ihrer verschiedenen Durchlaßkennlinien kann sich dabei
eine ungleichmäßige Stromverteilung ergeben. Zusätzliche Reihen-Wirkwiderstände würden die Stromverteilung vergleichmäßigen, sind jedoch wegen der zusätzlichen Verluste
unwirtschaftlich. Man klassifiziert deshalb Thyristoren (auch Halbleiterdioden) für Parallelbetrieb nach ihrem Durchlaßspannungsabfall bei einem bestimmten Strom und schaltet nur Thyristoren einer Durchlaßspannungsklasse parallel. Wenn in jedem Thyristorzweig Schmelzsicherungen verwendet werden, können diese infolge ihres Spannungsabfalls die Stromaufteilung vergleichmäßigen.

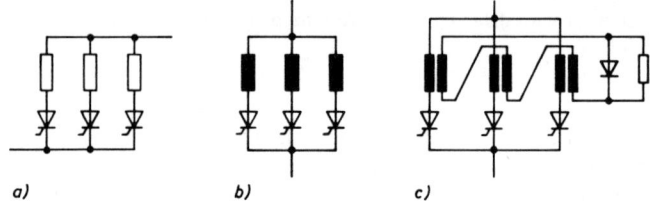

a)   b)   c)

Bild 4.7 Verbesserung der Stromaufteilung bei parallelgeschalteten Thyristoren
a) Stromschienenführung
b) Reiheninduktivitäten
c) verkoppelte Reiheninduktivitäten

Zur Verbesserung der dynamischen Stromaufteilung werden Reiheninduktivitäten verwendet. Bild 4.7 zeigt mögliche Ausführungen. Bei Hochstromanlagen mit vielen parallelen Thyristor- oder Diodenzweigen kann durch den Aufbau der Stromschienen (Zuleitung und Ableitung auf verschiedenen Seiten) die Induktivität der einzelnen Parallel-
zweige vergleichmäßigt werden. Möglich sind auch zusätzliche Reiheninduktivitäten.

Diese können untereinander durch Sekundärwicklungen verkoppelt werden. Dabei unterstützt die Stromänderung in einem Thyristorzweig entsprechende Stromänderungen in den anderen parallelgeschalteten Zweigen. Diese verkoppelten Stromteilerdrosseln sind jedoch aufwendig und werden daher nur in Sonderfällen angewendet.

4.1.6   Beschaltung bei GTO-Thyristoren

GTOs sind abschaltbare schnellschaltende Thyristoren, bei denen der Strom durch einen negativen Steuerstromimpuls unterbrochen werden kann. Anders als normale Thyristoren benötigen sie zur Stromabschaltung also keinen äußeren Kommutierungskreis (Löschkondensator). Sie müssen jedoch beschaltet werden, damit beim Abschalten mit großer Stromsteilheit keine unzulässigen Spannungsbeanspruchungen (zu hohes du/dt und Überspannungen) auftreten.

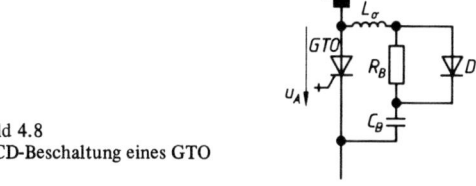

Bild 4.8
RCD-Beschaltung eines GTO

Üblicherweise werden GTOs mit der in Bild 4.8 dargestellten RCD-Beschaltung eingesetzt. Diese Beschaltung zeichnet sich durch Einfachheit und geringen Aufwand an Bauelementen aus. Der Beschaltungskondensator C_B wird durch die Höhe des Abschaltstromes und die zulässige Steilheit der Anodenspannung bestimmt. Es gilt nach der Stromunterbrechung im GTO

$$\frac{du_{CB}}{dt} = \frac{1}{C_B} \cdot i_A \approx \frac{du_A}{dt} . \qquad (4.6)$$

Z. B. wird bei einem Abschaltstrom von 100 A und einem Beschaltungskondensator $C_B = 1 \, \mu F$

$$\frac{du_A}{dt} \approx \frac{100 \, A}{1 \, \mu F} = 100 \, \frac{V}{\mu s} .$$

Beim Einschalten des GTOs entlädt sich der Beschaltungskondensator C_B über den Widerstand R_B. Es entsteht eine Verlustenergie $\frac{1}{2} C_B \cdot U^2$. Mit wachsender Schaltfrequenz kann dies zu merklichen Verlustleistungen führen, die sich u. a. in der Baugröße der Beschaltungswiderstände R_B bemerkbar macht. Außerdem wird der Wirkungsgrad eines Stromrichters mit GTOs, der sonst sehr hoch liegt, dadurch etwas beeinträchtigt.

Prinzipiell ist es möglich, verlustarme Beschaltungen für GTOs zu entwerfen, die den Weg zu höheren Schaltfrequenzen erleichtern und auch den Wirkungsgrad von GTO-Stromrichtern noch weiter verbessern. Bild 4.9 zeigt eine verlustarme Beschaltung eines GTOs in einem Gleichstromsteller (s. Abschn. 8.2). Hier wird neben dem Beschaltungskondensator C_B über Sperr- und Freilaufdioden ein unipolarer Kondensator C_{SP} zur Zwischenspeicherung von Abschaltenergie zugeschaltet. Die gespeicherte Abschaltenergie wird beim späteren Einschalten auf die Netz- oder Lastseite zurückgespeist. Das Prinzip der verlustarmen Beschaltung durch Zwischenspeicherung in Kondensatoren läßt sich auch auf Anwendung bei ein- und mehrphasigen Wechselrichtern erweitern [4.24].

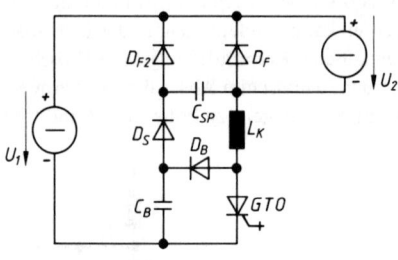

Bild 4.9
Verlustarme Beschaltung eines GTOs in einem Gleichstromsteller
Speicherkondensator C_{SP}
zus. Sperrdiode D_S
zus. Freilaufdiode D_{F2}

4.2   Zündung

Steuerbare Leistungshalbleiter benötigen einen Steuerstrom, durch den das Ventil bei positiver Sperrspannung zwischen Anode und Kathode in den leitenden Zustand (von der positiven Sperrkennlinie auf die Durchlaßkennlinie) geschaltet wird. Dabei sind die Steuereigenschaften zu berücksichtigen [4.22], [4.26].

Bei Thyristoren ist der Steuerstrom i_G der über die Steuerstrecke fließende Strom, der positiv gezählt wird, wenn er in die Steuerelektrode eintritt. Die Steuerspannung u_G ist entsprechend die Spannung zwischen der Steuerelektrode und der Kathode, die positiv gezählt wird, wenn die Steuerelektrode gegenüber der Kathode positive Spannung aufweist. Die Steuerelektrode wird häufig auch mit Steuergate oder kurz Gate bezeichnet.

Von Steuerstrom und Steuerspannung werden Zündstrom i_{GT} und Zündspannung u_{GT} unterschieden. Der Zündstrom ist der Wert des Steuerstroms, der in Vorwärtsrichtung das Umschalten des Thyristors vom gesperrten in den leitenden Zustand (das Zünden) bewirkt. Der Zündstrom ist abhängig von der Anoden-Kathoden-Spannung und von der Sperrschichttemperatur. Die Zündspannung ist die beim Fließen des Zündstroms in der Steuerstrecke auftretende Spannung.

4.2.1   Zündbereich

Bild 4.10 zeigt den Zündbereich des Thyristors, der von einer oberen und unteren Grenzkurve eingeschlossen ist. Dabei wird eine positive Sperrspannung vorausgesetzt, die größer als 6 V ist, außerdem ein ohmscher Hauptstromkreis. Zündstrom und Zündspannung hängen in hohem Maße von der Sperrschichttemperatur $\vartheta_{(vj)}$ ab. Bei niedriger Sperr-

schichttemperatur besteht ein großer Zündstrombedarf, bei hoher Sperrschichttemperatur ein wesentlich niedrigerer. Wird nur der Zündbereich für eine Sperrschichttemperatur
angegeben, so bezieht sich dieser auf 25 °C. Die schraffierten Linienzüge markieren für
die unterschiedlichen Sperrschichttemperaturen jeweils die Grenzen zwischen dem
Bereich möglicher Zündung und dem Bereich sicherer Zündung.

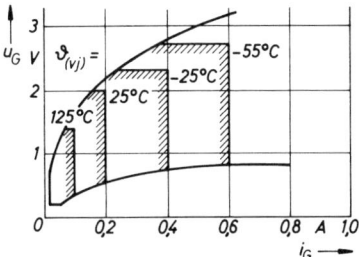
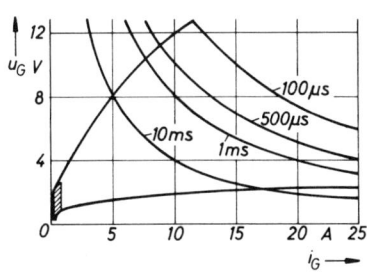

Bild 4.10 Zündbereich bei verschiedenen
Sperrschichttemperaturen

Bild 4.11 Höchstzulässige Spitzensteuerleistung
(Parameter: Impulsdauer)

Das Produkt von Steuerspannung u_G und Steuerstrom i_G ist die Steuerverlustleistung,
die einen oberen Grenzwert nicht überschreiten darf. Die höchstzulässige Spitzensteuerleistung ist natürlich abhängig von der Dauer des Steuerimpulses. In Bild 4.11 ist die
höchstzulässige Spitzensteuerleistung für einen bestimmten Thyristortyp aufgetragen.
Es ergeben sich Hyperbeln mit der Steuerimpulsdauer als Parameter. Ein Überschreiten
der zulässigen Spitzensteuerleistung kann zur Zerstörung der Steuerstrecke und somit
des Thyristors führen.

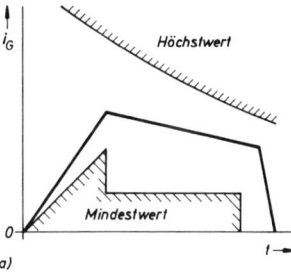
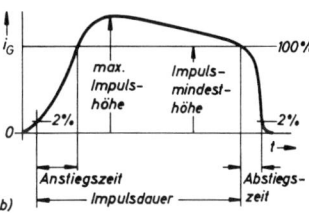
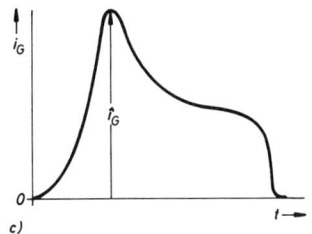

Bild 4.12
Kurvenform von Steuerimpulsen
a) Grenzwerte für den Steuerimpuls
b) typischer Steuerimpuls
c) Steilimpuls

78   4 Beschaltung, Zündung, Kühlung und Schutzeinrichtungen

4.2.2   Steuerimpuls

In Bild 4.12 sind typische Kurvenformen von Steuerimpulsen dargestellt. Bild 4.12a zeigt den Mindest- und Höchstwert für den Steuerstrom i_G. Um eine einwandfreie Zündung sicherzustellen, muß der Steuerimpuls im Bereich sicherer Zündung liegen, also oberhalb der schraffierten Linienzüge von Bild 4.10a. Außerdem muß der Steuerimpuls den Zündverzug überdauern. Schließlich darf der höchstzulässige Steuerverlust nicht überschritten werden. Form und Dauer des Steuerimpulses können in der in Bild 4.12b dargestellten Weise beschrieben werden. Um die Einschaltverluste bei hohen Stromsteilheiten niedrig zu halten, wird dem Steuerimpuls am Anfang häufig eine kräftige Spitze überlagert. Ein solcher in Bild 4.12c gekennzeichneter Steilimpuls (kurze Anstiegszeit gegenüber Impulsdauer, nicht maßstäblich dargestellt) dient zum schnellen Einschalten des Thyristors. Er verringert die Unterschiede in den Zündverzugszeiten, was für die Spannungsaufteilung bei der Reihenschaltung von Thyristoren beim Einschalten wichtig ist.

4.2.3   Steuerimpulsgenerator

Der Steuerstrom wird von einem Steuerimpulsgenerator erzeugt. Dies ist im Normalfall ein Zündverstärker, der den Steuerimpuls entweder direkt oder in den meisten Fällen über einen Zündübertrager in den Steueranschluß eines Thyristors einspeist. Für die Zündung des Thyristors sind folgende Daten des Steuerimpulsgenerators wichtig: Kurzschlußstrom und Leerlaufspannung, Anstiegszeit des Steuerimpulsgenerator-Kurzschlußstromes auf 90% seines Endwertes und Dauer des Steuerstromimpulses.

4.2.3.1 Steuerimpulsgenerator für Thyristor Steuerimpulsgeneratoren für Thyristoren können verschieden aufgebaut sein. Bild 4.13 zeigt ein typisches Schaltungsbeispiel.

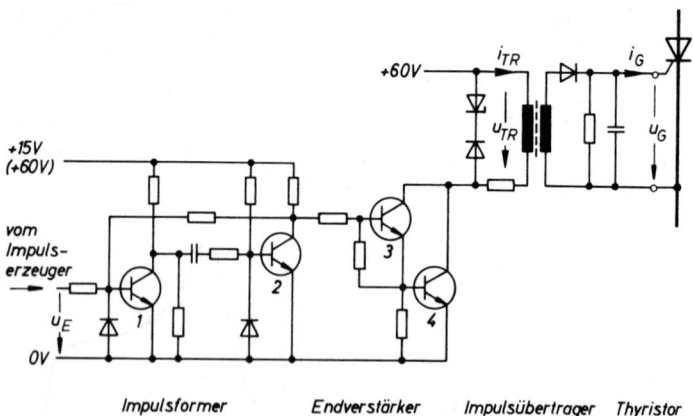

Bild 4.13 Steuerimpulsgenerator (Schaltungsbeispiel)

Der aus den beiden Transistoren 3 und 4 aufgebaute zweistufige Endverstärker erzeugt einen Impulsstrom definierter Höhe und Dauer, wenn der Impulsformer mit den beiden Transistoren 1 und 2 vom Impulserzeuger mit einer Eingangsspannung u_E beaufschlagt wird. Der Stromimpuls i_{C4} wird über den Impulsübertrager der Steuerelektrode des Thyristors zugeführt. Eine Z-Diode übernimmt die Begrenzung der Rückmagnetisierungsspannung des Impulsübertragers. In Bild 4.14 ist das vollständige Impulsdiagramm des Steuerimpulsgenerators wiedergegeben.

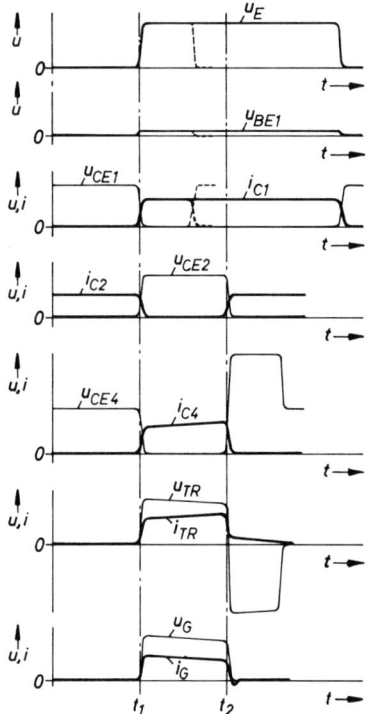

Bild 4.14
Impulsdiagramm des Steuerimpulsgenerators
von Bild 4.13

4.2.3.2 Steuerimpulsgenerator für GTO Wie bei konventionellen Thyristoren hat ein Steuerimpulsgenerator für GTOs Steuerimpulse definierter Anstiegszeit und Amplitude zu erzeugen und das Potential zwischen Steuerungs- und Leistungsteil zu trennen.

Durch das Abschalten ergibt sich die Zusatzanforderung, daß Steuerströme beider Polaritäten erzeugt werden müssen. Außerdem sind die erforderlichen Stromsteilheiten und -amplituden, insbesondere des negativen Impulses, erheblich größer als bei normalen Thyristoren. Unter Umständen kann ein zusätzlicher Dauerstrom erforderlich sein [4.24], [4.25].

Eine Möglichkeit, die erforderlichen Steuerimpulse zu erzeugen, besteht offensichtlich unter Verwendung von Leistungstransistoren und potentialgetrennten Hilfsspannungsquellen. Zusätzlich sind Einrichtungen (z. B. optoelektronische Koppelelemente) zur potentialgetrennten Übertragung der Steuersignale erforderlich. Nachteilig sind bei einer

solchen Anordnung der Aufwand für die potentialgetrennten Hilfsspannungsquellen und die Tatsache, daß die Amplitude des negativen Steuerimpulses i_G durch den zulässigen Spitzenstrom eines Leistungstransistors begrenzt wird.
Eine andere Möglichkeit, den Steuerimpulsgenerator zu realisieren, bieten Impulstransformatoren. Das direkte Einspeisen des Steuerstroms mit Hilfe eines Impulstransformators – wie es bei Thyristoren üblich ist – läßt sich auch bei GTO-Thyristoren anwenden. Zusätzliche Schwierigkeiten ergeben sich jedoch aus der Tatsache, daß Steuerimpulse beider Polaritäten erforderlich sind. Der Impulsübertrager muß rückmagnetisiert werden, ohne daß Impulse jeweils unerwünschter Polarität auftreten.

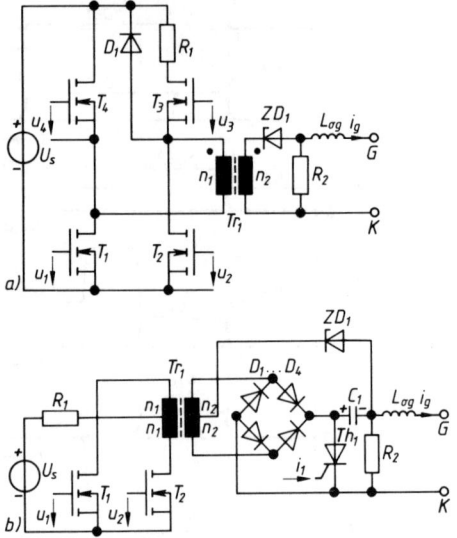

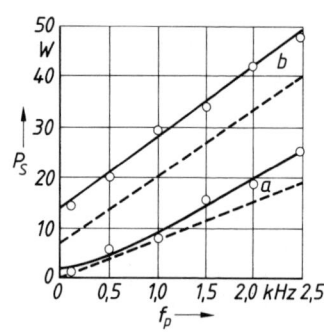

Bild 4.15
Steuerimpulsgenerator für GTO
a) mit direkter Impulstransformator-Ansteuerung
b) mit Energie- und Informationsübertragung durch hochfrequente Impulsketten
c) Gemessene Leistungsaufnahme der Steuerimpulsgeneratoren für GTO nach Bild 4.15a und b

Eine Schaltung, die diese Forderung erfüllt, ist in Bild 4.15a dargestellt. Der Impulstransformator Tr_1 ist primärseitig in einer aus vier MOS-Transistoren T_1 bis T_4 gebildeten Brücke angeordnet. Vorteilhaft ist die mit dem Impulstransformator erzielbare Stromübersetzung. Nachteilig ist die Tatsache, daß kein Dauerzündstrom i_{GC} geliefert werden kann und daß die Stromsteilheit des Steuerstroms (di_G/dt) durch die Streuinduktivität des Impulstransformators begrenzt wird. Die erforderliche große Stromsteilheit des negativen Steuerstroms bis einige 10 A/µs läßt sich auch bei Einsatz streuungsarmer Wickeltechnik nur schwer erzielen. Auch steht die Forderung nach hoher Isolationsspannung des Impulstransformators der Forderung nach kleiner Streuinduktivität entgegen. Beide erwähnten Nachteile lassen sich vermeiden, wenn der Impulstransformator nur zur Übertragung hochfrequenter Impulsketten benutzt wird (Bild 4.15b). Der Zündstrom wird erzeugt, indem die Transistoren T_1 und T_2 alternierend mit hoher Frequenz schalten (f ≈ 100 kHz). Der Ladestrom des Kondensators C_1 bildet den Einschaltimpuls, während der Abschaltimpuls durch das Entladen dieses Kondensators über einen kleinen Thyristor Th_1 erzeugt wird. Der Zündstrom i_1 für diesen Thyristor kann von einer einfachen elektrischen Schaltung auf der Sekundärseite erzeugt werden, die das Auftreten oder Ausbleiben der hochfrequenten Impulskette an den Sekundärwindungen n_2 detektiert. Diese Schaltung wurde aus Gründen der Übersicht weggelassen. Über eine Diode ZD_1 oder einen Widerstand wird während der Dauer der hochfrequenten Impulskette ein Dauerzündstrom i_{GC} in den Steueranschluß gespeist. Diese und ähnliche Ausführungen des Steuerimpulsgenerators sind gut für GTO-Thyristoren hoher Leistung geeignet.

Bild 4.15c zeigt die gemessenen Leistungsaufnahmen zweier ausgeführter Steuerimpulsgeneratoren für GTO-Thyristoren (Schaltung entsprechend Bild 4.15a und b). Gestrichelt eingezeichnet ist jeweils die untere Grenze der Leistungsaufnahme, die sich durch vereinfachte theoretische Überlegungen bestimmen läßt. Die ausgeführten Steuerimpulsgeneratoren sind für einen GTO-Thyristor mit ca. 400 A abschaltbarem Strom dimensioniert [4.24].

4.2.3.3 Steuerimpulsgeneratoren für bipolare und MOS-Leistungstransistoren Es sollen auch Beispiele für Beschaltung und Ansteuerung von bipolaren Leistungstransistoren und von MOSFETs betrachtet werden.

Bild 4.16a zeigt eine Darlington-Schaltung mit Ansteuerung. Außer den beiden bipolaren Transistoren T_1 und T_2 und der Rückstromdiode D_F im Leistungskreis sind eine Reihe weiterer Dioden und 2 Widerstände im Steuerkreis vorhanden. Die Ausräumdioden D_1 und D_2 räumen die Ladung aus der Basis von T_2, wenn T_1 abgeschaltet hat. Die Dioden D_{QS} und D_{QB} bilden eine Antisättigungsschaltung (einen Umweg für den Basisstrom von T_1).

Die Widerstände R_1 und R_2 dienen der statischen Spannungsaufteilung im Sperrzustand. Die Stromverstärkung von T_2 liegt im Bereich von 3...5...10, die Stromverstärkung von T_1 im Bereich von 20...50. Es ergibt sich eine Gesamtstromverstärkung von 100 bis 200. Bild 4.16b zeigt einen MOSFET mit Ansteuerung. Zum Schutz des Gates gegen Überspannungen sind antiseriell Zenerdioden Z_G zwischen Gate und Source geschaltet, die insbesondere ein Überschwingen der Gatespannung bei schnellen Schaltvorgängen verhindern. Wenn die in dem MOSFET integrierte parasitäre Diode D_P relativ langsam ist, muß zusätzlich eine schnellschaltende Freilaufdiode D_F vorgesehen werden. Die parasitäre Diode D_P muß dann über eine Seriendiode D_S (niedrigsperrende Schottky-Diode) abgeblockt werden.

Neuartige Entwicklungen haben zu MOSFETs mit schnellen integrierten Dioden geführt (FREDFET). Dann wird keine zusätzliche äußere Freilaufdiode benötigt.

In Bild 4.16c ist die Treiberleistung der vorgestellten Schaltungsbeispiele in Abhängigkeit von der Schaltfrequenz dargestellt: Bipolarer Transistor, MOSFET und zusätzlich IGBT.

Beim bipolaren Transistor ist die Treiberleistung stark laststromabhängig. MOSFETs und IGBTs haben hier deutliche Vorteile.

4.2.3.4 Steuerleistung In Tabelle 4.1 ist das Steuerverhalten abschaltbarer Leistungshalbleiter zusammengestellt. Für die verschiedenen Bauelemente sind typische Span-

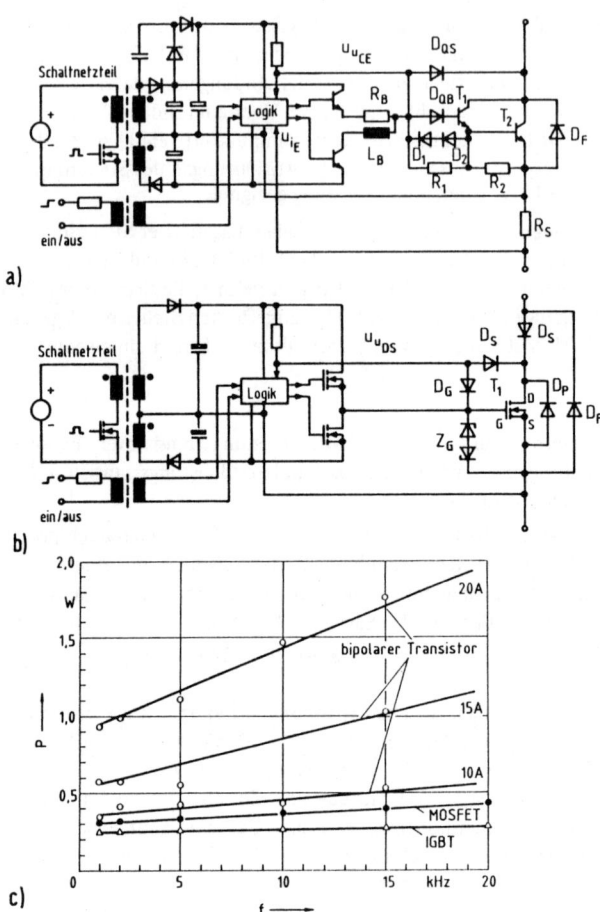

Bild 4.16 Typische Steuergeneratoren
a) für bipolare Leistungstransistoren, b) für MOS-Leistungstransistoren,
c) Leistungsbedarf abhängig von der Schaltfrequenz

nungs- und Stromwerte beispielhaft ausgewählt. Für die gewählten Bauelemente ergäbe sich in Drehstrom-Brückenschaltung etwa die angegebene Leistung für einen Pulswechselrichter (vgl. Abschn. 13.3). Unter den typischen Steuerimpulsformen ist der Leistungsbedarf P_{STG} von vernünftig dimensionierten Steuergeneratoren, abhängig von der Schaltfrequenz, aufgetragen. Die gesamte Steuerleistung P_{ST} in W (6 Steuergeneratoren) bei ausgewählten Schaltfrequenzen ist für die einzelnen Bauelemente angegeben. Man kann daraus eine auf die Stromrichterleistung P_{SR} bezogene spezifische Steuerleistung bilden, die im Bereich mehrerer Hundertstel bis einigen Zehntel Prozent liegt. Im Frequenzbereich um 20 kHz haben IGBTs und MOSFETs besonders günstige Werte.

Tabelle 4.1 Steuerleistungsbedarf von abschaltbaren Leistungshalbleitern

	GTO		BIP. T. TR.		IGBT		MOSFET		SIT	
typ. Werte	1200 V,	600A	800 V,	100A	1000 V,	50A	500 V,	20A	600 V,	20A
Leistung P_{SR}	180 kW		40 kW		25 kW		5 kW		6 kW	
Steuerimpulsform	u_G i_G		u_G i_G		u_G i_G		u_G i_G		u_G i_G	
Leistungsbedarf P_{STG} [W] eines Steuergenerators	P_{STG}/W (1 2 kHz)		P_{STG}/W (2 5 kHz)		P_{STG}/W (10 20 kHz)		P_{STG}/W (20 50 kHz)		P_{STG}/W (100 200 kHz)	
ges. Steuerleistung P_{ST}	50 Hz	1 kHz	1 kHz	3 kHz	5 kHz	15 kHz	20 kHz	50 kHz	50 kHz	200 kHz
abs. [W]	60	90	39	52	1,8	2,0	2,7	3,9	21	60
rel. (P_{ST}/P_{SR}) [%]	0,03	0,05	0,1	0,13	0,007	0,008	0,05	0,08	0,35	1,0

4.2.4 Steuersatz

In Stromrichterschaltungen müssen die Steuerimpulse den steuerbaren Leistungshalbleitern, Thyristoren oder Leistungstransistoren periodisch mit der Taktfrequenz zugeführt werden [4.3], [4.8], [4.9], [4.11]. Meist wird dabei zum Steuern des Energieflusses mit einem verstellbaren Steuerwinkel α gearbeitet (s. Abschn. 6, 7 und 8).

Einrichtungen zum Zünden von steuerbaren Stromrichterventilen in Stromrichtern werden Steuersätze genannt. Sie dienen zum Steuern des Energieflusses vorwiegend nach dem Verfahren der Zündeinsatzsteuerung.

Bild 4.17 zeigt ein Beispiel für den Aufbau eines Steuersatzes (nach DIN 41 750, Bl. 7) aus verschiedenen Funktionseinheiten. Im Impulserzeuger wird periodisch der den Zündzeitpunkt bestimmende Impuls ausgelöst. Der Impulsformer bestimmt Impulsform und Impulslänge. Der Endverstärker erhöht die Impulsleistung und meist auch die Impulssteilheit. Der Impulsübertrager trennt das Potential zwischen Steuersatz und den einzelnen Stromrichterventilen. Außerdem dient er als Impedanzwandler der Anpassung des Steuerimpulses an die für die Zündung des Stromrichterventils geeigneten Werte von Impulsstrom und -spannung.

Die Synchronisiereinheit dient der Synchronisation mit einer taktgebenden Wechselspannung. Das Eingangssignal des Eingangsverstärkers bestimmt den veränderbaren Zeitpunkt des Impulsbeginns; es ändert also den Steuerwinkel α. Mit dem Steuerbereichsbegrenzer kann die Wirkung des Eingangssignals auf einen bestimmten Bereich beschränkt werden. Das Impulsverschiebungssignal dient der Zündsperrung, ebenso das Impulsunterdrückungssignal.

In einem Steuersatz müssen nicht alle in Bild 4.17 angegebenen Funktionseinheiten enthalten sein, andererseits können auch noch andere Funktionseinheiten vorkommen [4.15], [4.17], [4.19].

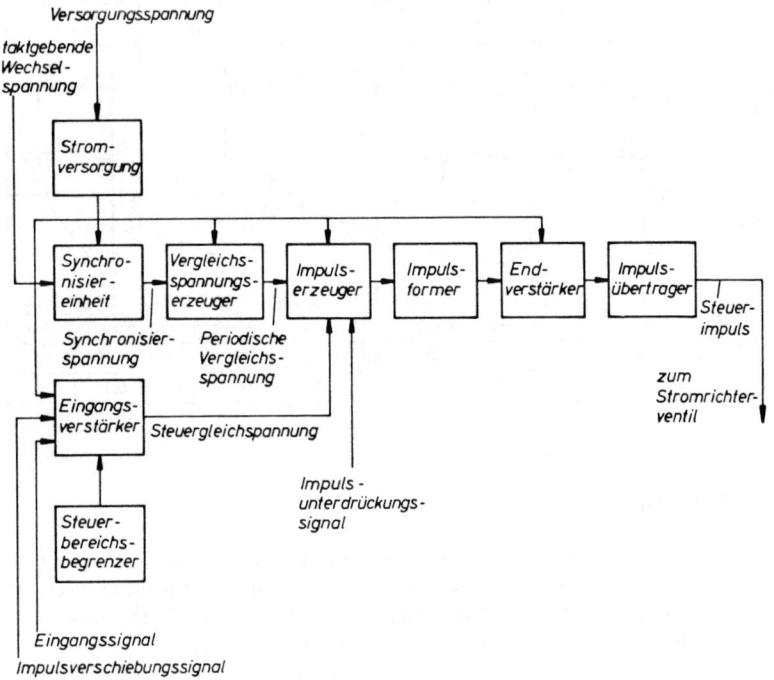

Bild 4.17 Beispiel für einen Steuersatz (nach DIN 41 750, Bl. 7)

4.3   Kühlung

In Leistungshalbleitern treten im Betrieb Verluste auf, die eine Erwärmung hervorrufen. Abgesehen von den Kupferverlusten in den Zu- und Ableitungen entstehen diese Verluste im eigentlichen Halbleitersystem, einer dünnen Siliziumscheibe von einigen 100 μm Stärke, d. h. konzentriert in einem sehr kleinen Volumen. Diese Verluste setzen sich aus Durchlaß-, Sperr-, Schalt- und Steuerverlusten zusammen. Die entsprechende Verlustwärme muß über Gehäuse und Kühlkörper an die Umgebung abgeführt werden [4.12].

4.3.1 Betriebs- und Grenztemperaturen

Mit Rücksicht auf das Halbleitersystem dürfen Leistungshalbleiter auch im unbelasteten Zustand nur innerhalb eines zulässigen Temperaturbereiches gelagert werden. Dieser Temperaturbereich heißt Lagertemperaturbereich. Für Thyristoren gelten untere Grenzwerte von ungefähr $-65\,^\circ$C und obere von $150\,^\circ$C bis $200\,^\circ$C. Bei Überschreiten des Lagertemperaturbereichs können sich Veränderungen an der Oberfläche der Siliziumscheibe ergeben, die die Sperreigenschaften bleibend beeinträchtigen.

Der Betriebstemperaturbereich kennzeichnet den Bereich zwischen zwei Grenzwerten der Kühlmitteltemperatur, innerhalb dessen ein Thyristor betrieben werden darf.

Die Sperrschichttemperatur eines Thyristors darf im elektrischen Betrieb einen oberen Grenzwert nicht überschritten, weil sonst Verschlechterungen der Thyristoreigenschaften auftreten. Dies gilt besonders für eine verminderte Spannungsfestigkeit in Durchlaßrichtung, verminderte kritische Spannungssteilheit und eine vergrößerte Freiwerdezeit. Bei Thyristoren wird der obere Grenzwert für die Sperrschichttemperatur meist mit $125\,^\circ$C angegeben. Bei Siliziumdioden liegt er unter $200\,^\circ$C. Da auch bei Überlast dieser obere Grenzwert nicht überschritten werden soll, muß der im Betrieb auftretende Dauerstrom so weit herabgesetzt werden, daß auch ein Überstrom keine höhere Sperrschichttemperatur als z. B. $125\,^\circ$C hervorruft.

In Störungsfällen darf die Sperrschichttemperatur kurzzeitig auf höhere Werte ansteigen, ohne daß der Thyristor bleibend verschlechtert wird. Er kann dabei allerdings vorübergehend seine Blockierfähigkeit einbüßen. Die untere Grenze des Betriebstemperaturbereiches liegt bei Thyristoren zwischen $0\,^\circ$C und $-65\,^\circ$C. Sie wird u. a. durch einen zu großen Steuerleistungsbedarf vorgegeben (s. Bild 4.10).

Zerstörung eines Thyristors im Betrieb tritt auf, wenn kurzzeitig so hohe Temperaturen in der Siliziumscheibe entstehen, daß die Eigenleitung im Silizium überwiegt. Dies tritt je nach Betriebszustand im Bereich zwischen $200\,^\circ$C und $400\,^\circ$C auf. Dabei genügt es, daß nur eine Stelle der Siliziumscheibe solche Temperaturen erreicht. Infolge ihrer ansteigenden Leitfähigkeit übernimmt diese einen größeren Anteil des Anodenstroms und wird weiter aufgeheizt. Dieser Einschnüreffekt führt zur Zerstörung des Thyristors.

4.3.2 Verluste

Beim Betrieb eines Thyristors treten elektrische Verluste auf. Der zeitliche Verlauf der Verlustleistung

$$p(t) = u_A i_A \tag{4.7}$$

ist also das Produkt von Thyristorspannung u_A und Thyristorstrom i_A. Bei periodischem Betrieb kann eine mittlere Verlustleistung

$$P = \frac{1}{T}\int_0^T p(t)\,dt = \frac{1}{T}\int_0^T u_A i_A\,dt \tag{4.8}$$

angegeben werden, wobei T die Periodendauer ist.

Gl. (4.7) und (4.8) ergeben Verlustleistungen. Durch Integration über die Zeit erhält man daraus die Verlustenergie, die einer Wärmemenge äquivalent ist. Im periodischen Betrieb durchläuft ein Thyristor zyklisch Betriebszustände auf seinen drei Kennlinienästen. Die Verluste sind also aus verschiedenen Komponenten zusammenzusetzen: Durchlaßverluste, Sperrverluste, Schaltverluste und zusätzliche Steuerverluste.

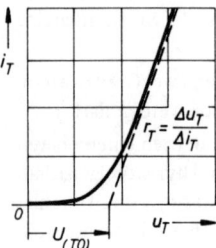

Bild 4.18
Schleusenspannung und Ersatzwiderstand

Durchlaßverluste treten im Durchlaßzustand auf, wenn der Thyristor mit Durchlaßstrom belastet wird. Nach Bild 4.18 kann die Durchlaßkennlinie eines Thyristors (auch die einer Halbleiterdiode) durch die Schleusenspannung $U_{(TO)}$ und einen konstanten Ersatzwiderstand r_T angenähert werden. Für die Durchlaßspannung ergibt sich dann

$$u_T = U_{(TO)} + r_T i_T. \tag{4.9}$$

Nach Gl. (4.8) und (4.9) erhält man damit die Durchlaßverlustleistung

$$P_T = \frac{1}{T} \int_0^T (U_{(TO)} + r_T i_T) i_T dt = U_{(TO)} \frac{1}{T} \int_0^T i_T dt + r_T \frac{1}{T} \int_0^T i_T^2 dt =$$

$$= U_{(TO)} I_{Aav} + r_T I_{Aeff}^2. \tag{4.10}$$

Die Durchlaßverluste sind danach sowohl vom Mittelwert I_{Aav} als auch von Effektivwert I_{Aeff} des Ventilstroms abhängig. Daher muß der Dauergrenzstrom von Halbleiterdioden und Thyristoren immer in Verbindung mit der Stromkurvenform angegeben werden. Bei Anwendungen im Netzfrequenzbereich (16 2/3, 50 oder 60 Hz) stellen die Durchlaßverluste den Hauptanteil der Gesamtverluste dar.

Sperrverluste treten während der Zeiten auf, wo ein Thyristor (oder eine Halbleiterdiode) auf den Sperrkennlinien betrieben wird. Da die Sperrströme bis zur Knickspannung nur einige mA betragen, sind die Sperrverluste, die sich als Produkt von Sperrspannung und Sperrstrom ergeben, klein. Der Sperrstrom i_R ist weitgehend unabhängig vom Augenblickswert der Sperrspannung, solange nicht über den Sperrstromknick Betrieb gemacht wird. Für eine sinusförmige Sperrspannung (eine Halbschwingung) ergibt sich eine Sperrverlustleistung

$$P_R = \frac{1}{T} \int_0^{T/2} p_R dt = \frac{1}{T} \int_0^{T/2} I_R \hat{u}_R \sin \omega t dt = \frac{1}{\pi} I_R \hat{u}_R. \tag{4.11}$$

Beim Übergang von der positiven Sperrkennlinie auf die Durchlaßkennlinie treten Einschaltverluste auf, beim Übergang von dem Durchlaßzustand in den Sperrzustand Ausschaltverluste (s. Bild 3.8 und 3.9). Die Augenblickswerte der Ein- bzw. Ausschaltverlustleistungen können sehr groß sein. Bei Leistungsthyristoren in Schaltungen mit kleinen Streuinduktivitäten erreichen sie Werte bis zu mehreren kW. Da sie jedoch nur kurzzeitig während einiger Mikrosekunden auftreten, stellen sie bei Anwendungen mit Netzfrequenz nur einen geringen Anteil der Gesamtverluste dar. Sie können dann bei der Gesamtverlustbilanz vernachlässigt werden, sind jedoch bei der Auslegung der Beschaltung zu berücksichtigen (s. Abschn. 4.1).

Bei Anwendungen mit höheren Schaltfrequenzen im Mittelfrequenzbereich von einigen 100 Hz bis über 10 kHz treten jedoch die Schaltverluste zunehmend in den Vordergrund [4.7]. Ausschlaggebend für die Belastbarkeit der Thyristoren sind dann die örtlich in der Nähe des Steueranschlusses auftretenden Ein- und Ausschaltverluste. Die Strombelastbarkeit muß gegenüber 50-Hz-Anwendungen erheblich verringert werden. Der Anteil an den Gesamtverlusten kann je nach Schaltfrequenz und Stromsteilheit erheblich sein. Die Belastbarkeit von Thyristoren bei höheren Frequenzen wird meist in Diagrammen angegeben.

Bei steuerbaren Stromrichterventilen treten Steuerverluste auf, solange Steuerstrom vom Steueranschluß zur Kathode fließt. Der Augenblickswert der Steuerverlustleistung ist

$$p_G = u_G i_G. \qquad (4.12)$$

Die mittlere Steuerverlustleistung P_G kann aus den Steuerkennlinien eines Thyristors bei Kenntnis der Kurvenform des Steuerstromimpulses bestimmt werden.

4.3.3   Thermische Ersatzschaltung

Die infolge der Verluste im Leistungshalbleiter auftretende Erwärmung kann mit der thermischen Ersatzschaltung angenähert berechnet werden. Bild 4.19 zeigt den schematisierten Aufbau eines Thyristors in Flachbodenzellen-Bauform auf einem Kühlkörper.

Die im Halbleitersystem erzeugte Wärme fließt über den Gehäuseboden auf den Kühlkörper und von dort an die Umgebung ab.

Zur vereinfachten Berechnung eines solchen Systems werden der Siliziumscheibe, dem Gehäuse, dem Kühlkörper und der Umgebung Temperaturwerte ϑ zugeordnet: Sperrschichttemperatur $\vartheta_{(vj)}$, Gehäusetemperatur ϑ_G, Kühlkörpertemperatur ϑ_K und Umge-

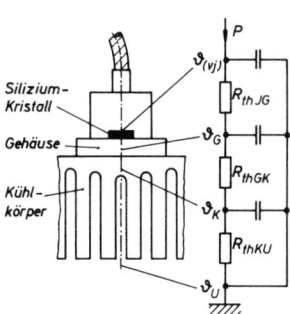

Bild 4.19
Temperaturen ϑ und Wärmewiderstände R_{th} bei einem
Thyristor mit Kühlkörper

bungstemperatur ϑ_U. Dabei handelt es sich um virtuelle Werte in Wirklichkeit ist auch die Temperatur in den verschiedenen Komponenten unterschiedlich. Zwischen den einzelnen Komponenten eines solchen Kühlsystems liegen Wärmewiderstände, die im allgemeinen komplex sind, weil außer der Wärmeleitfähigkeit alle Komponenten auch ein Wärmespeichervermögen haben. Diese erscheinen als Wärmekapazitäten in der thermischen Ersatzschaltung.

In einer derartigen thermischen Ersatzschaltung besteht zwischen Verlustleistung und Temperatur ein ähnlicher Zusammenhang wie zwischen Strom und Spannung in einem elektrischen Netzwerk (s. Tabelle 4.2). Eine Wärmequelle speist die Verlustleistung P in Wärmewiderstände, an denen Temperaturdifferenzen $\Delta\vartheta$ auftreten.

Tabelle 4.2 Analogie thermischer und elektrischer Kenngrößen

Thermische Kenngröße		Elektrische Kenngröße	
Wärmemenge (Energie)	Q in Ws	Ladung	Q in As
Wärmestrom (Leistung)	P in W	Strom	I in A
Temperaturunterschied	$\Delta\vartheta$ in K	Spannung	U in V
Wärmewiderstand	R_{th} in K/W	Widerstand	R in V/A
Wärmekapazität	C_{th} in Ws/K	Kapazität	C in As/V
Thermische Zeitkonstante	$\tau_{th} = R_{th}C_{th}$ in s	Zeitkonstante	t = RC in s

Eine stark vereinfachte thermische Ersatzschaltung eines Halbleiterventils mit Kühlkörper erhält man für Dauerbetrieb, das ist Betrieb mit konstanter Wärmeleistung, ohne Berücksichtigung der Wärmekapazitäten (Bild 4.20). Der innere Wärmewiderstand R_{thJG} ist ein Kennwert des Thyristors. Sein oberer Grenzwert wird in Datenblättern in Verbindung mit dem verwendeten Kühlkörper angegeben. Der äußere Wärmewiderstand R_{thGU} enthält den Übergang zwischen Thyristorgehäuse und Kühlkörper und den Wärmewiderstand des Kühlkörpers einschließlich des Wärmeübergangs auf die Umgebung. Der äußere Wärmewiderstand ist von der Konstruktion des Kühlkörpers abhängig. Für typische Bauformen von Halbleiterventilen sind in Tabelle 4.3 Richtwerte für den inneren und äußeren Wärmewiderstand angegeben. Die mittlere Sperrschichttemperatur

$$\vartheta_{(vj)} = P(R_{thJG} + R_{thGU}) + \vartheta_U \tag{4.13}$$

kann bei gegebener Verlustleistung P berechnet werden. Bei zeitlich schwankender Wärmeleistung unterliegt auch die Sperrschichttemperatur zeitlichen Schwankungen. Die thermische Ersatzschaltung in Bild 4.20 berücksichtigt nicht das Wärmespeichervermögen. Sie ist daher für Impulsbetrieb nicht anwendbar. Bild 4.21 zeigt die thermische Ersatzschaltung für Impulsbetrieb, wobei das Wärmespeichervermögen durch Wärmekapazitäten berücksichtigt wird [4.13]. Es ergibt sich ein Kettenleiter mit thermischen RC-Gliedern. Jedes RC-Glied hat eine eigene thermische Zeitkonstante

$$\tau_n = R_{(th)n}C_{(th)n}.$$

Ein solcher thermischer Kettenleiter aus RC-Gliedern kann ähnlich wie in RC-Kettenleiter in elektrischen Schaltkreisen berechnet werden. Dazu wird die in Bild 4.21 dar-

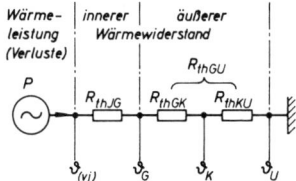

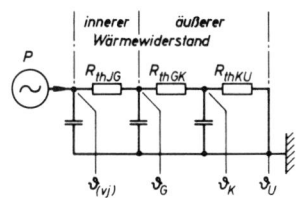

Bild 4.20 Vereinfachte thermische Ersatzschaltung eines Thyristors mit Kühlkörper für stationären Betrieb

Bild 4.21 Thermische Ersatzschaltung eines Thyristors mit Kühlkörper für Impulsbetrieb

gestellte thermische Ersatzschaltung meist in eine Reihenschaltung von thermischen RC-Gliedern umgeformt, weil dieses einer Berechnung leichter zugänglich ist. Eine analytische Auswertung ergibt für den sogenannten transienten Wärmewiderstand

$$Z_{(th)t} = \sum_{n=1}^{n=m} R_{(th)n} \left(1 - e^{-\frac{t}{\tau_n}} \right). \tag{4.14}$$

Der transiente Wärmewiderstand kann in Abhängigkeit von der Zeit dargestellt werden (Bild 4.22). Mit der dargestellten Kurve käßt sich die Erwärmung der Sperrschicht bei bekannten zeitlichen Verlauf der Wärmeleistung p(t) ermitteln. Bild 4.23 zeigt als Beispiel den Temperaturverlauf der Sperrschicht bei einem Einzelimpuls und einer Impulskette.

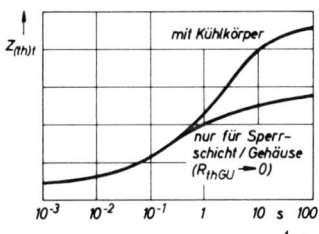

Bild 4.22 Transienter Wärmewiderstand eines Thyristors mit Kühlkörper (Impulswärmewiderstand)

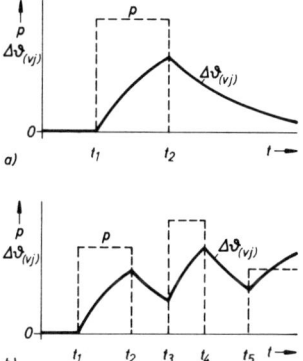

Bild 4.23 Sperrschichttemperaturverlauf
a) bei einem Einzelimpuls
b) bei einer Impulskette

4.3.4 Kühlkörper

Leistungshalbleiter werden meistens mit den zugehörigen Kühlkörpern geliefert. Der Wärmewiderstand eines Kühlkörpers ist abhängig vom verwendeten Werkstoff, von seiner Konstruktion und von der Kühlmittelgeschwindigkeit (s. Tabelle 4.3). Beim Zusammenbau von Leistungshalbleitern und Kühlkörper muß darauf geachtet werden, daß der

Tabelle 4.3 Typische Werte für den inneren und äußeren Wärmewiderstand

Gehäuse-bauform	Dauer-grenz-strom	Wärmewiderstand				
		R_{thJG}	R_{thGU} bei			
			Luft-selbst-kühlung	Fremdlüf-tung bei $v = 6$ m/s	Wasser-kühlung	Wärme-rohr-kühlung
	A	K/W	K/W	K/W	K/W	K/W
Schraub-zellen	6... 30	2,5...0,8	5,5...1,2	2,0...0,4		
Flachboden-zellen (auch Schraub-zellen)	30...400	0,8...0,08	1,2...0,5	0,4...0,15	0,08...0,06	
Scheiben-zellen	200...800	0,1...0,04	0,5...0,25	0,2...0,08	0,04...0,02	0,03

Wärmewiderstand der Übergangsstelle durch sachgerechten Aufbau möglichst klein gehalten wird. Dazu sind saubere Kontaktflächen, die häufig vor dem Zusammenbau mit einem Kontaktfett eingerieben werden, und richtiger und gleichmäßiger Anpreßdruck erforderlich.

4.3.5 Kühlarten

Die Wärmeübertragung in einem Kühlsystem kann als Wärmeleitung, Konvektion und Strahlung vor sich gehen. Bei der Wärmeleitung (in Gasen, Flüssigkeiten und in festen Stoffen) wird die Wärme von Molekül zu Molekül weitergeleitet. Bei der Konvektion wird die Wärme durch bewegte Materieteilchen mitgeführt. Wenn die Lageänderung durch den Auftrieb hervorgerufen wird, spricht man von freier Konvektion. Erzwungene Konvektion kann mittels Gebläse oder Pumpen vorgenommen werden (Kühlmittel: Gase oder Flüssigkeiten). Bei Wärmestrahlung wird die Wärme ohne materiellen Träger durch elektromagnetische Wellen (vorwiegend im infraroten Bereich) übertragen. Strahlung ist die einzige Wärmeübertragungsart, die Vakuum durchdringen kann.

Kühlarten für Halbleiter-Stromrichtersätze und -Stromrichtergeräte sind in DIN 41 751 festgelegt.

Unterschieden wird zwischen unmittelbarer und mittelbarer Kühlung. Bei der unmittelbaren Kühlung wird die Verlustwärme vom Stromrichtersatz und anderen Ausrüstungsteilen unmittelbar an das Kühlmittel abgegeben. Bei der mittelbaren Kühlung wird die Verlustwärme über einen Wärmeträger oder Wärmeleiter an das Kühlmittel übertragen. Ein Kühlmittel führt die Verlustwärme ab. Kühlmittel sind Luft und Wasser.

Natürliche Kühlung Bei der natürlichen Kühlung wird die Verlustwärme durch natürlichen Luftzug abgeführt (Luftselbstkühlung). Der Kühlkörper gibt die Wärme durch (freie) Kon-

vektion und Strahlung an die Umgebung ab. Konvektion und Strahlung sind temperatur-
abhängig. Deshalb nimmt der Wärmewiderstand eines Kühlkörpers bei Luftselbstkühlung
mit steigender Verlustleistung ab. Eine möglichst ungehinderte Zu- und Abströmung der
Kühlluft muß gegeben sein (möglichst senkrechte Kühlkörper).

Verstärkte Kühlung Bei der verstärkten Kühlung wird zwischen Fremdlüftung und Wasserkühlung unterschieden. Bei der Fremdlüftung wird die Kühlluft durch einen Lüfter
bewegt (meist zwischen den Kühlrippen durchgesaugt). Der Wärmewiderstand des Kühlkörpers hängt von der Geschwindigkeit der an den Kühlkörpern vorbeiströmenden Kühlluft ab. In den technischen Daten wird meist eine Luftgeschwindigkeit zwischen den
Kühlrippen von 6 m/s zugrunde gelegt. Höhere Luftgeschwindigkeit (bis 12 m/s) ermöglicht die Ableitung einer höheren Verlustleistung.
Mit Wasserkühlung wird ein wesentlich niedrigerer äußerer Wärmewiderstand erreicht
(s. Tabelle 4.3). Die Eintrittstemperatur des Kühlmittels kann gegenüber Luftkühlung
um 10 bis 20 °C niedriger liegen (höhere Temperaturdifferenz zwischen Gehäuse und
Sperrschichttemperatur möglich). Auch bei Wasserkühlung nimmt der Wärmewiderstand
des Kühlers mit zunehmender Kühlmittelgeschwindigkeit ab. Das Kühlwasser wird durch
Kühldosen (bei Parallelbetrieb mehrerer Halbleiterventile auch durch langgestreckte
Kupfer- oder Aluminium-Hohlschienen) zugeführt, auf die Siliziumdioden oder Thyri-
storen montiert sind.
Bei Wasserkühlung wird die Verlustwärme unmittelbar durch Frischwasser abgeführt.
Bei mittelbarer Kühlung überträgt ein Wärmeträger (Luft, Öl oder andere isolierende
Flüssigkeit, Wasser) die Verlustwärme in einem geschlossenen Kreislauf über einen
Wärmeaustauscher oder über das Gehäuse des Stromrichtergerätes an das Kühlmittel.
Der Wärmeträger kann sich durch natürlichen thermischen Auftrieb bewegen oder er
wird durch einen Lüfter oder eine Pumpe umgewälzt.

Tabelle 4.4 Kurzzeichen gebräuchlicher Kühlarten (nach Din 41 751)

Kühl-mittel-	Natürliche Kühlung					
	unmittel-bar	mittelbar durch				
		Wärme-leiter	Wärmeträger im			
			natürlichen Umlauf		erzwungenen Umlauf	
			Luft	Öl	Luft	Öl
Luft	S	KS	LS	OS	LUS	OUS
Wasser	–	–	–	–	–	–
	Verstärkte Kühlung					
Luft	F	KF	OF	LUF	OUF	WUF
Wasser	W	–	OW	LUW	OUW	WUW

Bei Geräten kleinerer Leistung wird die Verlustwärme häufig durch einen Wärmeleiter (Kühlbleche, Kühlschienen und andere Aufbauteile) an das Kühlmittel übertragen. In Tabelle 4.4 sind die Kurzzeichen gebräuchlicher Kühlarten angegeben: Der durch Strahlung abgeführte Teil der Verlustwärme wird bei der Angabe der Kühlart nicht berücksichtigt. Für die Berechnung von Kühlsystemen wichtige physikalische Konstanten sind in Tabelle 4.5 enthalten. Die Wärmeübergangszahl von Metall auf das Kühlmittel bzw. den Wärmeübertrager bei Luft, Öl und Wasser verhält sich ungefähr wie 1 : 10 : 100.

Tabelle 4.5   Physikalische Konstanten verschiedener Kühlmittel

Kühlmittel		Luft	Öl	Wasser
Wärmeleitfähigkeit λ	W/mK	0,028	0,12	0,624
Spezifische Wärme c	J/kgK	1000	1900	4200
Dichte ρ	kg/m^3	1,09	859	988
Kinematische Zähigkeit ν	m^2/s	$18 \cdot 10^{-6}$	$9,3 \cdot 10^{-4}$	$0,55 \cdot 10^{-6}$
Wärmeübergangszahl α	W/m^{2}K	35	350	3500
Metall-Kühlmittel		bei v = 6 m/s		

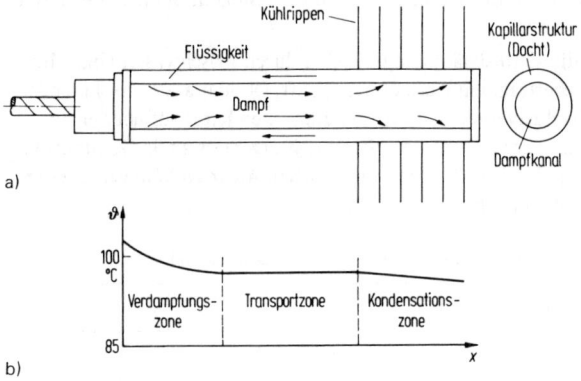

Bild 4.24 Wärmerohrkühler (heat pipe); a) Aufbau, b) Temperaturverlauf

Siedekühlung In Sonderfällen wird auch bei Stromrichtern Siedekühlung eingesetzt. Bild 4.24 zeigt Aufbau und Wirkungsweise eines Wärmerohrkühlers (heat pipe). Das Wärmerohr überträgt die Wärme mit sehr geringem Temperaturabfall bis an die Wurzel der Kühlrippen, die dadurch gleichmäßig zur Wärmeübertragung an das Kühlmittel Luft beitragen. Das Wärmerohr ist evakuiert und mit einem Transportmittel gefüllt (meist Wasser). Zur Wärmeübertragung wird das Prinzip der Verdampfungskühlung ausgenutzt. In der Verdampfungszone verdampft das Transportmittel durch die vom Halbleiterventil erzeugte Verlustwärme. Der Dampf kondensiert in der Kondensationszone. Das entsprechende Kondensat strömt durch die Kapillarstruktur zur geheizten Verdampfungszone zurück und der Kreislauf beginnt erneut. Die Funktion von Wärmerohren ist lageabhängig, weil die

Schwerkraft für den Kreislauf ausgenutzt wird. Meist sind sie für senkrechten Betrieb bestimmt.

Die Verlustwärme von Leistungshalbleitern und anderen Bauelementen kann auch durch siedende Flüssigkeiten abgeführt werden. Bild 4.25 zeigt derartige Siedekühlsysteme. Entweder liegen die wärmeerzeugenden Bauelemente direkt in der siedenden Flüssigkeit (a) oder die Flüssigkeit siedet in hohlen Kühldosen (b). Als siedende Flüssigkeiten können Fluor-Kohlenstoff- oder Chlor-Verbindungen verwendet werden. Die Flüssigkeit befindet sich in einem geschlossenen System (bei Raumtemperatur meist unter leichtem Unterdruck). Der Siedepunkt liegt bei 47 °C (Frigen, Freon) bis über 50 °C. Im Nennbetrieb entsteht ungefähr Normaldruck oder leichter Überdruck.

Siedekühlsysteme ermöglichen einen sehr kompakten Aufbau von Stromrichter-Leistungsteilen, außerdem sind sie unempfindlich gegen Verschmutzungen. Siedekühlsysteme nach Bild 4.25 sind zuerst bei Bahnstromrichtern eingesetzt worden.

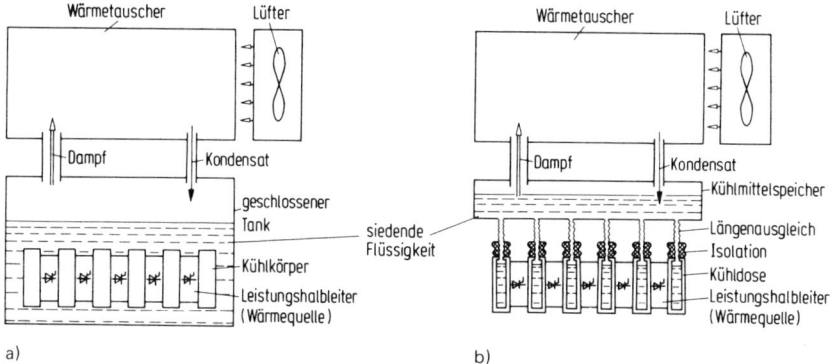

Bild 4.25 Siedekühlsysteme; a) Bauelemente unter Flüssigkeit, b) Flüssigkeit in den Kühlkörpern

4.4   Schutzeinrichtungen

Diese dienen dem Schutz der Halbleiterventile und anderer Komponenten von Stromrichtern vor unzulässigen Spannungen und Strömen.

4.4.1 Überspannungsschutz

Er begrenzt Überspannungen auf für die Halbleiterventile zulässige Werte. Überspannungen entstehen durch Schaltvorgänge im speisenden Netz, atmosphärische Einflüsse, Schalten des Stromrichtertransformators oder anderer Induktivitäten sowie durch das Schaltverhalten der Halbleiterventile selbst (s. Abschnitte 3 und 5.1).

Siliziumdioden, Thyristoren und Leistungstransistoren können durch Überspannungen im Nanosekundenbereich zerstört werden. Beim Anschluß von Stromrichtergeräten an

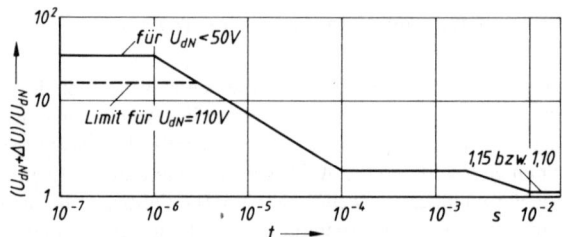

Bild 4.26 Maximal zulässiges Netzüberspannungsverhältnis abhängig von der Überspannungsdauer (nach VDE 0558 Teil 2 und 3)

Gleich- und Wechselstromnetze werden Grenzwerte für die maximal zulässigen Netzüberspannungen abhängig von der Überspannungsdauer vorgeschrieben. Bild 4.26 gibt das zulässige Überspannungsverhältnis $(U_{dN} + \Delta U)/U_{dN}$ für den gleichstromseitigen Eingang eines Stromrichters an. ΔU ist eine nichtperiodische Überspannung als Abweichung von der Nenneingangs-Gleichspannung U_{dN}. Im Bereich kurzzeitiger Überspannungen gilt die ausgezogene Grenzkurve für Nenngleichspannungen bis 50 V. Für höhere Ausgangsspannungen wird die kurzzeitig zulässige Überspannung auf einen Wert begrenzt, der nach Gleichung

$$\left(\frac{U_{dN} + \Delta U}{U_{dN}} \right)_{Limit} = \frac{1400 \text{ V}}{U_{dN}} + 2,3 \tag{4.15}$$

berechnet werden kann (die gestrichelte Linie gilt für U_{dN} = 110 V). Für Wechsel- und Drehstromnetze ist in VDE 0160, Teil 2 eine Funktionsfähigkeitskurve angegeben, nach der Betriebsmittel der Leistungselektronik für maximal 2 ms den zweifachen Wert der Nennspannung aushalten müssen. Da es oft nicht wirtschaftlich ist, die Halbleiterventile für den zweifachen Wert der Nennspannung auszulegen, können (insbesondere bei Stromrichtern kleiner Leistung) auch Filter vorgeschaltet werden, die die im Netz auftretende kurzzeitige Überspannung auf für die Halbleiterventile ungefährliche Werte begrenzen.

Wichtigstes Mittel zur Begrenzung von Überspannungen ist die Beschaltung der Halbleiterventile und anderer Komponenten eines Stromrichters (s. Abschnitt 4.1). Daneben werden Überspannungsableiter und -begrenzer eingesetzt, die insbesondere von atmosphärischen Störungen hervorgerufene hohe Überspannungen auf mindestens den 2,5fachen Wert der Nennspannung begrenzen. Überspannungsableiter sind Elemente mit nichtlinearer Strom- und Spannungscharakteristik, die bei Überschreiten der Ansprechspannung in einen niederohmigen Zustand umschalten (Schutzfunkenstrecken und Ventilableiter). Ihre Ansprechverzögerung kann bis zu einigen μs betragen. Bei Überspannungsbegrenzern steigt die Stromaufnahme bei Überschreiten einer bestimmten Begrenzerspannung (Abbruchspannung) steil an (spannungsabhängige Widerstände, Selenüberspannungsbegrenzer, Zener-Dioden sowie Metallpapier-Überspannungsbegrenzer). Sie arbeiten nahezu trägheitslos, jedoch ist ihr Energieaufnahmevermögen begrenzt.

4.4.2 Überstromschutz

Er begrenzt Überströme auf für die Halbleiterbauelemente und für andere Bauteile zulässige Werte. Dazu werden Schmelzsicherungen, Schnellschalter, Leistungsschalter und in Sonderfällen Kurzschließer verwendet. Außerdem können zur Begrenzung des in Störungsfällen auftretenden Kurzschlußstromes Schutzdrosseln vorgesehen werden. Schnellschalter unterbrechen den Kurzschlußstrom noch während des Anstiegs und begrenzen damit seine Amplitude. Sie werden meist auf der Gleichstromseite eingesetzt (Gleichstrom-Schnellschalter). Leistungsschalter begrenzen den Kurzschlußstrom zeitlich und müssen den vollen Kurzschlußstrom abschalten können. Sie werden meist auf der Wechselbzw. Drehstromseite eingesetzt.

Die Auslegung des Überstromschutzes erfolgt unter Berücksichtigung der möglichen Störungsfälle und einer hohen Betriebssicherheit, wobei Auswirkungen von Überströmen auf den Betrieb eingeschränkt werden sollen. Der Kurzzeitschutz begrenzt im Zeitbereich bis zu einer Halbschwingung den durch einen Kurzschluß hervorgerufenen Überstrom

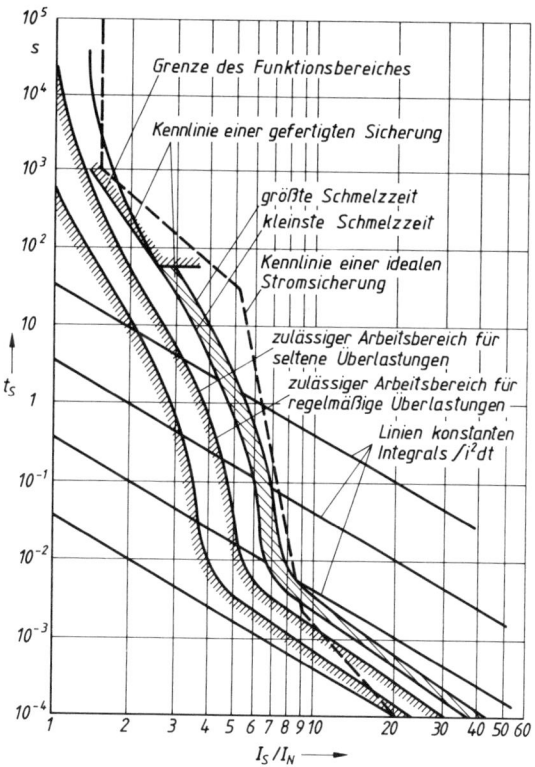

Bild 4.27 Schmelzzeit t_S einer superflinken Halbleitersicherung abhängig vom Effektivwert des Schmelzstromes als Vielfachem des Sicherungs-Nennstromes

(Kurzschlußschutz). Der Langzeitschutz wird durch thermische und magnetische Über-
stromauslöser oder auch durch Schmelzsicherungen vorgenommen (Überlastschutz).

Schmelzsicherungen sind in den Leitungszug eingebaute Soll-Unterbrechungsstellen
(Drähte oder Metallbänder in einem auswechselbaren patronen- oder laschenförmigen
Schmelzeinsatz). Bei Auftreten eines Überstromes von unzulässiger Höhe und Dauer
schmilzt der Schmelzleiter durch die Stromwärme. Es entstehen ein oder mehrere Lichtbögen, deren Spannungsabfall den Strom gegen die im Stromkreis wirkende Spannung
abbaut und schließlich unterbricht. Der Ausschaltvorgang läuft in zwei Stufen ab: Schmelzzeit und Löschzeit. Wesentliche Kenngrößen einer Sicherung sind das Schmelzintegral
(Integral über das Quadrat des Stromes während der Schmelzzeit), das Löschintegral
(Integral über das Quadrat des Stromes während der Löschzeit) und das Ausschaltintegral
als Summe von beiden.

Zum Schutz von Halbleiterventilen sind superflinke Halbleitersicherungen entwickelt worden. Bild 4.27 zeigt die Abhängigkeit der Schmelzzeit vom Effektivwert des Schmelzstromes. Schmelzsicherungen dienen in erster Linie zum selektiven Herausschalten defekter
Dioden oder Thyristoren. Ihre Ansprechwerte liegen in diesem Fall höher als die zulässige
Belastung der Dioden oder Thyristoren.

Darüber hinaus können Schmelzsicherungen sowohl für den amplituden- und zeitbegren-
zenden Kurzschlußschutz als auch für den Überlastschutz eingesetzt werden. In den letz-

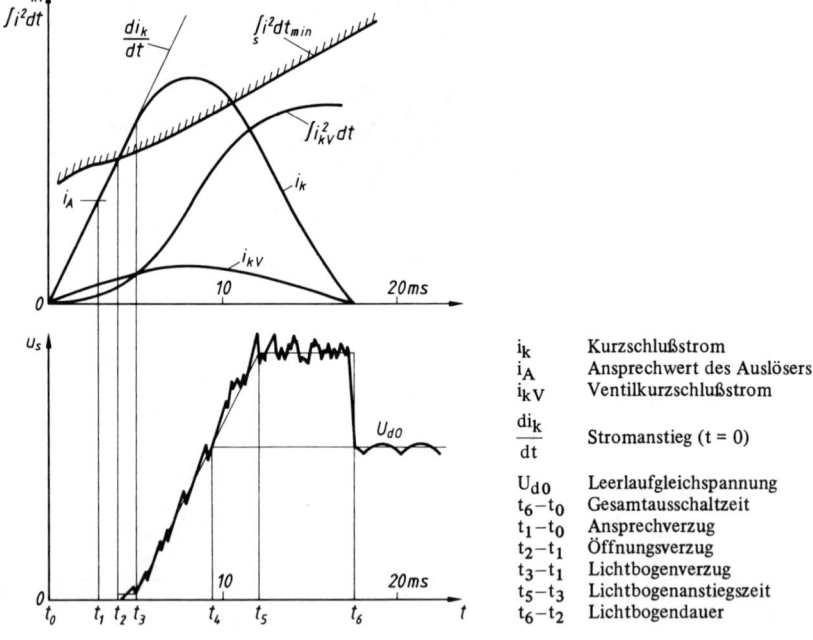

i_k	Kurzschlußstrom
i_A	Ansprechwert des Auslösers
i_{kV}	Ventilkurzschlußstrom
$\dfrac{di_k}{dt}$	Stromanstieg (t = 0)
U_{d0}	Leerlaufgleichspannung
t_6-t_0	Gesamtausschaltzeit
t_1-t_0	Ansprechverzug
t_2-t_1	Öffnungsverzug
t_3-t_1	Lichtbogenverzug
t_5-t_3	Lichtbogenanstiegszeit
t_6-t_2	Lichtbogendauer

Bild 4.28 Strom- und Spannungsverlauf bei einer Kurzschlußabschaltung mit Gleichstrom-Schnell-
schalter

ten beiden Fällen ist jedoch zu berücksichtigen, daß die Ansprechwerte unter der zulässigen Belastung der Dioden oder Thyristoren liegen müssen, so daß zumindest in den zu schützenden Zeitbereichen eine volle Auslastung der Dioden oder Thyristoren nicht möglich ist.

Gleichstrom-Schnellschalter arbeiten nach einem ähnlichen Schaltprinzip wie strombegrenzende Sicherungen. Sie bauen für die Stromunterbrechung eine ausreichend hohe Lichtbogenspannung auf, die auch bei längeren Abschaltzeiten auf einen nahezu konstanten Wert begrenzt wird (auf den 1,7- bis 2,5fachen Wert der Schalternennspannung). Bild 4.28 zeigt eine Kurzschlußabschaltung mit einem Gleichstrom-Schnellschalter. Bei Gegenspannung der Last ergibt sich als Schalterspannung die Summe aus Leerlaufgleichspannung und Lastspannung. Selektivität gegenüber den Schmelzsicherungen ist gegeben, wenn das Integral $\int i_{KV}^2 dt$ des je Ventil fließenden Teilkurzschlußstromes unterhalb des minimalen Schmelzintegrals liegt.

5   Schaltvorgänge und Kommutierung

In Abschn. 2 sind die für die allgemeine Beschreibung der Funktion einer Stromrichterschaltung notwendigen Systemkomponenten definiert worden. Dies sind unter der
Annahme idealisierter Verhältnisse:

Spannungsquellen, deren zeitlicher Verlauf durch u(t) gegeben ist,

Transformatoren mit dem Übersetzungsverhältnis w_1/w_2 und bei mehrphasigen Systemen
von der Transformatorschaltung abhängiger Phasenversetzung zwischen primären und
sekundären elektrischen Größen,

Wirkwiderstände R als Energieumsetzer sowie Induktivitäten L und Kondensatoren C als
magnetische bzw. elektrische Energiespeicher.

Hinzu kommen die periodische Schaltfunktionen ausführenden Stromrichterventile, also
Leistungshalbleiter (Dioden, Thyristoren und Leistungstransistoren). Je nach den Anforderungen an den jeweiligen Halbleiterschalter mit Stromführung in einer oder in zwei
Richtungen, nur Einschaltbarkeit oder auch Ausschaltbarkeit, werden Kombinationen
von Leistungshalbleitern eingesetzt (s. Bild 2.2 und 2.3).

Bevor in den nächsten Abschnitten auf die verschiedenen Stromrichter und deren
Schaltungen näher eingegangen wird, sollen zunächst die Schaltbedingungen in elek-
trischen Netzwerken allgemein behandelt werden. Außerdem soll die für die innere
Wirkungsweise von Stromrichtern maßgebliche Kommutierung behandelt werden. Nach
der Art der Kommutierung lassen sich dann die Stromrichter in drei verschiedene
Stromrichtertypen unterteilen, die in Abschn. 6, 7 und 8 dargestellt werden.

5.1   Schaltbedingungen in elektrischen Netzwerken

Eine beliebige Stromrichterschaltung besteht aus der Kombination von Spannungsquellen, Transformatoren, magnetischen und elektrischen Energiespeichern, Energieumsetzern
(Wirkwiderstände) und periodisch betätigten Halbleiterschaltern. Diese Halbleiterschalter
haben aufgrund ihrer Strom- und Spannungs-Kennlinien eine nichtlineare Charakteristik,
unter idealisierten Voraussetzungen zwei charakteristische Zustandsgrößen, nämlich
Betrieb auf der Durchlaßkennlinie mit Durchlaßspannungsabfall 0 unabhängig vom
Durchlaßstrom und Betrieb auf der Sperrkennlinie mit Rückwärtsstrom 0 unabhängig
von der Sperrspannung. Jeder Schaltvorgang wird durch den Übergang vom Sperr- in den
Durchlaßzustand oder Durchlaß- in den Sperrzustand bestimmt.

In solchen Netzwerken dürfen zwei Schaltbedingungen nicht verletzt werden. Der
Strom in Induktivitäten L kann sich in Schaltzeitpunkten nicht plötzlich ändern. Ebenso wenig kann die Spannung an Kapazitäten in Schaltzeitpunkten sich sprunghaft verändern.

Beide Bedingungen ergeben sich aus dem Energiegesetz. Auch mechanische Schalter
können Ströme in Induktivitäten nur dadurch abschalten, daß sie die gespeicherte
magnetische Energie $Li^2/2$ in einem Schaltlichtbogen in Wärme umsetzen. Werden

Kapazitäten über mechanische Schalter mit Spannungsdifferenzen eingeschaltet, treten hohe Ausgleichsströme auf, die nur durch Leitungsinduktivitäten und Kontaktwiderstände begrenzt werden, wobei die Energiedifferenz $C(u_1^2 - u_2^2)/2$ in Wärme umgesetzt wird.

5.1.1 Schalten einer Induktivität

Bild 5.1 zeigt das Einschalten einer Induktivität L im Zeitpunkt t_0. Der in der Figur dargestellte Ersatzschalter kann durch einen Thyristor verwirklicht werden, der im Zeitpunkt t_0 gezündet wird. Unter der Annahme einer zeitlich konstanten Spannung $u(t) = U_d$, also einer Gleichspannung, ergibt sich der dargestellte Strom- und Spannungsverlauf. Der Strom

$$i = \frac{U_d}{R}\left(1 - e^{-\frac{t - t_0}{\tau}}\right) \tag{5.1}$$

steigt nach einer Exponentialfunktion mit der Zeitkonstanten $\tau = L/R$ an.

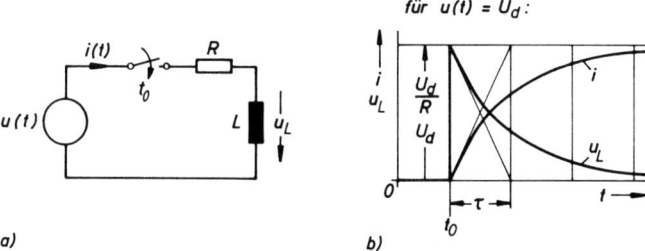

a)   b)

Bild 5.1 Schalten einer Induktivität

Die Spannung

$$u_L = L\frac{di}{dt} = U_d e^{-\frac{t - t_0}{\tau}} \tag{5.2}$$

an der Induktivität springt im Schaltzeitpunkt t_0 auf den Wert U_d und klingt danach nach einer Exponentialfunktion mit der gleichen Zeitkonstanten τ ab.

Die maximale Stromänderungsgeschwindigkeit tritt im Schaltzeitpunkt t_0 auf. Man erhält durch Differentiation von Gl. (5.1) den Wert

$$\left(\frac{di}{dt}\right)_{max} = \frac{U_d}{L}. \tag{5.3}$$

Kennzeichnend für das Schalten von Induktivitäten L ist also, daß die Spannung u_L in Schaltzeitpunkten sich sprunghaft ändert und der Strom i knickt, d. h. seine Stromänderungsgeschwindigkeit ändert, jedoch seinen Augenblickswert behält.

5.1.2   Schalten eines Kondensators

Bild 5.2 zeigt das Einschalten eines Kondensators C im Zeitpunkt t_0. Der in dem Bild dargestellte Ersatzschalter kann wieder durch einen im Zeitpunkt t_0 gezündeten Thyristor verwirklicht werden. Unter der Annahme einer Gleichspannungsquelle U_d und eines vor dem Schaltzeitpunkt t_0 ungeladenen Kondensators C ergibt sich der dargestellte Verlauf von Strom und Spannung. Die Kondensatorspannung

$$u_C = U_d \left(1 - e^{-\frac{t - t_0}{\tau}} \right) \tag{5.4}$$

steigt nach dem Schaltzeitpunkt t_0 nach einer Exponentialfunktion mit der Zeitkonstanten $\tau = RC$ an.

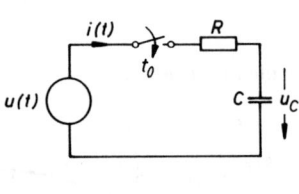

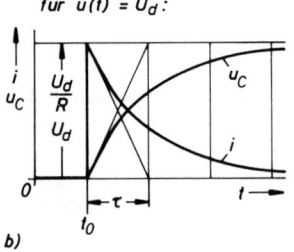

für $u(t) = U_d$:

a)   b)

Bild 5.2 Schalten eines Kondensators

Der Strom

$$i = \frac{U_d}{R} e^{-\frac{t - t_0}{\tau}} \tag{5.5}$$

springt im Schaltzeitpunkt t_0 von 0 auf den Wert U_d/R und klingt ebenfalls nach einer Exponentialfunktion mit der gleichen Zeitkonstanten τ ab.

Die maximale Spannungsänderungsgeschwindigkeit tritt im Schaltzeitpunkt t_0 auf. Man erhält durch Differentiation von Gl. (5.4) den Wert

$$\left(\frac{du_C}{dt} \right)_{max} = \frac{U_d}{RC} . \tag{5.6}$$

Kennzeichnend für das Schalten von Kondensatoren C ist also, daß der Strom i in Schaltzeitpunkten sich sprunghaft ändert und die Spannung u_C knickt, d. h. ihre Spannungsänderungsgeschwindigkeit ändert, jedoch ihren Augenblickswert behält. Zwischen Strom und Spannung einer Induktivität L einerseits und Spannung und Strom eines Kondensators C andererseits besteht ein Dualismus, wie die Bilder 5.1 und 5.2 und die zugehörigen Strom- und Spannungsgleichungen zeigen.

Die Ergebnisse der an zwei einfachen Netzwerken behandelten Schaltvorgänge lassen sich auch auf umfangreichere Schaltkreise anwenden. Dann sind jeweils die Summen aller

Spannungsquellen, Induktivitäten oder Kapazitäten zu betrachten. Bei Quellen mit zeitlich veränderlicher Spannung u(t) ist der Augenblickswert der Spannung im Schaltzeitpunkt t_0 zu berücksichtigen.

5.2   Definition der Kommutierung

Allgemein versteht man in der Elektrotechnik unter Kommutierung die Übergabe eines Stromes von einem Stromzweig auf einen anderen, wobei während der Kommutierungszeit beide Zweige Strom führen. Grundsätzlich können dabei zwei Anwendungsgebiete unterschieden werden, und zwar Kommutierung mit mechanischen Schaltern und mit elektronischen Schaltern, den echten Stromrichterventilen.
Mit mechanischen Schaltern kommutieren u. a. mechanische Steller und Kommutatormaschinen, bei denen der Strom vom Kommutator von einem Wicklungsstrang auf den folgenden umgeschaltet wird. Der Kommutator als umlaufender periodisch betätigter mechanischer Schalter wirkt bei elektrischen Maschinen im generatorischen Betrieb als Gleichrichter und im motorischen Betrieb als Wechselrichter. In der einfachsten Form kommutiert der Strom dabei unter dem Einfluß der sich ändernden Widerstände zwischen Stromabnehmer (Kohlebürsten) und Kommutatorlamellen. Durch Einführung der Wendepole, welche die Kommutierung durch in den Wicklungssträngen induzierte Wendespannungen gegen die Reaktanzspannung erzwingen, wurde auch der Bau von Kommutatormaschinen großer Leistung möglich.
In der Leistungselektronik werden die am Beginn und Ende jedes Kommutierungsvorganges stehenden Schaltfunktionen nicht mit mechanischen Schaltern, sondern mit echten Stromrichterventilen verwirklicht, deren Ventilwirkung auf physikalischen Eigenschaften beruht. Hierzu gehören Quecksilberdampfventile und die in Abschn. 3 behandelten Leistungshalbleiter.
Die wesentlichen Merkmale eines Kommutierungsvorgangs, bei dem die Übergabe des Stromes I vom Stromzweig 1 auf Stromzweig 2 erfolgt, sind in Bild 5.3 dargestellt. Der Strom I fließe zunächst im Stromzweig 1 über den geschlossenen Ersatzschalter S1. Die

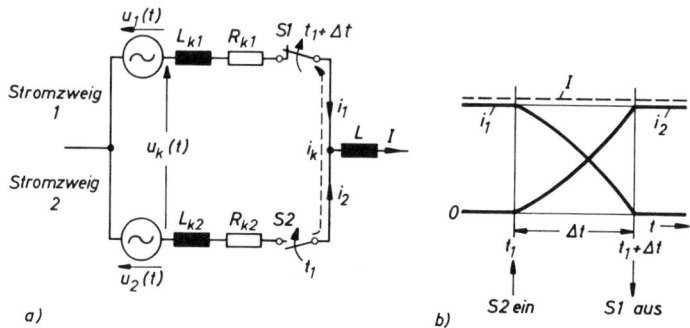

Bild 5.3 Kommutierung: Übergabe eines Stromes von einem Stromzweig auf einen anderen
        a) Kommutierungskreis, b) Stromverlauf

Kommutierung wird durch Schließen des Schalters S2 eingeleitet. Unter dem Einfluß der Kommutierungsspannung

$$u_k = u_2 - u_1 \tag{5.7}$$

beginnt zwischen den Stromzweigen 1 und 2 ein Kommutierungsstrom i_k zu fließen, der den Strom I im Stromzweig 1 ab- und im Stromzweig 2 aufbaut. Nach erfolgter Stromübergabe, d. h. wenn der Strom i_2 den Wert I erreicht hat und damit der Strom i_1 Null geworden ist, wird der Kommutierungsvorgang durch Öffnen des Schalters S1 abgeschlossen.

Voraussetzung für den richtigen Ablauf der Kommutierung ist das Vorhandensein einer geeigneten Kommutierungsspannung u_k im Kommutierungskreis. Nutzt man als Kommutierungsspannung die im Wechsel- bzw. Drehstromnetz vorhandenen natürlichen Spannungen aus, so spricht man von n a t ü r l i c h e r   K o m m u t i e r u n g. Anstelle von Netzspannungen können auch von der Last erzeugte Wechselspannungen zur natürlichen Kommutierung ausgenutzt werden. Dann spricht man von Lastkommutierung.

Wenn keine natürlichen Kommutierungsspannungen im Kommutierungskreis vorhanden sind oder wenn diese zum gewünschten Zeitpunkt der Kommutierung die falsche Polarität haben, so muß durch Aufbringen einer Hilfsspannung die Kommutierung erzwungen werden. Dabei wird die Kommutierungsspannung entweder von einem Energiespeicher (meistens einem Löschkondensator) zur Verfügung gestellt, oder durch Widerstandserhöhung des zu löschenden Stromzweigs erzeugt (beispielsweise mit einem Leistungstransistor oder einem abschaltbaren Thyristor). Diese Art der Kommutierung wird im Gegensatz zur natürlichen Kommutierung e r z w u n g e n e   K o m m u t i e r u n g oder Z w a n g s k o m m u t i e r u n g genannt [5.1], [5.2].

In der Leistungselektronik werden die in Bild 5.3 gezeichneten Ersatzschalter S1 und S2 durch Leistungshalbleiter, z. B. Thyristoren, verwirklicht.

5.3   Natürliche Kommutierung

Bei der natürlichen Kommutierung geht der Übergang des Stromes von einem Zweig 1 des Stromrichters auf einen anderen Zweig 2 unter dem Einfluß von Netz- oder Lastspannungen vonstatten. Für den Stromverlauf während des Kommutierungsvorganges sind neben der Kommutierungsspannung u_k die im Kommutierungskreis vorhandenen Widerstände R_k und Induktivitäten L_k maßgebend (Bild 5.4).

Bei sinusförmigen Phasenspannungen u_1 und u_2 ergibt sich bei einem Mehrphasensystem die Kommutierungsspannung u_k als Differenz der Spannungen zweier miteinander kommutierender Phasen, d. h. u_k ist ebenfalls eine sinusförmige Wechselspannung. Die Kommutierungszeit, während der zwei sich ablösende Ventile infolge der im Kommutierungskreis wirksamen Impedanzen gleichzeitig an der Stromführung beteiligt sind, nennt man Überlappungszeit

$$t_u = t_2 - t_1. \tag{5.8}$$

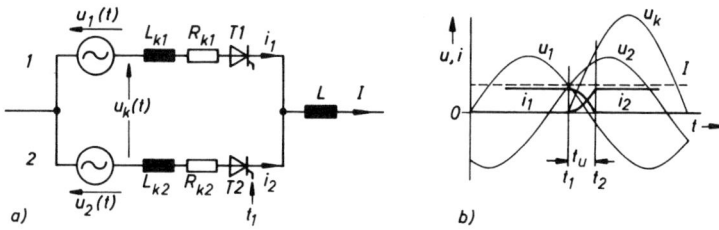

Bild 5.4 Natürliche Kommutierung
a) Kommutierungskreis, b) Strom- und Spannungsverlauf
(L groß, I ≈ konstant)

Mit den in Bild 5.4 im Kommutierungskreis eingezeichneten Kommutierungsinduktivitäten und -widerständen erfolgt die Kommutierung unter Einhaltung der Spannungsgleichung

$$u_1 - L_{k1} \frac{di_1}{dt} - R_{k1}i_1 = u_2 - L_{k2} \frac{di_2}{dt} - R_{k2}i_2. \tag{5.9}$$

Diese Gl. kann mit Gl. (5.7) auch in der Form

$$u_k = L_{k2} \frac{di_2}{dt} - L_{k1} \frac{di_1}{dt} + R_{k2}i_2 - R_{k1}i_1 \tag{5.10}$$

geschrieben werden.
Während des Kommutierungsvorganges ist die Summe der Ströme im Stromzweig 1 und 2 gleich dem Strom

$$i_1 + i_2 = I. \tag{5.11}$$

Mit diesen Gleichungen ist der Verlauf der Kommutierung eindeutig bestimmt. In Abschn. 7 wird der Verlauf des Kommutierungsstroms bei natürlicher Kommutierung berechnet werden.

5.4 Zwangskommutierung

Mit Zwangskommutierung wird eine Kommutierung bezeichnet, die unter Zuhilfenahme von zum Stromrichter gehörenden, meist kapazitiven Energiespeichern oder durch Widerstandserhöhung des zu löschenden Stromrichterventils vorgenommen wird.

Anders als Leistungstransistoren lassen sich Thyristoren (abgesehen von der Sonderausführung abschaltbarer Thyristoren) nach einmal erfolgter Zündung nicht mehr über den Steuerstromkreis löschen. Man ist also auf einen zusätzlichen Löschzweig angewiesen, um den Strom in einem Thyristor zu beliebigen Zeiten und unabhängig vom Vorhandensein einer geeigneten Kommutierungsspannung im Netz oder in der Last zu unterbrechen.

Bild 5.5 zeigt einen typischen Löschzweig mit Löschkondensator C. Zunächst führe der Hauptthyristor T1 den Strom I, der in einem äußeren Lastkreis von einer Induktivität L aufrecht erhalten wird. Wenn der Löschkondensator C in der eingezeichneten Polarität vorgeladen ist, kann durch Zünden des Löschthyristors T1′ im Zeitpunkt t_1 der Strom vom Hauptthyristor T1 in den Löschthyristor T1′ kommutiert werden. Dieser erste Kommutierungsvorgang ist im Zeitpunkt t_2 abgeschlossen. Dann lädt sich der Löschkondensator unter dem Einfluß des konstant angenommenen Stromes I um, bis zum Zeitpunkt t_3 der Strom I vom Hilfszweig 2 übernommen wird. Dies ist häufig ein Freilaufzweig mit Freilaufdiode D2. Im Zeitpunkt t_4 ist die Kommutierung vom Löschzweig 1′ auf den Freilaufzweig 2 abgeschlossen. Der Strom I fließt danach über den Freilaufzweig.

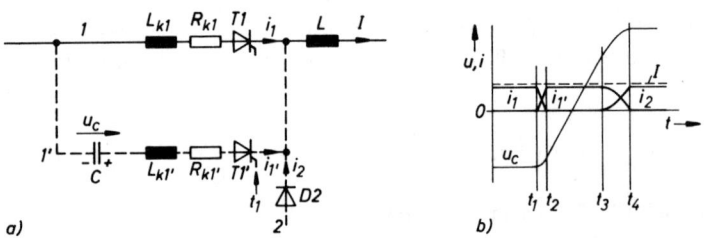

Bild 5.5 Zwangskommutierung
a) Kommutierungskreis, b) Strom- und Spannungsverlauf

Der Stromübergang vollzieht sich wie in Bild 5.5 bei der Zwangskommutierung fast immer in mehreren (meist in zwei) Stufen. Der Verlauf von Strom und Spannung während der einzelnen Kommutierungsabschnitte kann aus den Kommutierungsimpedanzen und dem Löschkondensator ähnlich wie bei der natürlichen Kommutierung exakt berechnet werden [5.3].

5.5   Stromrichtertypen

Statt nach der ausgeführten Grundfunktion (Gleichrichten, Wechselrichten, Gleichstromrichten und Wechselstromumrichten), die die äußere Wirkungsweise beschreibt und in Abschn. 1 behandelt wurde, können die Stromrichter auch nach ihrer inneren Wirkungsweise unterschieden werden. Unter der inneren Wirkungsweise versteht man die Art der Kommutierung und die Herkunft der Taktfrequenz. Die Taktfrequenz ist die Frequenz, mit der ein Stromrichterzweig periodisch gezündet wird. Sie kann entweder von einer fremden Wechselspannungsquelle abgeleitet oder von einem im Stromrichter enthaltenen Taktgeber erzeugt werden. Hierauf braucht jedoch an dieser Stelle nicht weiter eingegangen zu werden.

Die Stromrichter sollen hier nach Art und Herkunft der Kommutierungsspannung eingeteilt werden. Bei der Art der Kommutierung wird zwischen natürlicher Kommutierung und Zwangskommutierung unterschieden. Die Stromrichter können nach diesem Unterscheidungsmerkmal in drei verschiedene Stromrichtertypen eingeteilt werden:

1. Stromrichter, bei denen keine Kommutierungsvorgänge nach der im vorstehenden behandelten Definition vorkommen,

2. Stromrichter mit natürlicher Kommutierung, die ihre Kommutierungsspannung vom speisenden Netz oder in Sonderfällen von der Last beziehen,

3. Stromrichter mit Zwangskommutierung.

Stromrichter ohne Kommutierung sind Halbleiterschalter und -steller für Wechsel- und Drehstrom, die in Abschn. 6 behandelt werden.

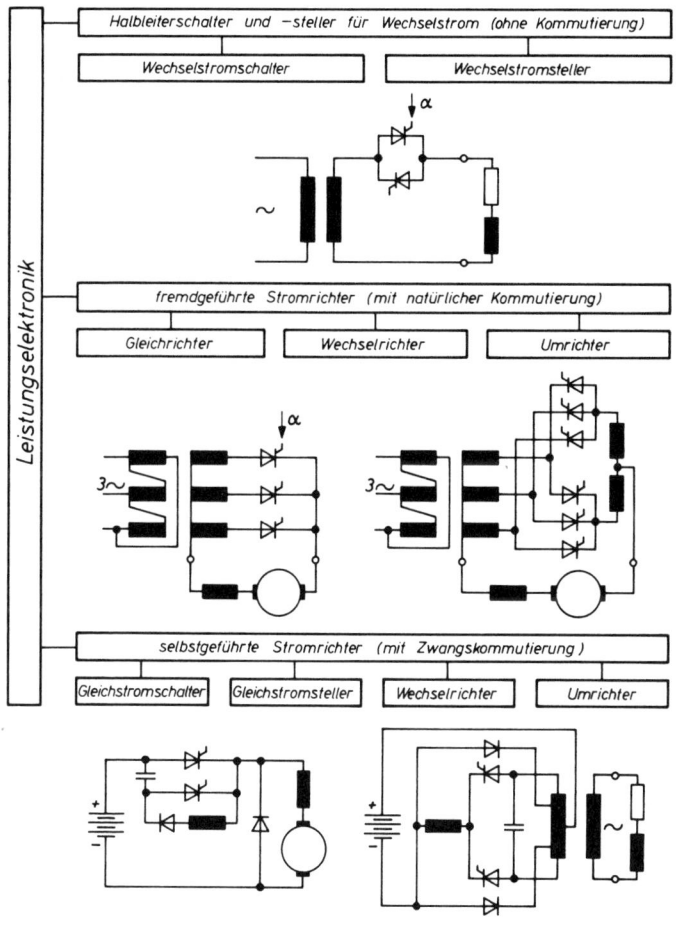

Bild 5.6 Einteilung der Stromrichter nach der Herkunft der Kommutierungsspannung

Stromrichter mit natürlicher Kommutierung vom Netz oder von der Last werden als f r e m d g e f ü h r t e Stromrichter bezeichnet. Die Fremdführung kann dabei entweder vom Netz oder von der Last erfolgen. Bei netzgeführten Stromrichtern wird die zum Kommutieren erforderliche Kommutierungsspannung vom Wechselstromnetz zur Verfügung gestellt, bei lastgeführten Stromrichtern von der Last. Fremdgeführte Stromrichter können die Grundfunktionen Gleichrichten, Wechselrichten und Wechselstromumrichten erfüllen.

Stromrichter mit Zwangskommutierung werden s e l b s t g e f ü h r t e Stromrichter genannt. Selbstgeführte Stromrichter werden hauptsächlich zum Wechselrichten und Gleichstromumrichten eingesetzt.

Bild 5.6 zeigt die vorgenommene Einteilung der Stromrichter nach der Herkunft der Kommutierungsspannung. Für jeden der drei Stromrichtertypen sind als Beispiele charakteristische Schaltungen angegeben, die in Abschn. 6, 7 und 8 näher beschrieben werden.

6   Halbleiterschalter und -steller

In Wechsel- und Drehstromkreisen geht der Strom nach jeder Halbschwingung der Netzperiode durch Null und wechselt dabei seine Polarität. Fügt man in einem Wechselstromkreis einen Halbleiterschalter ein, so muß dieser für Stromführung in beiden Richtungen ausgelegt sein, beispielsweise aus zwei gegensinnig parallelen Thyristoren bestehen (s. Bild 2.2). In einem solchen Halbleiterschalter beginnt der Strom zu fließen, sobald die Thyristoren gezündet werden. Die Stromhalbschwingungen unterschiedlicher Polarität werden abwechselnd von den beiden Thyristoren geführt. Damit ein kontinuierlicher Wechselstrom fließen kann, muß nach jeder Stromhalbschwingung der stromübernehmende Thyristor neu gezündet werden. Wird der nächste Thyristor nicht gezündet, so erlischt der Wechselstrom im natürlichen Nulldurchgang.

Kommutierungsvorgänge in der strengen Definition mit gleichzeitiger Stromführung zweier sich ablösender Ventilzweige treten dabei nicht auf. Die Halbleiterschalter und -steller werden aus diesem Grund als ein besonderer Stromrichtertyp ohne Kommutierung behandelt [6.9], [6.10].

6.1   Halbleiterschalter für Wechsel- und Drehstrom

Halbleiterschalter für zwei Stromrichtungen lassen sich also zum Schalten von Wechsel- und Drehstromkreisen verwenden. Gegenüber den mechanischen Schaltern für Wechselstrom im Niederspannungsgebiet besitzen sie Vor- und Nachteile [6.3], [6.8]. Vorteile bieten die praktisch unbegrenzte Schaltspielzahl, die Verschleißfreiheit, die Möglichkeit, den Einschaltzeitpunkt über den Zündimpuls exakt einzustellen, und das Ausschalten ohne Lichtbogen im natürlichen Stromnulldurchgang. Dem stehen als Nachteile der Durchlaßspannungsabfall im geschlossenen Zustand, der häufig eine zusätzliche Kühlung erforderlich macht, das ungenügende Isolationsvermögen im gesperrten Zustand mit Rückwärtsströmen von einigen Milliampere und der höhere Preis gegenüber.

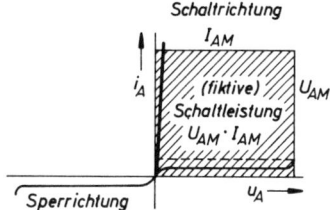

Bild 6.1
Schaltleistung eines Thyristors

Trotz dieser Nachteile werden Halbleiterschalter im Niederspannungsgebiet dort eingesetzt, wo hohe Schaltspielzahlen ohne notwendige Wartungsarbeiten verlangt werden. Bild 6.1 zeigt die bereits in Abschn. 3 behandelte Kennlinie eines Thyristors. Der Thyristor ist ein bistabiles Halbleiterbauelement, das entweder auf der negativen oder der positiven Sperrkennlinie Spannungen bei kleinem Rückwärtsstrom sperrt oder auf der Durchlaßkennlinie Strom bei kleinem Durchlaßspannungsabfall (1 V bis 2 V) durchläßt. Er kann damit als Schalter in elektrischen Stromkreisen verwendet werden. Aus dem Produkt von maximal zulässiger Spitzensperrspannung U_{AM} und maximal zulässigem Dauerstrom I_{AM} (Dauergrenzstrom) kann man eine fiktive Schaltleistung definieren (schraffierte Fläche in Bild 6.1). Für Leistungsthyristoren mit Spitzensperrspannungen von zwei und mehr kV und Dauergrenzströmen bis zu 1000 A liegt die so definierte fiktive Schaltleistung eines Thyristors bereits um 1 MVA. Mit Rücksicht auf Sicherheitsfaktoren (Überspannungen, Überströme) wird sie üblicherweise nur zu einem Bruchteil ausgenutzt.

6.1.1 Halbleiterschalter

Ein aus gegensinnig parallelgeschalteten Thyristoren aufgebauter Halbleiterschalter für Wechselstrom ist in Bild 6.2 dargestellt. Die Thyristoren T1 und T2 müssen zu Beginn der entsprechenden Stromhalbschwingungen i_{A1} bzw. i_{A2} gezündet werden. Dies kann durch Zündimpulse geschehen, die über Zündübertrager geführt und anschließend von Dioden gleichgerichtet werden. Zur Bedämpfung ist eine RC-Beschaltung vorzusehen.

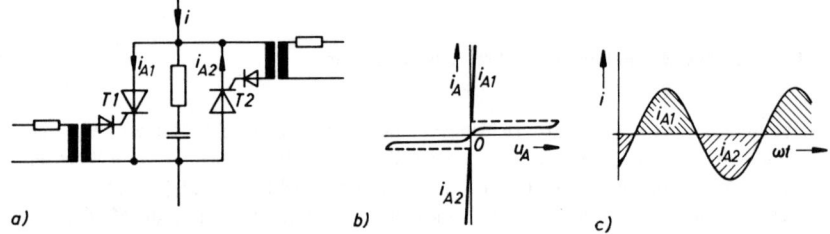

Bild 6.2 Halbleiterschalter für Wechselstrom
        a) gegensinnig parallele Thyristoren mit Beschaltung, b) Kennlinie, c) Stromverlauf

Wechselwegpaar Das in Bild 6.2 dargestellte Grundelement zweier gegensinnig paralleler Stromrichterventile wird auch als Wechselwegpaar bezeichnet (DIN 41 761). Bei einem solchen Wechselwegpaar führt der eine Anschluß in das eine, der zweite Anschluß in das andere Wechselstromsystem.

Bei sinusförmigem Stromverlauf $i = \hat{i} \sin \omega t$ kann der lineare Mittelwert

$$I_{Aav} = \frac{1}{2\pi} \int_0^{\pi} \hat{i} \sin \omega t \, d(\omega t) = \frac{\hat{i}}{\pi} \qquad (6.1)$$

des Stromes in jedem Thyristor durch Integrieren einer Stromhalbschwingung während der Periodendauer T berechnet werden.

Entsprechend läßt sich der Effektivwert

$$I_{Aeff} = \sqrt{\frac{1}{2\pi} \int_0^{\pi} \hat{i}^2 \sin^2 \omega t \, d(\omega t)} = \frac{\hat{i}}{2} \qquad (6.2)$$

des Stromes in einem Thyristor berechnen.

Der Effektivwert des Thyristorstromes bezogen auf den Effektivwert des Wechselstromes ist

$$\frac{I_{A\,eff}}{I_{eff}} = \frac{\hat{i}/2}{\hat{i}/\sqrt{2}} = \frac{1}{\sqrt{2}} = 0{,}707. \tag{6.3}$$

Wegen der quadratischen Mittelwertbildung ist der Effektivwert des Thyristorstroms nur um den Faktor $1/\sqrt{2}$ kleiner als der Effektivwert des Wechselstroms (nicht um den Faktor $1/2$).

Zweirichtungsthyristoren Statt mit gegensinnig parallelen Thyristoren können Halbleiterschalter für Wechselstrom auch mit den in Abschn. 3 beschriebenen Zweirichtungsthyristoren aufgebaut werden (Bild 6.3).

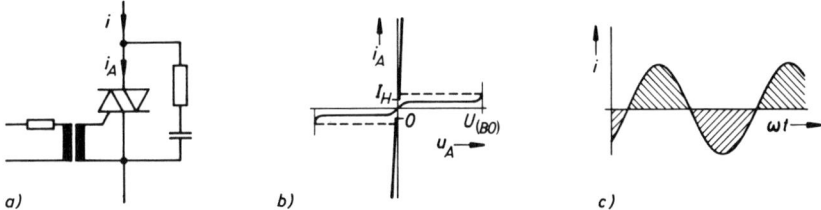

a)   b)   c)

Bild 6.3 Halbleiterschalter für Wechselstrom
a) Zweirichtungsthyristor (TRIAC) mit Beschaltung und Impulsübertrager,
b) Kennlinie, c) Stromverlauf

Der Zweirichtungsthyristor kann durch einen Steuerimpuls beliebiger Polarität gezündet werden und in beiden Richtungen Strom führen [6.1]. Die Kennlinien eines Zweirichtungsthyristors (auch bidirektionaler Thyristor genannt) entsprechen denen gegensinnig paralleler Thyristoren. Da die Polarität der Zündspannung beliebig ist, ergeben sich beim Zweirichtungsthyristor besonders einfache Zündschaltungen. Nach erfolgter Zündung bleibt ein Zweirichtungsthyristor solange leitend, wie der Haltestrom I_H nicht unterschritten wird. $U_{(BO)}$ ist die Kippspannung, bei deren Überschreiten ein Zweirichtungsthyristor auch ohne Zündimpuls durchschaltet.

Zweirichtungsthyristoren sind schwieriger herzustellen als normale Thyristoren, weil sie zwei PNPN-Zonenfolgen in einer Siliziumscheibe vereinen. Daher werden auch nicht so hohe Spannungen und Ströme wie bei normalen Thyristoren erreicht. Es stehen jedoch Zweirichtungsthyristoren für direkten Anschluß an 380-V-Drehstromnetze bei Strömen von 10 bis 100 A zur Verfügung [6.5].

Durchlaßverlustleistung Die Durchlaßverlustleistung $p_T = u_T i_T$ eines Halbleiterschalters ergibt sich aus dem Produkt von Durchlaßspannung u_T und Durchlaßstrom i_T. Sie kann annähernd berechnet werden, wenn man die Durchlaßkennlinie eines Halbleiterventils durch die Schleusenspannung $U_{(TO)}$ und einen konstanten Ersatzwiderstand r_T ersetzt (s. Bild 4.18). Die Durchlaßspannung wird dann

$$u_T = U_{(TO)} + r_T i_T. \tag{6.4}$$

Die mittlere Durchlaßverlustleistung

$$P_T = \frac{1}{T} \int_0^T (U_{(TO)} + r_T i_T) i_T dt = U_{(TO)} I_{Aav} + r_T I_{Aeff}^2 \qquad (6.5)$$

ergibt sich durch Integration. Das Ergebnis zeigt die Abhängigkeit des Durchlaßverlustes sowohl vom Mittelwert I_{Aav} als auch vom Effektivwert I_{Aeff} des Ventilstroms. Daher

Tabelle 6.1 Wechselweg- und Polygonschaltungen

Stromrichterschaltung			Zeigerbild der	Prinzipschaltplan
	Benennung	Kenn-zeichen	ventilseitigen Wechselspannungen	des Stromrichtersatzes
Wechsel-weg-schaltung	Einphasen-Wechselweg-schaltung	W 1		
	Dreiphasen-Wechselweg-schaltung	W 3 oder W 3-3		
	Dreiphasen-Wechselweg-schaltung mit 4 Haupt-zweigen	W 3-2		
	Halbgesteuerte Dreiphasen-Wechselweg-schaltung	W 3H		
	Zweipuls-Brücken-schaltung mit steuerbarem Kurzschlußzweig[1]	(B2U) + (M1C)		
	Sechspuls-Brücken-schaltung mit steuerbarem Kurzschlußzweig[1]	(B6U) + (M1C)		
Polygon-schaltung	Dreiphasen-Polygonschaltung[1]	P3		

[1]) Der Verbraucher ist zwischen 1 und 1′, 2 und 2′, 3 und 3′ geschaltet.

hängt der zulässige Dauergrenzstrom eines Leistungshalbleiters von der Stromkurvenform ab. In den Datenblättern wird er häufig für sinusförmige Halbschwingungen angegeben. Dies entspricht der Belastung bei einem Halbleiterschalter für Wechselstrom.

Wechselwegschaltungen In Tabelle 6.1 sind Kenndaten von Wechselwegschaltungen angegeben. Brückenschaltungen mit steuerbarem Kurzschlußzweig können wie Wechselwegschaltungen zum Wechselstromumrichten eingesetzt werden.

Polygonschaltungen Sie bestehen aus mehreren Stromrichterhauptzweigen, die ringförmig gleichsinnig in Reihe geschaltet sind. Alle Verbindungspunkte zwischen den Zweigen stellen Wechselstromanschlüsse dar. Die Last wird zwischen die Wechselstromanschlüsse der Polygonschaltung und das Wechselstromsystem geschaltet (Kenndaten der Dreiphasen-Polygonschaltung in Tabelle 6.1 unten).

6.1.2   Schalten von Wechselstrom

Bild 6.4 zeigt Schaltung und Spannungs- bzw. Stromverlauf beim Ein- und Ausschalten eines Wechselstroms mit einem Halbleiterschalter. Angenommen ist eine ohmsch-induktive Last, die im eingeschalteten Zustand eine Nacheilung des Stromes i um den Lastwinkel $\varphi = \arctan(\omega L/R)$ gegenüber der Wechselspannung u zur Folge hat.

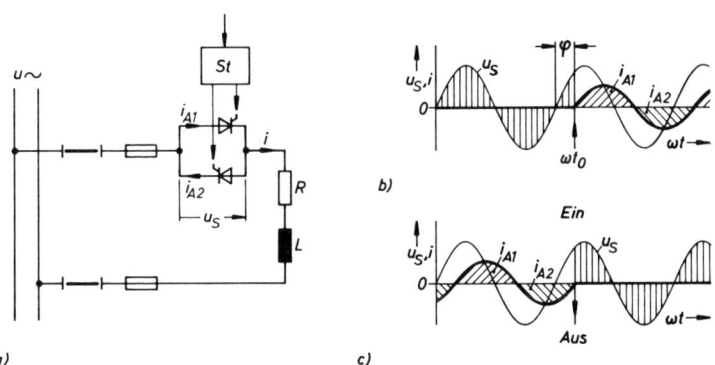

Bild 6.4   Ein- und Ausschalten von Wechselstrom mit Halbleiterschalter
a) Schaltung, b) Einschalten, c) Ausschalten

Wenn der Halbleiterschalter — wie in Bild 6.4 angenommen — im natürlichen Nulldurchgang des Dauerstroms gezündet wird, so wird beim Einschalten ein Ausgleichsglied vermieden. Dazu muß der Einschaltzeitpunkt ωt_0 um den Lastwinkel φ gegenüber dem Nulldurchgang der Wechselspannung nacheilen.

Wird zu einem beliebigen Zeitpunkt eingeschaltet, so bildet sich bei einer ohmsch-induktiven Last im allgemeinen im Strom ein Ausgleichsglied, das je nach der Dämpfung in wenigen Perioden abklingt. In diesem allgemeinen Fall kann der Strom

$$i = \frac{u}{\sqrt{R^2 + (\omega L)^2}} \left[\sin(\omega t - \varphi) - e^{-\frac{R}{\omega L}(\omega t - \omega t_0)} \cdot \sin(\omega t_0 - \varphi) \right] \quad (6.6)$$

berechnet werden. Er setzt sich nach dem Einschalten aus zwei Anteilen zusammen, dem sinusförmig verlaufenden Dauerstrom und einem mit der Zeitkonstante $\tau = L/R$ abklingenden Ausgleichsglied, das bei $\omega t_0 = \varphi$ Null wird, wenn also im natürlichen Nulldurchgang des Dauerstroms eingeschaltet wird. Das maximale Ausgleichsglied tritt auf bei $\omega t_0 = \varphi + \pi/2$, wenn also im Scheitelwert des Dauerstroms eingeschaltet wird. Um den Wechselstrom mit dem Halbleiterschalter auszuschalten, genügt es, die weiteren Zündimpulse zu unterdrücken. Der Wechselstrom fließt dann noch bis zu seinem natürlichen Nulldurchgang weiter. Die folgende Stromhalbschwingung kommt wegen des fehlenden Zündimpulses nicht mehr zustande. An beide Thyristoren legt sich die Schalterspannung u_S.

Bild 6.5 zeigt die gebräuchlichsten Ausführungsformen von Halbleiterschaltern für Wechselstrom: Gegensinnig parallele Thyristoren, Zweirichtungsthyristor (TRIAC) und ein Thyristor im Gleichstromzweig einer Diodenbrücke. Bei der letzteren Schaltung wird nur ein steuerbarer Leistungshalbleiter für eine Stromrichtung benötigt. Sein Strom besteht aus gleichgerichteten Halbschwingungen.

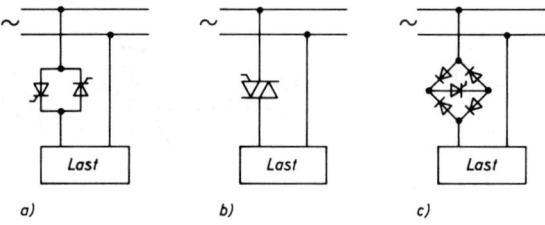

a)   b)   c)

Bild 6.5 Schalten von Wechselstrom
a) gegensinnig parallele Thyristoren
b) Zweirichtungsthyristor (TRIAC)
c) Thyristor mit Diodenbrücke

Im allgemeinen muß ein mechanischer Trennschalter in Reihe mit Halbleiterschaltern vorgesehen werden, damit die nachgeschaltete Last während Betriebspausen freigeschaltet werden kann. Der Halbleiterschalter allein läßt im gesperrten Zustand noch Rückstrom von einigen mA durch, der durch die notwendigen Beschaltungen noch vergrößert wird. Manchmal werden auch Überbrückungsschalter vorgesehen, um bei längerer Einschaltdauer die vom Durchlaßspannungsabfall der Leistungshalbleiter hervorgerufenen Verluste zu vermeiden.

6.1.3   Schalten von Drehstrom

Drehstromkreise können mit Halbleiterschaltern grundsätzlich in gleicher Weise wie einphasige Wechselstromkreise ein- und ausgeschaltet werden. Bild 6.6 zeigt das Einschalten einer dreiphasigen ohmsch-induktiven Last mit einem aus gegensinnig parallelen Thyristoren aufgebauten Halbleiterschalter.

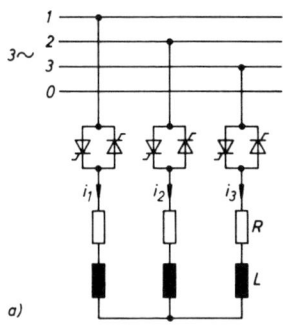

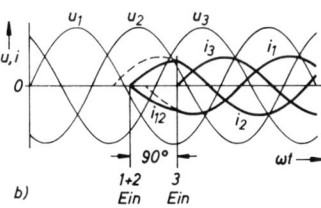

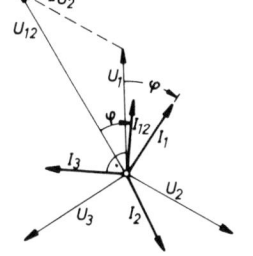

Bild 6.6 Einschalten von Drehstrom mit Halbleiterschalter ohne Ausgleichsglied
a) Schaltung
b) Spannungs- und Stromverlauf
c) Zeigerdiagramm

Beim einphasigen Wechselstromkreis (s. Abschn. 6.1.2) wurde gezeigt, daß ein Ausgleichsglied beim Einschalten vermieden werden kann, wenn der Halbleiterschalter im natürlichen Nulldurchgang des Stromes gezündet wird. Es soll nun untersucht werden, unter welchen Voraussetzungen auch ein dreiphasiger Drehstromkreis ohne Ausgleichsglied eingeschaltet werden kann. Es zeigt sich, daß bei gleichzeitigem Einschalten aller drei Phasen immer in mindestens zwei Phasen ein Ausgleichsglied auftritt, da nur für jeweils eine Phase im natürlichen Stromnulldurchgang eingeschaltet werden kann. Versetzt man jedoch, wie in Bild 6.6 gezeichnet, die Einschaltzeitpunkte zeitlich so, daß zunächst zwei Phasen (Phase 1 und 2 in Bild 6.6) eingeschaltet werden und 90° später die dritte Phase im natürlichen Nulldurchgang des Stromes dieser Phase, so gelingt auch bei einem ohmsch-induktiven Drehstromkreis ein Einschalten, ohne daß der Dauerstrom durch Ausgleichsglieder überschritten wird.

Die Thyristoren müssen beim Drehstromschalter für den Scheitelwert der verketteten Spannung bemessen sein, obwohl bei gleichmäßiger Spannungsaufteilung vor dem Einschalten als Sperrspannung nur maximal der Scheitelwert der Phasenspannung auftritt. Während des Ein- und Ausschaltens können jedoch vorübergehend höhere Spannungsbeanspruchungen auftreten.

Das Ausschalten geschieht auch beim Halbleiterschalter für Drehstrom durch Unterdrückung weiterer Zündimpulse. Der Strom wird dann im nächsten Nulldurchgang zunächst in einer Phase unterbrochen und fließt danach in den beiden anderen Phasen als einphasiger Strom noch für 90° weiter, ehe er vollständig erlischt. Bild 6.7 zeigt gebräuchliche Anordnungen von Halbleiterschaltern für Drehstrom. Anstelle von gegensinnig parallelen Thyristoren werden häufig auch Zweirichtungsthyristoren eingesetzt. Bei einem Drehstromsystem ohne Nulleiter genügen Thyristorschalter in zwei Phasen. Hier liegt im gesperrten Zustand an jedem Thyristorschalter die verkettete Spannung. Auch mit Thyristoren und gegensinnig parallelen Dioden kann eine Drehstromlast ein- und ausgeschaltet werden, allerdings auch nur bei fehlendem Nulleiter. Die Polygonschaltung kommt mit drei Thyristoren im Sternpunkt einer Drehstromlast aus, jedoch ist die Strombelastung der Thyristoren um den Faktor 3/2 größer als bei den übrigen angegebenen Schaltungen.

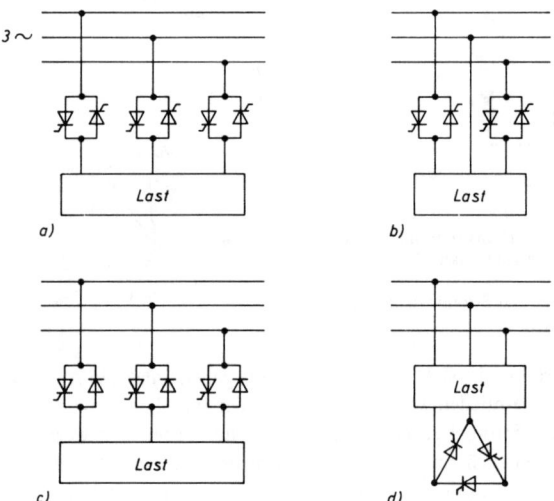

Bild 6.7   Schalten von Drehstrom
a) gegensinnig parallele Thyristoren, b) Sparschaltung,
c) halbgesteuerte Schaltung, d) Polygonschaltung

Reversierschaltungen Halbleiterschalter werden häufig anstelle mechanischer Schütze dort eingesetzt, wo hohe Schalthäufigkeiten verlangt werden, z. B. bei Reversierschaltungen, wo Drehfeldmaschinen durch Drehfeldumkehr in ihrer Drehrichtung hin- und hergesteuert werden. Dazu ist eine Vertauschung der Phasenfolge notwendig. Bild 6.8 zeigt Reversierschaltungen mit TRIAC-Schützen. Hier ist durch Maßnahmen in der Steuerung und Beschaltung sicherzustellen, daß nicht durch gleichzeitiges Durchschalten der TRIACs für die eine oder die andere Drehrichtung ein Kurzschluß zwischen den Netzphasen auftritt. Bei nur gelegentlich auftretenden Reversiervorgängen kann das Drehfeld auch mit mechanischen Schützen umgekehrt werden.

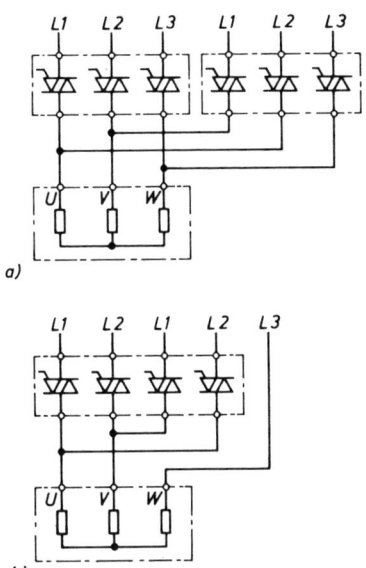

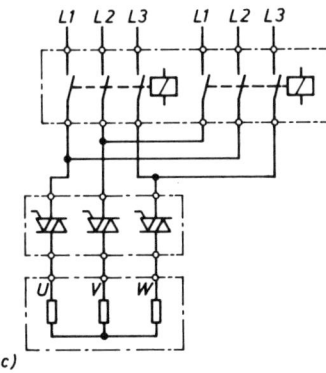

Bild 6.8 Reversierschaltungen (Drehfeldumkehr)
mit TRIAC-Schützen
a) zwei dreipolige TRIAC-Schütze
b) ein vierpoliges TRIAC-Schütz
c) mit mechanischen Reversierschützen

Vergleich von Elektronikschützen mit elektromechanischen Schützen In Tabelle 6.2 sind
die Eigenschaften von Elektronikschützen denen elektromechanischer Schütze gegenübergestellt. Bezüglich Lebensdauer, Schalthäufigkeit und Betätigung sind Elektronikschütze
den elektromechanischen Schützen überlegen. Sie sind außerdem unempfindlich gegen
Umgebungseinflüsse. Nachteilig ist ihre hohe Verlustwärme im eingeschalteten Zustand
und ihr mangelhaftes Isolationsvermögen im gesperrten Zustand. Bezüglich Baugröße
und Preis können sie mit mechanischen Schützen nicht konkurrieren.

Tabelle 6.2 Vergleich von Elektronikschützen mit elektromechanischen Schützen

	Elektromechanisches Schütz	Elektronikschütz
Lebensdauer	Mechanische Lebensdauer bis $\approx 10^6$ Schaltspiele; Schaltstück-Lebensdauer 10^5 bis 10^6 Schaltspiele	Praktisch unbegrenzte Schaltspiel-zahl
Schalthäufigkeit	Maximal bis zu $\approx 10^4$ Schaltspiele/h	Bis zu mehreren kHz; maximal jeweils bis zur Netzfrequenz (18×10^4 Schaltspiele/h bei 50 Hz)
Betätigung	Mit Kontakten; wechsel- oder gleichstrom-betätigt; beim Einschalten erhöhter Leistungsbedarf	Mit Kontakten oder Elektronik; Zündspannung 1...3...5 V; Zündstrom 10...100...500 mA je Leistungshalbleiter
Einschaltverzug	10...50 ms	Wenige μs

Fortsetzung

Tabelle 6.2 Vergleich von Elektronikschützen mit elektromechanischen Schützen

	Elektromechanisches Schütz	Elektronikschütz
Ausschaltverzug	10...50 ms	Maximal eine Halbperiode (bei 50 Hz < 10 ms)
Einschaltverhalten	Einschaltzeitpunkt streut; Gefahr des Prellens; Geräuschentwicklung; Erschütterungen	Einschaltzeitpunkt exakt einschaltbar; sehr geringe Geräuschentwicklung; keine Erschütterungen
Ausschaltverhalten	Ausschaltzeitpunkt streut; Lichtbogenlöschung; bei kleinen Strömen Überspannungserzeugung; Geräuschentwicklung; Erschütterungen	Löscht ohne Lichtbogen im natürlichen Stromnulldurchgang; Sperrträgheit; sehr geringe Geräuschentwicklung; keine Erschütterungen
Isolationsvermögen	Lufttrennstrecke mehrere kV; kein Sperrstrom	Höchstzulässige periodische Spitzensperrspannung 1...> 2 kV; einige mA Sperrstrom; empfindlich gegen Überspannungen
Überlastbarkeit	Sehr groß	Begrenzt entsprechend dem Grenzstrom der Leistungshalbleiter
Kurzschlußfestigkeit	Verschweißgefahr; Gefahr des Abhebens	Stoßstromgrenzwert der Leistungshalbleiter; Schutz durch Sicherungen oder Schnellschalter erforderlich
Verlustwärme	Gering; Durchlaßspannungsabfall < 10 mV; kann sich im Betrieb verschlechtern	Groß; ($\approx$ 2...4‰ von P_N); Durchlaßspannung 1,2...1,5...> 2 V; Kühlung erforderlich
Umgebungseinflüsse	Bei Verschmutzung erhöhter Verschleiß, evtl. Blockierung; empfindlich gegen aggressive Atmosphäre; explosionssicher nur bei Kapselung	Erwärmung der Umgebung durch Verluste; unempfindlich gegen aggressive Atmosphäre; explosionssicher
Typischer Leistungsbereich	2 bis 1000 A; ⩽ 600 V	1 bis 1000 A; ⩽ 600 V
Wartung	Schaltstückwechsel je nach Belastung	Wartungsfrei; evtl. Lüfterschmierung
Baugröße	Kompakte Bauform	Noch 2- bis 8fach größer
Preis	Sehr billig	Noch 5- bis 25fach teurer
Angebot	Umfassend, in ausgereifter Technik	Stetig zunehmend; noch Entwicklungsmöglichkeiten

Anwendungen Elektronikschütze finden dort zunehmend Einsatz, wo hohe Schalthäufigkeit und elektronische Anpassungsfähigkeit an den zu schaltenden Prozeß verlangt werden. TRIAC-Schütze können für Anschlußspannungen bis 500 V gebaut werden. Sie werden z. B. für Reversierantriebe eingesetzt. Bei der Schweißsteuerung lösen gegenparallel geschaltete Thyristoren zunehmend Ignitronschütze ab.

6.1.4 Schalten von Induktivitäten und Kondensatoren

Das Ein- und Ausschalten einer gemischt ohmsch-induktiven Last wird in Abschn. 6.1.2 behandelt. Es sollen nun noch einmal die besonderen Verhältnisse beim Schalten von reinen Blindwiderständen (Induktivitäten und Kondensatoren) mit Halbleiterschaltern untersucht werden [6.11], [6.16], [6.17].

Schalten einer Induktivität Bild 6.9 zeigt das Schalten einer Induktivität L mit einem Halbleiterschalter, und zwar ohne Ausgleichsglied und bei maximalem Ausgleichsglied. Infolge der stets vorhandenen Wicklungskapazität C_L der Induktivität L ergibt sich auch beim Einschalten ohne Ausgleichsglied, d. h. Zünden des Halbleiterschalters im natürlichen Nulldurchgang des Wechselstromes i, eine mittelfrequente Ausgleichsschwingung, die sich der Spannung u_L an der Induktivität beim Einschalten überlagert. Die

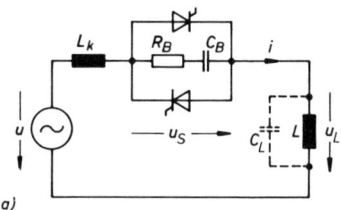

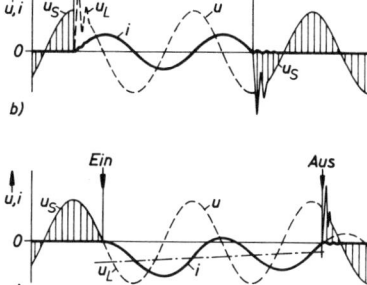

Bild 6.9 Schalten einer Induktivität mit
Halbleiterschalter
a) Schaltung
b) Einschalten ohne Ausgleichsglied
c) Einschalten mit Ausgleichsglied

Kreisfrequenz dieser Schwingung ist angenähert $1/\sqrt{L_k C_L}$; ihre Amplitude erreicht maximal den Scheitelwert der Wechselspannung. Beim Ausschalten überlagert sich der Schalterspannung u_S ebenfalls eine mittelfrequente Schwingung, deren Kreisfrequenz angenähert $1/\sqrt{(L + L_k)C_B}$ ist; ihre Amplitude wird durch den Beschaltungswiderstand R_B bedämpft. Beim Zünden des Halbleiterschalters im Nulldurchgang der Wechselspannung u, das ist im Scheitelwert des Dauerstromes i, ergibt sich ein maximales Ausgleichsglied, das nach einer von den Verlusten im Wechselstromkreis bestimmten Expotentialfunktion abhängt.

Schalten eines Kondensators Beim Einschalten eines Kondensators C läßt sich ein Ausgleichsglied beim Schalten im natürlichen Nulldurchgang des Stromes nur dann vermei-

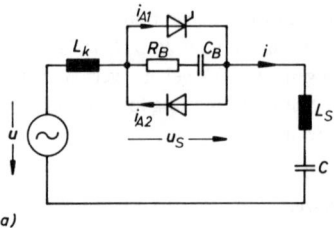

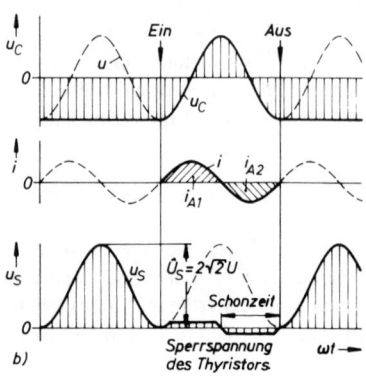

Bild 6.10 Schalten eines Kondensators mit
Halbleiterschalter (Thyristor mit
gegensinnig paralleler Diode) ohne
Ausgleichsglied
a) Schaltung
b) Spannungs- und Stromverlauf

den, wenn der Kondensator vorher auf den Scheitelwert der Wechselspannung u aufgeladen wurde. Bild 6.10 zeigt die betrachtete Schaltung und den Verlauf der Spannung und des Stromes beim ausgleichsfreien Ein- bzw. Ausschalten. Der Halbleiterschalter besteht in diesem Fall aus einem Thyristor mit gegensinnig paralleler Diode. Vor dem Einschalten ist dafür zu sorgen, daß der Kondensator C über einen Schutzwiderstand auf den Scheitelwert der Wechselspannung aufgeladen wird. Wegen der Aufladung des Kondensators liegt im gesperrten Zustand am Halbleiterschalter maximal der doppelte Scheitelwert der Netzspannung als Sperrspannung. Zur Begrenzung von Ausgleichsströmen bei Netzspannungsschwankungen und in Störungsfällen ist eine Schutzinduktivität L_S erforderlich, sofern keine ausreichend große Netzinduktivität L_k vorhanden ist.

6.2   Halbleitersteller für Wechsel- und Drehstrom

Halbleiterschalter erlauben nicht nur das bisher behandelte einmalige Ein- und Ausschalten von Wechsel- bzw. Drehstromkreisen, sondern auch ein in jeder Halbschwingung wiederholtes Einschalten, wobei der Strom jeweils vom Zündzeitpunkt bis zu seinem natürlichen Nulldurchgang fließt. Nach diesem Verfahren läßt sich die Leistungsaufnahme von ein- und mehrphasigen Wechselstromlasten kontaktlos und stetig durch sogenannte Phasenanschnittsteuerung verändern bzw. „stellen". Man nennt daher für diese Zwecke eingesetzte Stromrichter mit Wechselwegpaaren Wechselstromsteller bzw. Drehstromsteller [6.2], [6.6], [6.7].

Der Zündverzögerungswinkel oder Steuerwinkel α, mit dem die Halbleitersteller dabei periodisch gezündet werden, soll als Winkel zwischen dem Nulldurchgang der Phasenspannung, das ist der Nulldurchgang des ungesteuerten Dauerstromes bei ohmscher Last, und dem Zündzeitpunkt definiert werden. Durch Änderung des Steuerwinkels α kann der Leistungsfluß zwischen einer Wechsel- bzw. Drehstromquelle und einer Last stetig verstellt werden [6.12], [6.13], [6.14], [6.15].

6.2.1   Stellen von Wechselstrom

Bild 6.11 zeigt die Grundschaltung eines Wechselstromstellers, bei dem zunächst eine ohmsche Last R angenommen wird. Die periodischen Zündzeitpunkte der beiden gegensinnig parallelen Thyristoren sind um den Steuerwinkel α gegenüber dem Nulldurchgang der Wechselspannung u verzögert. Dadurch sperrt der Halbleiterschalter die schraffierten Spannungszeitflächen. Nach dem Zünden der jeweiligen Thyristoren springt bei ohmscher Last R der Strom auf den Augenblickswert des Dauerstromes und verläuft vom Zündzeitpunkt an sinusförmig bis zum Nulldurchgang. Durch Veränderung des Steuerwinkels α kann die Stromaufnahme der Last R stetig zwischen dem Höchstwert U/R bei α = 0 und Null bei α = 180° gestellt werden.

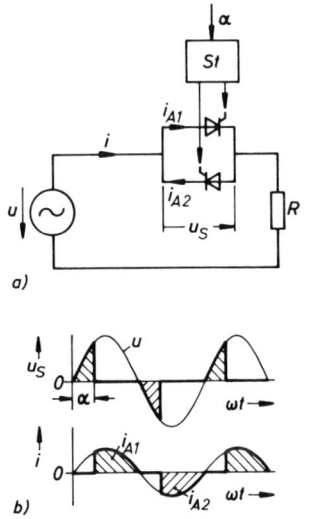

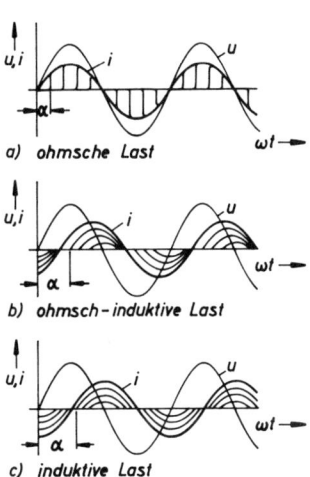

Bild 6.11 Stellen von Wechselstrom mit
Halbleitersteller
a) Schaltung mit gegensinnig
parallelen Thyristoren
b) Spannungs- und Stromverlauf
beim Steuerwinkel α

Bild 6.12 Stromverlauf beim Wechselstromsteller abhängig vom Steuerwinkel α bei unterschiedlicher Last

Stromverlauf Bild 6.12 zeigt den Stromverlauf bei einem einphasigen Wechselstromsteller abhängig vom Steuerwinkel bei drei verschiedenen Lasten: Bei ohmscher Last, bei gemischt ohmsch-induktiver Last und bei induktiver Last. Es ist jeweils der Stromverlauf für mehrere diskrete Steuerwinkel α übereinander gezeichnet.

Bei ohmscher Last kann der Strom bei gezündetem Halbleiterschalter nach

$$i = \frac{\hat{u}}{R} \sin \omega t \qquad (6.7)$$

leicht berechnet werden. Bei gesperrtem Halbleiterschalter (von $\omega t = 0$ bis α bzw. von $\omega t = \pi$ bis $\pi + \alpha$) ist $i = 0$.

Bei induktiver Last L ergibt sich der Laststrom i nach Gleichung

$$i = \frac{\hat{u}}{\omega L} \left[\sin \left(\omega t - \frac{\pi}{2} \right) - \sin \left(\alpha - \frac{\pi}{2} \right) \right]. \tag{6.8}$$

Der induktive Strom hat eine Phasenverschiebung von $90°$ gegenüber der Wechselspannung u. Der Steuerwinkel α kann daher nur im Bereich von $90°$ bis $180°$ den Laststrom ändern. Gleichung 6.8 gilt nur im Bereich von $\omega t = \alpha$ bis $\omega t = 2\pi - \alpha$ für die positive Stromhalbschwingung bzw. von $\omega t = \pi + \alpha$ bis $\omega t = \pi - \alpha$ für die negative Stromhalbschwingung. Die übrige Zeit ist der Halbleiterschalter gesperrt und der Strom $i = 0$. Der Laststrom besteht also aus sinusförmigen Stromkuppen, die in Abhängigkeit vom Steuerwinkel α um den Betrag $\hat{u} \sin (\alpha - \pi/2)/\omega L$ gegen die Nullinie verschoben sind. Dazwischen treten Stromlücken auf.

Bei einer gemischt ohmsch-induktiven Last ergibt sich kein sinusförmiger Stromverlauf mehr. Vielmehr setzt sich der Strom aus einer Sinuskurve und einem mit der Zeitkonstanten $\tau = L/R$ abklingenden Ausgleichsglied zusammen.

$$i = \frac{\hat{u}}{\sqrt{R^2 + (\omega L)^2}} \left[\sin (\omega t - \varphi) - e^{-\frac{R}{\omega L}(\omega t - \alpha)} \cdot \sin (\alpha - \varphi) \right] \tag{6.9}$$

Dieser Stromverlauf entspricht dem beim Einschalten eines Halbleiterschalters mit Ausgleichsglied (s. Gl. (6.6)), wenn der Einschaltzeitpunkt ωt_0 durch den Steuerwinkel α ersetzt wird.

Steuerkennlinie Aus den Gl. (6.7), (6.8) und (6.9) können die Steuerkennlinien eines einphasigen Wechselstromstellers in Abhängigkeit vom Steuerwinkel α berechnet werden. Dabei wird unter der Steuerkennlinie der (im allgemeinen auf den größten Effektivwert $I_{0\text{eff}}$ bezogene) Effektivwert I_{eff} des Laststromes in Abhängigkeit vom Steuerwinkel α verstanden. Bild 6.13 zeigt diese Steuerkennlinie eines Wechselstromstellers.

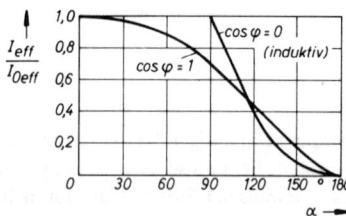

Bild 6.13
Steuerkennlinie eines Wechselstromstellers
(Effektivwert des Laststromes)

Parameter ist der $\cos \varphi$ der Last ($\varphi = \arctan \omega L/R$). Statt für den Effektivwert können Steuerkennlinien auch für den Mittelwert des Laststromes berechnet werden. In Tabelle 6.3 sind die Formeln für die Berechnung der Stromkurven und Steuerkennlinien zusammengestellt.

Tabelle 6.3 Berechnungsformeln für einphasige Wechselstromsteller

Stromverlauf:

bei ohmscher Last R:

$i = \dfrac{u}{R} \sin \omega t$ für $\alpha \leqslant \omega t \leqslant \pi$ bzw. $\pi + \alpha \leqslant \omega t \leqslant 2\pi$, sonst $i = 0$

bei induktiver Last L:

$i = \dfrac{\hat{u}}{\omega L}\left[\sin\left(\omega t - \dfrac{\pi}{2}\right) - \sin\left(\alpha - \dfrac{\pi}{2}\right)\right]$ für $\alpha \leqslant \omega t \leqslant 2\pi - \alpha$ bzw. $\pi + \alpha \leqslant \omega t \leqslant \pi - \alpha$, sonst $i = 0$

bei ohmsch-induktiver Last R und L:

$i = \dfrac{\hat{u}}{\sqrt{R^2 + (\omega L)^2}}\left[\sin(\omega t - \varphi) - e^{-\frac{R}{\omega L}(\omega t - \alpha)} \sin(\alpha - \varphi)\right]$ mit $\varphi = \arctan \dfrac{\omega L}{R}$

für $\alpha \leqslant \omega t$ bis Stromnulldurchgang bzw. $\pi + \alpha \leqslant \omega t$ bis Stromnulldurchgang, sonst $i = 0$

Steuerkennlinie:

bei ohmscher Last R:

Mittelwert des Laststromes $\dfrac{I_{av}}{I_{0av}} = \dfrac{1 + \cos \alpha}{2}$ (α von $0...\pi$)

Effektivwert des Laststromes $\dfrac{I_{eff}}{I_{0eff}} = \sqrt{\dfrac{1}{\pi}\left(\pi - \alpha + \dfrac{1}{2}\sin 2\alpha\right)}$ (α von $0...\pi$)

bei induktiver Last L:

Mittelwert des Laststromes $\dfrac{I_{av}}{I_{0av}} = \sin \alpha + (\pi - \alpha)\cos \alpha$ $\left(\alpha \text{ von } \dfrac{\pi}{2}...\pi\right)$

Effektivwert des Laststromes $\dfrac{I_{eff}}{I_{0eff}} = \sqrt{\dfrac{4}{\pi}\left[(\pi - \alpha)\left(\cos^2 \alpha + \dfrac{1}{2}\right) + \dfrac{3}{2}\sin \alpha \cos \alpha\right]}$

$\left(\alpha \text{ von } \dfrac{\pi}{2}...\pi\right)$

6.2.2 Stellen von Drehstrom

Für das Stellen von mehrphasigen Stromsystemen mit Halbleiterschaltern gelten ähnliche Bedingungen wie für den einphasigen Wechselstromsteller [6.4]. Die Grundschaltung für einen dreiphasigen Drehstromsteller entspricht der in Bild 6.6 gezeigten Schaltung eines dreiphasigen Drehstromschalters mit drei gegensinnig parallelen Thyristorpaaren. Diese werden beim Drehstromsteller periodisch ausgesteuert. Der Steuerwinkel α entspricht wieder dem Winkel zwischen dem Nulldurchgang einer Phasenspannung, das ist der Nulldurchgang des ungesteuerten ohmschen Dauerstromes dieser Phase, und dem zugehörigen Zündimpuls. Wegen der Verkettung der drei Phasen sind die Spannungs- und Stromverhältnisse jedoch nicht mehr so durchsichtig wie beim einphasigen Wechselstromsteller.

Durch Vergrößerung des Steuerwinkels α von 0° auf 150° bei ohmscher Last und von 90° bis 150° bei induktiver Last kann die Leistungsaufnahme einer symmetrischen dreiphasigen Last stetig zwischen dem Maximalwert und Null gesteuert werden. Bild 6.14 zeigt die Steuerkennlinie eines Drehstromstellers, das ist der bezogene Effektivwert I_{eff} des Laststromes in Abhängigkeit vom Steuerwinkel α. Auch hier ist der cos φ der Last der Parameter [6.18], [6.19].

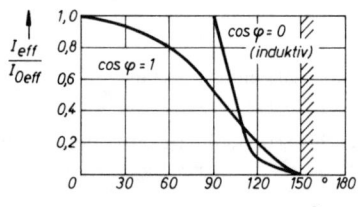

Bild 6.14 Steuerkennlinie eines Drehstromstellers (Effektivwert des Laststromes)

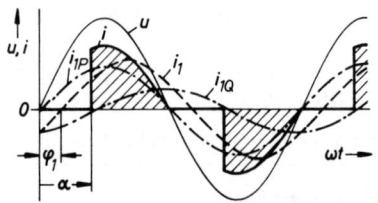

Bild 6.15 Grundschwingungsblindleistung eines Wechselstromstellers bei ohmscher Last

6.2.3 Blind- und Verzerrungsleistung

Bei Anschnittsteuerung treten sowohl beim Wechselstromsteller als auch beim Drehstromsteller nichtsinusförmige Ströme in der Last und damit auch im Wechselstrom- bzw. Drehstromnetz auf (s. Stromverlauf in Bild 6.11 und Bild 6.12 beim Wechselstromsteller).

Bei periodischen Vorgängen kann eine nichtsinusförmige Größe (hier der Strom i) nach Fourier in Grund- und Oberschwingungen zerlegt werden. Bei dieser Zerlegung ergibt sich eine Grundschwingung definierter Amplitude und Phase und eine Reihe von Harmonischen höherer Ordnungszahl, deren Frequenz ein ganzes Vielfaches der Grundfrequenz ist. Amplitude und Phase jeder Harmonischen sind ebenfalls nach der Fourier-Analyse bestimmbar. Meist nehmen die Amplituden der Harmonischen mit steigender Ordnungszahl ab.

In Bild 6.15 ist der bei ohmscher Last beim Steuerwinkel α auftretende Laststrom schraffiert dargestellt. Dieser bei konstantem Steuerwinkel α periodische Strom i besitzt eine Grundschwingung i_1, deren Amplitude und Phasenlage φ_1 nach Fourier berechnet werden kann. Man erkennt, daß die Grundschwingung i_1 des Stromes gegenüber der Wechselspannung u nacheilt. Im Wechselstromnetz tritt also beim Steuerwinkel α auch bei ohmscher Last induktive Grundschwingungsblindleistung Q_1 auf, die nach

$$Q_1 = UI_1 \sin \varphi_1 \tag{6.10}$$

berechnet wird. Der Grundschwingungsstrom i_1 läßt sich in eine Wirkkomponente i_{1P} und in eine Blindkomponente i_{1Q} zerlegen. Für den Scheitelwert der Wirkkomponente des Grundschwingungsstromes ergibt sich

$$\hat{i}_{1P} = \frac{2}{\pi} \int_{\alpha}^{\pi} \hat{i} \sin^2 \omega t \, d\omega t = \frac{\hat{i}}{\pi} (\pi - \alpha + \sin \alpha \cos \alpha) \qquad (6.11)$$

und für die Blindkomponente

$$\hat{i}_{1Q} = \frac{2}{\pi} \int_{\alpha}^{\pi} \hat{i} \sin \omega t \cos \omega t \, d\omega t = -\frac{\hat{i}}{\pi} \sin^2 \alpha. \qquad (6.12)$$

Aus Wirk- und Blindkomponente erhält man den Phasenverschiebungswinkel φ_1 der Grundschwingung zu

$$\varphi_1 = \text{arc tan} \frac{|\hat{i}_{1Q}|}{|\hat{i}_{1P}|} = \text{arc tan} \frac{\sin^2 \alpha}{\pi - \alpha + \sin \alpha \cos \alpha}. \qquad (6.13)$$

Außer der Grundschwingungsblindleistung Q_1 tritt eine Verzerrungsleistung D auf, welche bei sinusförmiger Spannung und nichtsinusförmigem Stromverlauf aus der Definitionsgleichung

$$D = U \sqrt{I_2^2 + I_3^2 + \ldots} \qquad (6.14)$$

berechnet werden kann. Die Wirkleistung P ergibt sich aus

$$P = U I_1 \cos \varphi_1. \qquad (6.15)$$

$\cos \varphi_1$ wird Grundschwingungs-Leistungsfaktor oder Verschiebungsfaktor genannt.

Zunächst könnte überraschen, daß bei einer ohmschen Last R Blindleistung auftreten soll, weil diese mit Leistungspulsationen zwischen Last und Wechselstromnetz verknüpft ist, eine ohmsche Last aber keine Energie zu speichern vermag wie eine Induktivität oder ein Kondensator. Eine nähere Untersuchung zeigt, daß die nichtlineare Charakteristik des Halbleiterschalters, nämlich sein Vermögen, Spannung zu sperren oder Strom bei vernachlässigbarer Durchlaßspannung zu führen, Grundschwingungsblind- und Verzerrungsleistung hervorruft. Beide ergänzen sich zu jedem Zeitpunkt so, daß keine Energie von der ohmschen Last zur Wechselspannungsquelle zurückfließt. Allgemein soll festgestellt werden, daß Blindleistung und Verzerrungsleistung Rechengrößen sind, die keine unmittelbare physikalische Bedeutung haben. Physikalische Bedeutung kommt dem zeitlichen Verlauf der Leistung zu (s. auch Abschn. 7.17 und 11.2)

$$p = ui. \qquad (6.16)$$

6.2.4 Steuerverfahren

Beim Betrieb von aus Leistungshalbleitern aufgebauten Wechselwegpaaren zum Schalten und Stellen sind verschiedene Steuerverfahren zu unterscheiden (Bild 6.16). Einmal können die Halbleiterschalter für zwei Stromrichtungen zum Ein- und Ausschalten von

Wechsel- bzw. Drehstromkreisen eingesetzt werden. Dies soll als nicht periodischer Schalterbetrieb gekennzeichnet werden. Das Einschalten kann nicht synchronisiert erfolgen oder mit Rücksicht auf die Vermeidung von Ausgleichsgliedern synchronisiert werden. Nach jedem Stromnulldurchgang muß ein Steuerimpuls für die nächste Stromhalbschwingung anliegen. Das Ausschalten erfolgt durch Unterdrücken weiterer Zündimpulse. Bild 6.16a zeigt den nicht synchronisierten und Bild 6.16b den synchronisierten Schalterbetrieb.

Werden Halbleiterschalter für zwei Stromrichtungen nicht nur zum Ein- und Ausschalten verwendet, sondern zum Stellen des Leistungsflusses zwischen Wechselspannungsquelle und Last, so kann dies durch Phasenanschnittsteuerung mit dem Steuerwinkel α

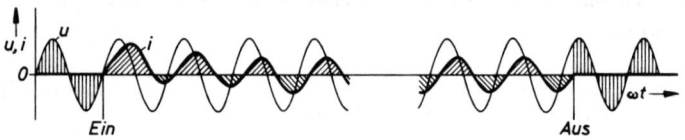

a) Schalterbetrieb (nicht periodisch), nicht synchronisiert

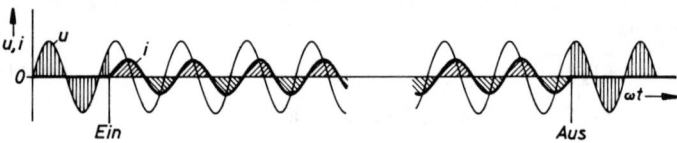

b) Schalterbetrieb (nicht periodisch), synchronisiert

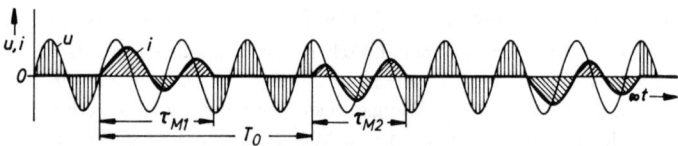

c) Schwingungspaketsteuerung (periodisch), asynchron

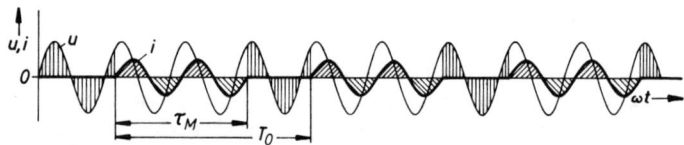

d) Schwingungspaketsteuerung (periodisch), synchron

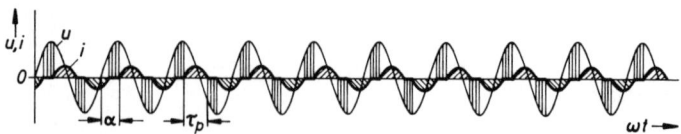

e) Phasenanschnittsteuerung

Bild 6.16 Steuerverfahren von Halbleiterschaltern und -stellern für Wechselstrom

erfolgen. Dieses Steuerverfahren ist in Bild 6.16e dargestellt. Hierbei ergibt sich eine verkürzte Stromflußdauer τ_p, die kleiner als $180°$ ist. Die Stromkurvenform ist von der Art der Last abhängig (s. Bild 6.12).

Ein anderes Verfahren zur Steuerung des Leistungsflusses ist die sogenannte Schwingungspaketsteuerung (auch Vielperiodensteuerung oder englisch: Multicycle Control genannt). Man unterscheidet den asynchronen Fall, bei dem die Wiederholfrequenz $1/T_0$ nicht mit der Netzfrequenz f synchronisiert ist (Bild 6.16c) und den synchronen Fall, bei dem dies der Fall ist (Bild 6.16d). Die Schwingungspaketsteuerung erzeugt, bezogen auf die Netzfrequenz, Unterschwingungen im Last- bzw. Netzstrom.

7 Fremdgeführte Stromrichter

Fremdgeführte Stromrichter benötigen eine fremde, nicht zum Stromrichter gehörende Wechselspannungsquelle, die ihnen während der Dauer der Kommutierung die Kommutierungsspannung zur Verfügung stellt (DIN 41 750, Bl. 2). Beim netzgeführten Stromrichter ist das speisende Netz diese Wechselspannungsquelle, beim lastgeführten Stromrichter stellt die Last diese Wechselspannungsquelle dar. Fremdgeführte Stromrichter arbeiten mit natürlicher Kommutierung [7.7].

Der netzgeführte Stromrichter ist der am häufigsten eingesetzte Stromrichtertyp [14], [30]. Die Stromrichtertechnik mit Quecksilberdampfventilen hat nahezu ausschließlich netzgeführte Stromrichter verwendet. Mit der Entwicklung der Leistungselektronik haben auch die im folgenden Abschnitt behandelten selbstgeführten Stromrichter bereits erhebliche Bedeutung erlangt, ebenso die Halbleiterschalter und -steller für Wechsel- und Drehstrom. Trotzdem haben die netzgeführten Stromrichter auch heute noch die größere wirtschaftliche Bedeutung in der Leistungselektronik.

Die Kommutierung war in Abschn. 5 bereits definiert und die beiden unterschiedlichen Arten natürliche Kommutierung und Zwangskommutierung behandelt worden. Die natürliche Kommutierung bestimmt die innere Wirkungsweise fremdgeführter Stromrichter. Ihr wesentliches Merkmal ist stets, daß ein Stromrichterventil mit höherem augenblicklichen Spannungspotential nach erfolgter Zündung den Strom von dem vorhergehenden stromführenden Stromrichterventil übernimmt. Die Stromübernahme erfolgt während einer endlichen Kommutierungszeit, die auch Überlappungszeit genannt wird. Voraussetzung für die Stromübernahme durch das folgende Ventil ist dabei die geeignete Kommutierungsspannung, die beim netzgeführten Stromrichter von Netz, erforderlichenfalls über einen Transformator, und beim lastgeführten Stromrichter von der Last zur Verfügung gestellt wird.

7.1 Netzgeführte Gleich- und Wechselrichter

Diese erfüllen die Grundfunktionen des Gleichrichtens oder Wechselrichtens und beziehen ihre Kommutierungsspannung vom Wechsel- bzw. Drehstromnetz, sie benutzen also die im Netz vorhandenen Spannungen zur Kommutierung. Dabei hat bei einer Wechselspannung die Kommutierungsspannung nur während einer Halbperiode die richtige Polarität, d. h. der mögliche Kommutierungsbereich bei Stromrichtern mit natürlicher Kommutierung ist auf diese Halbperiode beschränkt.

7.1.1 Gleichrichterbetrieb

Die Gleichspannungsbildung bei einem netzgeführten Gleichrichter soll zunächst ohne Berücksichtigung der Kommutierung, d. h. bei Vernachlässigung von Kommutierungsreaktanzen und -widerständen, untersucht werden. Bild 7.1a zeigt die Schaltung eines

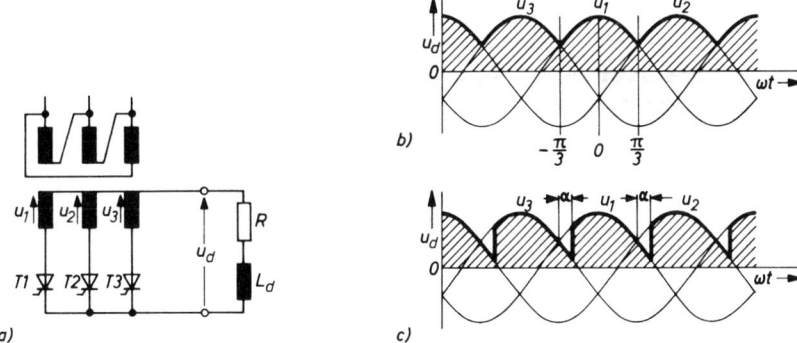

Bild 7.1 Gleichspannungsbildung bei einem netzgeführten Gleichrichter
a) Dreipuls-Mittelpunktschaltung, b) Vollaussteuerung, c) Anschnittsteuerung mit
Steuerwinkel α

einfachen netzgeführten Stromrichters. Dabei handelt es sich um die sogenannte Dreipuls-Mittelpunktschaltung (Kennzeichen M3), die auch als Sternschaltung bezeichnet wird. An dieser typischen Stromrichterschaltung werden im folgenden die charakteristischen Eigenschaften netzgeführter Stromrichter untersucht. Diese Eigenschaften lassen sich auf andere Stromrichterschaltungen ohne weiteres übertragen.

Leerlaufgleichspannung Nimmt man zunächst an, daß die Thyristoren T1, T2 und T3 durch nicht steuerbare Dioden ersetzt werden, so ergibt sich an der Last eine Gleichspannung u_d, welche auf den Kuppen der Phasenspannungen u_1, u_2 und u_3 verläuft (Bild 7.1b). Durch Integration erhält man für den ungesteuerten Gleichrichterbetrieb den arithmetischen Mittelwert der Gleichspannung zu

$$U_{di} = \frac{1}{(2\pi)/3} \int_{-\pi/3}^{+\pi/3} \sqrt{2}\, U \cos \omega t\, d\omega t = \frac{1}{(2\pi)/3} \sqrt{2}\, U \sin \omega t \Big|_{-\pi/3}^{+\pi/3} =$$

$$= \frac{3}{\pi}\sqrt{2}\, U \sin \frac{\pi}{3}. \tag{7.1}$$

Man bezeichnet U_{di} als ideelle Leerlaufgleichspannung, die sich unter Vernachlässigung ohmscher und induktiver Spannungsabfälle aus der Phasenspannung U auf der Sekundärseite des Stromrichtertransformators ergibt.

Kommutierungs- und Pulszahl Man kann Gl. (7.1) auf Stromrichter mit beliebiger Pulszahl erweitern, wenn man q als Kommutierungszahl einer Kommutierungsgruppe einführt. Dabei bezeichnet die Kommutierungszahl q die Anzahl der während einer Netzperiode auftretenden Kommutierungsvorgänge innerhalb einer Gruppe von miteinander kommutierenden Ventilen.

Die Pulszahl p ist definiert als Gesamtzahl der nicht gleichzeitigen Kommutierungen einer Stromrichterschaltung während einer Periode des Wechselstromnetzes. Damit erhält man für die ideelle Leerlaufgleichspannung U_{di}

$$U_{di} = \frac{1}{(2\pi)/q} \int_{-\pi/q}^{+\pi/q} \sqrt{2}\, U \cos \omega t \, d\omega t = \frac{1}{(2\pi)/q} \sqrt{2}\, U \sin \omega t \Big|_{-\pi/q}^{+\pi/q} =$$

$$= \frac{q}{\pi} \sqrt{2}\, U \sin \frac{\pi}{q}, \tag{7.2}$$

die sich bei Einführung eines Faktors s noch verallgemeinern läßt. Der Faktor s ist bei Mittelpunktschaltungen 1 und bei den später behandelten Brückenschaltungen 2. Damit lautet die allgemeine Gleichung für die ideelle Leerlaufgleichspannung eines netzgeführten Stromrichters

$$U_{di} = s \frac{q}{\pi} \sqrt{2}\, U \sin \frac{\pi}{q}. \tag{7.3}$$

Steuerwinkel Bei steuerbaren Stromrichterventilen, z. B. Thyristoren, erfolgt die Stromübergabe auf den nächsten Zweig erst, nachdem dieses Ventil gezündet wird. Die Übergabe kann also gegenüber dem natürlichen Schnittpunkt der Phasenspannungen verzögert werden. Man definiert den Steuerwinkel α als Zeitspanne, um die der Zündzeitpunkt gegenüber dem bei Vollaussteuerung nacheilend verschoben ist. Der Steuerwinkel wird meist in elektrischen Graden angegeben. Man spricht von Anschnittsteuerung des Stromrichters.

Bei einem Steuerwinkel α ergibt sich der in Bild 7.1c gezeichnete Verlauf der Gleichspannung u_d. Der Mittelwert der Gleichspannung beim Steuerwinkel α kann mit um den Steuerwinkel α verschobenen Integrationsgrenzen wie in Gl. (7.2) berechnet werden.

$$U_{di\alpha} = \frac{1}{(2\pi)/q} \int_{-\frac{\pi}{q}+\alpha}^{+\frac{\pi}{q}+\alpha} \sqrt{2}\, U \cos \omega t \, d\omega t = \frac{1}{(2\pi)/q} \sqrt{2}\, U \sin \omega t \Big|_{-\frac{\pi}{q}+\alpha}^{+\frac{\pi}{q}+\alpha} =$$

$$= \frac{q}{\pi} \sqrt{2}\, U \sin \frac{\pi}{q} \cos \alpha. \tag{7.4}$$

Bei Einführung des Faktors s ergibt sich

$$U_{di\alpha} = s \frac{q}{\pi} \sqrt{2}\, U \sin \frac{\pi}{q} \cos \alpha. \tag{7.5}$$

Aus den Gl. (7.3) und (7.5) erhält man für die beim Steuerwinkel α auftretende ideelle Leerlaufspannung $U_{di\alpha}$ die wichtige Beziehung

$$U_{di\alpha} = U_{di} \cos \alpha, \tag{7.6}$$

die besagt, daß sich der Mittelwert der Gleichspannung netzgeführter Stromrichter nach der cos-Funktion des Steuerwinkels α ändert.

7.1.2   Wechselrichterbetrieb

Der Steuerwinkel α kann von Vollaussteuerung bei $\alpha = 0$ (maximaler Wert der Gleichspannung U_{di}) stetig gesteigert werden. Dabei ändert sich die abgegebene Gleichspannung entsprechend Gl. (7.6). Bei $\alpha = 90°$ ist der Mittelwert der Gleichspannung Null. Bei
weiterer Vergrößerung des Steuerwinkels über $90°$ hinaus wird der Mittelwert der Gleichspannung negativ und steigt bei zunehmendem Steuerwinkel mit negativem Vorzeichen
weiter an. Bei $\alpha = 180° - \gamma$ erreicht sie den maximal möglichen negativen Mittelwert.
Der Bereich mit Steuerwinkeln von $\alpha = 90°$ bis $180° - \gamma$ mit negativem Gleichspannungsmittelwert wird Wechselrichterbetrieb genannt, weil sich die Richtung des Energieflusses
gegenüber dem Gleichrichterbetrieb umgekehrt hat. Im Wechselrichterbetrieb wird von
der Gleichstromlast Energie über den Stromrichter in das Drehstromnetz zurückgeführt.
Der Stromrichter arbeitet in diesem Betriebszustand als netzgeführter Wechselrichter.

Bild 7.2 zeigt das Umsteuern eines Stromrichters in Dreipuls-Mittelpunktschaltung vom
Gleichrichter- in den Wechselrichterbetrieb. Dabei behält wegen der vorgegebenen Ventilwirkung der Gleichstrom I_d seine Richtung, während sich das Vorzeichen des Mittelwertes der Gleichspannung U_d umkehrt. Im Gleichrichterbetrieb nimmt die als Gleichstrommaschine gezeichnete Last Energie aus dem Drehstromnetz auf. Im Wechselrichterbetrieb liefert sie Energie in das Drehstromnetz zurück.

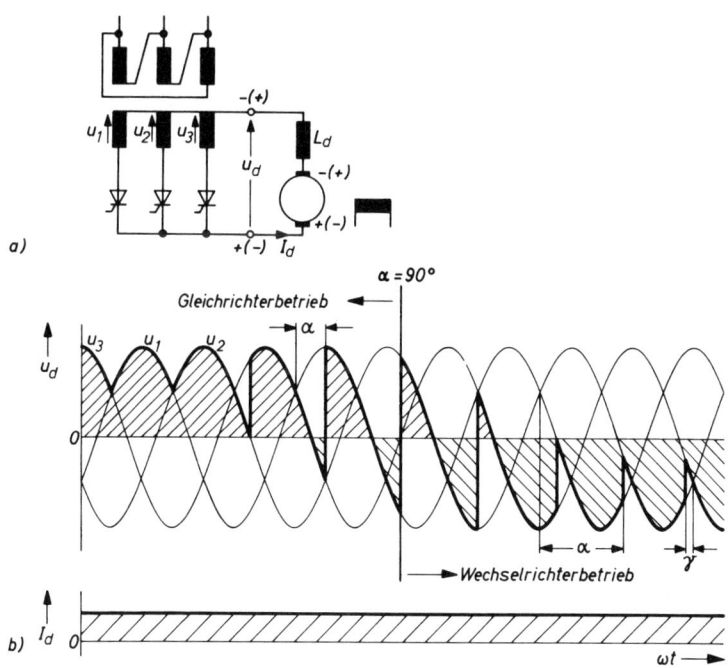

Bild 7.2 Umsteuern vom Gleichrichter- in den Wechselrichterbetrieb
a) Dreipuls-Mittelpunktschaltung, b) Spannungs- und Stromverlauf

Die Kommutierungsspannung, das ist die Differenz der Phasenspannung miteinander kommutierender Ventile, hat im Bereich von $\alpha = 0$ bis $180°$ die richtige Polarität, da in diesem Bereich das Potential der ablösenden Phase stets höher als das der vorhergehenden Phase ist. Bei Vergrößerung des Steuerwinkels über $180°$ hinaus würde die Kommutierungsspannung ihr Vorzeichen umkehren. Das Potential der ablösenden Phase ist dann niedriger als das der stromführenden. Dieser Bereich ist für die natürliche Kommutierung verboten, weil er zu Kurzschlüssen im Kommutierungskreis führt.

Löschwinkel Zur Gewährleistung eines genügenden Sicherheitsabstandes darf der Steuerwinkel α nicht bis $180°$ gesteigert werden. Vielmehr muß im Wechselrichterbetrieb ein Sicherheitsabstand zum Schnittpunkt der Phasenspannungen eingehalten werden, der als Löschwinkel γ bezeichnet wird und die erforderliche Schonzeit sicherstellt.

7.1.3 Netzkommutierung

Es soll nun der Verlauf des Kommutierungsstromes bei netzgeführten Stromrichtern näher untersucht werden.

Kommutierungsspannung Bei der Kommutierungsspannung u_k handelt es sich um eine sinusförmige Wechselspannung, welche sich bei einem Mehrphasensystem als Differenz der Spannungen zweier miteinander kommutierender Phasen ergibt (Bild 7.3). Aus dem Zeigerdiagramm der Spannungen U_1 und U_2 zweier kommutierender Phasen, welche den Winkel $2\pi/q$ miteinander einschließen, kann die Kommutierungsspannung allgemein berechnet werden

$$U_k = 2U \sin \frac{\pi}{q} . \tag{7.7}$$

Bei einem dreiphasigen Drehstromnetz ist $U_k = \sqrt{3}\, U$, also gleich der verketteten Spannung.

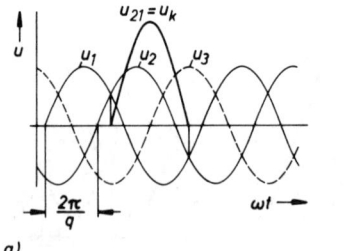
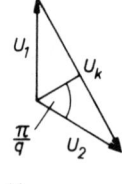

Bild 7.3
Kommutierungsspannung U_k
a) zeitlicher Verlauf
b) Zeigerdiagramm

Kommutierungsstrom Der Verlauf einer natürlichen Kommutierung war in Abschn. 5 behandelt worden (s. Bild 5.4). Werden die ohmschen Widerstände im Kommutierungskreis vernachlässigt und wird außerdem angenommen, daß die Kommutierungsinduktivitäten L_k gleich groß sind, so vereinfacht sich die in Abschn. 5 abgeleitete Kommutierungsgleichung (5.9 bzw. 5.10) zu

$$u_k = 2L_k \frac{di_k}{dt}. \tag{7.8}$$

Dabei ist i_k der im Kommutierungskreis fließende Kurzschlußstrom. Für ihn gilt

$$i_k = i_2 = I_d - i_1. \tag{7.9}$$

Bei sinusförmig verlaufender Kommutierungsspannung $u_k = \sqrt{2}\, U_k \sin \omega t$ erhält man aus Gl. (7.8) für den Verlauf des Kurzschlußstromes i_k im Kommutierungskreis

$$i_k = \frac{1}{2L_k} \int \sqrt{2}\, U_k \sin \omega t \, dt. \tag{7.10}$$

Mit der Anfangsbedingung $t_0 = 0$, $i_k = 0$ wird

$$i_k = \frac{\sqrt{2}\, U_k}{2\omega L_k} (1 - \cos \omega t). \tag{7.11}$$

Diese Gleichung gibt den Verlauf des Kurzschlußstromes wieder. Dieser ist in Bild 7.4 dargestellt. Bei Anschnittsteuerung mit dem Steuerwinkel α gilt die Anfangsbedingung $\omega t_0 = \alpha$, $i_k = 0$, also

$$i_k = \frac{\sqrt{2}\, U_k}{2\omega L_k} (\cos \alpha - \cos \omega t). \tag{7.12}$$

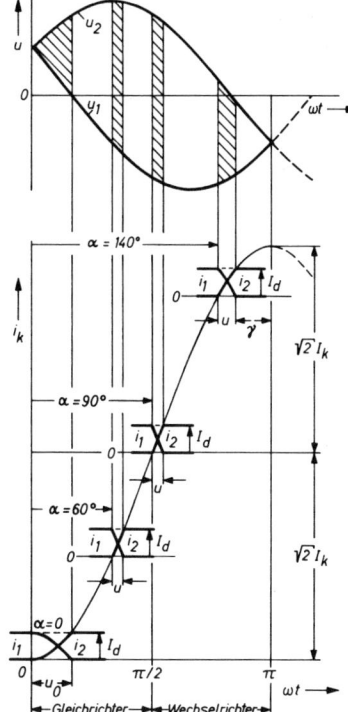

Bild 7.4
Verlauf der Kommutierungsströme

Würde der bei gleichzeitiger Stromführung zweier Ventile auftretende Phasenkurzschluß auch nach dem Ende des Kommutierungsvorganges bestehen bleiben, so würde der Kurzschlußstrom weiter ansteigen, und zwar bis auf seinen Maximalwert

$$2\sqrt{2}\,I_k = \frac{\sqrt{2}\,U_k}{\omega L_k}. \tag{7.13}$$

In Wirklichkeit wird bei ungestörtem Stromrichterbetrieb der Phasenkurzschluß am Ende der Kommutierungszeit aufgehoben, weil der Strom in dem abgelösten Ventil Null wird und dieses sperrt. Je nach Steuerwinkel α ergeben sich für den zeitlichen Verlauf der Kommutierungsströme die entsprechenden Ausschnitte aus der Kurzschlußstromkurve. Bei $\alpha = 0$ läuft die Kommutierung verhältnismäßig langsam ab, weil die Kommutierungsspannung $u_k = u_2 - u_1$ klein ist (oben in Bild 7.4 schraffiert). Bei $\alpha = 90°$ wird unter dem Maximum der Kommutierungsspannung u_k mit größter Steilheit kommutiert, danach bei weiterer Vergrößerung des Steuerwinkels α im Wechselrichterbetrieb wieder langsamer.

Überlappungszeit Die Kommutierungszeit t_u, also die Zeitspanne, während der zwei sich in der Stromführung ablösende Stromrichterzweige gleichzeitig Strom führen, wird Überlappungszeit oder einfach Überlappung u genannt. Die Überlappung wird meist als Überlappungswinkel in elektrischen Graden angegeben. Sie kann aus Gl. (7.8) berechnet werden, wenn man diese Gleichung über die Kommutierungszeit integriert

$$\int^{t_u} u_k dt = \int^{t_u} 2L_k \frac{di_k}{dt}\, dt = 2L_k \int^{t_u} di_k. \tag{7.14}$$

Weil sich der Kommutierungsstrom i_k während der Überlappungszeit t_u von Null auf I_d ändert, erhält man

$$\int^{t_u} u_k dt = 2L_k I_d. \tag{7.15}$$

Beim Steuerwinkel α wird hieraus

$$\int_{\alpha/\omega}^{\alpha/\omega + t_u} \sqrt{2}\,U_k \sin \omega t\, dt = \frac{1}{\omega}\sqrt{2}\,U_k \left[-\cos \omega t \right]_{\alpha/\omega}^{\alpha/\omega + t_u} = 2L_k I_d. \tag{7.16}$$

Man erhält

$$\cos(\alpha + u) = \cos \alpha - \frac{2\omega L_k I_d}{\sqrt{2}\,U_k} = \cos \alpha - \frac{I_d}{\sqrt{2}\,I_k}. \tag{7.17}$$

Die Anfangsüberlappung mit $\alpha = 0$ ergibt sich zu

$$\cos u_0 = 1 - \frac{I_d}{\sqrt{2}\,I_k}. \tag{7.18}$$

In Bild 7.5 ist der Spannungs- und Stromverlauf bei drei verschiedenen Steuerwinkeln ($\alpha = 0$, $\alpha = 30°$ und $\alpha = 140°$, d. h. Wechselrichterbetrieb) unter Berücksichtigung der

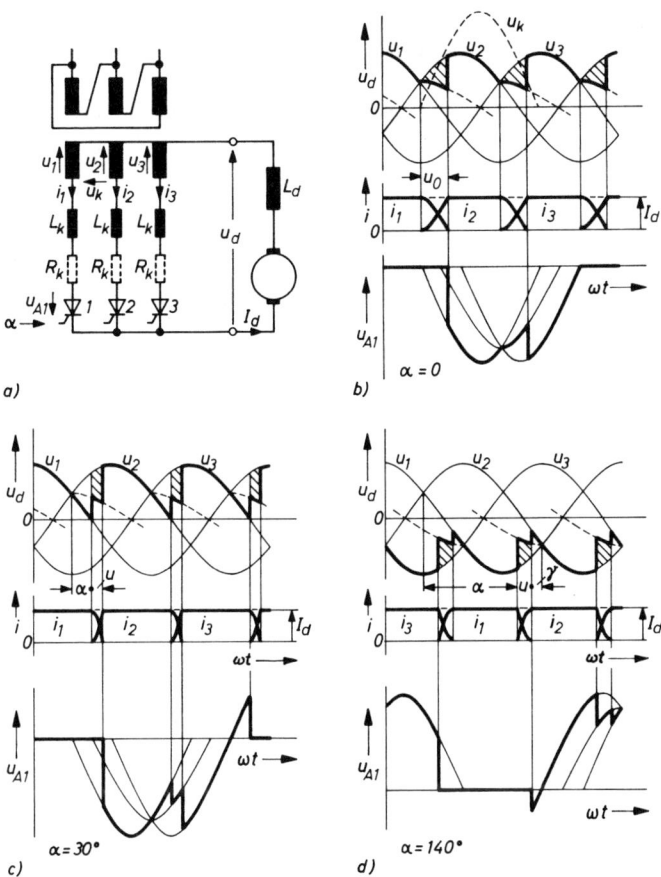

Bild 7.5 Kommutierung bei der Dreipuls-Mittelpunktschaltung (Sternschaltung)
a) Schaltung, b) Vollaussteuerung, c) Gleichrichterbetrieb mit Anschnittsteuerung,
d) Wechselrichterbetrieb

Kommutierung dargestellt. Dabei sind nur die Induktivitäten L_k im Kommutierungskreis berücksichtigt. Die gestrichelt eingezeichneten ohmschen Widerstände R_k sind vernachlässigt. Auf der Gleichstromseite ist eine große Glättungsdrossel L_d vorausgesetzt.
Während der Überlappungszeit t_u führen jeweils zwei sich ablösende Ventile Strom. Die
Kommutierungsspannung u_k liegt an den beiden Kommutierungsinduktivitäten L_k.
Sie teilt sich bei gleichen Induktivitäten L_k je zur Hälfte auf diese beiden Reaktanzen
auf. Die Gleichspannung u_d verläuft während der Kommutierungszeit t_u auf der Mitte
zwischen den beiden ablösenden Phasenspannungen und nach Abschluß der Kommutierung bis zum Beginn der nächsten auf der Phasenspannung des stromführenden Ven-
tils. Durch den induktiven Spannungsabfall an den Kommutierungsinduktivitäten ergibt

sich eine Verminderung des Mittelwertes U_d der Gleichspannung um die schraffierten Spannungszeitflächen. Diese sogenannte Gleichspannungsänderung D_x wird später berechnet.

Als Sperrspannung tritt an den Stromrichterventilen die verkettete Spannung zwischen der Phase, in der das Ventil liegt, und der gerade stromführenden Phase auf.

Einfluß von Kommutierungswiderständen Es soll nun noch gezeigt werden, wie sich der Verlauf der Kommutierungsströme auch unter Berücksichtigung der Widerstände R_k im Kommutierungskreis berechnen läßt. Unter der Voraussetzung konstanter und gleicher Kommutierungsinduktivitäten L_k und Kommutierungswiderstände R_k und bei vollkommener Glättung des Gleichstromes I_d durch eine große Glättungsinduktivität L_d ergeben sich nach Bild 7.6 folgende Gleichungen

$$i_1 + i_2 = I_d \tag{7.19}$$

und
$$u_k - L_k \frac{di_2}{dt} - R_k i_2 + L_k \frac{di_1}{dt} + R_k i_1 = 0, \tag{7.20}$$

die den Kommutierungsvorgang beschreiben.

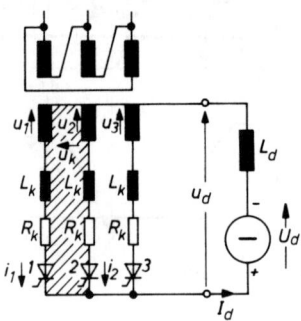

Bild 7.6
Berechnung der Kommutierung mit Berücksichtigung der ohmschen Widerstände

Gl. (7.19) in (7.20) eingesetzt ergibt

$$u_k - 2L_k \frac{di_2}{dt} - 2R_k i_2 + R_k I_d = 0 \tag{7.21}$$

Der allgemeine Lösungsansatz in (7.21) setzt sich aus einer partikulären und einer homogenen Lösung zusammen

$$i_2 = i_2' + i_2''. \tag{7.22}$$

Dieser Lösungsansatz in (7.21) eingesetzt ergibt

$$u_k - 2L_k \frac{di_2'}{dt} - 2L_k \frac{di_2''}{dt} - 2R_k i_2' - 2R_k i_2'' + R_k I_d = 0. \tag{7.23}$$

Die partikuläre Lösung ist also nach

$$u_k - 2L_k \frac{di_2'}{dt} - 2R_k i_2' = 0 \tag{7.24}$$

und die homogene Lösung nach

$$L_k \frac{di_2''}{dt} + R_k i_2'' - \frac{1}{2} R_k I_d = 0 \tag{7.25}$$

zu suchen.

Für Gl. (7.24) ergibt sich mit $u_k = \sqrt{2}\, U_k \sin \omega t$ als partikuläre Lösung der Ansatz

$$i_2' = \hat{i}_k \sin (\omega t - \varphi) \tag{7.26}$$

mit $\hat{i}_k = \dfrac{\sqrt{2}\, U_k}{\sqrt{(2R_k)^2 + (2\omega L_k)^2}} \tag{7.27}$

und $\tan \varphi = \dfrac{\omega L_k}{R_k}. \tag{7.28}$

Die homogene Lösung von Gl. (7.25) erfolgt durch den Ansatz

$$i_2'' = A e^{-\frac{t}{\tau}} + B. \tag{7.29}$$

Die unbekannten Konstanten τ und B können aus Einsetzen von Gl. (7.29) in Gl. (7.25) bestimmt werden. Man erhält $\tau = L_k/R_k$ und $B = 0{,}5\, I_d$. Die Konstante A kann aus den Anfangsbedingungen der Gleichung

$$i_2'' = A e^{-\frac{t}{\tau}} + 0{,}5 I_d \tag{7.30}$$

gewonnen werden. Zum Zeitpunkt t_0 des Beginns der Kommutierung ist $i_2 = i_2' + i_2'' = 0$. Man erhält als Bestimmungsgleichung für die unbekannte Konstante A die Beziehung

$$i_2 = i_2' + i_2'' = \hat{i}_k \sin (\omega t_0 - \varphi) + A e^{-\frac{t_0}{\tau}} + 0{,}5 I_d = 0. \tag{7.31}$$

Also ist

$$A = -\frac{\hat{i}_k \sin (\omega t_0 - \varphi) + 0{,}5 I_d}{e^{-\frac{t_0}{\tau}}}. \tag{7.32}$$

Die homogene Lösung i_2'' wird damit

$$i_2'' = -[\hat{i}_k \sin (\omega t_0 - \varphi) + 0{,}5 I_d] e^{-\frac{t - t_0}{\tau}} + 0{,}5 I_d \tag{7.33}$$

und der Strom i_2 während der Kommutierung

$$i_2 = i_2' + i_2'' = \sqrt{2}\, I_k \left[\sin (\omega t - \varphi) - \sin (\omega t_0 - \varphi) e^{-\frac{t - t_0}{\tau}} \right] + 0{,}5 I_d \left(1 - e^{-\frac{t - t_0}{\tau}} \right). \tag{7.34}$$

136   7 Fremdgeführte Stromrichter

Setzt man in dieser Gl. $\omega t_0 = \alpha$, so ergibt sich

$$i_2 = \sqrt{2}\,I_k \left[\sin(\omega t - \varphi) - \sin(\alpha - \varphi)e^{-\frac{\omega t - \alpha}{\omega\tau}} \right] + 0{,}5 I_d \left(1 - e^{-\frac{\omega t - \alpha}{\omega\tau}} \right). \quad (7.35)$$

Aus dieser Gleichung kann der exakte Verlauf des Kommutierungsstromes auch bei Berücksichtigung ohmscher Kommutierungswiderstände R_k berechnet werden. Für $R_k = 0$ vereinfacht sich Gl. (7.35) zu

$$i_2 = -\hat{i}_k \cos\omega t + \hat{i}_k \cos\alpha = \frac{\sqrt{2}\,U_k}{2\omega L_k}(\cos\alpha - \cos\omega t). \quad (7.36)$$

Diese Gleichung entspricht der früher unter Vernachlässigung von R_k abgeleiteten Gl. (7.12) für den Kommutierungsstrom i_k.

7.1.4 Belastungskennlinie

Die ideelle Leerlaufgleichspannung U_{di} eines netzgeführten Gleichrichters kann nach Gl. (7.3) berechnet werden. Wird ein solcher Gleichrichter mit Gleichstrom I_d belastet, so ergibt sich ein Mittelwert der Gleichspannung U_d am Ausgang, der infolge von Spannungsabfällen kleiner ist als U_{di}. Der Spannungsabfall setzt sich aus drei Komponenten zusammen: der induktiven Gleichspannungsänderung D_x (auch U_{dx} genannt), der ohmschen Gleichspannungsänderung D_r (auch U_{dr} genannt) und der Durchlaßspannung U_F der Stromrichterventile.

Induktive Gleichspannungsänderung Die induktive Gleichspannungsänderung D_x wird von den Induktivitäten L_k im Kommutierungskreis hervorgerufen. Ihre Größe soll mit Hilfe von Bild 7.5 berechnet werden. Während der Überlappung u verläuft die Gleichspannung u_d auf der gestrichelt eingezeichneten Linie zwischen zwei Phasenspannungen. An den Kommutierungsinduktivitäten gehen also die gestrichelten Spannungszeitflächen verloren. Nach Gl. (7.15) kann eine Spannungszeitfläche zu

$$\frac{1}{2}\int^{t_u} u_k dt = L_k I_d \quad (7.37)$$

berechnet werden. In der Zeiteinheit treten f s q Kommutierungen auf. Es bedeuten f die Netzfrequenz, s ein schaltungsabhängiger Faktor (bei Mittelpunktschaltung 1 und bei Brückenschaltung 2) und q die bereits eingeführte Kommutierungszahl einer Kommutierungsgruppe. Die induktive Gleichspannungsänderung D_x wird damit

$$D_x = fsqL_k I_d. \quad (7.38)$$

Bezieht man die induktive Gleichspannungsänderung D_x auf die ideelle Leerlaufgleichspannung U_{di}, so erhält man die relative induktive Gleichspannungsänderung

$$d_x = \frac{D_x}{U_{di}} = \frac{fsqL_k I_d}{U_{di}}. \quad (7.39)$$

Mit Hilfe der Gl. (7.2), (7.7) und (7.11) läßt sich diese Gl. umformen in

$$d_x = \frac{I_d}{2\sqrt{2}\,I_k}.$$ (7.40)

Damit ergibt sich für die Überlappung u aus Gl. (7.17) die Beziehung

$$\cos(\alpha + u) = \cos\alpha - 2d_x$$ (7.41)

bzw. für die Anfangsüberlappung u_0 aus Gl. (7.18)

$$\cos u_0 = 1 - 2d_x.$$ (7.42)

Der Mittelwert der Gleichspannung U_d beim Steuerwinkel $\alpha = 0$ läßt sich ausdrücken zu

$$U_d = U_{di} - D_x = U_{di}(1 - d_x) = U_{di}\,\frac{1 + \cos u_0}{2}.$$ (7.43)

Beim Steuerwinkel α errechnet sich der Mittelwert der Gleichspannung $U_{d\alpha}$ zu

$$U_{d\alpha} = U_{di}\cos\alpha - D_x = U_{di}(\cos\alpha - d_x) = U_{di}\,\frac{\cos\alpha + \cos(\alpha + u)}{2}.$$ (7.44)

Ohmsche Gleichspannungsänderung Die ohmsche Gleichspannungsänderung D_r läßt sich aus den Widerständen R_k im Kommutierungskreis berechnen. Es gilt

$$D_r = sR_kI_d.$$ (7.45)

Bei Stromrichtern größerer Leistung überwiegt die induktive Gleichspannungsänderung wegen der verhältnismäßig großen Kurzschlußspannung u_k von mehreren Prozent bei solchen Anlagen.

Durchlaßspannung Ein weiterer Spannungsabfall wird von der Durchlaßspannung der Stromrichterventile hervorgerufen. Während bei Quecksilberdampfgleichrichtern durch den Lichtbogen ein Spannungsabfall von 20 V bis 50 V auftrat, beträgt der Durchlaßspannungsabfall bei Halbleiterdioden und Thyristoren nur 1 bis 3 V je Leistungshalbleiter in Reihe.

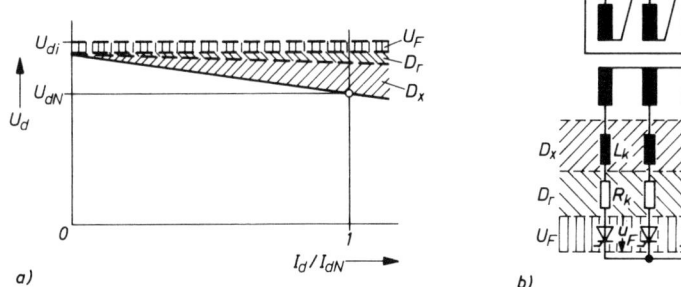

Bild 7.7 Belastungskennlinie eines netzgeführten Gleichrichters bei voller Aussteuerung
a) linearisierte Belastungskennlinie für $\alpha = 0$, b) Schaltung

Bild 7.7 zeigt die Belastungskennlinie eines netzgeführten Gleichrichters bei voller Aussteuerung. Die Durchlaßspannung U_F der Ventile kann näherungsweise stromunabhängig angenommen werden (Schleusenspannung). Die ohmsche Gleichspannungsänderung D_r, die auch den ohmschen Ventilanteil enthalten kann, und die induktive Gleichspannungsänderung D_x sind linear vom Strom abhängig.

Wird die abgegebene Gleichspannung bei Anschnittsteuerung durch Vergrößerung des Steuerwinkels α herabgesteuert, so verschiebt sich die Belastungskennlinie abhängig vom Steuerwinkel α nach unten (Bild 7.8).

Im Gleichrichterbetrieb rufen die Spannungsabfälle eine Verminderung der abgegebenen Spannung U_d hervor, im Wechselrichterbetrieb eine Erhöhung (s. Bild 10.4).

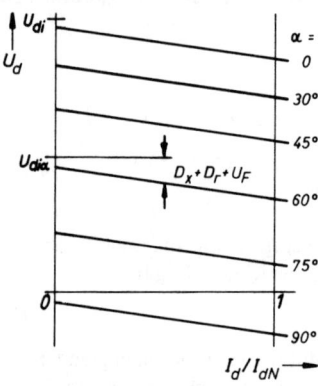

Bild 7.8
Belastungskennlinie eines netzgeführten Gleichrichters mit Steuerwinkel α als Parameter

Lösch- und Voreilwinkel Es soll noch der im Wechselrichterbetrieb auftretende Löschwinkel γ unter Berücksichtigung der Kommutierung berechnet werden. In Bild 7.5d ist Wechselrichterbetrieb mit $\alpha = 140°$ dargestellt. Aus Bild 7.4 läßt sich die Beziehung

$$I_d = \sqrt{2}\, I_k [\cos \gamma - \cos (u + \gamma)] \qquad (7.46)$$

ableiten, die in

$$\cos (u + \gamma) = \cos \gamma - \frac{I_d}{\sqrt{2}\, I_k} = \cos \gamma - 2d_x \qquad (7.47)$$

umgeformt werden kann. Der Winkel $u + \gamma$ wird auch als Voreilwinkel β bezeichnet. Unter Berücksichtigung von Überlastungen I_d/I_{dN} und Netzspannungsabsenkungen U/U_N läßt sich der erforderliche Voreilwinkel β aus

$$\cos \beta = \cos (u + \gamma) = \cos \gamma - 2d_x \frac{I_d}{I_{dN}} \frac{U_N}{U} \qquad (7.48)$$

berechnen.

Der Löschwinkel γ kennzeichnet im Wechselrichterbetrieb den Zeitabschnitt negativer Sperrspannung am Ventil. Man nennt dies auch die Schonzeit (s. Abschn. 8.1.2). Der Löschwinkel γ muß auf jeden Fall größer als die Freiwerdezeit t_q der Stromrichterventile sein. Unterschreitet er diesen Wert auch nur bei einer Kommutierung, so tritt ein Kurzschluß zwischen den sich ablösenden Wechselstromphasen auf. Man spricht dann von einem „Kippen" des Wechselrichters. Betrieb mit kleinstmöglichem Voreilwinkel β bzw. Löschwinkel γ heißt Betrieb an der Trittgrenze.

7.1.5   Stromrichterschaltungen

Stromrichterschaltungen sind in DIN 41 761 genormt. In Tabelle 7.1 sind Stromrichter-Grundschaltungen mit Benennung und Kennzeichen zusammengestellt.

Zwei Schaltungsarten werden unterschieden: Einwegschaltung und Zweiwegschaltung.

Bei E i n w e g s c h a l t u n g e n werden die wechselstromseitigen Anschlüsse des Stromrichtersatzes und damit die ventilseitigen Wicklungsstränge des Stromrichter-transformators bzw., falls ein solcher nicht vorhanden ist, die Anschlüsse des Wechsel-stromsystems nur in einer Richtung vom Strom durchflossen. Sie sind jeweils nur mit einem Hauptzweig verbunden.

Bei Z w e i w e g s c h a l t u n g e n werden die wechselstromseitigen Anschlüsse des Stromrichtersatzes und damit die ventilseitigen Wicklungsstränge des Stromrichtertrans-formators bzw., falls ein solcher nicht vorhanden ist, die Anschlüsse des Wechselstrom-systems von Wechselstrom durchflossen.

Die bisher allein behandelte Dreipuls-Mittelpunktschaltung ist also eine Einwegschaltung. Die im folgenden behandelten Brückenschaltungen sind Zweiwegschaltungen.

Tabelle 7.1 Benennungen und Kennzeichen von Stromrichter-Grundschaltungen

Schaltungsart	Schaltungsfamilie		Einzelschaltung		Beispiel
	Benennung	Kennbuchstabe	Kennzahl	Benennung	
Einweg-schaltung	Mittelpunkt-schaltung	M		p-Puls-Mittel-punktschaltung	
Zweiweg-schaltung	Brücken-schaltung	B	Pulszahl p[1]	p-Puls-Brücken-schaltung	

[1]) Sofern die Pulszahl durch die Betriebsweise (z. B. durch unsymmetrische Steuerung) veränderlich ist, gilt die Pulszahl bei Vollaussteuerung

Mittelpunktschaltung Alle Mittelpunktschaltungen sind dadurch gekennzeichnet, daß die gleichpoligen Anschlüsse der Stromrichterzweige miteinander verbunden sind und einen Gleichstromanschluß bilden, während der zweite Gleichstromanschluß durch den Mittelpunkt des Wechselstromsystems gebildet wird. Mittelpunktschaltungen haben den Kennbuchstaben M. Kommutierungszahl q und Pulszahl p sind gleich der Anzahl der Stromrichterzweige.

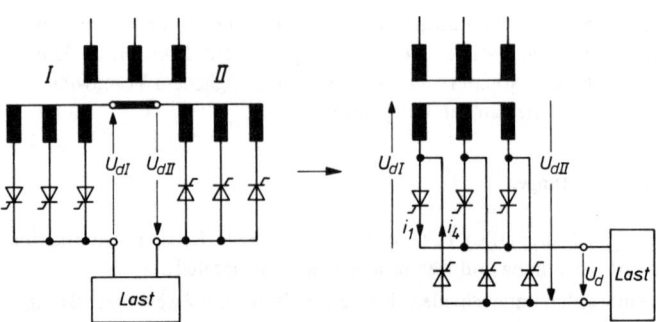

Bild 7.9 Brückenschaltung als Reihenschaltung zweier M3-Stromrichter

Brückenschaltung In Bild 7.9 ist dargestellt, wie man sich eine Brückenschaltung als Reihenschaltung zweier Stromrichter in Mittelpunktschaltung vorstellen kann. Aus der links in der Figur gezeichneten Reihenschaltung zweier Teilstromrichter I und II in Dreipuls-Mittelpunktschaltung (M3), von denen Stromrichter II durch Umpolung der Thyristoren eine negative Gleichspannung U_{dII} hat, entsteht die rechts im Bild dargestellte Sechspuls-Brückenschaltung, bei der die Sekundärwicklung des Stromrichtertransformators für beide Teilstromrichter zusammengefaßt werden kann. Die resultierende Gleichspannung ist

$$u_d = u_{dI} + u_{dII}. \tag{7.49}$$

Die sechspulsige Welligkeit ergibt sich, weil die beiden dreipulsigen Teilspannungen u_{dt} und u_{dII} um 180° gegeneinander verschoben sind.

Bild 7.10 zeigt den Spannungs- und Stromverlauf bei der Sechspuls-Brückenschaltung (auch Drehstrom-Brückenschaltung) bei voller Aussteuerung (Steuerwinkel $\alpha = 0$). Die Gleichspannung u_d ergibt sich als Summe der Teilspannungen u_{dI} und u_{dII}. Der Strom i im Stromrichtertransformator ist auch in der Sekundärwicklung ein reiner Wechselstrom. Bei Vernachlässigung der Überlappung besteht er aus 120°-Rechteckblöcken wechselnder Polarität mit 60°-Lücken.

Bild 7.11 zeigt den Spannungs- und Stromverlauf beim Steuerwinkel $\alpha = 90°$. Der Mittelwert der Teilgleichspannungen U_{dI} und U_{dII} ist in diesem Betriebszustand Null, also auch der Mittelwert der Summengleichspannung U_d. Die Gleichspannung u_d hat bei $\alpha = 90°$ die größte Welligkeit w_i, die nach

$$w_i = \frac{\sqrt{\Sigma U_{\nu i}^2}}{U_{di}} \tag{7.50}$$

definiert ist. $U_{\nu i}$ ist der Effektivwert der ν-ten Oberschwingung.

Die Sechspuls-Brückenschaltung ist die am häufigsten verwendete Schaltung für netzgeführte Stromrichter. Ihr Vorteil gegenüber der Mittelpunktschaltung besteht unter anderem in der besseren Ausnutzung des Stromrichtertransformators. Während bei Mittelpunkt-

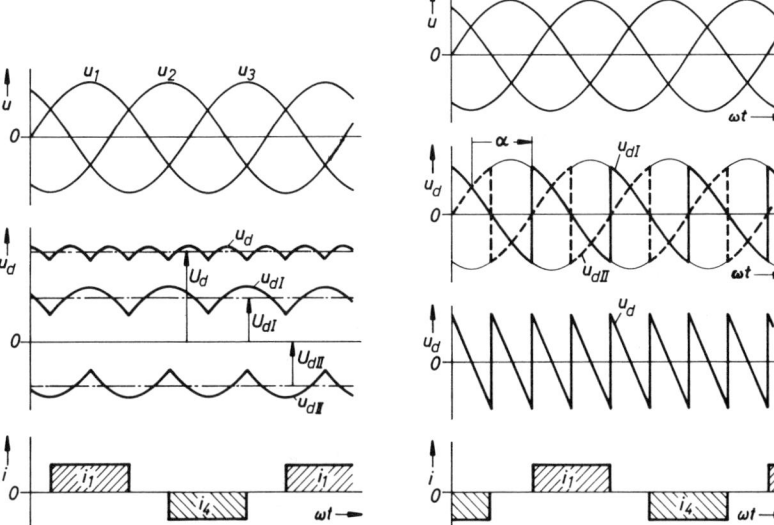

Bild 7.10 Spannungs- und Stromverlauf bei der Sechspuls-Brückenschaltung (Drehstrom-Brückenschaltung). Steuerwinkel $\alpha = 0$

Bild 7.11 Spannungs- und Stromverlauf bei der Sechspuls-Brückenschaltung (Drehstrom-Brückenschaltung). Steuerwinkel $\alpha = 90°$

schaltungen auf der Sekundärseite der Stromrichtertransformator nur von Stromblöcken einer Richtung durchflossen wird (Einwegschaltung), fließen bei Brückenschaltungen auch in den Sekundärwicklungen des Transformators Wechselströme (Zweiwegschaltung).

Ventilspannung Die Spannungsbeanspruchung der Stromrichterventile ist gleich der verketteten Spannung zwischen miteinander kommutierenden Phasen. Maximal tritt am Ventil die Spannung

$$\hat{u}_A = \sqrt{2}\, U_k \qquad (7.51)$$

auf. Diese kann mit Gl. (7.3) bzw. (7.7) umgeformt werden in

$$\hat{u}_A = \sqrt{2}\, 2U \sin\frac{\pi}{q} = \frac{2\pi}{s\,q} U_{di}. \qquad (7.52)$$

Da bei Brückenschaltungen s = 2 ist, während bei Mittelpunktschaltungen s = 1 beträgt, ergibt sich bei Brückenschaltungen bei gleicher Leerlaufgleichspannung U_{di} nur die halbe, Sperrspannungsbeanspruchung für die Stromrichterventile. Allerdings wird wegen der Reihenschaltung zweier Teilstromrichter auch die doppelte Anzahl von Ventilen benötigt.

Bei Anschnittsteuerung mit dem Steuerwinkel α springt die Spannung am Stromrichterventil nach Erlöschen des Ventilstromes auf einen Augenblickswert an, der als Sprungspannung bezeichnet wird und nach

$$u_{spr} = \sqrt{2}\, U_k \sin{(\alpha + u)} \qquad (7.53)$$

berechnet werden kann. Der Scheitelwert der Sprungspannung ergibt sich bei $\sin{(\alpha + u)}$ = $\sin{90°}$ = 1 zu $u_{spr} = \sqrt{2}\, U_k$. Da die Ventilspannung auf diesen Rechenwert der Sprungspannung in einer gedämpften Schwingung einschwingt, ist eine RC-Beschaltung notwendig (s. Abschn. 4.1).

Saugdrosselschaltung Die Parallelschaltung zweier Stromrichter in Dreipuls-Mittelpunktschaltung ist in Bild 7.12 dargestellt. Mit Rücksicht auf die Welligkeit der Gleichspannung wird dabei eine sechspulsige Schaltung angestrebt. Dazu muß ein Teilstromrichter um 180° phasenversetzt arbeiten, was durch zwei um 180° phasenversetzte Sekundärwicklungen des Stromrichtertransformators erreicht werden kann. Die Parallelarbeit der beiden Teilstromrichter I und II ist dann jedoch wegen der unterschiedlichen Augenblicks-

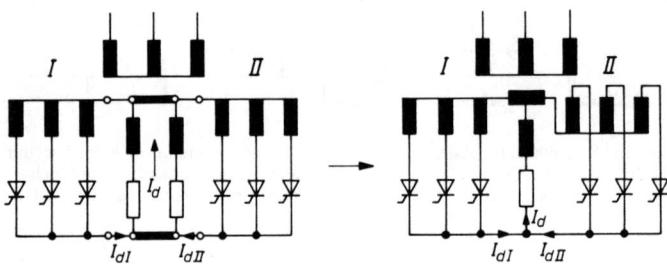

Bild 7.12 Saugdrosselschaltung als Parallelschaltung zweier M3-Stromrichter

werte der Teilspannungen u_{dI} und u_{dII} nur über Drosseln möglich, welche die Differenzspannung aufnehmen und den Ausgleichstrom dreifacher Netzfrequenz begrenzen. Da die Drosseln durch den Gleichstrom vormagnetisiert werden, ergeben sich sehr große Bauleistungen. Durch die magnetische Kopplung der beiden Drosseln in der sogenannten Saugdrossel hebt sich das Gleichstromglied auf, und die Bauleistung verringert sich. In der Gleichstromlast ergibt sich als Summe der Ströme I_{dI} und I_{dII} ein Strom

$$I_d = I_{dI} + I_{dII}. \qquad (7.54)$$

Die Saugdrosselschaltung wird bei Elektrolysegleichrichtern mit relativ niedriger Gleichspannung und hohen geforderten Gleichströmen angewendet (s. Abschn. 13.1.5). Bei gleicher Spannungsbeanspruchung der Ventile liefert sie bei doppeltem Gleichstrom allerdings nur die halbe Gleichspannung wie eine Brückenschaltung.

In Bild 7.13 sind die wichtigsten Stromrichterschaltungen mit ihren Kennwerten zusammengestellt. Neben der behandelten Dreipuls-Mittelpunktschaltung M3, der Saugdrosselschaltung M3.2 und der sechspulsigen Brückenschaltung B6 sind dies die entsprechenden einphasigen Stromrichterschaltungen, nämlich die Zweipuls-Mittelpunktschaltung M2 und die Zweipuls-Brückenschaltung B2.

	Stromrichter-schaltung	Trafo-schaltung	Gleichspannung (bei $\alpha = 0$) $\frac{U_{di}}{U_2}$	$w_i = \frac{\sqrt{\Sigma U_{\nu i}^2}}{U_{di}}$	Ventil-spannung $\frac{\hat{u}_A}{U_2}$	$\frac{\hat{u}_A}{U_{di}}$	Ventilstrom Stromfluß-winkel in °	$\frac{I_{A\,av}}{I_d}$	$\frac{I_{A\,eff}}{I_d}$	Trafo $\frac{S_{Tr}}{U_{di} \cdot I_d}$	Netz $\frac{S_{Li}}{U_{di} \cdot I_d}$
Mittelpunktschaltungen	Zweipuls-Mittelpunktschaltung M2 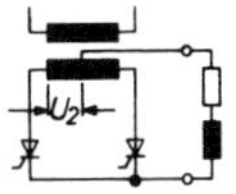		$\frac{2}{\pi}\sqrt{2}$ 0,90	2-pulsig 0,482	$2\sqrt{2}$ 2,83	π 3,14	180	$\frac{1}{2}$ 0,5	$\frac{1}{\sqrt{2}}$ 0,707	1,34	1,11
Mittelpunktschaltungen	Dreipuls-Mittelpunktschaltung M3 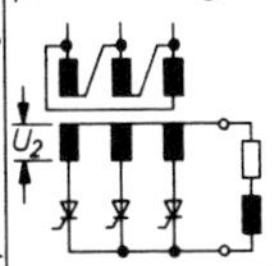	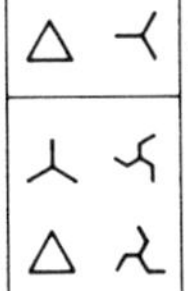	$\frac{3\sqrt{6}}{2\pi}$ 1,17	3-pulsig 0,183	$\sqrt{3}\cdot\sqrt{2}$ 2,45	$\frac{2\pi}{3}$ 2,09	120	$\frac{1}{3}$ 0,333	$\frac{1}{\sqrt{3}}$ 0,577	1,35 1,46	1,21
Mittelpunktschaltungen	Saugdrosselschaltung M3.2 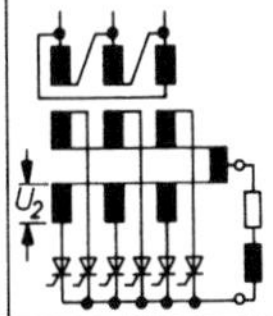	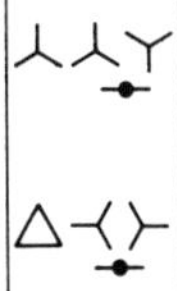	$\frac{3\sqrt{6}}{2\pi}$ 1,17	6-pulsig 0,042	$\sqrt{3}\cdot\sqrt{2}$ 2,45	$\frac{2\pi}{3}$ 2,09	120	$\frac{1}{6}$ 0,167	$\frac{1}{2\sqrt{3}}$ 0,289	1,26	1,05
Brückenschaltungen	Zweipuls-Brückenschaltung B2 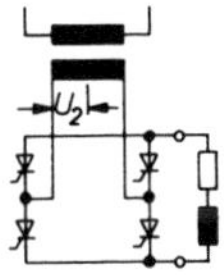		$\frac{4}{\pi}\sqrt{2}$ 1,80	2-pulsig 0,482	$2\sqrt{2}$ 2,83	$\frac{\pi}{2}$ 1,57	180	$\frac{1}{2}$ 0,5	$\frac{1}{\sqrt{2}}$ 0,707	1,11	1,11
Brückenschaltungen	Sechspuls-Brückenschaltung B6 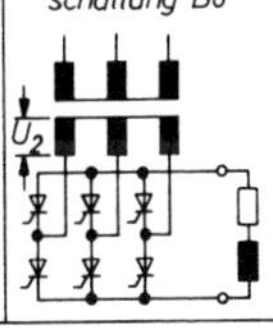	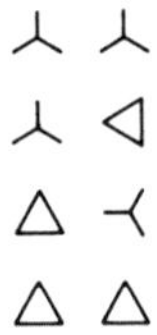	$\frac{3\sqrt{6}}{\pi}$ 2,34	6-pulsig 0,042	$\sqrt{3}\cdot\sqrt{2}$ 2,45	$\frac{\pi}{3}$ 1,05	120	$\frac{1}{3}$ 0,333	$\frac{1}{\sqrt{3}}$ 0,577	1,05	1,05

Bild 7.13 Stromrichterschaltungen

Mittelpunktschaltungen In Tabelle 7.2 sind oben die Kenndaten von einfachen Mittelpunktschaltungen (M1, M2, M3 und M6) zusammengestellt. Die Tabelle enthält Benennung, Kennzeichen, Zeigerbilder, Prinzipschaltplan, Spannungs- und Stromkurvenformen sowie elektrische Werte. Die Werte stellen ideelle Werte für sinusförmige Anschlußspannung bei Vernachlässigung der Spannungsabfälle im Stromrichter und vollkommen geglättetem Gleichstrom (ausgenommen Einpuls-Mittelpunktschaltung M1) dar. Die

Tabelle 7.2 Einfache und zusammengesetzte Mittelpunktschaltungen

Stromrichterschaltung		Zeigerbilder der Transformatorspannungen		Prinzipschaltplan des Stromrichtersatzes	Pulszahl und Kommutierung					Gleichspannung U_{di}			
Benennung nach DIN 41761	Kennzeichen	netzseitig	ventilseitig		p	q	s	g	δ	Kurvenform	$\dfrac{U_{di}}{U_{v0}}$	$\dfrac{d_{x1}}{u_{x1}}$	$\dfrac{w_{Ui}}{\text{in }\%}$
Einpuls-Mittelpunktschaltung (Einzweigschaltung)	M1				1	1	1	1	1		$0{,}450$ $\dfrac{\sqrt{2}}{\pi}$	—	121
Zweipuls-Mittelpunktschaltung (Einphasige Mittelpunktschaltung)	M2				2	2	1	1	1		$0{,}450$ $\dfrac{\sqrt{2}}{\pi}$	$0{,}707$ $\dfrac{1}{\sqrt{2}}$	48,3
Dreipuls-Mittelpunktschaltung (Sternschaltung)	M3				3	3	1	1	1		$0{,}675$ $\dfrac{3}{\pi\sqrt{2}}$	$0{,}866$ $\dfrac{\sqrt{3}}{2}$	18,3
Sechspuls-Mittelpunktschaltung (Doppelsternschaltung)	M6 oder M6/0 oder M6/30				6	6	1	1	1		$1{,}350$ $\dfrac{3\sqrt{2}}{\pi}$ $\begin{matrix}1{,}500\\ \vdots\\ 0{,}500\end{matrix}$		4,2
Doppel-Dreipuls-Mittelpunktschaltung (parallel) [Doppelsternschaltung mit Saugdrossel]	M 3.2/0 oder M 3.2/30				6	3	1	2	1		$0{,}675$ $\dfrac{3}{\pi\sqrt{2}}$ $\begin{matrix}0{,}500\\ \\ \end{matrix}$	$\dfrac{1}{2}$	4,2
Dreifach-Zweipuls-Mittelpunktschaltung (parallel)	M 2.3/30				6	2	1	3	1		$0{,}450$ $\dfrac{\sqrt{2}}{\pi}$ $\begin{matrix}0{,}750\\ \vdots\\ 0{,}500\end{matrix}$		4,2

[1]) Gleichstromvormagnetisierung im Transformator

Anschlußbezeichnungen dienen der Zuordnung von Stromrichtertransformator und Stromrichtersatz. Die Bezeichnungen + und − geben die Gleichstromanschlüsse an. Sie gelten für die gezeichnete Durchlaßrichtung der Ventile. Im Gleichrichterbetrieb hat + positives Potential gegen −.

Spannung am Stromrichterzweig		Zweigstrom I_p = ventilseitiger Leiterstrom I_v					netzseitiger Leiterstrom			netzseitige Scheinleistung
$\dfrac{U_{im}}{U_{di}}$	$\dfrac{U_{i0m}}{U_{di}}$	Kurvenform	$\dfrac{I_{peff}}{I_d}$	$\dfrac{I_{pmax}}{I_d}$	$\dfrac{I_{pav}}{I_d}$	$\dfrac{I_v}{I_d}$	bei $\curlywedge$-Schaltung Kurvenform	bei $\triangle$-Schaltung Kurvenform	$\dfrac{I_{Li}}{I_d}$	$\dfrac{S_{Li}}{U_{di}I_d}$
3,142	3,142		1,571	3,142	1,000	1,571			1,211	2,69
π	π		$\dfrac{\pi}{2}$	π		$\dfrac{\pi}{2}$			$\sqrt{\dfrac{\pi^2}{4}-1}\,\dfrac{1}{2}$	$\sqrt{\dfrac{\pi^2}{2}-2}$
3,142	3,142		0,707	1,000	0,500	0,707			0,500	1,11
π	π		$\dfrac{1}{\sqrt{2}}$		$\dfrac{1}{2}$	$\dfrac{1}{\sqrt{2}}$			$\dfrac{1}{2}$	$\dfrac{\pi}{2\sqrt{2}}$
2,094	2,094		0,577	1,000	0,333	0,577			0,472	1,21
$\dfrac{2\pi}{3}$	$\dfrac{2\pi}{3}$		$\dfrac{1}{\sqrt{3}}$		$\dfrac{1}{3}$	$\dfrac{1}{\sqrt{3}}$			$\dfrac{\sqrt{2}}{3}$	$\dfrac{2\pi}{3\sqrt{3}}$
2,094	2,094		0,408	1,000	0,167	0,408			0,816	1,05
$\dfrac{2\pi}{3}$	$\dfrac{2\pi}{3}$		$\dfrac{1}{\sqrt{6}}$		$\dfrac{1}{6}$	$\dfrac{1}{\sqrt{6}}$			$\sqrt{\dfrac{2}{3}}$	$\dfrac{\pi}{3}$
2,094	2,418		0,289	0,500	0,167	0,289			0,408	1,05
$\dfrac{2\pi}{3}$	$\dfrac{4\pi}{3\sqrt{3}}$		$\dfrac{1}{2\sqrt{3}}$	$\dfrac{1}{2}$	$\dfrac{1}{6}$	$\dfrac{1}{2\sqrt{3}}$			$\dfrac{1}{\sqrt{6}}$	$\dfrac{\pi}{3}$
3,142	3,142		0,236	0,333	0,167	0,236			0,272	1,05
π	π		$\dfrac{1}{3\sqrt{2}}$	$\dfrac{1}{3}$	$\dfrac{1}{6}$	$\dfrac{1}{3\sqrt{2}}$			$\dfrac{1}{3}\sqrt{\dfrac{2}{3}}$	$\dfrac{\pi}{3}$

In Tabelle 7.2 (und den folgenden Tabellen 7.3, 7.5 und 7.6) bedeuten:

p	Pulszahl
q	Kommutierungszahl
s	Anzahl der in Reihe geschalteten Kommutierungsgruppen
g	Anzahl der Kommutierungsgruppen, auf die sich der Gleichstrom aufteilt
δ	Anzahl der gleichzeitig kommutierenden Kommutierungsgruppen

U_{di} ideelle Gleichspannung bei Vollaussteuerung

U_{v0} Ventilseitige Leerlaufspannung zwischen den Wechselstromanschlüssen zweier kommutierender Stromrichterhauptzweige

d_{xt} Anteil der relativen induktiven Gleichspannungsänderung aus den Streuinduktivitäten des Stromrichtertransformators

u_{xt} induktive Komponenten der relativen Kurzschlußspannung u_{kt} des Stromrichtertransformators

w_{Ui} ideeller Wechselspannungsgehalt der Gleichspannung (bei Vollaussteuerung, $\alpha = 0°$)

Tabelle 7.3 Einfache und zusammengesetzte Brückenschaltungen

Stromrichterschaltung Benennung nach DIN 41761	Kennzeichen	Zeigerbilder der Transformatorspannungen netzseitig	ventilseitig	Prinzipschaltplan des Stromrichtersatzes	Pulszahl und Kommutierung p q s g δ	Kurvenform	Gleichspannung U_{di} $\frac{U_{di}}{U_{v0}}$	$\frac{d_{xt}}{u_{xt}}$	w_{Ui} in %
Zweipuls-Brückenschaltung (Einphasige Brückenschaltung)	B 2				2 2 2 1 2		0,900 $\frac{2\sqrt{2}}{\pi}$	0,707 $\frac{1}{\sqrt{2}}$	48,3
Sechspuls-Brückenschaltung (Drehstrom-Brückenschaltung)	B 6				6 3 2 1 1		1,350 $\frac{3\sqrt{2}}{\pi}$	0,500 $\frac{1}{2}$	4,2
Doppel-Sechspuls-Brückenschaltung (parallel) vollgesteuert, Schaltungswinkel der Zwölfpulseinheit 15°	B 6.2/15				12 3 2 2 1		0,52 ⋮ 0,26 0,518 1,350 $\frac{3\sqrt{2}}{\pi}$ 0,52 ⋮ 0,26		1,03
Doppel-Sechspuls-Brückenschaltung (in Reihe) Schaltungswinkel der Zwölfpulseinheit 15°	B 6.2 S 15				12 3 4 1 1		0,52 ⋮ 0,26 2,701 $\frac{6\sqrt{2}}{\pi}$ 0,518		1,03

U_{im}	ideelle Scheitelsperrspannung am Stromrichterzweig
U_{iom}	ideelle Scheitelsperrspannung am Stromrichterzweig bei nicht wirksamer Saugdrossel
I_d	Gleichstrom (arithmetischer Mittelwert)
I_{peff}	Zweigstrom (Effektivwert)
I_{pmax}	Zweigstrom (Scheitelwert)
I_{pav}	Zweigstrom (Mittelwert)
I_v	ventilseitiger Leiterstrom (Effektivwert)
I_{Li}	ideeller netzseitiger Leiterstrom
S_{Li}	netzseitige ideelle Scheinleistung

Spannung am Stromrichterzweig		Zweigstrom I_p				ventilseitiger Leiterstrom I_v		netzseitiger Leiterstrom		netzseitige Scheinleistung
$\frac{U_{im}}{U_{di}}$	$\frac{U_{iom}}{U_{di}}$	Kurvenform	$\frac{I_{peff}}{I_d}$	$\frac{I_{pmax}}{I_d}$	$\frac{I_{pav}}{I_d}$	Kurvenform	$\frac{I_v}{I_d}$	Kurvenform	$\frac{I_{Li}}{I_d}$	$\frac{S_{Li}}{U_{di}I_d}$
1,571	1,571		0,707	1,000	0,500		1,000		1,000	1,11
$\frac{\pi}{2}$	$\frac{\pi}{2}$		$\frac{1}{\sqrt{2}}$		$\frac{1}{2}$					$\frac{\pi}{2\sqrt{2}}$
1,047	1,047		0,577	1,000	0,333		0,816		0,816	1,05
$\frac{\pi}{3}$	$\frac{\pi}{3}$		$\frac{1}{\sqrt{3}}$		$\frac{1}{3}$		$\sqrt{\frac{2}{3}}$		$\sqrt{\frac{2}{3}}$	$\frac{\pi}{3}$
1,047	1,047									
$\frac{\pi}{3}$	$\frac{\pi}{3}$		0,289	0,500	0,167		0,408		0,789	1,01
1,047	1,170		$\frac{1}{2\sqrt{3}}$	$\frac{1}{2}$	$\frac{1}{6}$		$\frac{1}{\sqrt{6}}$		$\frac{1+\sqrt{3}}{2\sqrt{3}}$	$\pi\frac{1+\sqrt{3}}{6\sqrt{2}}$
$\frac{\pi}{3}$										
0,524	0,524		0,577	1,000	0,333		0,816		1,578	1,01
$\frac{\pi}{6}$	$\frac{\pi}{6}$		$\frac{1}{\sqrt{3}}$		$\frac{1}{3}$		$\sqrt{\frac{2}{3}}$		$\frac{1+\sqrt{3}}{\sqrt{3}}$	$\pi\frac{1+\sqrt{3}}{6\sqrt{2}}$

Mittelpunktschaltungen nutzen den Stromrichtertransformator schlecht aus. Die Einpuls-Mittelpunktschaltung M1 wird nur bei kleinsten Leistungen angewendet (schlechte Ausnutzung und Gleichstrom-Vormagnetisierung des Transformators, großer Aufwand für Glättung). Bei der Dreipuls-Mittelpunktschaltung wird der Transformator zur Vermeidung von Restamperewindungen je Schenkel sekundär meist in Zickzack geschaltet. Die Sechspuls-Mittelpunktschaltung M6 wurde in Gabelschaltung der Sekundärwicklung des Transformators mit Quecksilberdampfventilen eingesetzt.

Parallelschaltung Stromrichtergrundschaltungen werden zur Erhöhung des abgegebenen Gleichstromes parallelgeschaltet. Wenn auch die Pulszahl erhöht werden soll, müssen die Teilschaltungen unterschiedliche Schaltungswinkel haben. Die Kommutierungsgruppen der Teilschaltungen werden z. B. durch Saugdrosseln entkoppelt.

Haben die gleichstromseitig parallelgeschalteten Teilschaltungen gleichen Schaltungswinkel, so wird die Zahl der Parallelschaltungen dem Kennzeichen der Stromrichtergrundschaltung vorangestellt. Bei unterschiedlichen Schaltungswinkeln wird die Zahl der Parallelschaltungen hinter der Pulszahl, getrennt durch einen Punkt, angegeben, so daß das Produkt dieser Zahlen die resultierende Pulszahl der zusammengesetzten Stromrichterschaltung ergibt. In Tabelle 7.2 sind unten die Kenndaten von zusammengesetzten Mittelpunktschaltungen (parallel) zusammengestellt.

Die Doppel-Dreipuls-Mittelpunktschaltung M3.2 wird zur Gleichstromspeisung von Galvanik- und Elektrolyseanlagen im Leistungsbereich von einigen 100 kW bis über 50 MW eingesetzt, wo hohe Gleichströme bei mäßiger Gleichspannung (< 700 V) benötigt werden. Die Dreifach-Zweipuls-Mittelpunktschaltung M2.3 wird wegen großer Bauleistung von Transformator und Saugdrossel in Zickzackschaltung wenig angewendet.

Brückenschaltungen Brückenschaltungen sind Zweiwegschaltungen. Sie bestehen nur aus Zweigpaaren, die aus zwei mit gegensinniger Durchlaßrichtung an einem Mittelanschluß liegenden Stromrichterhauptzweigen gebildet werden. Jeder wechselstromseitige Anschluß ist mit dem Mittelanschluß eines Zweigpaares verbunden. Gleichpolige Außenanschlüsse der Zweigpaare sind zusammengefaßt und bilden jeweils einen Gleichstromanschluß.

Die Kommutierungszahl q ist gleich der Anzahl der Wechselstromanschlüsse und damit gleich Anzahl der Zweigpaare. Bei Brückenschaltungen mit gerader Kommutierungszahl q ist die Pulszahl p gleich der Kommutierungszahl q, bei solchen mit ungerader Kommutierungszahl ist die Pulszahl doppelt so groß wie die Kommutierungszahl.

In Tabelle 7.3 sind oben die Kenndaten von einfachen Brückenschaltungen (B2 und B6) zusammengestellt.

Auch hier sind die angegebenen Werte ideelle Werte. Sie gelten für sinusförmige Anschlußspannung unter Vernachlässigung der Spannungsabfälle im Stromrichter bei induktiver Last. Angenommen sind Vollaussteuerung ($\alpha = 0$) und ein Übersetzungsverhältnis des Stromrichtertransformators von 1. Bei Doppel-Stromrichtern auftretende Kreisströme sind nicht berücksichtigt. Die Anschlußbezeichnungen dienen der Zuordnung von Stromrichtertransformator und Stromrichtersatz. Die Gleichstromanschlüsse sind mit + und − gekennzeichnet (Gleichrichterbetrieb).

Die Zweipuls-Brückenschaltung B2 wird im unteren Leistungsbereich eingesetzt (große Welligkeit der Gleichspannung), außerdem in der Traktion bei einphasigem Wechselstromfahrdraht bis zu mehreren MW. Die Sechspuls-Brückenschaltung B6 ist die Standardschaltung für Dioden- und Thyristor-Stromrichter. Sie wird im Leistungsbereich von einigen kW bis zu einigen 100 MW angewendet (Gleichstromantriebe, Gleichrichterunterwerke, Elektrolysegleichrichter, Hochspannungs-Gleichstrom-Übertragung). Tabelle 7.3 zeigt in der Mitte die Kenndaten der Doppel-Sechspuls-Brückenschaltung (parallel). Die Doppel-Sechspuls-Brückenschaltung (parallel) B6.2/15 hat zwölfpulsige Welligkeit der Gleichspannung und geringe Oberschwingungen im Drehstromnetz [7.20].

Reihenschaltung Stromrichtergrundschaltungen werden zur Erhöhung der abgegebenen Gleichspannung in Reihe geschaltet. Wenn auch die Pulszahl erhöht werden soll, müssen die Teilschaltungen unterschiedliche Schaltungswinkel haben. Die Kennzeichnung gleichstromseitig in Reihe geschalteter Teilschaltungen erfolgt durch den Buchstaben S, der dem Kennzeichen der Stromrichtergrundschaltung angefügt wird. Zusätzlich wird die Zahl der in Reihe geschalteten Teilschaltungen angegeben.

Tabelle 7.3 zeigt unten als Beispiel die Kenndaten der Doppel-Sechspuls-Brückenschaltung (in Reihe). Die Doppel-Sechspuls-Brückenschaltung (in Reihe) B6.2S15 wird für

Tabelle 7.4 Berechnungsformeln für netzgeführte Stromrichter

Gleichspannung:

Ideelle Gleichspannung bei Vollaussteuerung: $\quad U_{di} = s \dfrac{q}{\pi} \sqrt{2} U_s \sin \dfrac{\pi}{q} = s \dfrac{q}{\pi} \sqrt{2} \dfrac{U_{v0}}{2}$

U_s = ventilseitige Sternspannung (Phasenspannung), U_{v0} = Kommutierungsspannung

Ideelle Gleichspannung bei Steuerwinkel α: $\quad U_{di\alpha} = U_{di} \cos \alpha$

bei ohmscher Last: $\quad U_{di} = U_{di} \cos \alpha$ für $0 \leqslant \alpha \leqslant \dfrac{\pi}{2} - \dfrac{\pi}{p}$

$$U_{di\alpha} = U_{di} \dfrac{1 - \sin\left(\alpha - \dfrac{\pi}{p}\right)}{2 \sin \dfrac{\pi}{p}} \quad \text{für} \quad \dfrac{\pi}{2} - \dfrac{\pi}{p} \leqslant \alpha \leqslant \dfrac{\pi}{2} + \dfrac{\pi}{p}$$

bei halbgesteuerten Schaltungen: $\quad U_{di\alpha} = \dfrac{U_{di}}{2} (1 + \cos \alpha)$

Welligkeit der Gleichspannung:

ideelle Wechselspannungskomponente der Ordnungszahl ν: $\quad U_{\nu i} = \dfrac{\sqrt{2}}{\nu^2 - 1} U_{di}$

der Gleichspannung überlagerte ideelle Wechselspannung: $\quad U_{\ddot{u}i} = \sqrt{\Sigma U_{\nu i}^2}$

ideeller Wechselspannungsgehalt (ideelle Welligkeit): $\quad w_i = \dfrac{\sqrt{\Sigma U_{\nu i}^2}}{U_{di}}$

Tabelle 7.4 (Fortsetzung)

Kommutierung:

Kommutierungsspannung: $U_{v0} = 2U_s \sin \dfrac{\pi}{q}$

Kommutierungsstrom: $i_k = \dfrac{1}{2L_k} \int \sqrt{2}\, U_{v0} \sin \omega t\, dt = \dfrac{\sqrt{2}\, U_{v0}}{2\omega L_k} (1 - \cos \omega t)$

Überlappung u: $\cos(\alpha + u) = \cos \alpha - \dfrac{2\omega L_k I_d}{\sqrt{2}\, U_{v0}} = \cos \alpha - 2d_x$

Voreilwinkel β im Wechselrichterbetrieb: $\cos \beta = \cos(\gamma + u) = \cos \gamma - 2d_x$

Anfangsüberlappung u_0: $\cos(\alpha + u_0) = 1 - 2d_x$

Gleichspannungsänderung:

Gesamte Gleichspannungsänderung (mit α = const):

$$U_{d0\alpha} - U_{d\alpha} = U_{dxL} + U_{dxt} + U_{dxb} + U_{dt} + n(U_{dv} - U_{dv0})$$

Gesamte relative induktive Gleichspannungsänderung:

$$d_x = \frac{U_{dx}}{U_{di}} = \frac{\delta \cdot s \cdot q \cdot f \cdot L_k I_d}{g U_{di}} = \frac{I_d}{2\sqrt{2}\, I_k}$$

Nennwerte: $\dfrac{d_x}{d_{xN}} = \dfrac{I_d}{I_{dN}}$

Gesamte relative ohmsche Gleichspannungsänderung: $d_r = \dfrac{R_k I_d}{U_{di}}$

Ventilspannung:

Ideelle Scheitelsperrspannung am Stromrichterzweig: $U_{im} = 2U_{v0} = \dfrac{2\pi}{s\, q} U_{di}$

U_{im} bei nicht wirksamer Saugdrossel (nahe Leerlauf): U_{i0m}

Ventilstrom:

Zweigstrom: I_p

bei guter Glättung gilt

für einfache Mittelpunktschaltungen: $I_{peff} = \dfrac{I_d}{\sqrt{p}}$ $I_{pav} = \dfrac{I_d}{p}$ $I_{pmax} = I_d$

für zusammengesetzte Mittelpunktschaltungen: $I_{peff} = \dfrac{I_d}{g\sqrt{q}}$ $I_{pav} = \dfrac{I_d}{gq}$ $I_{pmax} = \dfrac{I_d}{g}$

für Brückenschaltungen: $I_{peff} = \dfrac{I_d}{\sqrt{q}}$ $I_{pav} = \dfrac{I_d}{q}$ $I_{pmax} = I_d$

p = Pulszahl, q = Kommutierungszahl, g = Anzahl der Kommutierungsgruppen, auf die sich der Gleichstrom aufteilt

Gleichstromantriebe hoher Leistung (Fördermaschinen) und für die HGÜ eingesetzt (zwölfpulsig).

Die Gleichspannung U_{di} kann für alle Schaltungen nach Gl. (7.3) berechnet werden. Bei der Zweipuls-Brückenschaltung ist dabei zu beachten, daß die Phasenspannung U_2 gleich der halben sekundären Wechselspannung ist. Die Ventilspannung ergibt sich aus Gl. (7.52). Der Stromflußwinkel in den Ventilen ist $180°$ bei einphasigen Schaltungen und $120°$ bei dreiphasigen. Da die Durchlaßverluste in Leistungshalbleitern sowohl vom arithmetischen Mittelwert I_{Aav} als auch vom Effektivwert I_{Aeff} abhängen, ist eine möglichst große Stromflußdauer günstig für die Ausnutzung.

In Tabelle 7.4 sind die Berechnungsformeln für netzgeführte Stromrichter zusammengestellt.

7.1.6 Stromrichtertransformator

Bei den meisten Stromrichtern liegt ein Transformator zwischen Wechsel- bzw. Drehstromnetz und Stromrichterventilen. Dieser Transformator heißt Stromrichtertransformator. Seine Schaltung ist der vorgesehenen Stromrichterschaltung angepaßt, und die Wicklungen müssen für die Beanspruchungen und Stromkurvenformen beim Stromrichterbetrieb bemessen sein.

Bei gegebener Schaltung bestimmt die Sekundärspannung des Stromrichtertransformators die abgegebene Gleichspannung (s. Gl. (7.3)). Außerdem bewirkt die Wicklungsisolation der Primär- und Sekundärwicklung eine galvanische Trennung. Infolge der Schaltfunktionen der Ventile führen die Wicklungen des Stromrichtertransformators nichtsinusförmige Ströme. Dadurch ergibt sich eine Vergrößerung der Bauleistung eines Stromrichtertransformators gegenüber der eines Transformators gleicher Leistung mit sinusförmigen Strömen. Bei Brückenschaltungen fließen auch in der Sekundärwicklung des Stromrichtertransformators reine Wechselströme, während bei Mittelpunktschaltungen die Sekundärwicklungen schlecht ausgenutzt sind, da sie Stromblöcke nur in einer Richtung führen, d. h. mit einem Gleichstromglied belastet sind.

Zur Vergrößerung der Pulszahl und damit zur Verringerung der Oberschwingungen auf der Gleich- und Wechselstromseite kann mit Hilfe eines Stromrichtertransformators eine Erhöhung der Phasenzahl der Sekundärwicklung oder eine Phasenschwenkung vorgenommen werden. Stromrichtertransformatoren können wie Netztransformatoren auch mit Stufenschaltern zur Spannungsanpassung ausgerüstet werden. Die Stufenschalter liegen wegen der i. allg. kleineren Ströme dabei meist auf der Primärseite. Die Berechnung von Stromrichtertransformatoren erfolgt nach den bekannten Gesetzen des Transformatorbaus. Seine Kurzschlußspannung u_{kt} bestimmt weitgehend die induktive Gleichspannungsänderung D_x (s. Gl. (7.38)) und damit die Belastungskennlinie des Stromrichters. Bei Saugdrosselschaltungen müssen beide Teilsysteme die gleiche Kurzschlußspannung haben, damit sich der Gleichstrom auf beide Teilstromrichter gleichmäßig verteilt.

Transformatorbauleistung Es soll noch die Bauleistung eines Stromrichtertransformators für zwei typische Schaltungen berechnet werden. Dies geht über die Ermittlung der im Transformator auf der Primär- und auf der Sekundärseite auftretenden Scheinleistung. Die halbierte Summe der primären und sekundären Scheinleistungen ergibt die Transformatorbauleistung S_{Tr}. Bezieht man diese auf die ideelle Gleichstromleistung $U_{di}I_d$ des Stromrichters, so erhält man als Bestimmungsgleichung

$$\frac{S_{Tr}}{U_{di}I_d} = \frac{\frac{1}{2}\sum U_{Tr} \cdot I_{Tr}}{U_{di}I_d}. \tag{7.55}$$

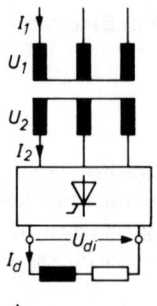

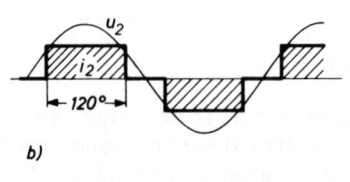

Bild 7.14
Berechnung der Bauleistung eines Stromrichtertransformators (Sechspuls-Brückenschaltung)
a) Schaltung
b) Transformatorstrom

Bei der Sechspuls-Brückenschaltung fließt in den Sekundär- und Primärwicklungen des Stromrichtertransformators der in Bild 7.14 dargestellte Strom. Für die bezogene Bauleistung ergibt sich nach Gl. (7.55) die Beziehung

$$\frac{S_{Tr}}{U_{di}I_d} = \frac{\frac{1}{2}(3U_1I_1 + 3U_2I_2)}{U_{di}I_d}. \tag{7.55a}$$

U_1I_1 ist wegen des Leistungsgleichgewichts gleich U_2I_2. Nach Gl. (7.3) gilt für die sechspulsige Brückenschaltung

$$U_{di} = \frac{3\sqrt{6}}{\pi} U_2. \tag{7.55b}$$

Außerdem ist

$$I_2 = \sqrt{\frac{2}{3}} I_d \quad \text{bzw.} \quad I_d = \sqrt{\frac{3}{2}} I_2. \tag{7.55c}$$

Setzt man diese Werte in Gl. (7.55a) ein, so ergibt sich für die bezogene Bauleistung des Stromrichtertransformators in der Sechspuls-Brückenschaltung der Wert

$$\frac{S_{Tr}}{U_{di}I_d} = \frac{3U_2I_2}{\dfrac{3\sqrt{6}}{\pi}U_2 \cdot \sqrt{\dfrac{3}{2}} I_2} = \frac{\pi}{3} = 1{,}05. \tag{7.55d}$$

Die Bauleistung ist also nur 5% höher als für einen Transformator mit sinusförmigen Strömen. Für die Scheinleistung S_{Li} des Drehstromnetzes ergibt sich bei der Sechspuls-Brückenschaltung der gleiche Wert.

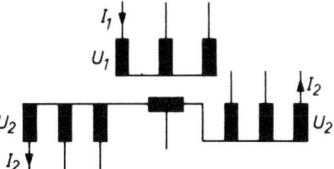

Bild 7.15
Stromrichtertransformator bei Saugdrosselschaltung

Führt man die gleiche Rechnung für einen Stromrichtertransformator bei Saugdrosselschaltung durch (Bild 7.15), so ergibt sich für die bezogene Transformatorbauleistung

$$\frac{S_{Tr}}{U_{di}I_d} = \frac{\frac{1}{2}(3U_1I_1 + 2 \cdot 3U_2I_2)}{U_{di}I_d}. \tag{7.55e}$$

Bei der Saugdrosselschaltung gilt

$$U_{di} = \frac{3\sqrt{6}}{2\pi}U_2 \quad \text{bzw.} \quad U_{di} = \frac{3\sqrt{6}}{2\pi} \cdot \frac{w_2}{w_1}U_1 \tag{7.55f}$$

und $$I_2 = \frac{I_d}{2\sqrt{3}} \quad \text{bzw.} \quad I_1 = \frac{w_2}{w_1}\sqrt{\frac{2}{3}}I_d, \tag{7.55g}$$

w_1/w_2 ist das Übersetzungsverhältnis des Transformators. Dies in Gl. (7.55e) eingesetzt, ergibt für die bezogene Transformatorbauleistung bei der Saugdrosselschaltung den Wert

$$\frac{S_{Tr}}{U_{di}I_d} = \frac{\frac{1}{2}\left(3 \cdot \frac{2\pi}{3\sqrt{6}} \cdot U_{di}\sqrt{\frac{2}{3}}I_d + 2 \cdot 3\frac{2\pi}{3\sqrt{6}}U_{di} \cdot \frac{I_d}{2\sqrt{3}}\right)}{U_{di}I_d}$$

$$= \frac{1}{2}\left(\frac{\pi}{3} + \sqrt{2}\frac{\pi}{3}\right) = 1{,}26. \tag{7.55h}$$

Der Stromrichtertransformator ist also bei der Saugdrosselschaltung schlechter ausgenutzt als bei der Sechspuls-Brückenschaltung. Für die bezogene Netzscheinleistung ergibt sich wie bei der Sechspuls-Brückenschaltung der Wert 1,05, weil auf der Primärseite des Transformators und damit im Netz die gleichen Ströme wie bei der Sechspuls-Brückenschaltung fließen.

Schaltungen von Stromrichtertransformatoren In Tabelle 7.5 sind Schaltungen von Stromrichtertransformatoren angegeben. Die Anschlußbezeichnung erfolgt nach VDE 0532 mit Ausnahme der ventilseitigen Anschlüsse von Stromrichtertransformatoren für Einwegschaltungen und Schaltgruppen mit mehr als drei ventilseitigen Wicklungssträngen, deren Anschlüsse entsprechend ihrer Phasenfolge beziffert werden. Mittel- oder

Tabelle 7.5 Schaltungen, elektrische Werte und Prüfwerte von Stromrichtertransformatoren

Stromrichter-schaltung Kennzeichen nach DIN 41761	Schaltgruppe des Stromrichtertransformators (und ggf. der Saugdrossel)	Zeigerbild der ventilseitigen Wechsel-spannungen	p	q	Gleich-spannung $\frac{U_{di}}{U_{v0}}$	ventilseit. Leiter-strom $\frac{I_v}{I_d}$	netzseit. Schein-leistung $\frac{S_{Li}}{U_{di}\,I_{dN}}$	Transf. primär	Transf. sekundär	Transf. gesamt	P_A (Messung)	P_B	P_C	Lastverluste P_{vt}	Kurzschlußverbindungen bei der Bestimmung von u_{kt}	$\frac{d_{rt}}{u_{kt}}$
M 2	1in	⟨Zeigerbild⟩	2	2	0,450	0,707	1,11	1,11	1,57	1,34	N-1	N-2		$\frac{P_A+P_B}{2}$	1-2	0,707
M3/0 / M3/30 / M3/60 / M3/90	Dzn 0 / Yzn 5 / Dzn 6 / Yzn 11	⟨Zeigerbild⟩	3	3	0,675	0,577	1,21	1,21	1,71	1,46	1-2-3			$P_A+\frac{f_2}{3}\,I_d^2$	1-2-3	0,866
M3/30	Dyn 5	⟨Zeigerbild⟩						1,21	1,48	1,35						
M6/30	Dyn (5-11)	⟨Zeigerbild⟩	6	6	1,350	0,408	1,05	1,28	1,81	1,55	1-3-5	2-4-6		$1{,}5\,\frac{P_A+P_B}{2}$	Mittelwert aus 1-3-5 und 2-4-6	1,5 bis 0,5
M6/30 / M6/0	Yzn(5+7) / Dzn(0+10)	⟨Zeigerbild⟩	6	3	0,675	0,289	1,05	1,05	1,79	1,42	1-2 / 3-4 / 5-6	2-3 / 4-5 / 6-1	Mi-Wert aus v.1-3-5 u.2-4-6	$\frac{P_A+2P_B+3P_C}{6}$	1-3-5 / 2-4-6	0,5
M3.2/30 / M3.2/0(+Sd)	Y yn0,yn6 / Dyn5,yn11(1n)	⟨Zeigerbild⟩	6	3	0,450	0,236	1,05	1,05	1,48	1,26	1-3-5	2-4-6		$\frac{P_A+P_B}{2}$	1-3-5 / 2-4-6	0,5
M2.3/30 (+Sd)	D in in in (2n)	⟨Zeigerbild⟩	6	2	0,900	1,000	1,05	1,11	1,57	1,34	1-3-5 N1-N2-N3	2-4-6 N1-N2-N3		$1{,}125\,\frac{P_A+P_B}{2}$	1-4 / 2-5 / 3-6	0,75 bis 0,5
B2	Ii	⟨Zeigerbild⟩	2	2	1,350	0,816	1,11	1,11	1,11	1,11	1-2			P_A	1-2	0,707
B6/30 / B6/0	Dd0 oder Yy0 / Dy5 oder Yd5	⟨Zeigerbild⟩	6	3	1,350	0,408	1,05	1,05	1,05	1,05	1-2-3			P_A	1-2-3	0,5
B6.2/15 (+Sd)	0 y5 d6 oder Y d5 y6 (1n)	⟨Zeigerbild⟩	12	3	1,350	0,408	1,01	1,012	1,05	1,03	1-3-5	2-4-6	1-3-5 / 2-4-6	$0{,}035(P_A+P_B)+0{,}930\,P_C$	1-3-5 / 2-4-6	0,52 bis 0,26
B6.2/15 (+Sd)	Y r1(+15°) oder D r0(+15°)(1n 1n)	⟨Zeigerbild⟩	12	3	1,350	0,408	1,01	1,012	1,021	1,016	Mi-Wert v.1-3-5 u.2-4-6: 2-3 / 4-5 / 6-1	1-2 / 3-4 / 5-6	1-2 / 3-4 / 5-6	$1{,}34\,P_A-0{,}08\,P_B-0{,}27\,P_C$	Mittelwert aus 1-3-5 und 2-4-6	

Sternpunktanschlüsse, die den vollen Gleichstrom führen, werden mit M bzw. m bezeichnet und bei mehreren Kommutierungsgruppen verschiedener Phasenlage numeriert. Bei der Bemessung von Stromrichtertransformatoren sind die besonderen Betriebsbedingungen zu berücksichtigen (Oberschwingungen, Kurzschlußfestigkeit). Gerechnet wird mit idealisierten Rechteckströmen. Stromverdrängung durch Oberschwingungen wird bei der Auslegung i. allg. nicht berücksichtigt. Dafür wird der günstige Einfluß der Überlappung ebenfalls vernachlässigt. Bei geregelten Anlagen muß der Stromrichtertransformator so bemessen werden, daß noch Gleichspannungsreserve zur Ausregelung von Störgrößen vorhanden ist. Bei Umkehrstromrichtern ist ebenfalls mit Rücksicht auf sicheren Wechselrichterbetrieb eine Spannungsreserve notwendig. Die induktive Komponente der Kurzschlußspannung u_{xt} des Stromrichtertransformators bestimmt maßgeblich die induktive Gleichspannungsänderung und damit die Belastungskennlinie eines netzgeführten Stromrichters. Bei Saugdrosselschaltung muß für beide Kommutierungsgruppen gleichgroße Kurzschlußspannung vorliegen, damit sich der Gleichstrom gleichmäßig aufteilt.

Bei Mittelpunktschaltungen fließen in den ventilseitigen Wicklungen gleichgerichtete Ströme (Gleichstromglied, Grundschwingung und Oberschwingungen). Dies führt zu einer Gleichstromvormagnetisierung in allen Schenkeln und hat einen konstanten magnetischen Fluß zur Folge, der sich von den Jochen her nur über die Luft oder den Transformatorkessel schließen kann. Durch die Vormagnetisierung steigt der Magnetisierungsstrom, besonders dann, wenn der Stromrichter stoßweise über den Nennstrom hinaus belastet wird. Dem Gleichfluß kann bei ungeglättetem Gleichstrom noch ein Wechselanteil überlagert sein. Netzseitige Dreieckwicklungen unterdrücken diesen Wechselanteil, weil sie einen Kurzschluß für Ströme mit dreifacher Netzfrequenz und deren Vielfache darstellen. Die Vormagnetisierung der Transformatorschenkel kann bei Dreipuls-Mittelpunktschaltungen durch eine ventilseitige Zickzackwicklung vermieden werden (s. Tabelle 7.2).

Bei Brückenschaltungen fließen auch in der ventilseitigen Wicklung bei symmetrischem Betrieb reine Wechselströme.

Nennleistung P_{LN} eines Stromrichtertransformators ist seine netzseitige Scheinleistung bei Nennbetrieb des Stromrichters. Sie kann bei vorgeschalteten Drosselspulen oder vorgeschalteten Transformatoren von der netzseitigen Scheinleistung des Stromrichters abweichen. Netzseitige bzw. ventilseitige Wicklungsleistung ist die Summe der Produkte von Strom und Spannung (Effektivwerte) aller netzseitigen bzw. ventilseitigen Wicklungen des Stromrichtertransformators.

Bauleistung des Stromrichtertransformators ist die halbe Summe sämtlicher Wicklungsleistungen. Eine gegebenenfalls vorhandene Tertiärwicklung ist mit einzubeziehen. In Tabelle 7.5 ist die bezogene Transformatorbauleistung für verschiedene Schaltungen angegeben. Die Transformatorbauleistung liegt bei Brückenschaltungen nur wenig über 1 (gute Transformatorausnutzung), bei Mittelpunktschaltungen wegen der Gleichstromkomponenten in den ventilseitigen Wicklungen erheblich über 1 (schlechte Transformatorausnutzung).

Volumen und Gewicht eines Transformators steigen mit der 3/4-Potenz der Nennleistung. Es gilt

$$V \sim G \sim (P_{LN}/\omega)^{3/4}. \qquad (7.56)$$

Stromrichtertransformatoren zur getrennten Aufstellung in Stromrichteranlagen müssen ein Leistungsschild mit der Bezeichnung „Stromrichtertransformator" tragen. Es enthält außer den Transformatordaten Angaben zum Stromrichter. Die Transformatorbauleistung wird auf dem Leistungsschild nicht angegeben.

Die Prüfung von Stromrichtertransformatoren erfolgt nach VDE 0532 bzw. VDE 0550. Kurzschlußmessungen werden mit dem berechneten ideellen netzseitigen Leiterstrom I_{LNi} bei sinusförmiger Spannung und Nennfrequenz ausgeführt. Bei Einphasenanschluß gilt

$$I_{LNi} = \frac{S_{LNi}}{U_N} \qquad (7.57)$$

und bei Drehstromanschluß

$$I_{LNi} = \frac{S_{LNi}}{\sqrt{3}\, U_N}. \qquad (7.58)$$

Bei der Ermittlung der Lastverluste und der ohmschen Gleichspannungsänderung sind die in Tabelle 7.5 angegebenen Kurzschlußverbindungen herzustellen. Die jeweilige Leistungsaufnahme P_A, P_B und P_C ist beim Strom I_{LNi} zu messen. Die Lastverluste im Stromrichterbetrieb ergeben sich hieraus durch Rechnung.

Die ohmsche Gleichspannungsänderung ist

$$U_{drtN} = \frac{P_{vtN}}{I_{dN}} \qquad (7.59)$$

und die relative ohmsche Gleichspannungsänderung

$$d_{rtN} = \frac{U_{drtN}}{U_{di}} = \frac{P_{vtN}}{U_{di} I_{dN}}. \qquad (7.60)$$

Bei der Ermittlung der Kurzschlußspannung und der induktiven Gleichspannungsänderung sind die Kurzschlußverbindungen nach Tabelle 7.5 vorzunehmen. Die Kurzschlußspannung wird beim Strom I_{LNi} in den netzseitigen Anschlüssen gemessen. Die relative induktive Gleichspannungsänderung d_{xt} kann aus der induktiven Komponente u_{xt} der relativen Kurzschlußspannung u_{kt} aus dem in Tabelle 7.5 angegebenen Verhältnis d_{xt}/u_{xt} berechnet werden. Bei einigen Schaltungen ist d_{xt}/u_{xt} vom speziellen Wicklungsaufbau abhängig. Der untere Grenzwert des angegebenen Bereiches gilt bei vernachlässigbarer ventilseitiger Streureaktanz des Stromrichtertransformators, der obere bei vernachlässigbarer netzseitiger Streureaktanz. Bei größeren Transformatoren kann die ohmsche Komponente der Kurzschlußspannung gegenüber der induktiven vernachlässigt werden (dann gilt $u_{xt} \approx u_{kt}$).
Für die induktive Gleichspannungsänderung des Stromrichtertransformators gilt

$$U_{dxtN} = \frac{\delta}{g}\, sqf L_{kt} I_{dN} \qquad (7.61)$$

und für die relative induktive Gleichspannungsänderung

$$d_{xtN} = \frac{U_{dxtN}}{U_{di}} = \frac{\delta}{g} \text{sqf} L_{kt} \frac{I_{dN}}{U_{di}}.$$ (7.62)

Die relative induktive Gleichspannungsänderung kann auch exakt gemessen werden. Für die gesamte relative induktive Gleichspannungsänderung bei Nennstrom gilt

$$d_{xN} = \frac{I_{dN}}{2\sqrt{2} I_k}$$ (7.63)

(s. Tabelle 7.4). Aus dieser Beziehung folgt, daß zur direkten Messung der relativen induktiven Gleichspannungsänderung bei Kurzschluß der netzseitigen Hauptanschlüsse des Stromrichtertransformators ein Einphasenwechselstrom von Netzfrequenz mit dem Effektivwert $(I_{dN}\delta)/(2\sqrt{2}\,g)$ in zwei sich bei Stromrichterbetrieb in der Kommutierung ablösende ventilseitige Anschlüsse eingespeist werden muß. Alle gleichzeitig kommutierenden Kommutierungsgruppen sind bei dieser Messung parallelzuschalten (δ Zahl der Kommutierungsgruppen, g Zahl paralleler, nicht gleichzeitig kommutierender Kommutierungsgruppen, in die sich der Nenngleichstrom I_{dN} des Stromrichters aufteilt). Aus wenigstens zwei Messungen in verschiedenen und gegebenenfalls im Aufbau voneinander abweichender Wicklungen ist das Mittel zu bilden. Die induktive Komponente der ermittelten relativen Kurzschlußspannung, die auf die Kommutierungsspannung U_{v0} bezogen wird, gibt unmittelbar die relative induktive Gleichspannungsänderung des Stromrichtertransformators an.

7.1.7 Blindleistung

Leistungsdefinitionen Zunächst sollen einige Definitionen angegeben werden (DIN 40 110). Bei sinusförmigem Verlauf von Spannung und Strom sind die Verhältnisse einfach zu übersehen. Die Scheinleistung S ist nach

$$S = UI$$ (7.64)

gleich dem Produkt der Effektivwerte von Spannung und Strom. Der Phasenverschiebungswinkel zwischen der sinusförmigen Spannung und dem sinusförmigen Strom ist φ. Für die Wirkleistung P gilt

$$P = UI \cos\varphi.$$ (7.65)

Die Größe

$$Q = UI \sin\varphi$$ (7.66)

wird Blindleistung genannt. Zwischen Schein-, Wirk- und Blindleistung gilt die bekannte Beziehung

$$S = \sqrt{P^2 + Q^2}.$$ (7.67)

Das Verhältnis

$$\frac{P}{S} = \cos \varphi \tag{7.68}$$

heißt Wirkfaktor oder Verschiebungsfaktor, das Verhältnis

$$\frac{Q}{S} = \sin \varphi \tag{7.69}$$

Blindfaktor.

Die so definierten Leistungen sind Rechengrößen. Physikalische Bedeutung hat allein der Augenblickswert p(t) der Leistung, der nach

$$p(t) = ui = UI[\cos \varphi - \cos (2\omega t - \varphi)] \tag{7.70}$$

mit doppelter Netzfrequenz um den Mittelwert UI cos φ pendelt.

Bei der Betrachtung der Blindleistung von Stromrichtern reichen diese Definitionen nicht aus, weil nichtsinusförmige Ströme auf der Wechselstromseite fließen. Die Definitionen sollen daher für die Annahme eines sinusförmigen Spannungsverlaufes und nichtsinusförmigen Stromverlaufes erweitert werden.

Die Scheinleistung S ist wieder

$$S = UI = U \sqrt{I_1^2 + I_2^2 + I_3^2} + \ldots . \tag{7.71}$$

Zur Wirkleistung trägt nur die Grundschwingung des Stromes bei

$$P = P_1 = UI_1 \cos \varphi_1. \tag{7.72}$$

Die Blindleistung Q ist

$$Q = \sqrt{S^2 - P^2}. \tag{7.73}$$

Sie enthält zwei Bestandteile, nämlich die Grundschwingungsblindleistung

$$Q_1 = UI_1 \sin \varphi_1 \tag{7.74}$$

und die Verzerrungsleistung

$$D = U \sqrt{I_2^2 + I_3^2} + \ldots . \tag{7.75}$$

Die so definierten Größen können durch rechtwinklige Dreiecke veranschaulicht werden, die sich zu einem Vierflach vereinigen lassen (Bild 7.16). S_1 ist die Grundschwingungs-

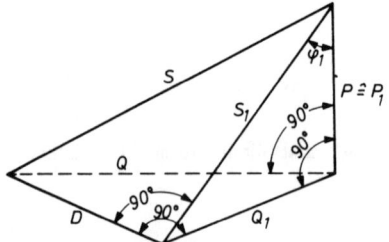

Bild 7.16
Definiton von Schein-, Wirk- und Blindleistung

scheinleistung. Es gilt

$$S_1 = UI_1. \tag{7.76}$$

Folgende Definitionen sind wichtig.

Der Leistungsfaktor ist

$$\lambda = \frac{P}{S} = g_i \cos \varphi_1. \tag{7.77}$$

Hierin ist

$$g_i = \frac{I_1}{I} \tag{7.78}$$

der Grundschwingungsgehalt des Stromes. Früher wurde der Grundschwingungsgehalt auch als Verzerrungsfaktor v bezeichnet.

$\cos \varphi_1$ wird der Grundschwingungs-Leistungsfaktor oder Verschiebungsfaktor genannt. Der Leistungsfaktor λ ist also bei nichtsinusförmigem Strom um den Grundschwingungsgehalt g_i des Stromes kleiner als der Verschiebungsfaktor. Leistungsfaktor λ und Grundschwingungsfaktor $\cos \varphi_1$ werden häufig miteinander verwechselt. Nur bei Sinusstrom sind sie gleich.

Nach

$$S^2 = P^2 + Q_1^2 + D^2 \tag{7.79}$$

setzt sich bei sinusförmiger Spannung und nichtsinusförmigem Strom die Scheinleistung S aus der Wirkleistung P, der Grundschwingungsblindleistung Q_1 und der Verzerrungsleistung D zusammen (s. Bild 7.16). Auf den zeitlichen Verlauf der Leistung und weitere Leistungsdefinitionen wird in Abschn. 11.2 noch einmal ausführlich eingegangen.

Bei netzgeführten Stromrichtern entsteht Blindleistung durch die Verschiebung der Phasenströme gegenüber den Phasenspannungen [7.2]. Dies hat zwei Ursachen: Es entsteht Kommutierungsblindleistung durch die von den Induktivitäten im Kurzschlußkreis hervorgerufene Überlappung der Ventilströme, und es entsteht Steuerblindleistung durch Verschiebung der Ventilströme um den Steuerwinkel α bei Anschnittsteuerung.

Steuerblindleistung Die Steuerblindleistung kann bei idealisierter Kommutierung, d. h. ohne Reaktanzen im Kommutierungskreis, leicht berechnet werden. Bild 7.17 zeigt den Netzstrom i_L bei einem sechspulsigen Stromrichter, also z. B. bei der Sechspuls-Brückenschaltung. Bei Vollaussteuerung ($\alpha = 0$) sind Phasenspannung u und Grundschwingung i_{1L} des Stromes in Phase. Die Grundschwingungsblindleistung Q_1 ist 0. Bei Anschnittsteuerung mit dem Steuerwinkel α verschieben sich die Ventilströme und damit auch die Netzströme um den Steuerwinkel α zu späteren Zeitpunkten. Es gilt

$$\varphi_1 = \alpha \tag{7.80}$$

und $\cos \varphi_1 = \cos \alpha. \tag{7.81}$

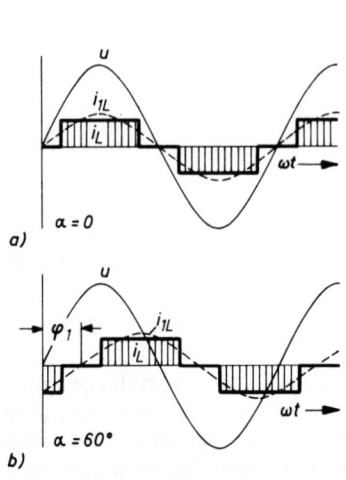

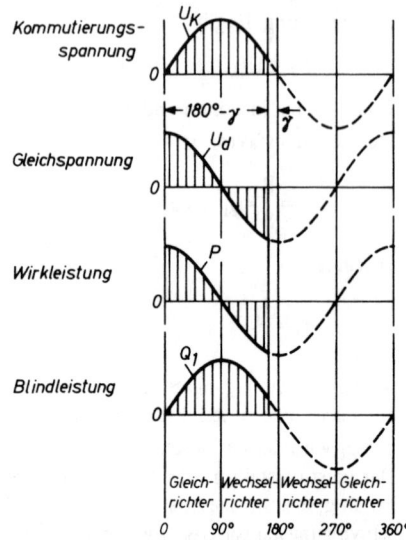

Bild 7.17 Netzstrom bei einem sechspulsigen
Stromrichter
a) Vollaussteuerung
b) Anschnittsteuerung

Bild 7.18 Steuerbereich eines netzgeführten
Stromrichters bei natürlicher Kommutierung

Bei vollkommen geglättetem Gleichstrom I_d ist die Grundschwingungsscheinleistung

$$S_1 = U_{di}I_d. \tag{7.82}$$

Die Wirkleistung P ist gleich der Grundschwingungswirkleistung

$$P = P_1 = U_{di\alpha}I_d = U_{di}I_d \cos\alpha \tag{7.83}$$

und die Grundschwingungsblindleistung ist

$$Q_1 = U_{di}I_d \sin\alpha. \tag{7.84}$$

Nach diesen Gleichungen ist der Verschiebungsfaktor $\cos\varphi_1$ gleich dem Kosinus des
Steuerwinkels α bzw. der Phasenverschiebungswinkel φ_1 der Grundschwingungen gleich
dem Steuerwinkel α.

Da andererseits nach Gl. (7.6) die Gleichspannung eines netzgeführten Stromrichters
proportional zu $\cos\alpha$ ist, muß sie auch proportional zu $\cos\varphi_1$ sein. Diese starre Beziehung zwischen der abgegebenen Gleichspannung U_d und dem Verschiebungsfaktor
$\cos\varphi_1$ ist charakteristisch für netzgeführte Stromrichter mit natürlicher Kommutierung.
In Bild 7.18 sind die Verhältnisse in Abhängigkeit vom Steuerwinkel α (nicht von der
Zeit ωt!) aufgetragen. Natürliche Kommutierung ist nur im Bereich von $\alpha = 0$ bis
$\alpha = 180° - \gamma$ möglich. Die Grundschwingungsblindleistung Q_1 ist in diesem Bereich
induktiv. Der Stromrichter verhält sich wie eine Induktivität am Wechsel- bzw. Dreh-

stromnetz. Der Bereich kapazitiver Blindleistung von $\alpha = 180°$ bis $\alpha = 360°$ ist nur mit Zwangskommutierung erreichbar (s. Abschn. 8.3.5).

Kommutierungsblindleistung Die durch die Überlappung u hervorgerufene Kommutierungsblindleistung läßt sich exakt nicht einfach berechnen. Dazu wäre es notwendig, den an sich nach Gl. (7.35) bzw. (7.36) berechenbaren Stromverlauf der Ventile nach Fourier zu zerlegen. Eine angenäherte Berechnung kann jedoch auf folgende Weise leicht durchgeführt werden. Unter der Annahme, daß die Amplitude der Grundschwingung des Ventilstromes von der Überlappung u nicht beeinflußt wird, gelten die Beziehungen

$$P = P_1 = U_{d\alpha}I_d = U_{di}I_d(\cos\alpha - d_x) \qquad (7.85)$$

und $\qquad \cos\varphi_1 = \dfrac{P_1}{S_1} \approx \dfrac{U_{di}I_d(\cos\alpha - d_x)}{U_{di}I_d} = \cos\alpha - d_x.$ $\qquad (7.86)$

Diese Gleichung berücksichtigt mit dem Glied $-d_x$ außer der Steuerblindleistung auch die Kommutierungsblindleistung. Für Wechselrichterbetrieb gilt

$$\cos\varphi_1 \approx \cos\gamma - d_x. \qquad (7.87)$$

Ortskurve der Blindleistung Als Ortskurve der bezogenen Blindleistung ergibt sich unter Berücksichtigung der Gl. (7.84) und (7.6) ein Halbkreis, der in Bild 7.19 dargestellt ist. Mit Berücksichtigung der Überlappung gilt

$$\frac{Q_1}{U_{di}I_d} \approx \sqrt{1 - (\cos\alpha - d_x)^2} \qquad (7.88)$$

und $\qquad \dfrac{U_d}{U_{di}} = \cos\alpha - d_x.$ $\qquad (7.89)$

Diese Gleichungen beschreiben ebenfalls angenähert einen Halbkreis. Die im Gleich- bzw. Wechselrichterbetrieb erreichbaren Anfangswerte sind in Abhängigkeit von der Anfangsüberlappung in Bild 7.19 eingezeichnet.

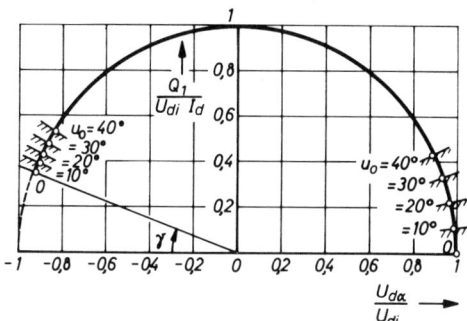

Bild 7.19
Blindleistung in Abhängigkeit
von der Gleichspannung

Folgesteuerung Da die Blindleistung Q Stromrichtertransformator und Netz zusätzlich belastet, aber keinen Beitrag zur mittleren Leistungsübertragung liefert, ist sie unerwünscht. Deshalb werden – wenn möglich – blindleistungssparende Stromrichterschaltungen vorgezogen. Bild 7.20 zeigt die Folgesteuerung, bei der zwei Teilstromrichter I und II in Reihe geschaltet sind, von denen nur Teilstromrichter II steuerbar ist. Man nennt diese Schaltung auch Zu- und Gegenschaltung. Die abgegebene Gleichspannung $U_{d\alpha}$ ergibt sich als Summe der Gleichspannungen beider Teilstromrichter

$$U_{d\alpha} = U_{di\alpha I} + U_{di\alpha II} = \frac{U_{di}}{2}(1 + \cos \alpha_{II}). \tag{7.90}$$

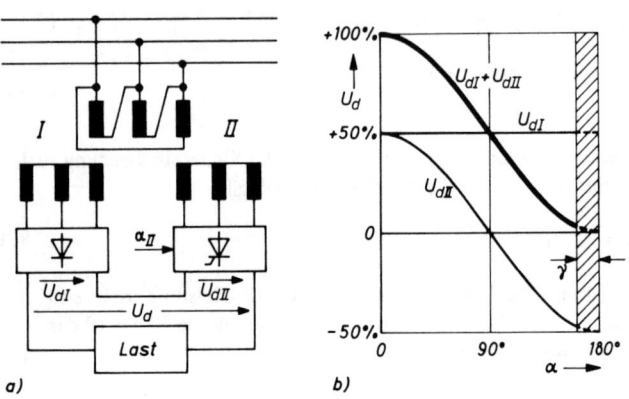

Bild 7.20   Steuerkennlinie bei Folgesteuerung
         a) Reihenschaltung eines nicht steuerbaren und eines steuerbaren Stromrichters
         b) Gleichspannung an der Last

Die Reihenschaltung eines nicht steuerbaren mit einem steuerbaren Stromrichter ergibt einen Steuerbereich für die abgegebene Gleichspannung von + 100% auf 0. Werden zwei steuerbare Teilstromrichter in Reihe geschaltet, so lassen sich diese nacheinander bei $\alpha_I = 0$ mit α_{II} von 0 bis $180° - \gamma$ und danach bei $\alpha_{II} = 180° - \gamma$ mit α_I von 0 bis $180° - \gamma$ durchsteuern. Für die Gleichspannung $U_{d\alpha}$ erhält man in diesem Fall

$$U_{d\alpha} = U_{di\alpha I} + U_{di\alpha II} = \frac{U_{di}}{2}(\cos \alpha_I + \cos \alpha_{II}). \tag{7.91}$$

Der Steuerbereich geht von + 100% bis fast −100%.

Durch die Folgesteuerung ergibt sich eine beträchtliche Verminderung der Blindleistung im Wechsel- bzw. Drehstromnetz. Die bezogene Grundschwingungsblindleistung $Q_1/(U_{di}I_d)$ verläuft auf einer aus zwei Teilkreisen zusammengesetzten Ortskurve (Bild 7.21). Die Konstruktion der Teilkreise in Abhängigkeit von der Anfangsüberlappung u_0 und dem Löschwinkel γ ist durch Hilfslinien angegeben.

Statt zwei Teilstromrichter in Reihe zu schalten, kann die gleiche Wirkung auch durch unsymmetrische Aussteuerung der Ventile einer Brückenschaltung erreicht werden, weil

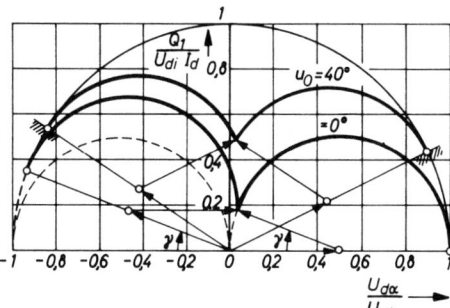

Bild 7.21
Verminderung der Netzblindleistung
bei Folgesteuerung

ja eine Brückenschaltung der Reihenschaltung zweier Teilstromrichter in Mittelpunkt-schaltung entspricht.

7.1.8 Halbgesteuerte Schaltungen

Eine Schaltung wird als halbgesteuert bezeichnet, wenn nur die Hälfte der Stromrichter-zweige steuerbar ist.

Besondere Bedeutung haben die halbgesteuerten Brückenschaltungen erlangt [7.8], [7.17].

Ihr Vorteil besteht einmal in der geringeren Anzahl der benötigten steuerbaren Ventile, außerdem ergibt sich bei ihnen eine Einsparung an Blindleistung Q, wie bei der Folgesteu-erung beschrieben wurde.

Zweipuls-Brückenschaltung Bild 7.22 zeigt zunächst Schaltung und Spannungs- und Stromverlauf der vollgesteuerten Zweipuls-Brückenschaltung. Alle Stromrichterventile führen 180°-Stromblöcke. Die Kennwerte dieser Schaltung sind in Bild 7.13 angegeben. Bei Anschnittsteuerung verschiebt sich der rechteckförmige Wechselstrom i im Netz um den Steuerwinkel α zu späteren Zeitpunkten.

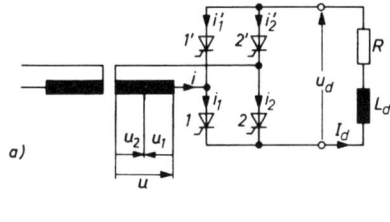

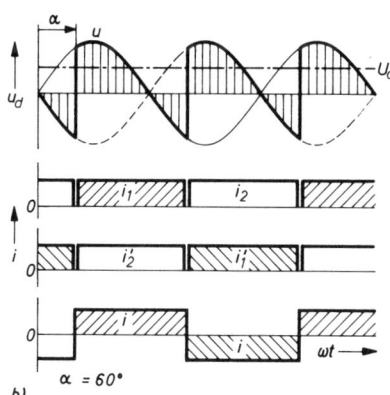

Bild 7.22 Zweipuls-Brückenschaltung
         (vollgesteuert)

Bild 7.23 zeigt Schaltung und Spannungs- und Stromverlauf der einpolig gesteuerten Zweipuls-Brückenschaltung, die auch als symmetrisch halbgesteuert bezeichnet wird. Hier sind die Ventile 1′ und 2′ ungesteuerte Dioden. Die Schaltung kann nach ihrer Wirkungsweise als Reihenschaltung eines ungesteuerten und eines steuerbaren Teilstromrichters in Zweipuls-Mittelpunktschaltung aufgefaßt werden. Bezüglich der Blindleistung verhält sie sich also wie eine Zu- und Gegenschaltung (s. Bild 7.20 u. 7.21). Für die abgegebene Gleichspannung $U_{d\alpha}$ gilt also Gl. (7.90).

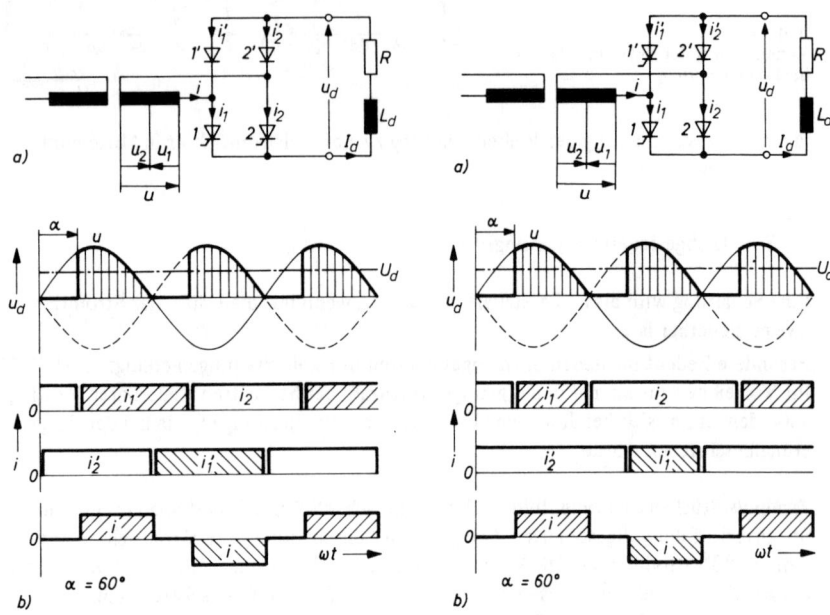

Bild 7.23 Einpolig gesteuerte Zweipuls-
Brückenschaltung (symmetrisch
halbgesteuert)

Bild 7.24 Zweigpaar-halbgesteuerte Zweipuls-
Brückenschaltung (unsymmetrisch
halbgesteuert)

Im Wechselstromnetz verkürzen sich die Stromblöcke i um den Steuerwinkel α.
Bild 7.24 zeigt Schaltung und Spannungs- und Stromverlauf bei der sogenannten zweigpaar-halbgesteuerten Zweipuls-Brückenschaltung, die auch unsymmetrisch halbgesteuert genannt wird. Bei dieser Schaltung sind die Ventile 2 und 2′ ungesteuerte Dioden. Bezüglich der Netzblindleistung verhält sie sich wie die einpolig gesteuerte Zweipuls-Brückenschaltung. Dagegen verkürzen sich wegen des Diodenfreilaufes für die Last die Stromblöcke in den steuerbaren Ventilen 1 und 1′ bei Anschnittsteuerung um den Steuerwinkel α. Entsprechend verlängern sich sie in den Dioden 2 und 2′.

Die unsymmetrisch halbgesteuerte Zweipuls-Brückenschaltung wird bei Stromrichter-Triebfahrzeugen der Bahn eingesetzt (s. Abschn. 13.1.6). Die Gleichspannung U_d kann zwischen 100% und 0 gesteuert werden. Wechselrichterbetrieb ist nicht möglich, daher auch keine Nutzbremsung bei so ausgerüsteten Triebfahrzeugen.

Sechspuls-Brückenschaltung Auch bei mehrphasigen Stromrichtern sind halbgesteuerte Schaltungen möglich. Bild 7.25 zeigt die halbgesteuerte Sechspuls-Brückenschaltung, bei der die Ventile $1'$, $2'$ und $3'$ des oberen Teilstromrichters II ungesteuerte Dioden sind. Die Schaltung verhält sich wie die Reihenschaltung eines ungesteuerten und eines gesteuerten Teilstromrichters in Dreipuls-Mittelpunktschaltung. Für den Lastkreis kann ein Freilaufzweig vorgesehen werden. Bei Anschnittsteuerung des Teilstromrichters I ergibt sich eine Dreipulsigkeit der Gleichspannung u_d.

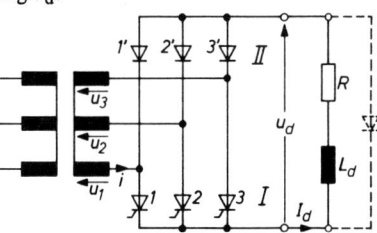

Bild 7.25
Halbgesteuerte Sechspuls-Brückenschaltung

Steuerbarkeit Die Kennzeichnung der Steuerbarkeit einer Stromrichterschaltung bezieht sich auf die Stromrichterhauptzweige.

Eine Schaltung, die in den Stromrichterhauptzweigen nur nicht steuerbare Ventile enthält, wird als ungesteuert bezeichnet (Kennbuchstabe U). Im allgemeinen unterbleibt eine besondere Kennzeichnung. Eine Schaltung wird als vollgesteuert bezeichnet, wenn alle Stromrichterhauptzweige steuerbar sind (Kennbuchstabe C). Eine Schaltung wird als halbgesteuert bezeichnet, wenn nur die halbe Anzahl der Stromrichterhauptzweige steuerbar ist (Kennbuchstabe H).

Eine halbgesteuerte Brückenschaltung wird als einpolig gesteuert bezeichnet, wenn nur die den einen Gleichstromanschluß bildenden Hauptzweige steuerbar sind (symmetrisch halbgesteuert). Durch Anfügen der Buchstaben A oder K an den Kennbuchstaben H kann die Anordnung der steuerbaren Stromrichterhauptzweige gekennzeichnet werden (Kennbuchstaben HA bei miteinander verbundenen Anoden der steuerbaren Stromrichterhauptzweige, Kennbuchstaben HK bei miteinander verbundenen Kathoden der steuerbaren Stromrichterhauptzweige).

Eine halbgesteuerte Zweipuls-Brückenschaltung wird als zweipaar-halbgesteuert bezeichnet, wenn die Stromrichterhauptzweige des einen Zweigpaares steuerbar, die des anderen nicht steuerbar sind (unsymmetrisch halbgesteuert). Dabei kann der Buchstabe Z an den Kennbuchstaben H angefügt werden (Kennbuchstabe HZ). In Tabelle 7.6 sind die Kenndaten halbgesteuerter Brückenschaltungen zusammengestellt.

Die einpolig gesteuerte Zweipuls-Brückenschaltung B2HK ist ungebräuchlich, da kein Freilauf für den Laststrom vorhanden ist. Die zweigpaar-halbgesteuerte Zweipuls-Brückenschaltung B2HZ ist die bei Wechselstrombahnen meistverwendete Schaltung (Leistungsbereich bis 10 MW). Meist werden zwei halbgesteuerte Brücken in Reihe in Folgesteuerung betrieben. Die Schaltung wird auch im unteren Leistungsbereich zur Feld- und Ankerspeisung von elektrischen Maschinen eingesetzt. Die halbgesteuerte Sechspuls-Brückenschaltung mit Freilaufzweig B6HKF wird bei Anschnittsteuerung dreipulsig (zweite Harmonische im Netzstrom).

Tabelle 7.6 Halbgesteuerte Brückenschaltungen

Stromrichterschaltung		Zeigerbilder der Transformator spannungen		Prinzipschaltplan des Strom- richtersatzes	Pulszahl und Kommutierung	Gleichspannung U_{di}					Spannung am Stromrichterzweig		Last- art
Benennung nach DIN 41761	Kennzei- chen	netz- seitig	ventil- seitig		$p \; q \; s \; g \; \delta$	Kurvenform		$\dfrac{U_{di}}{U_{v0}}$	$\dfrac{d_{xL}}{u_{xt}}$	$\dfrac{w_{ti}}{\text{in } \%}$	$\dfrac{U_{im}}{U_{di}}$	$\dfrac{U_{i0m}}{U_{di}}$	

Einpolig gesteuerte
Zweipuls- Brücken-
schaltung.
Die Kathoden der
steuerbaren Ventile
bilden einen Gleich-
stromanschluß

B 2HK
oder
B 2H

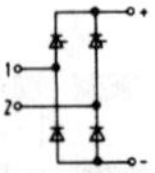

L

$\alpha = 0°$

0,900   0,707   48,3   1,571   1,571

W

Zweigpaar- halbge-
steuerte Zweipuls-
Brückenschaltung

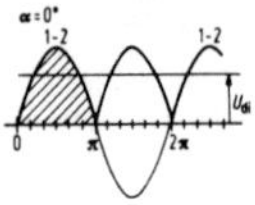

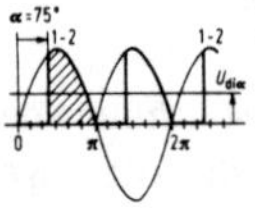

2 2 2 1 2

$\alpha = 75°$ $\dfrac{2\sqrt{2}}{\pi}$ $\dfrac{1}{\sqrt{2}}$ $\dfrac{\pi}{2}$ $\dfrac{\pi}{2}$

L

B 2HZ
oder
B 2H

W

Halbgesteuerte
Sechspuls- Brücken-
schaltung mit
Freilaufzweig

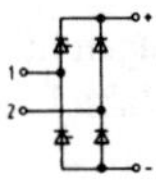

$\alpha = 0°$

L

B6HKF
oder
B6HF
oder
B6H

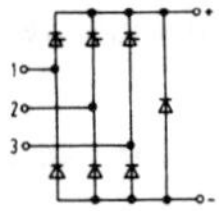

6 3 2 1 1

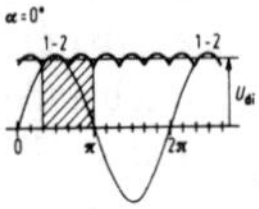

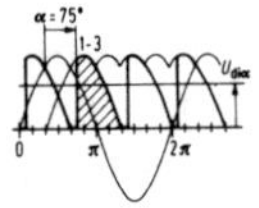

1,350   0,500   4,2   1,047   1,047

$\alpha = 75°$ $\dfrac{3\sqrt{2}}{\pi}$ $\dfrac{1}{2}$ $\dfrac{\pi}{3}$ $\dfrac{\pi}{3}$

W

7.1.9 Oberschwingungen

Stromrichter erzeugen, verursacht durch die Schaltfunktion der Ventile, Oberschwingungen in der Spannung und im Strom sowohl auf der Wechsel- bzw. Drehstromseite als
auch auf der Gleichstromseite. Erwünscht wäre auf der Wechselstromseite möglichst

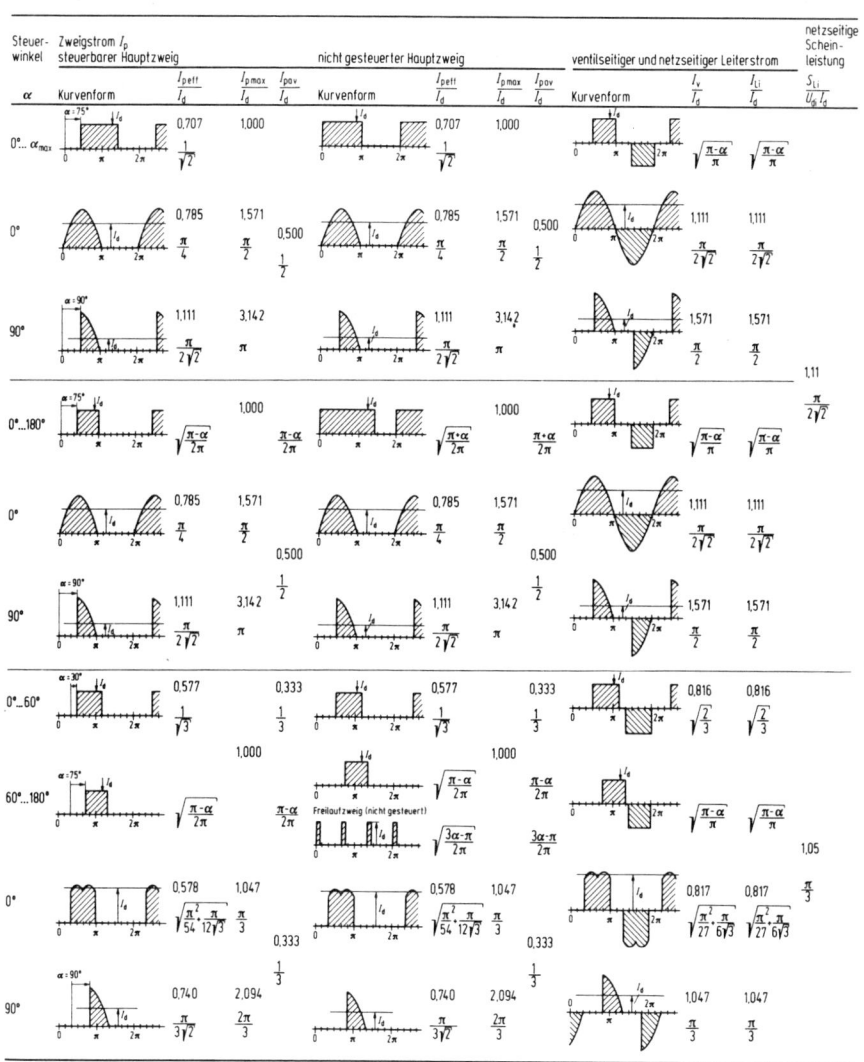

sinusförmiger Strom und auf der Gleichstromseite vollkommen geglätteter Gleichstrom. Da die Stromrichterventile zwar nichtlineare Schaltfunktionen ausführen, jedoch keine Speicherwirkung besitzen, ist dies nur durch zusätzliche, aus elektrischen und magnetischen Speichern (Kondensatoren und Induktivitäten) aufgebaute Filter- und Glättungseinrichtungen erreichbar (s. Abschn. 11.4).

Netzrückwirkung Die Rückwirkung von Stromrichtern auf das Wechselstromnetz ist ein Spezialgebiet, auf das in Abschn. 9.3 eingegangen wird. Stromrichter belasten das Netz nicht nur mit verzerrten Strömen, sondern können auch, z. B. durch die Kommutierungsvorgänge, die einen vorübergehenden Kurzschluß der Netzphasen über die Kommutierungsinduktivitäten darstellen, eine erhebliche Verzerrung der Netzspannung bewirken (s. Bild 9.7, 9.8 u. 9.9).

Ideelle Werte der Oberschwingungen DIN 41 750, Bl. 4 (Beiblatt) enthält Angaben über Oberschwingungen netzgeführter Stromrichter.

Unter der Voraussetzung sinusförmiger symmetrischer Netzwechselspannung und vollkommen geglätteten Gleichstromes können die überlagerten Wechselspannungen auf der Gleichstromseite und die Oberschwingungen im Netzwechselstrom einfach berechnet werden (Tabelle 7.7). In der ideellen Gleichspannung U_{di} ergeben sich überlagerte Wechselspannungen der Ordnungszahlen

$$\nu = kp \quad \text{mit} \quad k = 1, 2, 3, \ldots \tag{7.92}$$

deren Effektivwert bei Vollaussteuerung nach

$$U_{\nu i} = \frac{\sqrt{2}}{\nu^2 - 1} U_{di} \tag{7.93}$$

berechnet werden kann. Die ideelle Welligkeit w_i (ideeller Wechselspannungsgehalt) ist das Verhältnis des Effektivwertes der überlagerten ideellen Wechselspannung zur ideellen Gleichspannung

$$w_i = \frac{\sqrt{\Sigma U_{\nu i}^2}}{U_{di}} . \tag{7.94}$$

Im Netzwechselstrom treten Oberschwingungen $I_{\nu i}$ der Ordnungszahl

$$\nu = kp \pm 1 \quad \text{mit} \quad k = 1, 2, 3, \ldots \tag{7.95}$$

auf, deren Effektivwert (bei ideellen Werten unabhängig vom Aussteuerungsgrad) aus

$$I_{\nu i} = \frac{1}{\nu} I_{1i} \tag{7.96}$$

berechnet werden kann. I_{1i} ist der Effektivwert der Grundschwingung des ideellen Netzstromes. Der ideelle Netzwechselstrom hat den Effektivwert

$$I_{Li} = \sqrt{I_{1i}^2 + \Sigma I_{\nu i}^2} = I_{1i} \sqrt{1 + \Sigma \frac{1}{\nu^2}} . \tag{7.97}$$

Der ideelle Grundschwingungsgehalt des Netzwechselstromes ist

$$g_{Ii} = I_{1i}/I_{Li}. \tag{7.98}$$

Die Pulszahl der Stromrichterschaltung bestimmt also die Ordnungszahl der auftretenden Oberschwingungen. Die Größe der auftretenden Oberschwingungen hängt dann nur noch

Tabelle 7.7 Überlagerte Wechselspannungen auf der Gleichstromseite (bei Vollaussteuerung) und Oberschwingungen im Netzwechselstrom (ideelle Werte)

P	2		3		6		12		18		24	
	$\dfrac{U_{\nu i}}{U_{di}}$ %	$\dfrac{I_{\nu i}}{I_{1i}}$ %	$\dfrac{U_{\nu i}}{U_{di}}$ %	$\dfrac{I_{\nu i}}{I_{1i}}$ %	$\dfrac{U_{\nu i}}{U_{di}}$ %	$\dfrac{I_{\nu i}}{I_{1i}}$ %	$\dfrac{U_{\nu i}}{U_{di}}$ %	$\dfrac{I_{\nu i}}{I_{1i}}$ %	$\dfrac{U_{\nu i}}{U_{di}}$ %	$\dfrac{I_{\nu i}}{I_{1i}}$ %	$\dfrac{U_{\nu i}}{U_{di}}$ %	$\dfrac{I_{\nu i}}{I_{1i}}$ %
2	41,14	–	–	50,00	–	–	–	–	–	–	–	–
3	–	33,33	17,68	–	–	–	–	–	–	–	–	–
4	9,43	–	–	25,00	–	–	–	–	–	–	–	–
5	–	20,00	–	20,00	–	20,00	–	–	–	–	–	–
6	4,04	–	4,04	–	4,04	–	–	–	–	–	–	–
7	–	14.29	–	14,29	–	14,29	–	–	–	–	–	–
8	2,24	–	–	12,50	–	–	–	–	–	–	–	–
9	–	11,11	1,77	–	–	–	–	–	–	–	–	–
10	1,43	–	–	10,00	–	–	–	–	–	–	–	–
11	–	9,09	–	9,09	–	9,09	–	9,09			–	
12	0,99	–	0,99	–	0,99	–	0,99	–	–	–	–	–
13	–	7,69	–	7,69	–	7,69	–	7,69	–	–	–	–
14	0,73	–	–	7.14	–	–	–	–	–	–	–	–
15	–	6,67	0,63	–	–	–	–	–	–	–	–	–
16	0,55	–	–	6,25	–	–	–	–	–	–	–	–
17	–	5,88	–	5,88	–	5,88	–	–	–	5,88	–	–
18	0,44	–	0,44	–	0,44	–	–	–	0,44	–	–	–
19	–	5,26	–	5,26	–	5,26	–	–	–	5,26	–	–
20	0,35	–	–	5,00	–	–	–	–	–	–	–	–
21	–	4,76	0,32	–	–	–	–	–	–	–	–	–
22	0,29	–	–	4,55	–	–	–	–	–	–	–	–
23	–	4,35	–	4,35	–	4,35	–	4,35	–	–	–	4,35
24	0,25	–	0,25	–	0,25	–	0,25	–	–	–	0,25	–
25	–	4,00	–	4,00	–	4,00	–	4,00	–	–	–	4,00
w_i	48,34	–	18,27	–	4,20	–	1,03	–	0,46	–	0,25	–
$\dfrac{I_{Li}}{I_{1i}}$	–	111,07	–	120,92	–	104,72	–	101,15	–	100,51	–	100,29
g_{Li}	–	0,900	–	0,827	–	0,955	–	0,989	–	0,995	–	0,997

von der Ordnungszahl ν ab (nicht mehr von der Pulszahl p der Stromrichterschaltung). Bei Anschnittsteuerung steigen die Oberschwingungen an.

Netzseitiger Leiterstrom Reaktanzen im Kommutierungskreis vermindern die Oberschwingungsströme höherer Ordnungszahl, weil der Stromanstieg während der Kommutierungszeit begrenzt wird. Bild 7.26 zeigt als Beispiel den Verlauf der netzseitigen Leiterströme bei Vollaussteuerung und Anschnittsteuerung für drei- und sechspulsige Stromrichter.

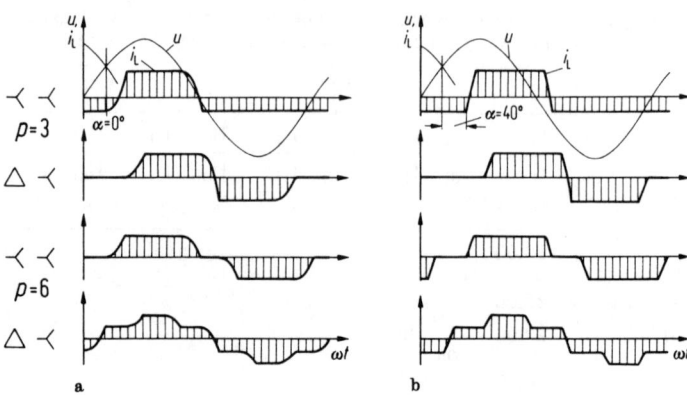

Bild 7.26 Verlauf der netzseitigen Leiterströme bei drei- und sechspulsigen netzgeführten Stromrichtern (Anfangsüberlappung $u_0 = 30°$); a) bei Vollaussteuerung ($\alpha = 0$), b) bei Anschnittsteuerung ($\alpha = 40°$).

Aus Bild 7.27 können die Oberschwingungen der Ordnungszahlen $\nu = 5$ bis 25 abhängig vom Steuerwinkel α und von der relativen induktiven Gleichspannungsänderung d_x bestimmt werden. Bei der Berechnung der Oberschwingungen ist hier ideale Glättung des Gleichstromes vorausgesetzt. Die vorkommenden Ordnungszahlen ν ergeben sich nach Tabelle 7.7 bzw. Gl. (7.95) aus der Pulszahl der Stromrichterschaltung. In der Praxis ist der Gleichstrom jedoch häufig nicht geglättet. Welliger Gleichstrom beeinflußt auch die Oberschwingungen der netzseitigen Leiterströme. Bild 7.28 zeigt als Beispiel den Stromverlauf bei einem sechspulsigen Stromrichter (Drehstrom-Brückenschaltung) bei einer angenommenen Gleichstrom-Welligkeit w_{Id} von 15%. Die Gleichstrom-Welligkeit wird nach

$$w_{Id} = \frac{\sqrt{\sum_{\nu = 2}^{\infty} I_\nu^2}}{I_d} \qquad (7.99)$$

definiert.

Netzspannung Während der Kommutierungen treten bei netzgeführten Stromrichtern Phasenkurzschlüsse auf. Bild 7.29 zeigt den Verlauf u_{21} der verketteten Netzspannung während des Überlappungswinkels u (Kommutierung von Phase L1 auf Phase L2 bei symmetrischem Betrieb). Je größer die Streuinduktivitäten ($L_{kt} + L_{kb}$) des Transformators und im Stromrichter im Verhältnis zu den Netzinduktivitäten (L_{kL}) sind, um so kleiner werden die im Netz durch die Kommutierung auftretenden Spannungseinbrüche. Bei endlicher Kurzschlußleistung S_m des Wechselstromnetzes muß der Stromrichter eine Mindestreaktanz haben, wenn die Kommutierungseinbrüche auf einen bestimmten Höchstwert begrenzt werden sollen (vgl. Bild 9.9).

Das Verhältnis der Leistung $U_{di}I_d$ des Stromrichters zur Kurzschlußleistung S_m des Netzes ist daher von erheblichem Einfluß auf die auftretenden Netzrückwirkungen. Als

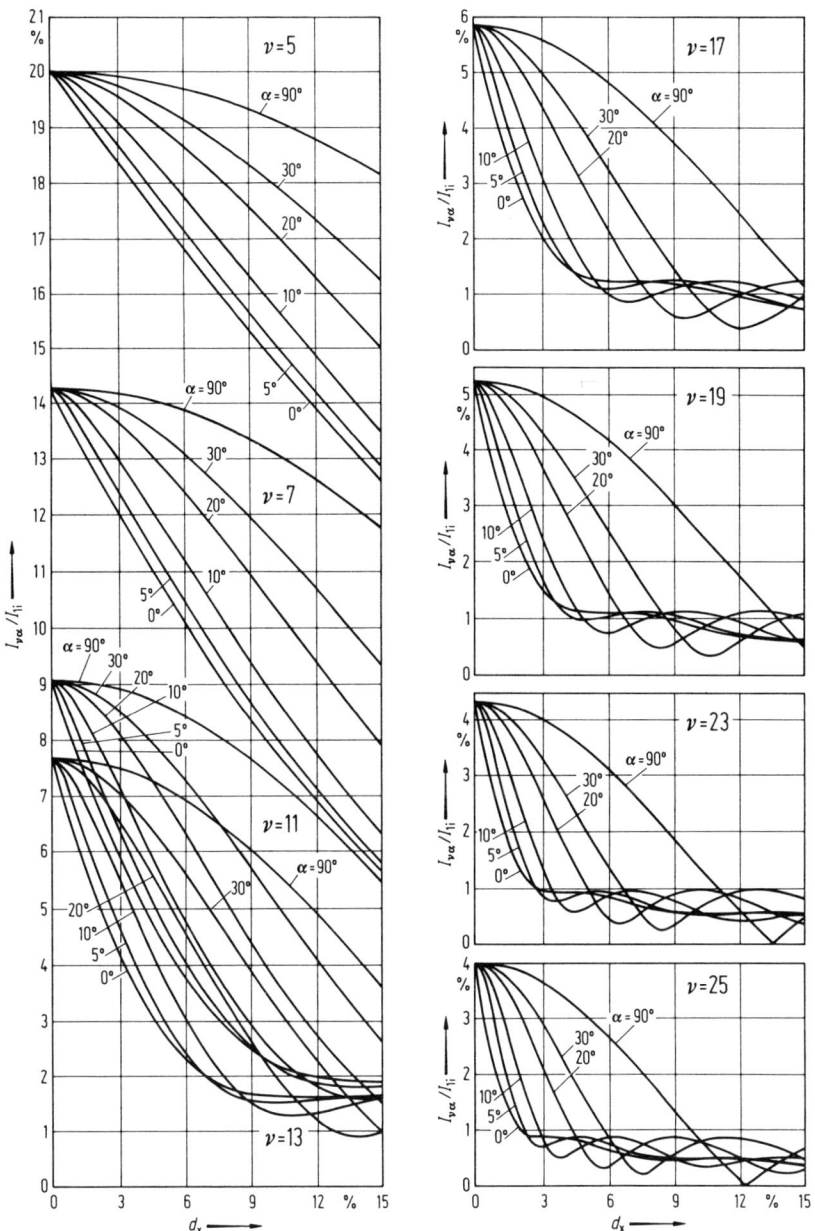

Bild 7.27 Oberschwingungen der netzseitigen Leiterströme abhängig von der relativen induktiven
Gleichspannungsänderung d_x (Parameter: Steuerwinkel α) (nach DIN 41 750 Blatt 4 Beiblatt)

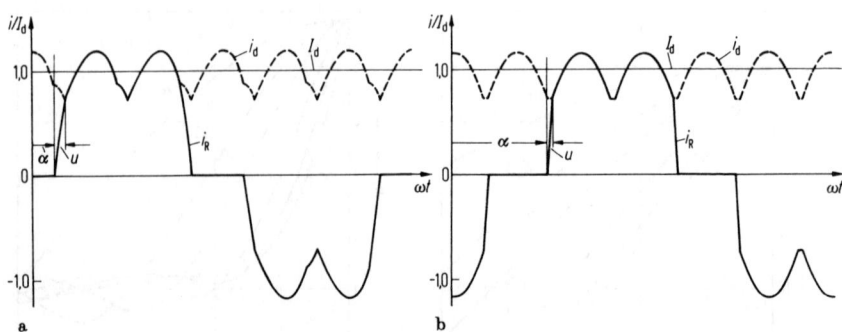

a   **b**

Bild 7.28 Netz und Gleichstrom sechspulsiger Stromrichter mit 15% Gleichstrom-Welligkeit
(bei d_x = 5%);
a) Steuerwinkel α = 20°, b) Steuerwinkel α = 90°

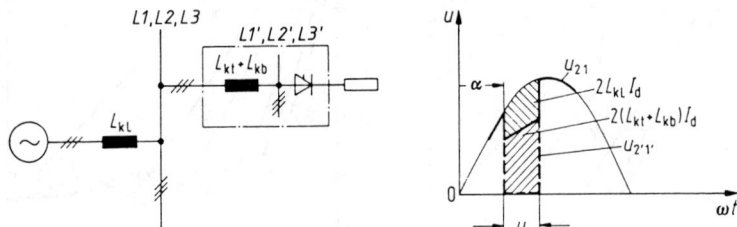

Bild 7.29 Netzspannungsverlauf während einer Kommutierung

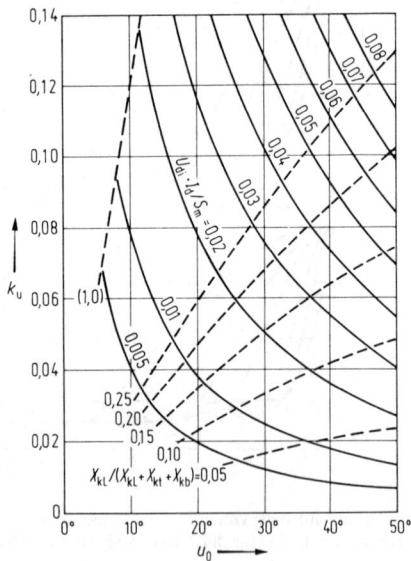

Bild 7.30
Oberschwingungsgehalt k_u der Netzspannung
bei Anschluß eines ungesteuerten sechspulsigen Stromrichters abhängig von der Anfangsüberlappung u_0, (Parameter: Leistungsverhältnis $U_{di} \cdot I_d/S_m$ und Reaktanzverhältnis $X_{kL}/(X_{kL} + X_{kt} + X_{kb})$)

normal gilt ein Leistungsverhältnis bis 1% beim Anschluß netzgeführter Stromrichter. Der Oberschwingungsgehalt

$$k_u = \frac{\sqrt{\Sigma U^2 \nu_L}}{U_L} \qquad (7.100)$$

der Netzspannung kann bei bekanntem Leistungs- und Reaktanzverhältnis berechnet werden. Bild 7.30 gibt den Oberschwingungsgehalt bei Anschluß eines ungesteuerten sechspulsigen Stromrichters abhängig von der Anfangsüberlappung u_0 an.

Bild 7.31
Maximal zulässige Werte für die Oberschwingungen der Netzspannung (nach VDE 0160 Teil 2)

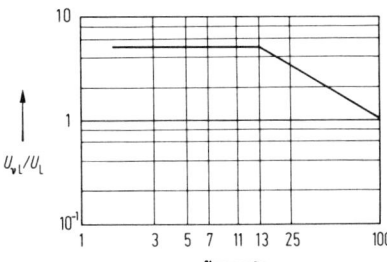

In VDE 0160, Teil 2 sind Grenzwerte für jede einzelne Oberschwingung in der Netzwechselspannung angegeben (Bild 7.31). Die Spannungsoberschwingungen niedriger Ordnungszahl (bis ν = 13) dürfen 5% der Netzwechselspannung nicht überschreiten. Für Oberschwingungen höherer Ordnungszahl gilt die abfallende Grenzkurve. Der Grundschwingungsgehalt der Netzwechselspannung

$$g_u = U_{1L}/U_L \qquad (7.101)$$

muß mindestens 99.5% betragen. Das entspricht einem Oberschwingungsgehalt k_u von höchstens 10% (vgl. auch Abschn. 9.9).

Gleichspannung Tabelle 7.8 gibt Zahlenwerte für die überlagerten Wechselspannungen auf der Gleichstromseite bei verschiedener Aussteuerung ohne Berücksichtigung der Überlappung an. Tabelle 7.9 zeigt die Abhängigkeit der überlagerten Wechselspannungen von der Anfangsüberlappung bei Vollaussteuerung.

Aus Bild 7.32 können die überlagerten Wechselspannungen der verschiedenen Ordnungszahlen ν = 3 bis 24 abhängig vom Steuerwinkel α und von der relativen induktiven Gleichspannungsänderung d_x bestimmt werden. Die vorkommenden Ordnungszahlen ergeben sich nach Gl. (7.92) aus der Pulszahl des Stromrichters. Die Werte gelten für vollkommen geglätteten Gleichstrom. Die Gleichstromwelligkeit beeinflußt die überlagerten Wechselspannungen auf der Gleichstromseite.

Gleichstrom Dem Strom auf der Gleichstromseite sind ebenfalls Wechselströme überlagert, deren Größe von den überlagerten Wechselspannungen und der Glättungsinduktivität L_d abhängt. Bei ohmscher Last verläuft der Gleichstrom wie die Gleichspannung.

Tabelle 7.8   Überlagerte Wechselspannungen auf der Gleichstromseite bei verschiedener Aussteuerung (Überlappung u = 0)

ν	$U_{\nu i}/U_{di}$ in % bei $U_{di\alpha}/U_{di}$					
	100%	80%	60%	40%	20%	0%
2	47,1	67,8	80,6	88,5	92,8	94,2
3	17,7	34,9	43,9	49,2	52,2	53,1
4	9,43	23,8	30,7	34,8	37,0	37,7
6	4,04	14,9	19,5	22,3	23,8	24,2
8	2,24	11,0	14,5	16,5	17,7	18,0
9	1,77	9,5	12,8	14,6	15,6	15,9
10	1,43	8,67	11,5	13,1	14,0	14,3
12	0,99	7,17	9,54	10,9	11,7	11,9
14	0,73	6,16	8,17	9,42	10,0	10,2
15	0,63	5,71	7,58	8,70	9,27	9,46
16	0,55	5,31	7,04	8,09	8,64	8,80
18	0,44	4,75	6,34	7,26	7,78	7,92
20	0,35	4,22	5,60	6,44	6,86	7,00
21	0,32	4,03	5,38	6,18	6,59	6,72
22	0,29	3,83	5,10	5,86	6,26	6,38
24	0,25	3,60	4,80	5,50	5,90	6,00

Tabelle 7.9   Änderung der überlagerten Wechselspannungen auf der Gleich-stromseite mit der Anfangsüberlappung u_0 (bei Vollaussteuerung)

ν	$U_{\nu i}/U_{di}$ in % bei u_0				
	$0°$	$10°$	$20°$	$30°$	$40°$
3	18	19	21	24	26
6	4,0	4,9	6,0	6,1	6,0
12	1,0	1,5	1,6	3,2	4,2
18	0,4	0,7	1,4	2,0	2,5

Übersteigt der Augenblickswert der überlagerten Wechselströme den mittleren Gleichstrom, so tritt Lücken des Gleichstromes auf, d. h. bei Lückbetrieb wird der Strom auf der Gleichstromseite innerhalb jeder Periode der Netzspannung für bestimmte Zeitabschnitte Null. Im Lückbetrieb finden keine Kommutierungen zwischen Hauptzweigen mehr statt. Bei abnehmendem Laststrom bleiben die überlagerten Wechselströme praktisch in voller Höhe erhalten. Lücken tritt um so früher ein, je kleiner die Pulszahl p und je größer der Steuerwinkel α sind. Der Lückfaktor f_1 ist nach

$$f_1 = I_{dl} \frac{L_d}{U_{do}} \quad (L_d \text{ in mH}) \tag{7.102}$$

definiert. I_{dl} ist der Lückstrom, bei dem Lücken der Gleichstromseite einsetzt. In Tabelle 7.10 ist der Lückfaktor für verschiedene Pulszahl und Aussteuerung angegeben. Hieraus können die Glättungsinduktivität L_d (in mH) oder der Lückstrom I_{dl} (in A) ermittelt werden.

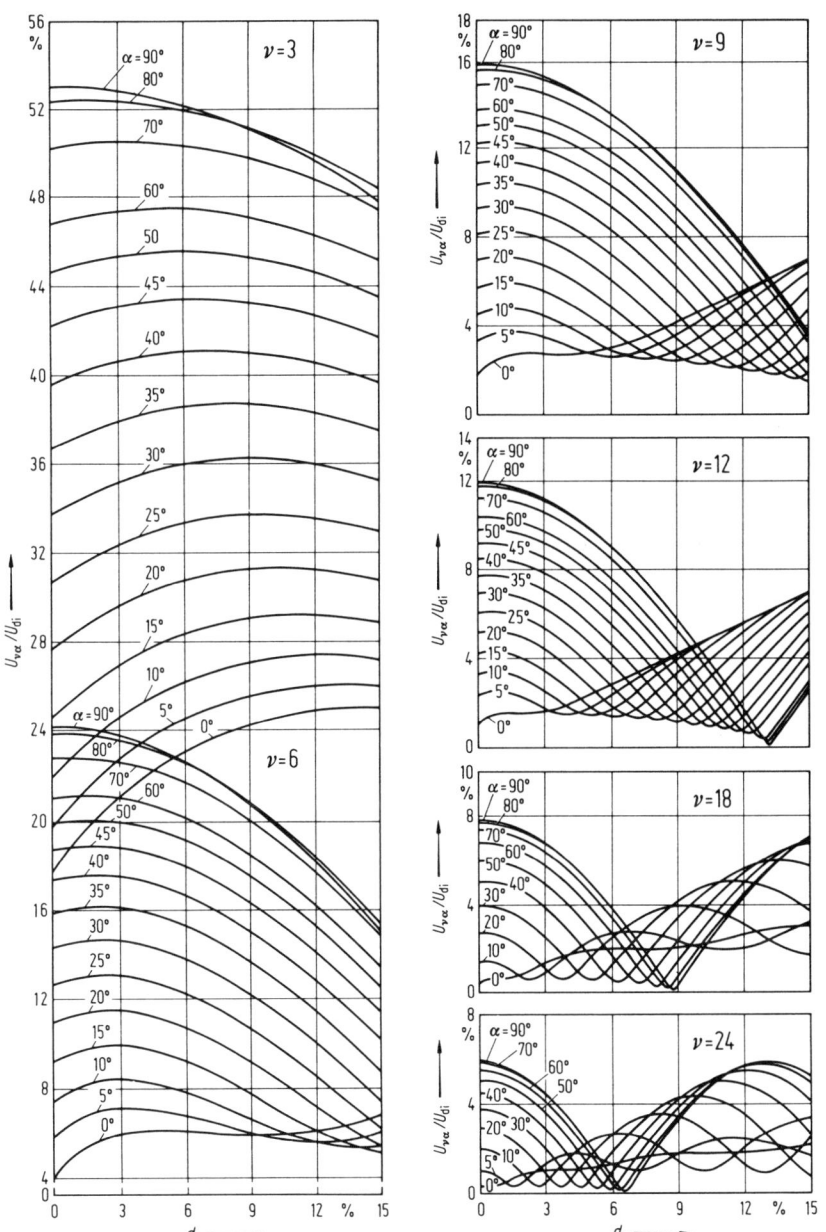

Bild 7.32 Überlagerte Wechselspannungen auf der Gleichstromseite abhängig von der relativen induktiven Gleichspannungsänderung d_x (Parameter: Steuerwinkel α) (nach DIN 41750 Blatt 4 Beiblatt)

Tabelle 7.10 Lückfaktor f_1 des Gleichstromes bei verschiedener
Pulszahl p und Aussteuerung

$U_{d0\alpha}/U_{d0}$	Lückfaktor f_1 bei Pulszahl p			
%	2	3	6	12
100	1,72	0,43	0,054	0,006
90	2,05	0,65	0,137	0,031
80	2,34	0,82	0,180	0,044
70	2,56	0,95	0,213	0,052
60	2,74	1,05	0,238	0,059
50	2,88	1,12	0,257	0,064
40	2,99	1,17	0,272	0,068
30	3,07	1,21	0,283	0,070
20	3,13	1,24	0,291	0,071
10	3,16	1,25	0,295	0,072
0	3,17	1,26	0,296	0,072

7.2   Netzgeführte Umrichter

Die bisher behandelten netzgeführten Stromrichter zum Gleich- und Wechselrichten
ermöglichen zwar einen Energiefluß in beiden Richtungen durch Umkehr der Polarität
der Gleichspannung, dabei bleibt jedoch die Stromrichtung auf der Gleichstromseite
die gleiche. Man nennt solche Stromrichter auch Einzel-Stromrichter.
Wenn auch die Stromrichtung auf der Gleichstromseite umkehrbar sein soll, müssen
sogenannte Doppel-Stromrichter aufgebaut werden. Diese können z. B. durch gegen-
sinnige Parallelschaltung zweier Einzel-Stromrichter gebildet werden, von denen jeder
für eine Stromrichtung bestimmt ist. Eine andere Möglichkeit besteht darin, daß jedem
Stromrichterventil eines Einzel-Stromrichters ein zweites gegensinnig parallelgeschaltet
wird.
Wenn unabhängig von der Stromrichtung auch eine Umkehr der Gleichspannung möglich ist, so liegt ein Doppel-Stromrichter für Vierquadrantenbetrieb vor.

7.2.1   Umkehrstromrichter

Mehrquadrantenbetrieb Zur Kennzeichnung der möglichen Arbeitsbereiche von Stromrichtern, welche eingangs- oder ausgangsseitig auf ein Gleichstromsystem arbeiten, wird
die Strom-Spannungs-Ebene des Gleichstromsystems entsprechend den jeweiligen Vorzeichen der Gleichspannung U_d und des Gleichstromes I_d in vier Quadranten eingeteilt,
die mit römischen Ziffern I bis IV numeriert werden (Bild 7.33). Bei Verwendung des
Verbraucher-Zählpfeil-Systems bedeuten gleiche Vorzeichen von Gleichstrom und
Gleichspannung Leistungsabgabe an das Gleichstromsystem (in den Quadranten I und
III). Haben Gleichstrom und Gleichspannung entgegengesetzte Vorzeichen, so wird

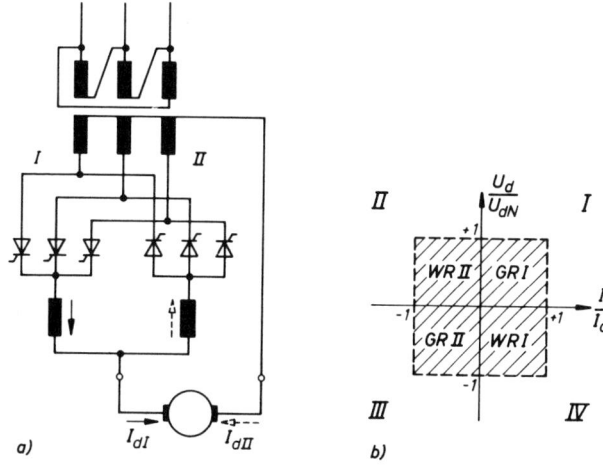

Bild 7.33 Umkehrstromrichter
a) Gegenparallelschaltung zweier Stromrichter in
Dreipuls-Mittelpunktschaltung
b) Gleichstrom-Gleichspannungs-Quadranten

Leistung aus dem Gleichstromsystem entnommen (in den Quadranten II und IV). Die entsprechenden Drehmoment-Drehzahl-Quadranten für eine elektrische Maschine sind in Bild 10.6 definiert.

Nach ihrer Fähigkeit, Betrieb in nur einem, zwei oder vier Quadranten zu machen, werden Stromrichter auch in Einquadrant-Stromrichter, Zweiquadrant-Stromrichter oder Vierquadrant-Stromrichter unterschieden.

Gegenparallelschaltung Der in Bild 7.33a dargestellte Umkehrstromrichter entsteht durch Gegenparallelschaltung zweier Teilstromrichter in Dreipuls-Mittelpunktschaltung. Dadurch ergibt sich ein Doppel-Stromrichter, der in vier Quadranten der Gleichstrom-Gleichspannungs-Ebene Betrieb machen kann. Quadrant I bedeutet Gleichrichterbetrieb von Teilstromrichter I, Quadrant III Gleichrichterbetrieb von Teilstromrichter II. In beiden Fällen fließt Energie aus dem Drehstrom- in das Gleichstromsystem. Quadrant IV heißt Wechselrichterbetrieb von Teilstromrichter I, Quadrant II Wechselrichterbetrieb von Teilstromrichter II. In beiden Fällen fließt Energie vom Gleichstrom- in das Drehstromsystem.

Umkehrstromrichter formen also Wechselstrom in Gleichstrom oder Gleichstrom in Wechselstrom um, wobei sie wechselweise als Gleichrichter oder als Wechselrichter arbeiten. Sie gestatten Energieaustausch in beiden Richtungen. Für die Verwirklichung von Umkehrstromrichtern werden verschiedene Schaltungen angewendet [7.1], [7.24], [7.25].

Kreuzschaltung Neben der in Bild 7.33 gezeigten Gegenparallelschaltung wird auch die sogenannte Kreuzschaltung noch verwendet (Bild 7.34). Bei dieser Schaltung werden

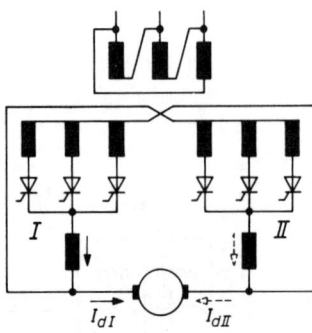

Bild 7.34
Kreuzschaltung

die beiden gegenparallel arbeitenden Teilstromrichter an getrennte Sekundärwicklungen des Stromrichtertransformators angeschlossen. Durch die Aufteilung der Sekundärseite in zwei Drehstromwicklungen wird die Baugröße des Stromrichtertransformators vergrößert. Die sechspulsige Kreuzschaltung hat jedoch einen geringeren Kreisstrom als die sechspulsige Gegenparallelschaltung, weil die Streuinduktivitäten des Transformators als zusätzliche Kreisstromdrosseln wirken. Die Entstehung eines Kreisstromes bei Umkehrstromrichtern wird im folgenden näher erläutert.

Kreisstrom Beide Teilstromrichter I und II eines Umkehrstromrichters arbeiten parallel auf dieselbe Gleichstromsammelschiene. Sie müssen deshalb in jedem Betriebszustand so ausgesteuert werden, daß sie möglichst gleich große Gleichspannung U_{dI} bzw. U_{dII} abgeben. Während der eine Teilstromrichter im Gleichrichterbetrieb arbeitet, wird der andere jeweils im Wechselrichterbetrieb ausgesteuert. Welcher von beiden Teilstromrichtern dabei den Strom führt, ist von der Energierichtung abhängig.

Die Spannung U_d auf der Gleichstromseite kann durch Anschnittsteuerung verändert werden. Dabei müssen die beiden Steuerwinkel α_I und α_{II} entsprechend verstellt werden. Damit die von den beiden Teilstromrichtern I und II abgegebenen mittleren Gleichspannungen U_{dI} bzw. U_{dII} gleich groß sind, muß die Bedingung

$$\alpha_{II} = 180° - \alpha_I \tag{7.103}$$

erfüllt sein. Dabei ergeben sich trotzdem für die Augenblickswerte der Spannungen u_{dI} und u_{dII} voneinander abweichende Augenblickswerte, die von dem unterschiedlichen Verlauf der Gleichspannung im Gleich- und Wechselrichterbetrieb verursacht werden. Die Differenzspannung treibt einen Kreisstrom i_{KR} zwischen den beiden Teilstromrichtern, der durch Reiheninduktivitäten, die Kreisstromdrosseln L_{KR}, begrenzt werden muß. In Bild 7.35 ist der zeitliche Verlauf der Gleichspannungen u_{dI} und u_{dII} aufgetragen. Bei einer entsprechend Gl. (7.103) vorgenommenen Anschnittsteuerung ergeben sich als Gleichspannungsdifferenzen die schraffierten Spannungen. Diese werden als Kreisspannung u_{KR} bezeichnet. Die Kreisspannung u_{KR} treibt den Kreisstrom i_{KR}, und zwar fließt dieser Strom im Gegensatz zum Gleichstrom I_d nicht über die Gleichstromlast, sondern aus einem Teilstromrichter über den anderen und jeweils zwei Phasen des Stromrichtertransformators. Er wird von der Differenzspannung der jeweils stromführenden

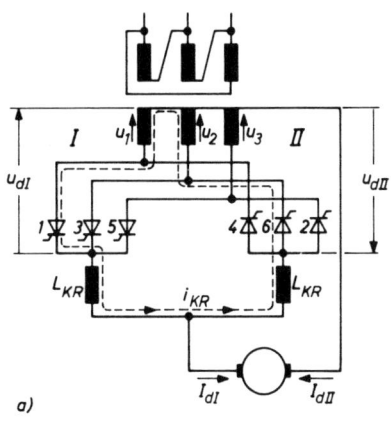

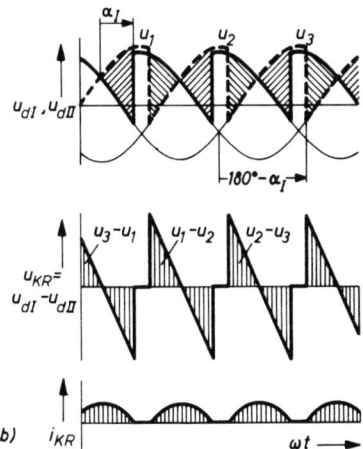

a)

Bild 7.35
Kreisstrom bei Umkehrstromrichtern
a) Gegenparallelschaltung zweier M3-Stromrichter
b) Verlauf der Kreisspannung u_{KR} und des Kreisstromes i_{KR}

b)

Phasen getrieben und nur von den Kreisstromdrosseln L_{KR} begrenzt. In Bild 7.35 ist der Kreisstrom i_{KR} für einen willkürlich gewählten Zeitpunkt, nämlich Stromführung der Ventile 1 und 6, gestrichelt eingezeichnet.

Solange die in Gl. (7.103) aufgestellte Bedingung eingehalten wird, ist die Kreisspannung u_{KR} eine reine Wechselspannung. Wird $\alpha_{II} < 180° - \alpha_I$, so entsteht in der Kreisspannung eine zusätzliche Gleichspannungskomponente, die eine nur von den ohmschen Widerständen im Kreisstrompfad begrenzte Gleichstromkomponente hervorruft und daher nur soweit zulässig ist, wie kein zu großer Kreisstrom erzeugt wird. Die Gleichspannungskomponente kann bei Kreisstrombetrieb dazu benutzt werden, aus dem Lückstrombereich zu kommen. Betrieb mit $\alpha_{II} > 180° - \alpha_I$ würde eine höhere mittlere Gleichspannung des im Wechselrichterbetrieb arbeitenden Teilstromrichters ergeben. Da durch die Ventilrichtung ein Gleichstromteil dieser Polarität im Kreisstrom verhindert wird, ist diese Betriebsweise grundsätzlich unzulässig.

Dreipulsige Schaltungen haben wesentlich größere Kreisströme als sechspulsige Schaltungen [7.4]. In den Bildern 7.33, 7.34 und 7.35 wurden dreipulsige Schaltungen gezeichnet, weil sie übersichtlicher sind. In der Praxis werden Umkehrstromrichter meist aus zwei sechspulsigen Einzel-Stromrichtern aufgebaut (oder durch gegensinnig parallele Thyristoren in den sechs Brückenzweigen).

Kreisstromfreie Schaltung Bei Leistungen im Bereich von 10 kW bis 5000 kW werden Umkehrstromrichter oft kreisstromfrei betrieben. Dies wird dadurch erreicht, daß jeweils nur der für die von der Last vorgegebene Stromrichtung benötigte Teilstromrichter freigegeben wird, während die Zündimpulse des anderen unterdrückt werden. Dazu wird eine Erfassung der Stromrichtung bzw. des Stromnulldurchganges in der Gleichstromlast notwendig, damit die Steuerung entscheiden kann, welcher Teilstromrichter angesteuert

Tabelle 7.11 Doppel-Stromrichter

Stromrichterschaltung Benennung nach DIN 41761	Kennzeichen	Zeigerbilder der Transformatorspannungen netzseitig / ventilseitig	Prinzipschaltplan des Stromrichtersatzes	Pulszahl und Kommutierung $p\ q\ s\ g\ \delta$	Gleichspannung $\frac{U_{di}}{U_{v0}}$ / $\frac{d_{xt}}{u_{xt}}$ / $u_{üi}$ in %	Spannung am Stromrichterzweig $\frac{U_{im}}{U_{di}}$ / $\frac{U_{i0m}}{U_{di}}$	Zweigstrom I_p $\frac{I_{peff}}{I_d}$ / $\frac{I_{pmax}}{I_d}$ / $\frac{I_{pav}}{I_d}$	Leiterstrom ventilseitig $\frac{I_v}{I_d}$ / netzseitig $\frac{I_{Lü}}{I_d}$	netzseitige Scheinleistung $\frac{S_{ti}}{U_{di}\,I_d}$
Kreuzschaltung von zwei Doppel-Dreipuls-Mittelpunktschaltungen (mit Saug- und Kreisstromdrosseln)	(M 3.2) X (M 3.2)			6 3 1 2 1	0,675 = $\frac{3}{\pi\sqrt{2}}$ / 0,500 = $\frac{1}{2}$ / 4,2	2,094 = $\frac{2\pi}{3}$ / 2,420 = $\frac{4\pi}{3\sqrt{3}}$	0,289 = $\frac{1}{2\sqrt{3}}$ / 0,500 = $\frac{1}{2}$ / 0,167 = $\frac{1}{6}$	0,289 = $\frac{1}{2\sqrt{3}}$ / 0,408 = $\frac{1}{\sqrt{6}}$	1,05 = $\frac{\pi}{3}$
Gegenparallelschaltung von zwei Doppel-Dreipuls-Mittelpunktschaltungen (mit Saug- und Kreisstromdrosseln)	(M 3.2) A (M 3.2)			6 3 1 2 1	0,675 = $\frac{3}{\pi\sqrt{2}}$ / 0,500 = $\frac{1}{2}$ / 4,2	2,094 = $\frac{2\pi}{3}$ / 2,420 = $\frac{4\pi}{3\sqrt{3}}$	0,289 = $\frac{1}{2\sqrt{3}}$ / 0,500 = $\frac{1}{2}$ / 0,167 = $\frac{1}{6}$	0,289 = $\frac{1}{2\sqrt{3}}$ / 0,408 = $\frac{1}{\sqrt{6}}$	1,05 = $\frac{\pi}{3}$
Gegenparallelschaltung von zwei Sechspuls-Brückenschaltungen (mit Kreisstromdrosseln)	(B 6) A (B 6)			6 3 2 1 1	1,350 = $\frac{3\sqrt{2}}{\pi}$ / 0,500 = $\frac{1}{2}$ / 4,2	1,047 = $\frac{\pi}{3}$ / 1,047 = $\frac{\pi}{3}$	0,577 = $\frac{1}{\sqrt{3}}$ / 1,000 / 0,333 = $\frac{1}{3}$	0,816 = $\sqrt{\frac{2}{3}}$ / 0,816 = $\sqrt{\frac{2}{3}}$	1,05 = $\frac{\pi}{3}$
Gegenparallelschaltungen von zwei Sechspuls-Brückenschaltungen	(B 6) A (B 6)			6 3 2 1 1	1,350 = $\frac{3\sqrt{2}}{\pi}$ / 0,500 = $\frac{1}{2}$ / 4,2	1,047 = $\frac{\pi}{3}$ / 1,047 = $\frac{\pi}{3}$	0,577 = $\frac{1}{\sqrt{3}}$ / 1,000 / 0,333 = $\frac{1}{3}$	0,816 = $\sqrt{\frac{2}{3}}$ / 0,816 = $\sqrt{\frac{2}{3}}$	1,05 = $\frac{\pi}{3}$

und welcher gesperrt werden muß. Gemessen wird der Stromnulldurchgang entweder auf der Gleichstrom- oder auch auf der Drehstromseite.

Beim Umsteuern ergibt sich eine Totzeit von 2 bis 10 ms. Um diese auch noch zu unterdrücken, werden in der Praxis auch sogenannte kreisstromarme Schaltungen mit geregeltem Kreisstrom eingesetzt (s. Abschn. 12.4). Bei Umkehrstromrichtern für Grenzleistungen über 1000 kW werden Kreisstromdrosseln gleichzeitig zur Kurzschlußstrombegrenzung in Störungsfällen eingesetzt.

Schaltungen für Doppel-Stromrichter Zur Kennzeichnung von Schaltungen für Doppel-Stromrichter werden die in Klammern gesetzten Kennzeichen der Teilschaltungen durch folgende Buchstaben verbunden: Bei Kreuzschaltung X, bei Gegenparallelschaltung A, bei H-Schaltung H. In Tabelle 7.11 sind Kenndaten von Doppel-Stromrichterschaltungen (Vierquadrant-Stromrichter) zusammengestellt.

Doppel-Stromrichter in Mittelpunktschaltungen werden kaum noch eingesetzt. Die Gegenparallelschaltung von zwei Doppel-Dreipuls-Mittelpunktschaltungen wird für Elektrolysen bei kurzzeitiger Energierichtungsumkehr angewendet (Depolarisationsverfahren). Die Gegenparallelschaltung von zwei Sechspuls-Brückenschaltungen mit und ohne Kreisstromdrosseln wird für Gleichstromantriebe im Reversierbetrieb bis zu Grenzleistungen der Gleichstrommaschinen eingesetzt (hohe Stelldynamik).

7.2.2 Direktumrichter

Umkehrstromrichter können zur Umformung von Wechsel- bzw. Drehstrom einer Frequenz f_1 in eine andere Frequenz f_2 verwendet werden. Dazu muß man ihre Ausgangsspannung periodisch umsteuern, und zwar im Takt der gewünschten Ausgangsfrequenz f_2. Bei dieser Betriebsweise erfüllen sie die Grundfunktion des Wechselstromumrichtens. Man nennt sie daher Wechselstromumrichter, meist kurz Umrichter.

Die Frequenzumformung erfolgt durch direktes Umschalten der Phasenspannungen des Primärnetzes ohne Benutzung eines Gleichstromzwischenkreises (s. Abschn. 8), daher spricht man von Direktumrichtern, bei denen im allgemeinen alle Eingangsleiter über gegensinnig parallelgeschaltete Stromrichterventile mit allen Ausgangsleitern verbunden sind. Die erreichbare Ausgangsfrequenz ist nach oben begrenzt.

Direktumrichter sind bereits in den dreißiger Jahren mit Quecksilberdampfventilen zur Speisung von Bahnnetzen mit 16 2/3 Hz aus dem 50-Hz-Drehstromnetz versuchsweise eingesetzt worden. Nach der Betriebsweise werden bei Direktumrichtern Hüllkurvenumrichter und Steuerumrichter unterschieden.

Trapezumrichter Beim sogenannten Trapezumrichter, einem Hüllkurvenumrichter, verläuft die Spannung einer Ausgangsphase auf den Kuppen der Phasenspannungen des speisenden Drehstromnetzes (Bild 7.36). Der Name Trapezumrichter rührt von der annähernd trapezförmigen Kurvenform seiner Ausgangsspannung her. Zur Bildung der Ausgangsspannung u einer Phase des Trapezumrichters ist ein Umkehrstromrichter erforderlich, da sowohl die Ausgangsspannung als auch der abgegebene Strom ihre Polarität periodisch ändern. Die Schaltung würde beispielsweise der in Bild 7.33 entsprechen.

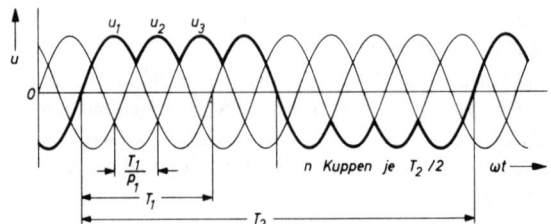

Bild 7.36
Spannungsverlauf beim
Trapezumrichter

Die Periodendauer T_2 der Ausgangsspannung wird durch die Anzahl n der Spannungs-kuppen je Halbperiode bestimmt. Jede Spannungskuppe hat abhängig von der Pulszahl p_1 der Umrichterschaltung die Breite T_1/p_1. T_1 ist die Netzperiode. Für die Perioden-dauer T_2 der Ausgangsspannung gilt die Beziehung

$$T_2 = T_1 + 2(n-1)\frac{T_1}{p_1}. \qquad (7.104)$$

Das Verhältnis der Ausgangsfrequenz f_2 zur Eingangsfrequenz f_1 berechnet sich danach zu

$$\frac{f_2}{f_1} = \frac{1}{1 + \frac{2(n-1)}{p_1}}. \qquad (7.105)$$

Die möglichen einstellbaren Ausgangsfrequenzen ergeben sich, wenn man in diese Glei-chung für die Kuppenzahl n ganze Zahlen 1, 2, 3 . . . einsetzt. Solange die Ausgangsspan-nung nach der in Bild 7.36 gezeichneten Weise auf den Phasenspannungen des eingangs-seitigen Drehstromnetzes verläuft und nur im Schnittpunkt der Phasenspannungen umge-schaltet wird, können also nur diskrete, nach Gl. (7.105) berechenbare Ausgangsfrequen-zen f_2 erreicht werden. Man nennt einen so gesteuerten Trapezumrichter daher einen frequenzstarren Umrichter.

Ein mehrphasiges Ausgangssystem entsteht, wenn mehrere Gegenparallelschaltungen mit entsprechender Phasenversetzung betrieben werden. Beim frequenzstarren Trapezum-richter ergibt sich ein symmetrisches Mehrphasensystem nur dann, wenn die Zahl z der

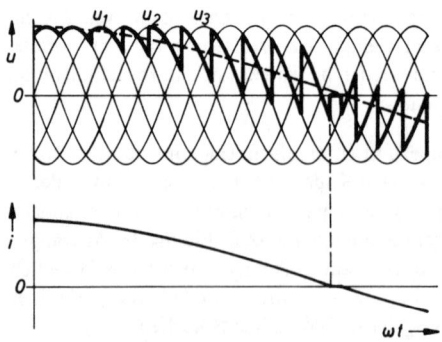

Bild 7.37
Zwischenkommutierung beim frequenz-elastischen Trapezumrichter

Kuppen pro Periode T_2 der Ausgangsspannung

$$z = p_1 + 2(n-1) \qquad (7.106)$$

durch die Phasenzahl des Ausgangssystems teilbar ist.

Freizügigkeit in der einstellbaren Ausgangsfrequenz erhält man beim sogenannten frequenzelastischen Trapezumrichter. Hier wird die Spannungsumpolung nicht auf den Verlauf einer Phasenspannung beschränkt wie beim frequenzstarren Trapezumrichter, sondern es wird durch vorübergehende Änderung der Steuerwinkel α_I bzw. α_{II} während der Umpolung der Ausgangsspannung eine Zwischenkommutierung auf die nächste Phase vorgenommen (Bild 7.37).

Steuerumrichter Beim Steuerumrichter wird die Ausgangsspannung der beiden gegenparallel arbeitenden Teilstromrichter sinusförmig ausgesteuert [7.12], [7.22], [7.23]. Dabei müssen die Steuerwinkel α_I bzw. α_{II} während jeder Halbschwingung der Ausgangsspannung stetig verändert werden. Bild 7.38 zeigt Schaltung und Spannung einer Ausgangsphase eines sechspulsigen Steuerumrichters. Jede Ausgangsphase wird hier von der Gegenparallelschaltung sechspulsiger Teilstromrichter gebildet. Insgesamt sind also mindestens $3 \times 2 \times 6 = 36$ Stromrichterventile erforderlich.

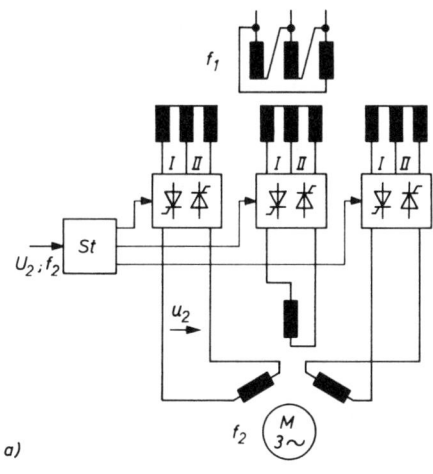

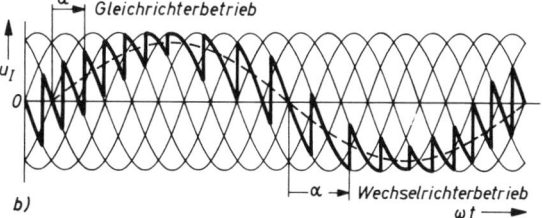

Bild 7.38
Schaltung und Spannung
einer Phase beim Steuer-
umrichter

Die abgegebene Ausgangsspannung wird einem vorgegebenen sinusförmigen Sollwert möglichst gut angenähert. Beide Teilstromrichter arbeiten abwechselnd im Gleich- bzw. Wechselrichterbetrieb. Der Verschiebungsfaktor der Lastseite bestimmt dabei die jeweilige Stromrichtung. Bei Phasenverschiebung zwischen Spannung und Strom auf der Ausgangsseite, wie sie bei ohmsch-induktiven Lasten oder bei der Speisung von Drehfeldmaschinen vorkommt, führt der im Gleichrichterbetrieb ausgesteuerte Teilstromrichter den Strom, während die Energie von der Eingangs- zur Ausgangsseite fließt, im umgekehrten Fall der gerade im Wechselrichterbetrieb ausgesteuerte Teilstromrichter. Die Differenzen in den Ausgangsspannungen u_I bzw. u_{II} der beiden Teilstromrichter bilden, wie beim Umkehrstromrichter, Kreisspannungen u_{KR} aus, welche Kreisströme i_{KR} zur Folge haben. Zur Vermeidung des Kreisstromes können auch beim Steuerumrichter kreisstromfreie Schaltungen verwendet werden. Bei der Umkehr der Stromrichtung tritt dabei wieder eine Totzeit auf.

Die abgegebene Frequenz f_2 kann beim Steuerumrichter stetig verändert werden, jedoch mit der wesentlichen Einschränkung, daß die Ausgangsfrequenz f_2 nur etwa bis zum halben Wert der Eingangsfrequenz f_1 gesteigert werden kann (bei 50 Hz also nur bis maximal 25 Hz). Außerdem hat ein Steuerumrichter einen hohen Blindleistungsbedarf aus dem speisenden Drehstromnetz, weil er überwiegend mit Anschnittsteuerung betrieben wird. Mit besonderen Schaltungen und Steuerverfahren erreicht man auch höhere Ausgangsfrequenzen [7.21].

7.3   Lastgeführte Wechselrichter

Fremdgeführte Stromrichter beziehen ihre Kommutierungsblindleistung entweder aus dem Wechselstromnetz oder von der Last. Bisher sind nur netzgeführte Stromrichter behandelt worden.

Beim lastgeführten Wechselrichter stellt die Last die Kommutierungsspannung während der Dauer der Kommutierung zur Verfügung. Da ein Stromrichter für die natürliche Kommutierung stets induktive Blindleistung braucht, ist Voraussetzung für den Betrieb lastgeführter Stromrichter, daß die Last diese zur Verfügung stellen kann. Der Laststrom muß aus diesem Grund eine kapazitive Komponente aufweisen. Diese Bedingung kann von Parallel- und Reihenschwingkreisen oder von einer übererregten Synchronmaschine erfüllt werden. Lasten mit induktiver Stromkomponente, z. B. Asynchronmaschinen, können die Führung von Stromrichtern mit natürlicher Kommutierung also nicht übernehmen.

Erfüllt eine Last die oben aufgestellte Bedingung einer kapazitiven Stromkomponente, so verhält sich der von ihr geführte Stromrichter mit natürlicher Kommutierung ähnlich wie bei der Führung durch ein Wechselstromnetz. Grundsätzlich gelten also die für diese Stromrichter abgeleiteten Eigenschaften und Gleichungen auch für lastgeführte Stromrichter. Wenn die Last dabei Energie aufnimmt, arbeitet der lastgeführte Stromrichter im Wechselrichterbetrieb. Dies ist der Normalfall. Im folgenden werden die wichtigsten lastgeführten Wechselrichter behandelt (DIN 41 750, Bl. 6). Dies sind Schwingkreiswechselrichter [7.5], [7.6], [7.9], [7.11], [7.16], [7.26] und motorgeführte Wechselrichter.

7.3.1 Parallelschwingkreis-Wechselrichter

Eine ohmsch-induktive Last kann durch einen Kondensator zu einem Parallel- oder Reihenschwingkreis ergänzt werden. Die Eigenfrequenz f_0 des verlustlosen Lastkreises ist

$$f_0 = \frac{1}{2\pi\sqrt{LC}} \; . \tag{7.107}$$

Die Eigenfrequenz f_R des freischwingenden verlustbehafteten Lastkreises mit dem Dämpfungsglied δ heißt Kennfrequenz und berechnet sich zu

$$f_R = \frac{\omega_0}{2\pi}\sqrt{1 - \delta^2}, \tag{7.108}$$

wobei $\delta = \dfrac{R}{2\omega_0 L}$ \hfill (7.109)

ist. Diese Gleichungen gelten sowohl für einen Parallel- als auch für einen Reihenschwingkreis. Die Betriebsfrequenz f_B, mit der ein Schwingkreiswechselrichter betrieben wird, wird von der Steuerung vorgegeben. Damit der Schwingkreis eine kapazitive Stromkomponente hat, muß die Betriebsfrequenz beim Parallelschwingkreis oberhalb und beim Reihenschwingkreis unterhalb der Eigenfrequenz liegen.

Beim Parallelschwingkreis-Wechselrichter ist die ohmsch-induktive Last L und R durch einen Parallelkondensator C zu einem Parallelschwingkreis ergänzt (Bild 7.39). In jedem Zweig des Wechselrichters liegt ein steuerbares Stromrichterventil, dessen Strom angenähert rechteckförmigen Verlauf hat. Da der Parallelschwingkreis sprunghafte Spannungsänderungen nicht zuläßt, benötigt der Wechselrichter eine Glättungsinduktivität L_d auf der Gleichstromseite. Die Spannung u_2 auf der Lastseite ist angenähert sinusförmig. Der Strom geht dabei in direkter Kommutierung von einem Stromrichterventil auf das folgende über. Der Laststrom ist rechteckförmig und eilt der Lastspannung um den Phasenwinkel φ vor. Dies ist zur Sicherstellung des Löschwinkels γ notwendig.

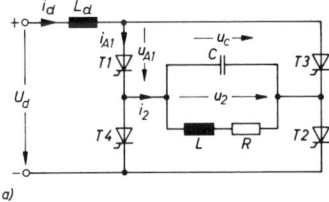
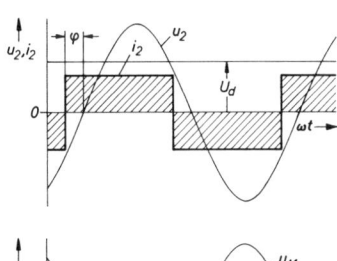

Bild 7.39 Parallelschwingkreiswechselrichter
a) einphasige Brückenschaltung
(Einzel-Stromrichter)
b) Spannungs- und Stromverlauf
(idealisiert)

Die sinusförmig verlaufende Lastspannung u_2, die mit der Kondensatorspannung u_C identisch ist, kann aus dem Energiegleichgewicht zwischen Gleichstrom- und Lastseite berechnet werden. Für eine Halbperiode ergibt sich

$$U_d I_d \frac{T}{2} = I_d \int_{-\gamma/\omega}^{\frac{\pi-\gamma}{\omega}} \hat{u}_2 \sin \omega t dt. \tag{7.110}$$

Daraus kann der Scheitelwert $\hat{u}_2$ der Lastspannung in Abhängigkeit von der Gleichspannung U_d und dem Löschwinkel γ berechnet werden

$$\hat{u}_2 = \sqrt{2}\, U_2 = \frac{\pi}{2 \cos \gamma} U_d. \tag{7.111}$$

Das gleiche Ergebnis erhält man aus Gl. (7.5), die für netzgeführte Stromrichter abgeleitet wurde. Für die hier betrachtete Zweipuls-Brückenschaltung ergibt sich

$$\hat{u}_2 = \sqrt{2}\, U_2 = \frac{\pi}{2} U_{di} = \frac{\pi}{2 \cos \alpha} U_{di\alpha}. \tag{7.112}$$

Dieses Ergebnis ist mit der aus der Energiebilanz abgeleiteten Gl. (7.111) identisch, wenn der Steuerwinkel α durch den Löschwinkel $\gamma = 180° - \alpha$ ersetzt wird.

Wie Gl. (7.111) bzw. (7.112) zeigen, hat eine Vergrößerung des Löschwinkels bei konstanter Ausgangsgleichspannung U_d eine Spannungserhöhung zur Folge. Aus diesem Grund kann die an den Lastkreis abgegebene Leistung nur in beschränktem Umfang durch Steuerung des Voreilwinkels $\beta = u + \gamma$ verändert werden. In weitem Umfang kann die abgegebene Leistung durch Verstellen der Gleichspannung U_d gesteuert werden.

7.3.2   Reihenschwingkreis-Wechselrichter

Beim Reihenschwingkreis-Wechselrichter wird die ohmsch-induktive Last L und R durch einen Reihenkondensator C zu einem Reihenschwingkreis ergänzt (Bild 7.40). In jedem Zweig des Wechselrichters liegt ein steuerbares Stromrichterventil, dem eine nicht steuer-

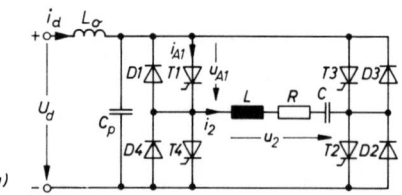
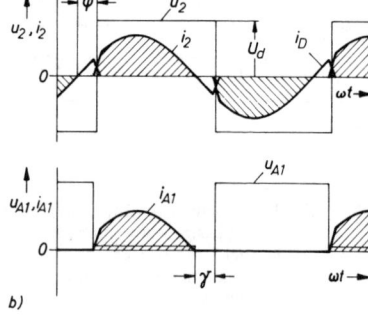

Bild 7.40 Reihenschwingkreiswechselrichter
a) einphasige Brückenschaltung
(Doppel-Stromrichter)
b) Spannungs- und Stromverlauf
(idealisiert)

bare Diode gegensinnig parallelgeschaltet ist, so daß Stromführung in beiden Richtungen möglich ist (Doppel-Stromrichter).

Der Reihenschwingkreis erzwingt einen angenähert sinusförmigen Laststrom i_2, welcher abwechselnd von den Thyristoren und den gegensinnig parallelen Dioden geführt wird. Die Lastspannung u_2 und damit auch die Ventilspannung u_A haben angenähert rechteckförmigen Verlauf. Der Strom kommutiert vom nicht steuerbaren auf das jeweilige steuerbare gegensinnig parallelgeschaltete Ventil. Der Laststrom eilt der Lastspannung um den Phasenwinkel φ vor. Dies ist zur Aufrechterhaltung des erforderlichen Löschwinkels γ notwendig.

Da der Reihenschwingkreis keine sprunghaften Stromänderungen zuläßt, wird eine möglichst starre Ausgangsgleichspannung benötigt. Während der Stromführung der Thyristoren (schraffierter Bereich) fließt Energie in den Lastkreis, während der Stromführung der Dioden fließt Energie in den Gleichstromkreis zurück. Die Ausgangsleistung kann entweder durch Ändern des Löschwinkels γ oder der Eingangsgleichspannung U_d gesteuert werden.

Den Laststrom i_2 kann man ähnlich wie beim Parallelschwingkreis-Wechselrichter aus der Energiebilanz zwischen Gleich- und Wechselstromseite während einer Halbperiode berechnen

$$U_d I_d \frac{T}{2} = U_d \int_{\gamma/\omega}^{\frac{\pi+\gamma}{\omega}} \hat{i}_2 \sin \omega t \, dt. \qquad (7.113)$$

Man erhält für den Scheitelwert $\hat{i}_2$ des Laststromes

$$\hat{i}_2 = \frac{\pi}{2 \cos \gamma} I_d. \qquad (7.114)$$

Die erreichbare obere Frequenzgrenze von Schwingkreiswechselrichtern wird im wesentlichen durch die Freiwerdezeit der Thyristoren bestimmt. Man erreicht Betriebsfrequenzen über 10 kHz (s. Abschn. 13.1.4 u. 13.3). Für das Anschwingen der Last ist besonders bei Parallelschwingkreis-Wechselrichtern eine Starteinrichtung erforderlich, um die für die ersten Kommutierungen nach dem Einschalten des lastgeführten Wechselrichters erforderliche Kommutierungsspannung zur Verfügung zu stellen. Dazu werden kapazitive Energiespeicher auf der Last- oder auf der Gleichstromseite vorgeladen.

Schwingkreiswechselrichter mit vorgeschaltetem Gleichrichter werden Schwingkreisumrichter genannt (s. Bild 13.16 u. 13.17).

Berechnungsformeln für einphasige und dreiphasige Reihenschwingkreis-Wechselrichter sind in Tabelle 7.12 zusammengestellt. Dort sind auch nochmals die auftretenden Frequenzen definiert. Die Eigenfrequenz f_0 ist die Frequenz des verlustlos gedachten Lastkreises. Die Kennfrequenz f_R ist die Frequenz des freischwingenden verlustbehafteten Kreises mit dem Dämpfungsgrad ϑ. Die Betriebsfrequenz f_B ist die Frequenz, mit der der Lastkreis betrieben wird. Sie ist von der Eigenfrequenz und vom Voreilwinkel β bzw. Löschwinkel γ abhängig. Die Taktfrequenz f_T ist die Frequenz, mit der die Hauptzweige periodisch in den leitenden Zustand versetzt werden. Sie ist meist mit der Betriebsfrequenz identisch.

Tabelle 7.12 Berechnungsformeln für Schwingkreiswechselrichter

Frequenzen:

Eigenfrequenz $\quad f_0 = \dfrac{1}{2\pi\sqrt{LC}} \qquad \omega_0 = 2\pi f_0$

Kennfrequenz $\quad f_R = \dfrac{\omega_0}{2\pi}\sqrt{1-\vartheta^2}\ $ mit $\ \vartheta = \dfrac{R}{2\omega_0 L}$

Betriebsfrequenz $\quad f_B$

Taktfrequenz $\quad f_T$

Grundschwingungsberechnung:

	Parallelschwingkreis		Reihenschwingkreis	
	einphasig	dreiphasig	einphasig	dreiphasig
Grundschwingung der Wechselspannung U_1	$\dfrac{\pi}{2\sqrt{2}\cos\gamma}U_d$	$\dfrac{\pi}{3\sqrt{2}\cos\gamma}U_d$	$\dfrac{2\sqrt{2}}{\pi}U_d$	$\dfrac{\sqrt{6}}{\pi}U_d$
Grundschwingung des Wechselstromes I_1	$\dfrac{2\sqrt{2}}{\pi}I_d$	$\dfrac{\sqrt{6}}{\pi}I_d$	$\dfrac{\pi}{2\sqrt{2}\cos\gamma}I_d$	$\dfrac{\pi}{3\sqrt{2}\cos\gamma}I_d$
Mittelwert des Stromes im steuerbaren Ventilzweig I_{pav}	$\dfrac{1}{2}I_d$	$\dfrac{1}{3}I_d$	$\dfrac{I_1\sqrt{2}}{2\pi}(1+\cos\gamma)$	$\dfrac{I_1\sqrt{2}}{2\pi}(1+\cos\gamma)$
Mittelwert des Stromes im ungesteuerten Ventilzweig I_{pav}	–	–	$\dfrac{I_1\sqrt{2}}{2\pi}(1-\cos\gamma)$	$\dfrac{I_1\sqrt{2}}{2\pi}(1-\cos\gamma)$
Scheitelsperrspannung am Stromrichterzweig U_{im}	$U_1\sqrt{2}$	$U_1\sqrt{2}$	U_d	U_d
Grundschwingungs-Wirkleistung P_1	$I_1U_1\cos\gamma$	$\sqrt{3}\,I_1U_1\cos\gamma$	$I_1U_1\cos\gamma$	$\sqrt{3}\,I_1U_1\cos\gamma$
	$\sim\dfrac{U_d^2}{R\cos^2\gamma}$		$\sim\dfrac{U_d^2\cos^2\gamma}{R}$	

7.3.3 Motorgeführte Wechselrichter

Motorgeführte Wechselrichter sind lastgeführte Wechselrichter, die ihre Kommutierungsblindleistung von einer entsprechend erregten Synchronmaschine als Last beziehen [7.3], [7.10], [7.13], [7.14], [7.15], [7.19]:
Ihre Schaltung ermöglicht meist auch eine Umkehr des Energieflusses. Die Schaltung motorgeführter Wechselrichter entspricht der netzgeführter Stromrichter zum Gleich-

und Wechselrichten. Durch Hintereinanderschalten eines netzgeführten Gleichrichters und eines motorgeführten Wechselrichters entsteht ein Wechselstromrichter mit einer Synchronmaschine als Last (Bild 7.41). Im allgemeinen wird im Gleichstromzwischenkreis ein Energiespeicher vorgesehen (eine Glättungsinduktivität L_d), die den netzseitigen Stromrichter I vom lastseitigen II energetisch entkoppelt.

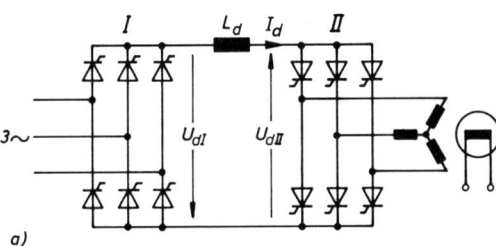

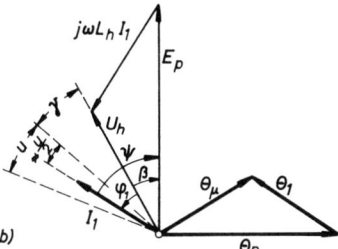

Bild 7.41
Motorgeführter Wechselrichter
(Stromrichtermotor)
a) Wechselstromumrichter mit
Gleichstromzwischenkreis
b) Zeigerdiagramm der Maschinen-
größen

Der netzseitige Stromrichter I arbeitet im Motorbetrieb der angeschlossenen Synchronmachine als netzgeführter Gleichrichter. Er erzeugt die durch Anschnittsteuerung über den Steuerwinkel α einstellbare Gleichspannung U_{dI}. Der Strom I_d im Gleichstromzwischenkreis wird durch die Induktivität L_d geglättet.

Der lastseitige Stromrichter arbeitet als lastgeführter Wechselrichter. Er erzeugt die Gleichspannung U_{dII}. Da Wechselrichterbetrieb vorliegt, ist der Mittelwert dieser Gleichspannung negativ. Im stationären Betrieb ist $U_{dII} = -U_{dI}$.

Kehrt sich die Energierichtung um, so muß Stromrichter II in den Gleichrichterbetrieb umgesteuert werden, Stromrichter I in den Wechselrichterbetrieb. Die Gleichspannungen U_{dII} bzw. U_{dI} wechseln dabei ihr Vorzeichen. Die Stromrichtung für I_d bleibt erhalten. Die Synchronmaschine arbeitet dann als Generator.

Die Synchronmaschine kann den lastseitigen Stromrichter II nur dann führen, wenn ihr Strom eine kapazitive Komponente hat, also der Spannung voreilt. In Bild 7.41b ist das Zeigerdiagramm der Synchronmaschine für diesen Betriebszustand dargestellt. U_h ist die Spannung des resultierenden Feldes im Luftspalt der Maschine, I_1 der Ständerstrom. I_1 eilt gegenüber U_h um den Phasenwinkel φ_1 vor. Dadurch ergibt sich bei der Überlappung u der eingezeichnete Löschwinkel γ, der einen Mindestwert, die für die Ventile von Stromrichter II notwendige Schonzeit, nicht unterschreiten darf, da sonst der Wechselrichter kippen würde.

Schonzeit und Überlappung bestimmen den Grundschwingungs-Leistungsfaktor $\cos \varphi_1$ der Synchronmaschine. Um diesen auch bei wechselnden Drehzahlen und Drehmomenten möglichst hoch (aber < 1) zu halten, kann die Schonzeit (der Löschwinkel γ) auf einen Mindestwert geregelt werden [12.12].

Die weiteren im Zeigerdiagramm dargestellten Größen sind E_p als vom Polrad induzierte Spannung und L_h als wirksame Hauptreaktanz. Θ_p ist die Polraddurchflutung, Θ_1 die Ständerdurchflutung und Θ_μ die resultierende Magnetisierungsdurchflutung. Der Winkel β zwischen U_h und E_p ist der Last- oder Polradwinkel. ψ ist der innere Phasenwinkel zwischen Ständerstrom I_1 und der vom Polrad induzierten Spannung E_p. Dem Cosinus dieses Winkels ist das von der Synchronmaschine entwickelte Drehmoment proportional

$$M \sim \Theta_1 \cdot \Theta_p \cdot \cos \psi. \qquad (7.115)$$

Bei gegebenem Ständer- und Erregerstrom entwickelt also eine Synchronmaschine das größte Drehmoment, wenn der inner Phasenwinkel ψ zu Null wird.

Da im Stillstand der Synchronmaschine ein führendes Netz auf der Sekundärseite zunächst noch nicht vorhanden ist, müssen für das Anfahren besondere Maßnahmen getroffen werden [7.18]. Ein mögliches Verfahren ist das Auf- und Zusteuern des eingangsseitigen Stromrichters im Takt der niedrigen Anfahrfrequenz. Anwendungen der stromrichtergespeisten Synchronmaschine werden in Abschn. 13.1 und 13.2.3 beschrieben.

8   Selbstgeführte Stromrichter

Selbstgeführte Stromrichter benötigen keine fremde Wechselspannungsquelle zur Kommutierung (DIN 41 750, Bl. 5). Die Kommutierungsspannung wird vielmehr von einem zum Stromrichter gehörenden Energiespeicher (meist ein Löschkondensator) zur Verfügung gestellt oder durch Widerstandserhöhung des zu löschenden Stromrichterventils (z. B. eines Leistungstransistors oder eines ausschaltbaren Thyristors) gebildet.

Selbstgeführte Stromrichter werden für alle Arten der Umwandlung elektrischer Energie sowie für Energiefluß in einer oder in beiden Richtungen ausgeführt.

In Abschn. 5 war die bei selbstgeführten Stromrichtern vorliegende Zwangskommutierung bereits kurz behandelt worden (s. Bild 5.5). In selbstgeführten Stromrichtern mit Stromrichterventilen, die nicht über eine Steuerelektrode löschbar sind, wird meist indirekt kommutiert. Wenn nur ein Hilfszweig beteiligt ist, spricht man von einstufigem Kommutieren. Meist liegt jedoch zwei- oder mehrstufiges Kommutieren vor, wenn außer dem Hauptzweig zwei oder mehr Hilfszweige beteiligt sind.

8.1   Halbleiterschalter für Gleichstrom

Gegenüber dem Schalten eines Wechselstromkreises, bei dem der seine Richtung periodisch ändernde Wechselstrom nach jeder Halbschwingung durch Null geht, unterscheidet sich das Schalten eines Gleichstromkreises dadurch, daß der Strom nur durch eine vom Schalter aufzubringende Gegenspannung unterbrochen werden kann. Dazu benötigt der Halbleiterschalter eine Löscheinrichtung. Ein Halbleiterschalter für Gleichstrom gehört also zu den Stromrichtern mit Zwangskommutierung.

8.1.1   Einschalten eines Gleichstromkreises

Das Einschalten eines Gleichstromkreises mit einem Halbleiterschalter wird durch Zünden des Thyristors vorgenommen. Bild 8.1 zeigt Strom- und Spannungsverlauf beim Einschalten eines Gleichstromkreises mit einer ohmsch-induktiven Last (s. Bild 5.1).

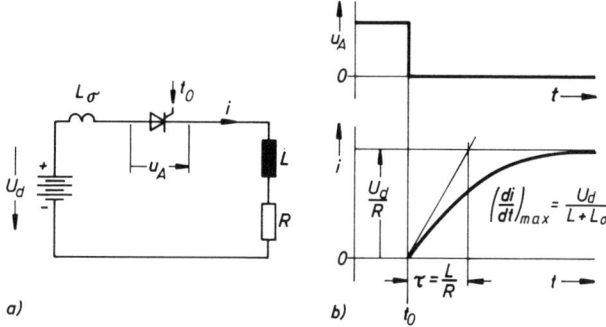

Bild 8.1
Einschalten eines
Gleichstromkreises
a) Schaltung
b) Spannungs- und
Stromverlauf

Nach dem Zünden des Thyristors im Zeitpunkt t_0 gilt die Differentialgleichung

$$(L + L_\sigma) \frac{di}{dt} + Ri = U_d. \tag{8.1}$$

Ihre Lösung ergibt eine mit der Zeitkonstante $\tau = (L_\sigma + L)/R$ auf den Endwert U_d/R ansteigende Exponentialfunktion (s. Gl. (5.1)). Die maximale Stromanstiegsgeschwindigkeit tritt im Einschaltzeitpunkt t_0 auf. Sie beträgt $U_d/(L + L_\sigma)$ (s. Gl. (5.3)). Im allgemeinen wird die Induktivität L im Lastkreis genügend groß sein, um die Stromanstiegsgeschwindigkeit im Halbleiterschalter auf ungefährliche Werte zu begrenzen. In Sonderfällen, z. B. beim Schalten ohmscher Widerstände mit induktivitätsarmer Zuleitung, muß jedoch die im Einschaltzeitpunkt auftretende Stromanstiegsgeschwindigkeit überprüft werden. Das gilt auch für die Beschaltung des Thyristors mit einem RC-Glied, bei dem nur der Reihenwiderstand R_B den Einschaltstrom begrenzt und die Stromanstiegsgeschwindigkeit von den Streuinduktivitäten bestimmt wird.

8.1.2   Ausschalten eines Gleichstromkreises

Die Unterbrechung eines Gleichstromkreises mit einem Thyristorschalter ist nicht ohne weiteres möglich, weil zur Löschung eines Thyristors der Anodenstrom unter dessen Haltestrom sinken muß. Außerdem muß nach erfolgter Stromunterbrechung eine Schonzeit t_c mit negativer Anodenspannung vorhanden sein, bevor der Thyristor wieder mit positiver Sperrspannung beansprucht werden darf. Diese Schonzeit muß größer als die Freiwerdezeit des Thyristors sein.

Mit Leistungstransistoren oder abschaltbaren Thyristoren läßt sich auch ein Gleichstromkreis über den Steueranschluß unterbrechen. Dabei muß jedoch im Leistungshalbleiter die in den Induktivitäten gespeicherte magnetische Energie $Li^2/2$ in Verlustwärme umgesetzt werden.

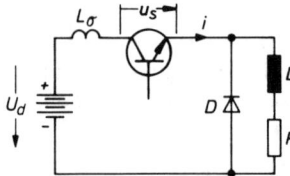

Bild 8.2
Ausschalten eines Gleichstromkreises

Bild 8.2 zeigt das Ausschalten eines Gleichstromkreises. Es soll zunächst angenommen werden, daß der löschbare Halbleiterschalter vom Zeitpunkt t_0 an eine konstante Gegenspannung U_S erzeugt. Der Strom i fällt dann linear auf Null ab. Es gilt

$$u_S(t) = U_S = U_d - L_\sigma \frac{di}{dt}, \tag{8.2}$$

weil die Freilaufdiode D den Lastkreis kurzschließt, sobald die Schalterspannung u_S höher als die Gleichspannung U_d wird. Während des Abschaltvorganges wird im Halbleiterschalter die Energie

$$W = \frac{1}{2} U_s I \Delta t = \frac{1}{2} U_d I \Delta t + \frac{1}{2} L_\sigma I^2 \qquad (8.3)$$

umgesetzt. Die im Schalter umgewandelte Energie setzt sich danach aus zwei Anteilen zusammen:

1. aus einem von der Abschaltzeit Δt abhängigen Anteil $U_d I \Delta t/2$ und

2. aus einem weiteren Anteil $L_\sigma I^2/2$, der von der magnetischen Energie der Streuinduktivität L_σ herrührt und von der Abschaltzeit Δt unabhängig ist.

Bei einem Schalttransistor wird diese Energie als Verlustwärme im Element selbst und in dessen Beschaltung umgesetzt. Das gleiche gilt für einen abschaltbaren Thyristor, der über den Steueranschluß gelöscht werden kann.

Kondensatorlöschung   Soll der Strom I in einem normalen Thyristor T unterbrochen werden, so kann dies nicht über den Steueranschluß vorgenommen werden. Es ist vielmehr ein Löschzweig erforderlich. Dieser Löschzweig enthält einen Energiespeicher, den Löschkondensator C [8.21], [8.23].

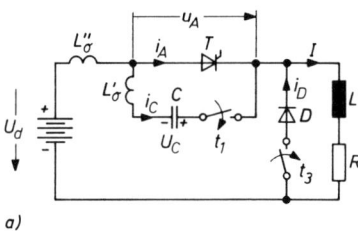

Bild 8.3 Kondensatorlöschung
a) Schaltung
b) Spannungs- und Stromverlauf

In Bild 8.3 ist die Unterbrechung des Stromes in einem Thyristor mit einem Löschkondensator dargestellt. Es wird vorausgesetzt, daß der Löschkondensator mit der eingezeichneten Polarität aufgeladen ist. Wird im Zeitpunkt t_1 der eingezeichnete Hilfsschalter, (der im allgemeinen durch einen Hilfsthyristor verwirklicht wird), geschlossen, so kommutiert der Strom i_A in kurzer Zeit vom stromführenden Thyristor T auf den Löschkondensatorzweig. Der Stromanstieg im Löschkondensator bzw. der Stromabfall im Hauptthyristor T wird von der Streuinduktivität L_σ' bestimmt. Die maximale Stromanstiegsgeschwindigkeit ist

$$\left(\frac{di}{dt}\right)_{max} = \frac{U_C}{L_\sigma'}. \qquad (8.4)$$

Wenn die Streuinduktivität L_σ' sehr klein ist, ergibt sich eine große Stromsteilheit, die für die Beanspruchung des Hilfsthyristors kritisch sein kann. Im Zeitpunkt t_2 ist die erste Kommutierungsstufe abgeschlossen. Wegen der großen Stromsteilheit unterbricht in Wirklichkeit der Hauptthyristor infolge seiner Sperrträgheit nicht im Nulldurchgang des Stromes i_A, sondern der Thyristorstrom fließt zunächst in negativer Richtung weiter und reißt erst nach 1 bis 2 μs bei negativen Stromwerten mit großer Steilheit ab (s. Bild 3.9).

Nach dem Löschen des Thyristorstromes fließt der Laststrom I, der von der Induktivität L zunächst aufrechterhalten wird, über den Löschzweig weiter und lädt den Löschkondensator C um. Am Hauptthyristor T liegt während der Schonzeit t_c negative Spannung. Es muß t_c größer als die Freiwerdezeit t_q sein, da andernfalls der Thyristor bei positiv werdender Anodenspannung u_A auch ohne Steuerimpuls durchschalten würde. Im Zeitpunkt t_3 beginnt die Kondensatorspannung höher als die Gleichspannung U_d zu werden. Damit setzt die zweite Kommutierungsstufe ein, weil die Spannung an der Freilaufdiode positiv wird. Der Ersatzschalter im Freilaufzweig schließt also im Zeitpunkt t_3. Von t_3 bis t_4 erfolgt die Übergabe des Laststromes I vom Löschkondensator auf den Freilaufzweig. Danach klingt der Laststrom I nach einer Exponentialfunktion

$$i = \frac{U_d}{R} \, e^{-\frac{t - t_4}{L/R}} \qquad (8.5)$$

ab. Das bedeutet, daß die Gleichstromlast zwar durch die Löschung des Halbleiterschalters von der Gleichspannungsquelle U_d getrennt, der Strom in der Last jedoch noch nicht unterbrochen wurde, sondern über den Freilaufkreis erst allmählich abklingt.

Berechnung des Löschkondensators Nach der Stromunterbrechung im Zeitpunkt t_2 liegt am Thyristor T für den Zeitraum t_c negative Sperrspannung. Dieser Zeitraum t_c wird als Schonzeit bezeichnet. Sie kann aus

$$\frac{du_C}{dt} = \frac{i_C}{C} \qquad (8.6)$$

unter der Voraussetzung konstanten Kondensatorstromes I berechnet werden

$$t_c = \frac{C U_C}{I} . \qquad (8.7)$$

Daraus folgt für den Löschkondensator C die Gleichung

$$C = \frac{I t_c}{U_C} , \qquad (8.8)$$

aus der mit der Bedingung $t_c > t_q$ der benötigte Löschkondensator berechnet werden kann. Für I ist der größte auftretende Laststrom und für U_C die Kondensatorspannung im Löschzeitpunkt einzusetzen.

Bei vielen Löschschaltungen ist die Kondensatorspannung im Löschzeitpunkt gleich der Gleichspannung U_d. Die Schonzeit t_c muß um einen Sicherheitsfaktor (zwischen

1,3 und 1,5) größer sein als die Freiwerdezeit t_q des zu löschenden Thyristors. Gl. (8.8) zeigt, daß die Kapazität des benötigten Löschkondensators proportional zur Schonzeit bzw. Freiwerdezeit wächst. Für selbstgeführte Stromrichter werden daher vorzugsweise F-Thyristoren (auch schnelle Thyristoren oder Inverter-Thyristoren genannt) eingesetzt, deren Freiwerdezeit t_q besonders niedrig liegt (unter 60 μs) [8.6].

Bei Thyratrons und Quecksilberdampfventilen scheiterte die praktische Verwirklichung von Schaltungen selbstgeführter Stromrichter unter anderem an deren gegenüber Thyristoren größerer Freiwerdezeit und dem dadurch bedingten größeren Löschaufwand.

8.2   Halbleitersteller für Gleichstrom

Ein Halbleiterschalter für Gleichstromkreise läßt sich nicht nur zum Ein- und Ausschalten zu beliebigen Schaltzeitpunkten einsetzen. Wenn man ihn periodisch im Takt einer bestimmten Schaltfrequenz zündet und löscht, so läßt sich auf diese Weise die Leistungsaufnahme einer Last aus einer Gleichspannungsquelle steuern bzw. „stellen". Man nennt einen solchen Stromrichter einen G l e i c h s t r o m s t e l l e r [8.4], [8.9], [8.10], [8.11]. Die Schaltfrequenz, mit der periodisch der Haupt- bzw. Hilfsthyristor gezündet wird, soll als Pulsfrequenz f_p bezeichnet werden.

Gleichstromsteller erfüllen die Grundfunktion des Gleichstromumrichtens.

8.2.1   Strom- und Spannungsverlauf

Die Grundschaltung und der Strom- und Spannungsverlauf bei einem Gleichstromsteller sind in Bild 8.4 dargestellt. Die Lastseite ist über einen löschbaren Thyristorschalter S mit

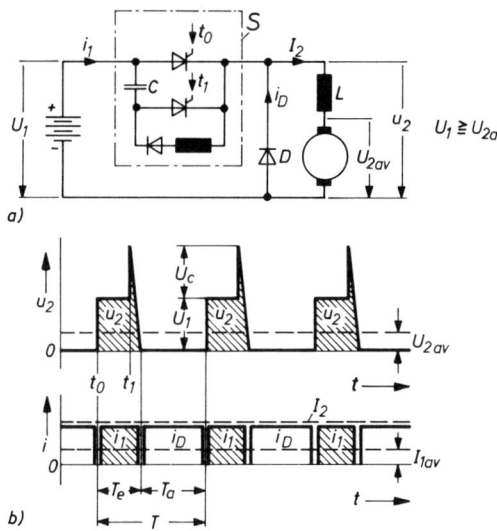

Bild 8.4
Gleichstromsteller
a) Fahrschaltung
b) Spannungs- und Stromverlauf

der konstanten Gleichspannungsquelle U_1 verbunden. Der Thyristorschalter hat eine Löscheinrichtung, die aus einem Löschkondensator C und einem Hilfsthyristor besteht.

Über den aus Induktivität und Sperrdiode bestehenden Umschwingkreis wird der Löschkondensator C beim Einschalten des Hauptthyristors wieder auf die zum Löschen erforderliche Polarität umgeladen. Auf der Lastseite ist eine große Glättungsinduktivität L angenommen, außerdem ein Freilaufzweig mit der Freilaufdiode D.

Einschaltverhältnis Wird der löschbare Halbleiterschalter S periodisch durch Zünden des Hauptthyristors im Zeitpunkt t_0 und des Löschthyristors im Zeitpunkt t_1 ausgesteuert, so ergeben sich auf der Lastseite pulsförmige Spannungsblöcke u_2. Ihre Höhe ist gleich der Gleichspannung U_1, ihre Breite gleich der Einschaltzeit T_e. In den Löschzeitpunkten t_1 tritt auf der Lastseite eine zusätzliche Spannungsspitze auf, die vom Löschkondensator erzeugt wird, weil dieser beim Löschen mit der Gleichspannung U_1 in Reihe liegt. Das Einschaltverhältnis des periodisch betätigten Halbleiterschalters soll mit

$$\lambda = \frac{T_e}{T_e + T_a} = \frac{T_e}{T} \tag{8.9}$$

definiert werden. Die mittlere Gleichspannung U_{2av} auf der Lastseite läßt sich aus dem Einschaltverhältnis und der Gleichspannung U_1 berechnen

$$U_{2av} = \frac{1}{T} \int_0^T u_2 dt = \frac{T_e}{T_e + T_a} U_1. \tag{8.10}$$

Bei der angenommenen vollkommenen Glättung des Stromes I_2 ergeben sich die in Bild 8.4b dargestellten rechteckförmigen Stromblöcke und während der Einschaltzeit T_e wird der Gleichspannungsquelle U_1 Strom entnommen. Während der Ausschaltzeit T_a fließt der Laststrom I_2 über den Freilaufzweig. Der mittlere Gleichstrom I_{1av} kann aus dem Einschaltverhältnis und dem Laststrom I_2 berechnet werden. Es gilt

$$I_{1av} = \frac{1}{T} \int_0^T i_1 dt = \frac{T_e}{T_e + T_a} I_2. \tag{8.11}$$

8.2.2 Transformationsgleichung

Unter Vernachlässigung der Schaltverluste ergibt sich folgende Energiebilanz zwischen Eingangs- und Ausgangsseite eines Gleichstromstellers

$$\frac{1}{T} \int_0^T u_1 i_1 dt = \frac{1}{T} \int_0^T u_2 i_2 dt. \tag{8.12}$$

Wird eine große Glättungsinduktivität L vorausgesetzt, so fließt auf der Lastseite ein konstanter Strom I_2. Aus Gl. (8.12) wird dann

$$\frac{U_1}{T} \int_0^T i_1 dt = \frac{I_2}{T} \int_0^T u_2 dt \tag{8.13}$$

oder mit Gl. (8.10) und (8.11)

$$U_1 I_{1av} = U_{2av} I_2. \tag{8.14}$$

Mit der Definitionsgleichung (8.9) für das Einschaltverhältnis erhält man die Transformationsgleichungen eines Gleichstromstellers

$$U_{2av} = \frac{T_e}{T} U_1 = \lambda U_1 \tag{8.15}$$

und $\quad I_{1av} = \frac{T_e}{T} I_2 = \lambda I_2. \tag{8.16}$

Diese Gleichungen entsprechen den Transformationsgleichungen bei einem Wechselstromtransformator. Bei einem Wechselstromtransformator ist jedoch die Übersetzung w_1/w_2 als Verhältnis der primären und sekundären Windungszahlen konstant und kann nur durch Umschalten von Anzapfungen geändert werden. Dagegen kann beim Gleichstromsteller das Einschaltverhältnis λ stufenlos durch Änderung der Zündzeitpunkte t_0 bzw. t_1 zwischen 0 und 1 gestellt werden.

Bei einem Gleichstromsteller tritt also eine Transformation von Spannungs- und Strommittelwerten auf. Auf der Seite der höheren Gleichspannung U_1 fließen pulsförmige Stromblöcke i_1. Auf der anderen Seite ergeben sich pulsförmige Spannungsblöcke u_2 bei einem kontinuierlichen Strom I_2.

Wegen der pulsförmigen Stromblöcke darf die Gleichspannungsquelle U_1 nur eine geringe innere Induktivität haben. Ist diese Bedingung nicht erfüllt, so müssen Glättungskondensatoren (Pufferkondensatoren) vorgesehen werden.

8.2.3   Energierücklieferung und Mehrquadrantenbetrieb

Bei der in Bild 8.4 gezeigten Schaltung fließt Energie aus der Gleichspannungsquelle U_1 in die Last. Wenn die Richtung des Energieflusses umgekehrt wird, wenn also Energie von der Last in die Gleichspannungsquelle zurückgeliefert werden soll, muß diese Schaltung abgewandelt werden [8.19], [8.24], [8.33].

Es muß dann Strom aus einer Gleichspannungsquelle mit kleinerem Mittelwert U_{2av} in eine mit größerem Mittelwert U_1 fließen. Diese Aufgabe wird von der in Bild 8.5 dargestellten Schaltung gelöst, welche die gleichen Halbleiterschalter benötigt wie die Schaltung in Bild 8.4. Der löschbare Thyristorschalter S liegt hier parallel zur Gleichspannungsseite u_2. Wird der Hauptthyristor im Zeitpunkt t_0 gezündet, so steigt der Laststrom I_2 an. Damit wird in der Glättungsinduktivität L magnetische Energie gespeichert. Nach dem Löschen des Halbleiterschalters S fließt der Laststrom I_2 über die Sperrdiode D auch gegen die höhere Gleichspannung U_1 in die Gleichspannungsquelle zurück. Die erforderliche Differenzspannung wird von der Glättungsinduktivität L aufgebracht. Beim erneuten Zünden des Halbleiterschalters S übernimmt dieser wieder den Strom. Die Sperrdiode D verhindert dabei ein Kurzschließen der Gleichspannungsquelle U_1.

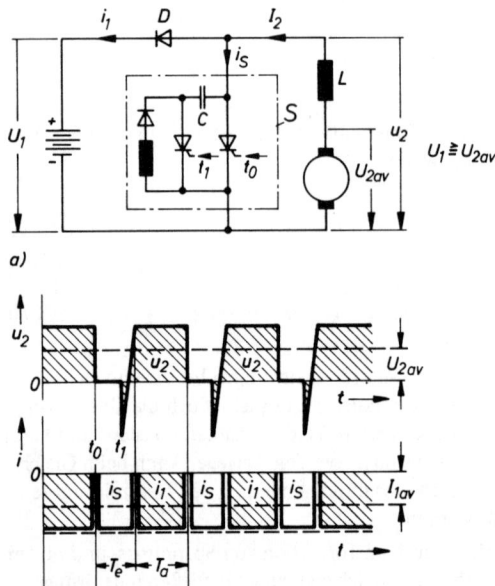

a)

b)

Bild 8.5
Energierücklieferung
beim Gleichstromsteller
a) Bremsschaltung
b) Spannungs- und Stromverlauf

Der Spannungs- und Stromverlauf bei der Energierücklieferung ist in Bild 8.5b gezeichnet. Auch hier treten pulsförmige Spannungsblöcke u_2 auf der Lastseite mit dem kleineren Spannungsmittelwert U_{2av} auf, während pulsförmige Ströme i_1 auf der anderen Seite fließen. Die Transformationsgleichungen (8.15) und (8.16) gelten auch bei dieser Schaltung. Sie kann zum Nutzbremsen von Gleichstrommotoren bis zu sehr niedrigen Drehzahlen ausgenutzt werden.

Die beiden bisher behandelten, in Bild 8.4 und 8.5 gezeichneten Schaltungen ermöglichen jeweils nur Einquadrantenbetrieb, weil die Polarität der Spannung U_2 und die Richtung des Stromes I_2 an der Last vorgegeben wird und nicht geändert werden kann.

In Bild 8.6a und b sind beide Schaltungen noch einmal wiedergegeben. P gibt die Richtung des Energieflusses an. Der mögliche Betriebsbereich in der Gleichstrom-Gleichspannungs-Ebene ist schraffiert.

Die Schaltungen können jedoch kombiniert werden, so daß auch Mehrquadrantenbetrieb verwirklicht werden kann. In Bild 8.6c und d sind zwei Schaltungen für Zweiquadrantenbetrieb angegeben, und zwar c für Stromumkehr und d für Spannungsumkehr. In beiden Fällen kann damit auch die Richtung des Energieflusses P geändert werden. Bei der Schaltung zur Stromumkehr ist eine mittelangezapfte Kommutierungsdrossel L_k zur Entkopplung der löschbaren Thyristorschalter von den gegensinnig parallelen Dioden notwendig. Diese Kommutierungsdrossel verhindert das ungehinderte Abfließen des Löschstromes über die gegenparallele Diode.

Die in Bild 8.6e gezeichnete Schaltung ermöglicht Vierquadrantenbetrieb des Gleichstromstellers. Sowohl die Spannung U_2 als auch der Strom I_2 auf der Lastseite können

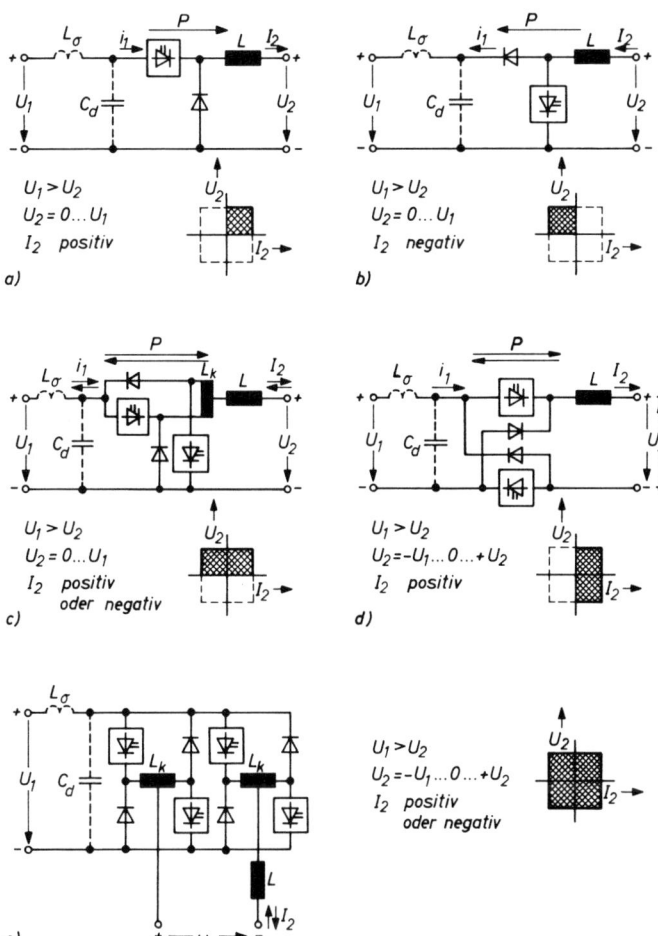

Bild 8.6 Erweiterung des Gleichstromstellers auf Mehrquadrantenbetrieb
a) und b) Einquadrantenbetrieb, c) Zweiquadrantenbetrieb mit Stromumkehr, d) Zweiquadrantenbetrieb mit Spannungsumkehr, e) Vierquadrantenbetrieb (selbstgeführter
Wechselrichter)

beide Richtungen annehmen. Diese Schaltung ist bereits eine echte Wechselrichterschal-
tung. Man braucht dazu zur Erzeugung eines Spannungssystems veränderlicher Frequenz
f_2 auf der Lastseite die löschbaren Thyristorschalter nur im Takt der gewünschten Frequenz f_2 umzuschalten. Es handelt sich bei der Schaltung um einen selbstgeführten
Wechselrichter in einphasiger Brückenschaltung, der später noch ausführlicher behandelt
wird.

8.2.4 Kondensatorlöschschaltungen

Neben der bisher allein behandelten Kondensatorlöschschaltung mit einem Löschthyristor
und einem Umschwingkreis mit Induktivität und Sperrdiode wird noch eine Reihe anderer
Löschschaltungen verwendet (Bild 8.7).

Bei periodischem Betrieb in Gleichstromstellern gilt für jede Kondensatorlöschschaltung
die Bedingung, daß der Löschkondensator selbsttätig auf die zum Löschen notwendige
Polarität auf- bzw. umgeladen wird. Geschieht dies im einfachsten Fall über einen ohmschen Widerstand, so entstehen Verluste (bei jeder Aufladung mindestens $Cu^2/2$). Für
periodischen Betrieb ist diese Methode daher unwirtschaftlich und bei höheren Frequenzen nicht mehr zu verwirklichen. Die in Bild 8.7 gezeigten Schaltungen arbeiten daher
alle ohne ohmsche Widerstände, im Idealfall also ohne Ladungsverluste.

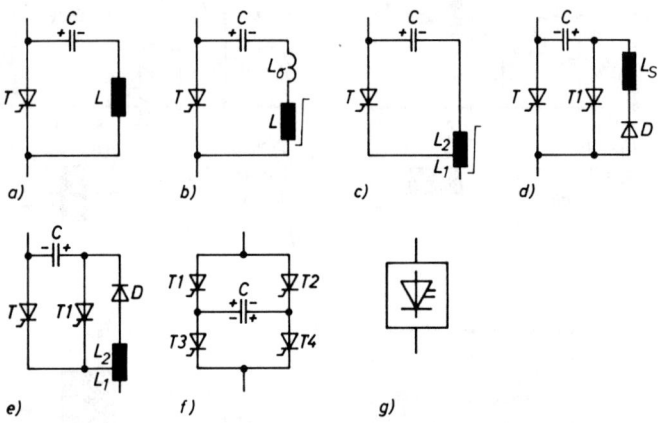

Bild 8.7 Verschiedene Kondensatorlöschschaltungen

Bei Schaltung a liegt ein LC-Schwingkreis parallel zum Thyristor T. Wenn der Kondensator C auf die eingezeichnete Polarität aufgeladen ist, so lädt er sich beim Einschalten
des Thyristors über die Induktivität L um. Beim Zurückschwingen des Stromes im LC-
Schwingkreis wird der Thyristorstrom unterbrochen, solange die Amplitude des Schwing-
kreisstromes größer als der Laststrom ist. Der Laststrom wird bei dieser Schaltung durch
Änderung der Pulsfrequenz f_p verstellt.

Bei Verwendung einer Umschwingdrossel L mit sättigbarem Eisenkern (rechteckförmige
Hystereseschleife) ergibt sich Schaltung b. Diese Schaltung heißt nach dem Erfinder
Morgan-Schaltung [8.1]. Die ungesättigte Induktivität L verzögert nach dem Zünden
des Thyristors T zunächst das Umschwingen des Löschkondensators C. Dadurch wird
die Einschaltdauer des Thyristors vergrößert. Nach erfolger Ummagnetisierung der
sättigbaren Induktivität L schwingt der Kondensator mit der Streuinduktivität L_σ des
Löschkreises um. Nach erneuter Ummagnetisierung der Induktivität L wird der Thyristorstrom dann unterbrochen.

Durch Anzapfung der sättigbaren Induktivität erhält man eine stromabhängige Aufladung des Löschkondensators (Schaltung c). Die Einschaltdauer des Thyristors T läßt sich durch eine Vormagnetisierung der Sättigungsinduktivität zusätzlich beeinflussen. Schaltung d zeigt die bereits behandelte Löschschaltung mit Hilfsthyristor und Umschwingkreis. Der Löschvorgang beginnt bei der eingezeichneten Polarität des Kondensators C durch Zünden des Hilfsthyristors T1. Der Löschkondensator lädt sich dabei um. Beim erneuten Zünden des Hauptthyristors T schwingt der Löschkondensator C über die Induktivität L_s wieder auf die für das nächste Löschen erforderliche Polarität um. Die Sperrdiode D verhindert ein erneutes Zurückschwingen des Kondensators.

Schaltung e stellt eine Variante dieser Umschwingschaltung dar. Der Löschkondensator C wird über eine angezapfte Induktivität laststromabhängig aufgeladen. Bei großen Strömen steigt die vom Laststrom induzierte Spannung und damit die Löschspannung an. Dabei tritt an den Thyristoren natürlich eine höhere Spannungsbeanspruchung auf.

Bei Schaltung f führen die Thyristorpaare T1 und T3 bzw. T2 und T4 abwechselnd den Laststrom. Durch Zünden des Thyristors T2 wird der Strom im Thyristor T1 unterbrochen. Beim nächsten Löschvorgang unterbricht umgekehrt der Thyristor T1 über den Löschkondensator C den Strom im Thyristor T2. Bei einer solchen Gegentaktlöschschaltung wird jeder Umladevorgang des Löschkondensators C zur Stromunterbrechung ausgenutzt. Der Löschkondensator wird daher nur mit der halben Pulsfrequenz f_p umgeladen, bei allen anderen Schaltungen mit der Pulsfrequenz selbst.

Allgemein wird für einen Ventilzweig mit zugeordnetem beliebigem Löschzweig das unter g gezeichnete Symbol verwendet.

8.2.5 Steuerverfahren

Ein Gleichstromsteller kann nach verschiedenen Verfahren ausgesteuert werden. Folgende Steuerverfahren werden angewendet: Pulsbreitensteuerung, Pulsfolgesteuerung und Zweipunktregelung (Bild 8.8).

Bei der P u l s b r e i t e n s t e u e r u n g ist die Periodendauer T konstant. Die Einschaltzeitdauer T_e zwischen Zünden des Hauptthyristors und Zünden des Löschthyristors wird verändert (Bild 8.8a).

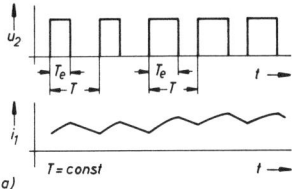

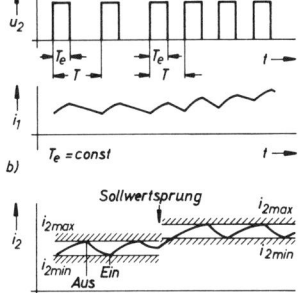

Bild 8.8 Steuerverfahren beim Gleichstromsteller
  a) Pulsbreitensteuerung,
  b) Pulsfolgesteuerung,
  c) Zweipunktregelung des Stromes

Bei der P u l s f o l g e s t e u e r u n g wird die Einschaltdauer T_e zwischen Zünden des Hauptthyristors und Zünden des Löschthyristors konstant gehalten, während die Periodendauer T verändert wird (Bild 8.8b).

Bei der Z w e i p u n k t r e g e l u n g werden die Zünd- und Löschzeitpunkte vom Augenblickswert des Stromes oder der Spannung an der Last abhängig gemacht (Bild 8.8c). Der Löschthyristor wird gezündet, wenn Strom bzw. Spannung an der Last einen vorgegebenen Sollwert überschreitet. Der Hauptthyristor wird gezündet, wenn ein anderer vorgegebener Sollwert unterschritten wird. Die Zweipunktregelung ist nur bei Vorhandensein eines Energiespeichers im Lastkreis anwendbar. Sie arbeitet weder mit konstanter Pulsfrequenz f_p noch mit konstanter Einschaltdauer T_e. Der gewünschte Mittelwert des Laststromes oder der -spannung wird bei diesem Regelverfahren als Sollwert vorgegeben. Der Istwert von Strom oder Spannung muß auf der Lastseite erfaßt werden.

8.2.6   Berechnung von Glättungsinduktivität und Glättungskondensator

Ein Gleichstromsteller benötigt für die Umwandlung von Spannungs- bzw. Strommittelwerten mindestens einen Energiespeicher, und zwar eine Glättungsinduktivität auf der Seite mit dem kleineren Gleichspannungsmittelwert. Bisher wurde diese Glättungsinduktivität als sehr groß vorausgesetzt, der Laststrom I_2 damit als konstant.

Es soll nun die Größe der benötigten Glättungsinduktivität berechnet werden (Bild 8.9). Bei gezündetem Hauptthyristor gilt für den Laststrom die Differentialgleichung

$$L \frac{di_2}{dt} = U_1 - U_2, \qquad (8.17)$$

wenn ohmsche Spannungsabfälle vernachlässigt bleiben. Bei Unterbrechung des Halbleiterschalters fließt der Laststrom über die Freilaufdiode. Dann gilt die Differentialgleichung

$$L \frac{di_2}{dt} = -U_2. \qquad (8.18)$$

Aus diesen beiden Gleichungen kann bei vorgegebener Pulsfrequenz $f_p = 1/T$ und einer zulässigen Stromschwankungsbreite Δi_2 die im Lastkreis erforderliche Glättungsinduktivität berechnet werden. Aus Gl. (8.17) und (8.18) ergeben sich die Bestimmungsgleichungen

$$L = \frac{(U_1 - U_2)T_e}{\Delta i_2} \qquad (8.19)$$

und

$$L = \frac{U_2 T_a}{\Delta i_2}. \qquad (8.20)$$

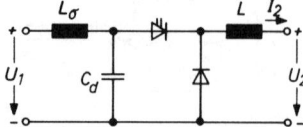

Bild 8.9 Gleichstromsteller mit Glättungskondensator C_d und Glättungsinduktivität L

Die größte Stromschwankungsbreite tritt bei $T_e = T_a = T/2$ auf. Dann ist $U_2 = U_1/2$. Man erhält

$$L = \frac{U_1 T}{4\Delta i_2} = \frac{U_1}{4f_p \Delta i_2}, \tag{8.21}$$

woraus die erforderliche Glättungsinduktivität berechnet werden kann [8.27].

Ein Glättungskondensator C_d ist erforderlich, wenn die Gleichspannungsquelle U_1 eine zu hohe innere Induktivität L_σ hat. Der Pufferkondensator liefert dann die vom Gleichstromsteller benötigten pulsförmigen Stromblöcke. Praktisch haben mit Ausnahme von Akkumulatorbatterien alle Gleichspannungsquellen so hohe innere Induktivitäten, daß ein Glättungskondensator für den Anschluß eines Gleichstromstellers erforderlich ist.

Nimmt man zur Vereinfachung an, daß der Glättungskondensator den gesamten Wechselanteil des vom Gleichstromsteller primärseitig benötigten Stromes liefert, während aus der Gleichspannungsquelle U_1 nur der Gleichanteil fließt, so ergibt sich eine Spannungsschwankung Δu_C im Glättungskondensator C_d, die bei gegebener Ein- und Ausschaltzeitdauer und gegebenem Laststrom I_2 berechnet werden kann

$$\Delta u_C = \frac{1}{C_d} \frac{T_e T_a}{T_e + T_a} I_2. \tag{8.22}$$

Die maximale Spannungsschwankung tritt wieder bei $T_e = T_a = T/2$ auf. Hiermit erhält man aus Gl. (8.22) für den Glättungskondensator die Gleichung

$$C_d = \frac{I_2 T}{4\Delta u_C} = \frac{I_2}{4f_p \Delta u_C}, \tag{8.23}$$

aus der bei einer vorgegebenen zulässigen Spannungsschwankung $\Delta u_{C\text{zul}}$ der Glättungskondensator berechnet werden kann.

Werden Elektrolytkondensatoren als Glättungskondensatoren verwendet, so richtet sich deren Größe nach den in den Datenblättern für Elektrolytkondensatoren zugelassenen Spannungsschwankungen.

8.2.7   Pulsgesteuerter Widerstand

Löschbare Thyristorschalter können auch parallel oder in Reihe zu ohmschen Widerständen R angeordnet werden. Dadurch ergibt sich eine Möglichkeit, den wirksamen Widerstand R* abhängig vom Einschaltverhältnis $\lambda = T_e/T$ zu verändern. Man nennt eine derartige Sonderform des Gleichstromstellers auch pulsgesteuerten Widerstand.

Pulsgesteuerter Widerstand in Parallelschaltung   Wird ein löschbarer Thyristorschalter parallel zu einem ohmschen Widerstand R angeordnet (Bild 8.10), so kann der wirksame Widerstand R* zwischen den Werten Null (bei dauernd eingeschaltetem Thyristor) und R (bei gesperrtem Thyristor) stetig verändert werden. Zur Glättung des Laststromes I ist ein Energiespeicher in Form einer Induktivität L notwendig.

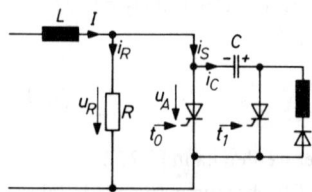

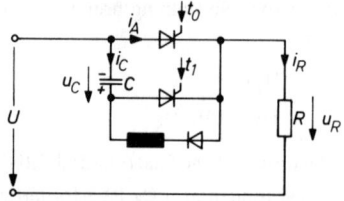

Bild 8.10 Pulsgesteuerter Widerstand in Parallel-   Bild 8.11 Pulsgesteuerter Widerstand in Reihenschaltung   schaltung

Bei konstant angenommenem Strom I gilt für den Strom i_C im Löschkondensator

$$i_C = I + \left(\frac{U_{C1}}{R}\right) e^{-\frac{t-t_1}{\tau}}, \qquad (8.24)$$

mit $\tau = RC$, wenn der Löschkondensator C im Einschaltzeitpunkt t_1 des Hilfsthyristors auf die Spannung U_{C1} mit der im Bild eingezeichneten Polarität aufgeladen ist.
Für die Spannung u_R am Widerstand R nach dem Löschzeitpunkt t_1 erhält man

$$u_R = R i_R = RI - (RI + U_{C1}) e^{-\frac{t-t_1}{\tau}}. \qquad (8.25)$$

Wegen der Parallelschaltung von Thyristor und Widerstand ist diese Spannung gleich der Spannung u_A am Hauptthyristor.
Das Ende der Schonzeit t_c ergibt sich aus der Bedingung $u_A = u_R = 0$. Man erhält aus Gl. (8.25) für die Schonzeit

$$t_c = RC \ln\left(1 + \frac{U_{C1}}{RI}\right) \qquad (8.26)$$

bzw. für den erforderlichen Löschkondensator

$$C = \frac{t_c}{R \ln\left(1 + \frac{U_{C1}}{RI}\right)}. \qquad (8.27)$$

Der effektiv wirksame Widerstand R* kann unter der Voraussetzung $\tau = RC \ll T$ nach

$$R^* = \frac{T_e}{T} R = \lambda R \qquad (8.28)$$

stetig zwischen Null und R eingestellt werden.

Pulsgesteuerter Widerstand in Reihenschaltung Nach Bild 8.11 kann ein löschbarer Thyristorschalter auch mit einem Widerstand R in Reihe geschaltet werden.
Für diese Schaltung ergibt sich die Schonzeit aus

$$t_c = RC \ln\left(1 + \frac{U_{C1}}{U}\right), \qquad (8.29)$$

wenn der Löschkondensator C im Löschzeitpunkt t_1 auf die eingezeichnete Polarität aufgeladen ist. Für die Kapazität C des erforderlichen Löschkondensators erhält man

$$C = \frac{t_c}{R \ln\left(1 + \frac{U_{C1}}{U}\right)} . \tag{8.30}$$

Unter der Voraussetzung $\tau = RC \ll T$ ergibt sich für den effektiv wirksamen Widerstand

$$R^* = \frac{R}{T_e/T} = \frac{R}{\lambda} . \tag{8.31}$$

Der wirksame Widerstand R^* kann hier also zwischen R und Unendlich verstellt werden, wenn das Einschaltverhältnis λ die Werte von 1 bis 0 durchläuft.

8.2.8 Berechnung einer Kondensatorlöschung

Es soll im folgenden noch der Ablauf einer Kondensatorlöschung in zwei Kommutierungsstufen am Beispiel der Umschwingschaltung berechnet werden. Bild 8.12a zeigt die betrachtete Schaltung. Die Last besteht aus einer Induktivität L in Reihe mit einem Widerstand R. Im Löschzweig sei eine Streuinduktivität L'_σ vorhanden. Die Streuinduktivität der Gleichspannungsquelle U_d sei L''_σ.

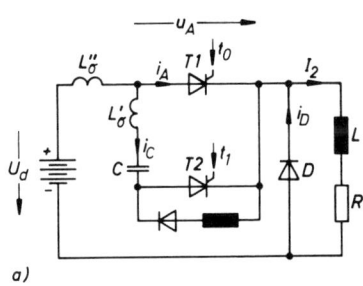

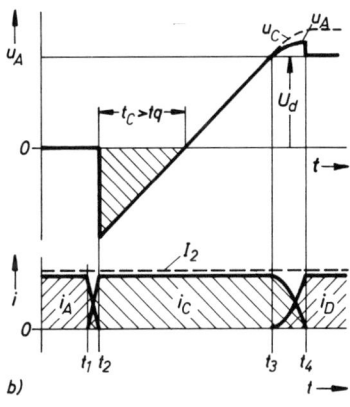

Bild 8.12 Spannungs- und Stromverlauf
bei einer Kondensatorlöschung   b)

Folgende Werte werden angenommen: $U_d = 500$ V, $R = 5\ \Omega$, $L + L_\sigma = 1$ mH, $L_\sigma = L'_\sigma + L''_\sigma = 15\ \mu$H mit $L'_\sigma = 5\ \mu$H und $L''_\sigma = 10\ \mu$H. Ohmsche Verluste werden (abgesehen vom Lastwiderstand R) vernachlässigt.

Der Strom- und Spannungsverlauf bei einem Löschvorgang soll nun auf einfache Weise berechnet werden. Dazu werden einige zulässige Vereinfachungen getroffen, die jedoch die Genauigkeit des Ergebnisses nicht beeinträchtigen.

Wird eine Schonzeit $t_c = 50\ \mu s$ am Hauptthyristor verlangt, so kann der Löschkondensator C nach Gl. (8.8) berechnet werden

$$C = \frac{I_2 t_c}{U_{C1}} = \frac{100\ A \cdot 50\ \mu s}{500\ V} = 10\ \mu F. \tag{8.32}$$

Wird im Zeitpunkt t_1 (bei der Kondensatorspannung $U_{C1} = -U_d$) der Hilfsthyristor T2 gezündet, so kommutiert der Laststrom I_2 vom Hauptthyristor T1 auf den Hilfsthyristor T2. Die dabei auftretende Stromsteilheit ergibt sich zu

$$\frac{di_C}{dt} = \frac{U_{C1}}{L'_\sigma} = \frac{500\ V}{5\ \mu H} = 100\ A/\mu s. \tag{8.33}$$

Im Zeitpunkt t_2 ist dieser Kommutierungsvorgang abgeschlossen. Der Löschkondensator C führt dann den Laststrom I_2. Die Kommutierungszeit $t_2 - t_1$ ist angenähert

$$t_2 - t_1 \approx \frac{L'_\sigma I_2}{U_d} = \frac{5\ \mu H\ 100\ A}{500\ V} = 1\ \mu s. \tag{8.34}$$

Während dieser Zeit ist am Kondensator C ein Spannungsverlust Δu_C aufgetreten

$$\Delta u_C \approx \frac{\frac{1}{2} I_2(t_2 - t_1)}{C} = \frac{\frac{1}{2} 100\ A\ 1\ \mu s}{10\ \mu F} = 5\ V. \tag{8.35}$$

Von t_2 bis t_3 lädt sich der Löschkondensator C angenähert linear um. Die Kondensatorspannung u_C beträgt

$$u_C \approx -U_{C2} + \frac{I_2(t - t_2)}{C}, \tag{8.36}$$

wobei $U_{C2} = U_d - \Delta u_C = 495\ V$ ist.

Als tatsächliche Schonzeit t_c erhält man durch Nullsetzen von Gl. (8.36) den Wert

$$t_c \approx \frac{C U_{C2}}{I_2} = \frac{10\ \mu F\ 495\ V}{100\ A} = 49{,}5\ \mu s. \tag{8.37}$$

Der Strom i_D in der Freilaufdiode D setzt im Zeitpunkt t_3 ein, wenn die Kondensatorspannung u_C höher zu werden beginnt als die Gleichspannung U_d. Es gilt

$$t_3 - t_2 \approx \frac{C(U_{C2} + U_d)}{I_2} = \frac{10\ \mu F\ (495\ V + 500\ V)}{100\ A} = 99{,}5\ \mu s. \tag{8.38}$$

Danach kommutiert der Strom in einer Sinus-Viertelschwingung aus dem Löschkondensator C in die Freilaufdiode D. Für die Kondensatorspannung gilt Gleichung

$$u_C = U_d + \sqrt{\frac{L_\sigma}{C}}\ I_2 \sin \nu_0(t - t_3), \tag{8.39}$$

entsprechend für den Kondensatorstrom Gleichung

$$i_C = I_2[1 - \cos \nu_0(t - t_3)]. \tag{8.40}$$

Hierin ist

$$\nu_0 = \frac{1}{\sqrt{L_\sigma C}} \tag{8.41}$$

die Kreisfrequenz des aus L_σ und C gebildeten Reihenschwingkreises. Kondensatorspannung und -strom führen von t_3 bis t_4 eine Viertelschwingung aus. Also gilt

$$t_4 - t_3 = \frac{T_0}{4} = \frac{\pi}{2\nu_0} = \frac{\pi}{2}\sqrt{L_\sigma C} = \frac{\pi}{2}\sqrt{15~\mu H~10~\mu F} = 19{,}2~\mu s. \tag{8.42}$$

Es soll noch die Überspannung am Kondensator C im Zeitpunkt t_4 berechnet werden. Aus Gl. (8.39) ergibt sich

$$\hat{u}_C = U_d + \sqrt{\frac{L_\sigma}{C}}~I_2 = 500~V + \sqrt{\frac{15~\mu H}{10~\mu F}}~100~A = 500~V + 122~V = 622~V. \tag{8.43}$$

Nach Beendigung des Löschvorganges tritt also infolge der Streuinduktivität L_σ im Löschkondensator C eine um ungefähr 25% gegenüber der Gleichspannung U_d erhöhte Spannung auf. Diese beansprucht als Sperrspannung die Thyristoren. L_σ muß also möglichst niedrig gehalten werden, was beispielsweise durch einen zusätzlichen Glättungskondensator C_d erfolgen kann, welcher die Streuinduktivität L_σ'' der Gleichspannungsquelle weitgehend aufheben würde.

8.2.9   Aufstellung einer Energiebilanz

Die Überspannung am Löschkondensator C zum Zeitpunkt t_4 kann auch durch Aufstellung einer Energiebilanz gewonnen werden. Im Zeitpunkt t_3 ist die im Löschkondensator C gespeicherte elektrische Energie $CU_d^2/2$, die in der Streuinduktivität L_σ gespeicherte magnetische Energie $L_\sigma I_2^2/2$. Im Zeitpunkt t_4 ist die Kondensatorenergie $C\hat{u}_C^2/2$. Die magnetische Energie ist Null, weil kein Strom mehr fließt. Dies reicht zur Erstellung der Energiebilanz jedoch nicht aus, weil zwischen t_3 und t_4 die Gleichspannungsquelle U_d zusätzlich Energie liefert

$$U_d \int_{t_3}^{t_4} i\,dt = U_d \Delta Q = U_d C(\hat{u}_C - U_d). \tag{8.44}$$

Die vollständige Energiebilanz lautet also

$$\frac{1}{2}C\hat{u}_C^2 = \frac{1}{2}CU_d^2 + \frac{1}{2}L_\sigma I_2^2 + U_d C(\hat{u}_C - U_d). \tag{8.45}$$

Hieraus ergibt sich für den Scheitelwert $\hat{u}_C$ der Spannung am Löschkondensator

$$\hat{u}_C = U_d + \sqrt{\frac{L_\sigma}{C}} I_2, \qquad (8.46)$$

also das gleiche Ergebnis wie in Gl. (8.43). Im allgemeinen genügt es, Kommutierungsvorgänge in selbstgeführten Stromrichtern angenähert zu berechnen, d. h. unter zulässigen Vereinfachungen. Neben der Energiebilanz können weitere Betrachtungen bei der angenäherten Berechnung von Schaltvorgängen in Stromkreisen von Nutzen sein.

Tabelle 8.1 Berechnungsformeln für Gleichstromsteller

Löschkondensator: (Kommutierungskondensator) t_c = Schonzeit (Freihaltezeit)	$C_k = \dfrac{I \cdot t_c}{\Delta U_C}$
Spannungsmittelwerte:	$U_{2av} = \dfrac{T_e}{T_e + T_a} U_1 = \dfrac{T_e}{T} U_1$

U_1 = Gleichspannung auf Seite 1, U_{2av} = (Mittelwert der) Gleichspannung auf Seite 2

Strommittelwerte: $I_{1av} = \dfrac{T_e}{T_e + T_a} I_2 = \dfrac{T_e}{T} I_2$

I_{1av} = (Mittelwert des) Gleichstrom(es) auf Seite 1, I_2 = Gleichstrom auf Seite 2

Einschaltverhältnis: $\dfrac{T_e}{T_e + T_a} = \dfrac{T_e}{T} = T_e \cdot f_p$

T_e = Einschaltzeit, T_a = Ausschaltzeit, T = (Puls-) Periodendauer, f_p = Pulsfrequenz

Leistung: $U_1 I_{1av} = U_{2av} I_2$

Glättungsdrossel: $L_2 = \dfrac{T U_1}{4 \Delta i_{2zul}} = \dfrac{U_1}{4 f_p \Delta i_{2zul}}$
(auf Seite 2)

Glättungskondensator: $C_1 = \dfrac{T I_2}{4 \Delta u_{1zul}} = \dfrac{I_2}{4 f_p \Delta u_{1zul}}$
(auf Seite 1)

Pulsgesteuerter Widerstand: $C_k = \dfrac{\Delta t}{R \ln \left(1 + \dfrac{U_{C1}}{RI}\right)}$ $R^* \approx \dfrac{T_a}{T_e + T_a} R$ (von 0...R)
Parallelschaltung:

Reihenschaltung: $C_k = \dfrac{\Delta t}{R \ln \left(1 + \dfrac{U_{C1}}{U}\right)}$ $R^* \approx \dfrac{T_e + T_a}{T_e} R$ (von R...∞)

R = Widerstand, R^* = effektiv wirksamer Widerstand, U_{C1} = Spannung am Löschkondensator im Löschzeitpunkt t_1

1. Die Kontinuitätsbedingungen für Ströme in Induktivitäten und Spannungen an Kondensatoren. Beide elektrische Größen machen auch in Schaltzeitpunkten keine Sprünge (s. Abschn. 5.1).

2. Der Stromanstieg in einem Stromkreis ergibt sich aus der Summe der wirksamen Spannungen geteilt durch die Induktivität. Es gilt also

$$\frac{di}{dt} = \frac{\Sigma U}{L}. \tag{8.47}$$

3. Der Spannungsanstieg an einem Kondensator ergibt sich aus dem Verhältnis von Strom zu Kapazität

$$\frac{du_C}{dt} = \frac{I}{C}. \tag{8.48}$$

Die Aufstellung einer Energiebilanz für den Anfang und das Ende eines Kommutierungsvorganges erspart häufig das Aufstellen und die Lösung von Differentialgleichungen. Dabei sind neben den magnetischen und elektrischen Speichern auch die von den Spannungsquellen während der Kommutierungszeit gelieferten bzw. entnommenen Energieanteile zu berücksichtigen.

In Tabelle 8.1 sind Berechnungsformeln für Gleichstromsteller einschließlich pulsgesteuerter Widerstände zusammengestellt.

8.3   Selbstgeführte Wechselrichter

Selbstgeführte Wechselrichter erfüllen die Grundfunktion des Wechselrichtens, formen also Gleichstrom in Wechselstrom um. Da bei ihnen die Kommutierung durch zum Stromrichter gehörende Energiespeicher (Löschkondensatoren) oder durch Widerstandserhöhung des zu löschenden Stromrichterventils vorgenommen wird, sind sie nicht auf eine fremde Wechselspannungsquelle, z. B. ein Wechselstromnetz oder die Last, angewiesen.

Die erzeugte Wechselspannung kann daher in ihrer Frequenz im allgemeinen in einem weiten Bereich geändert werden. Mit mehrphasigen selbstgeführten Wechselrichtern läßt sich auch ein mehrphasiges Wechselspannungssystem veränderbarer Frequenz erzeugen. Unter bestimmten Voraussetzungen ist neben der Frequenzänderung auch eine Steuerung der abgegebenen Wechselspannung möglich.

8.3.1   Einphasige selbstgeführte Wechselrichter

Parallelwechselrichter In Bild 8.13 ist die Schaltung des sogenannten Parallelwechselrichters angegeben. Es handelt sich um einen selbstgeführten Wechselrichter in Mittelpunktschaltung, bei dem der Löschkondensator C_k parallel zwischen den sich in der Stromführung ablösenden steuerbaren Ventilen angeordnet ist.

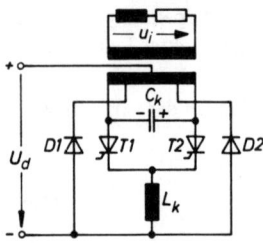

Bild 8.13
Parallelwechselrichter in einphasiger Mittelpunktschaltung

Seine Grundschaltung wurde bereits im Jahre 1923 von Alexanderson angegeben. Schon vorher wurden mit mechanischen Unterbrecherkontakten ähnliche Schaltungen zur Erzeugung von Wechselstrom aus einer Gleichstrombatterie für Rufanlagen in der Fernsprechtechnik verwendet (sogenannte Polwechsler oder Pendelumformer). Durch die von Petersen zuerst angegebenen Rückstromdioden D1 und D2 ist der Parallelwechselrichter auch in der Lage, Blindstrom, d. h. Wechselstrom beliebiger Phasenlage, zu liefern. Die Kommutierungsdrossel L_k entkoppelt die löschbaren Stromrichterventile von den ungesteuerten Rückstromdioden [8.2].

Bei ohmsch-induktiver Last verläuft der Kommutierungsvorgang in mehreren Stufen. Unter der Annahme, daß Thyristor T1 den Strom führt, entlädt sich durch Zünden des Thyristors T2 der Löschkondensator (bei eingezeichneter Spannungspolarität) auf T1 und unterbricht dessen Strom. Danach fließt der Laststrom vorübergehend über den Kondensator C_k und den Thyristor T2, wodurch C_k umgeladen wird. Sobald die Kondensatorspannung u_C größer als $2U_d$ wird, kommutiert der Strom in die Rückstromdiode D2. Der Strom auf der Gleichstromseite kehrt dann seine Richtung um. Wechselt schließlich auch der Strom auf der Lastseite seine Richtung, so erlischt der Strom in D2 und T2 übernimmt endgültig den Laststrom. Die nächste Kommutierung erfolgt entsprechend mit vertauschten Indizes.

Damit sich in der Kommutierungsdrossel L_k keine über die Thyristoren und Dioden (über T1 und D1 bzw. T2 und D2) fließenden Kreisströme ausbilden können, werden die Rückstromdioden an Anzapfungen des Stromrichtertransformators angeschlossen. Die abgegebene ideelle Wechselspannung ist rechteckförmig. Ihre Amplitude beträgt $U_i = 2U_d$ (bei einem Windungszahlverhältnis $w_1/w_2 = 1$). Der Effektivwert U_{1i} der Grundschwingung ergibt sich zu

$$U_{1i} = \frac{4\sqrt{2}}{\pi} U_d. \tag{8.49}$$

Bei einer negativen Gegenspannung auf der Lastseite kann der Löschkondensator C_k einen Teil seiner Spannung nach erfolgter Umladung auf $2U_d$ verlieren. Um dies zu verhindern, werden Sperrdioden in Reihe mit den Thyristoren geschaltet, hinter denen der Löschkondensator angeschlossen wird.

Zweipuls-Brückenschaltung Ein einphasiger selbstgeführter Wechselrichter kann auch in Brückenschaltung aufgebaut werden [8.15]. Bei der Erweiterung des Gleichstromstel-

lers auf Vierquadrantenbetrieb hatte sich bereits eine derartige Schaltung ergeben
(s. Bild 8.6e). Diese Schaltung entspricht einer Zweipuls-Brückenschaltung. Sie ist mit
dem Symbol für beliebige Löschzweige angegeben.

Bild 8.14a zeigt eine weitere Schaltung für einen selbstgeführten Wechselrichter. Bei
dieser Anordnung der Löschkondensatoren handelt es sich um den Parallelwechselrichter in Zweipuls-Brückenschaltung. Die Rückstromdioden (auch Rücklaufzweige genannt)
ermöglichen wieder Wechselstrom beliebiger Phasenlage (Doppel-Stromrichter). Die Sperrdioden verhindern eine Entladung der Löschkondensatoren.

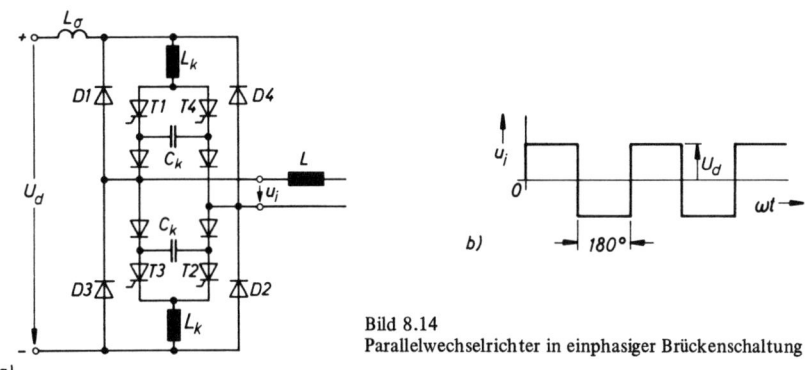

Bild 8.14
Parallelwechselrichter in einphasiger Brückenschaltung

Die auf der Wechselspannungsseite erzeugte Spannung ist rechteckförmig (Bild 8.14b).
Bei konstanter Gleichspannung U_d ist auch die abgegebene ideelle Wechselspannung
konstant. Mit $U_i = U_d$ gilt für den Effektivwert U_{1i} der Grundschwingung

$$U_{1i} = \frac{2\sqrt{2}}{\pi} U_d. \tag{8.50}$$

Ihre Frequenz kann durch die Steuerung vorgegeben werden. Sie läßt sich stetig von
Null bis auf einen oberen Grenzwert ändern. Dieser wird unter anderem durch die für
die Thyristoren notwendige Schonzeit bestimmt.

8.3.2   Mehrphasige selbstgeführte Wechselrichter

Drehstrom-Brückenschaltung Drehspannungssysteme lassen sich durch selbstgeführte
Wechselrichter in mehrphasigen Schaltungen erzeugen. Bild 8.15a zeigt das Prinzipschaltbild eines dreiphasigen selbstgeführten Wechselrichters. Es handelt sich um eine Sechspuls-Brückenschaltung mit Lösch- und Rücklaufzweigen. Ein solcher Wechselrichter liefert die in Bild 8.15b angegebenen Wechselspannungen. Bei ohmscher Last führen nur
die Thyristorzweige Strom. Tritt auf der Lastseite Blindleistung auf, so sind auch die
Dioden (Rücklaufzweige) periodisch an der Stromführung beteiligt. Bei Umkehr der
Energierichtung übernehmen die Dioden die Stromführung.

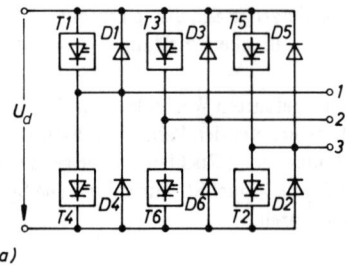

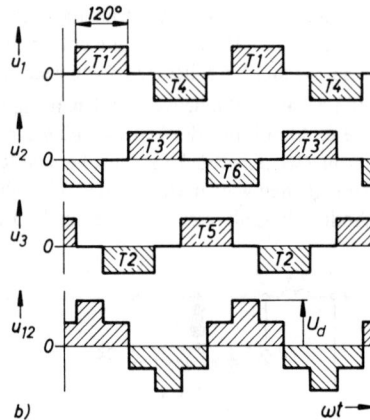

a)

b) $\omega t \longrightarrow$

Bild 8.15   Spannungsverlauf bei einem Wechselrichter in Drehstrom-Brückenschaltung

Bei konstanter Gleichspannung U_d ist auch bei mehrphasigen Wechselrichtern die abgegebene Wechselspannung konstant, wenn nicht besondere Maßnahmen (wie Anschnittsteuerung oder Pulssteuerung) getroffen werden (s. Abschn. 8.3.3).

Für die Drehstrom-Brückenschaltung mit $120°$-Rechteckspannung gilt für den Effektivwert U_i der ventilseitigen Leiterspannung (Phasenspannung)

$$U_i = \sqrt{\frac{2}{3}}\, U_d \qquad (8.51)$$

und für den der Grundschwingung

$$U_{1i} = \frac{\sqrt{6}}{\pi}\, U_d. \qquad (8.52)$$

Die Frequenz des ausgangsseitigen Drehspannungssystems kann über die Steuerung frei vorgegeben werden [8.7].

Anordnung der Löschkondensatoren Die in Bild 8.15 durch das allgemeine Symbol für einen Thyristor mit zugeordnetem Löschzweig angegebene Schaltung läßt sich auf verschiedene Weise verwirklichen.

Wie beim Parallelwechselrichter können die Löschkondensatoren zwischen den miteinander kommutierenden Phasen angeordnet werden. Dies wird als Phasenfolgelöschung bezeichnet. Bei dieser Schaltung löscht jeweils der nächste stromführende Thyristor den vorhergehenden.

Es lassen sich jedoch auch Schaltungen mit Hilfsthyristoren aufbauen, mit deren Hilfe der gerade stromführende Brückenzweig über einen Kommutierungskondensator C_k gelöscht wird [8.41], [8.43], [8.44]. Bild 8.16 zeigt drei verschiedene Löschschaltungen. Der Kommutierungskreis für den Thyristor T1 ist jeweils gestrichelt eingezeichnet.

Werden die sechs Brückenzweige aus einem gemeinsamen Kommutierungskondensator C_k über Hilfsthyristoren gelöscht, so wird dies als Summenlöschung bezeichnet (Bild 8.16a).

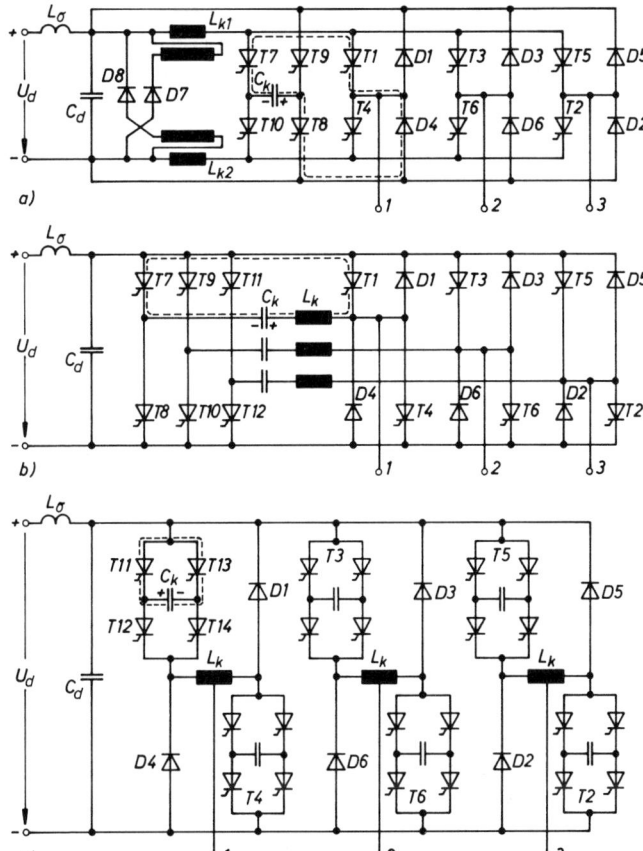

Bild 8.16
Verschiedene Lösch-
schaltungen bei
selbstgeführten
Wechselrichtern
in Drehstrom-
Brückenschaltung
a) Summenlöschung
b) Phasenlöschung
c) Einzellöschung

Bei der Phasenlöschung werden abwechselnd die oberen und unteren Brückenzweige einer Phase des Wechselrichters über einen Kommutierungskondensator C_k und zwei Hilfsthyristoren gelöscht (Bild 8.16b). Insgesamt sind also drei Kommutierungskondensatoren und sechs Löschthyristoren erforderlich.

Es kann auch jedem Brückenzweig ein eigener Kommutierungskondensator C_k zugeordnet werden (Bild 8.16c). In diesem Fall spricht man von Einzellöschung.

8.3.3   Spannungssteuerung

Selbstgeführte Wechselrichter erzeugen ein Wechsel- bzw. Drehspannungsnetz einstellbarer Frequenz. Die abgegebene Wechselspannung ist nach Gl. (8.49), (8.50) und (8.52) proportional der Gleichspannung U_d. Soll auch die abgegebene Wechselspannung veränderbar sein, so kann die Spannungssteuerung entweder auf der Gleichspannungsseite, im Wechselrichter selbst oder auf der Wechselspannungsseite vorgenommen werden. In Bild 8.17 ist ein (Wechselstrom-)Umrichter mit Gleichspannungszwischenkreis dargestellt [8.8]. Wenn der eingangsseitige netzgeführte Stromrichter steuerbar ist, kann die Spannung U_d im Gleichspannungszwischenkreis gestellt werden, also auch die abgegebene Wechselspannung U_2. Voraussetzung ist, daß die Kommutierungseinrichtungen auch bei der niedrigsten Gleichspannung U_d noch arbeiten.

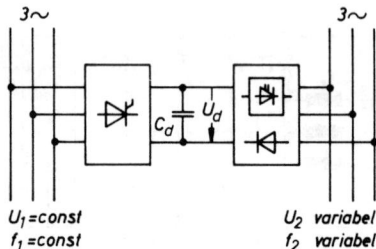

$U_1 = const$ U_2 variabel
$f_1 = const$ f_2 variabel

Bild 8.17
(Wechselstrom-)Umrichter mit Gleichspannungs-zwischenkreis

Auf der Wechselspannungsseite kann die Spannung natürlich durch einen Stelltransformator geändert werden. Dessen Baugröße wächst jedoch im unteren Frequenzbereich an.

Der in Bild 8.17 gezeigte Umrichter hat einen Gleichspannungszwischenkreis, d. h. die Gleichspannung ist im Zwischenkreis durch einen Glättungskondensator C_d eingeprägt. Statt eines Kondensators kann im Zwischenkreis auch eine Glättungsinduktivität L_d liegen, die den Strom einprägt. Dann entsteht ein Umrichter mit Gleichstromzwischenkreis [8.12], [8.35]. Auf die unterschiedlichen Eigenschaften von Umrichtern mit eingeprägter Spannung (Gleichspannungszwischenkreis) oder mit eingeprägtem Strom (Gleichstromzwischenkreis) wird in Abschn. 11.3 ausführlich eingegangen.

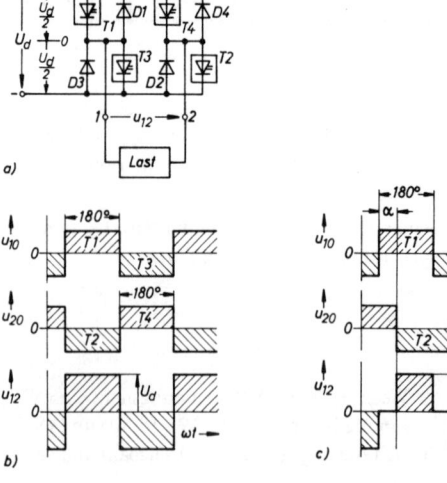

Bild 8.18
Spannungsverstellung durch Zündeinsatz-steuerung oder nach dem Schwenkverfahren (Additionsverfahren)
a) Zweipuls-Brücken-schaltung
b) Vollaussteuerung
c) Teilaussteuerung

Zündeinsatzsteuerung und Schwenkverfahren Bei konstanter Gleichspannung U_d im Zwischenkreis muß die Spannungssteuerung im Wechselrichter selbst vorgenommen werden [8.17], [8.18], [8.34], [8.38], [8.40]. Bei der Zündeinsatzsteuerung wird die Stromflußzeit in den Stromrichterzweigen in Abhängigkeit vom Steuerwinkel α auf die gesteuerte Stromflußzeit verkürzt.

Bei der Aussteuerung nach dem Schwenkverfahren (Additionsverfahren) werden Wechselspannungen zweier ungesteuerter Wechselrichter phasenversetzt addiert, wobei die Wechselspannungen der beiden Wechselrichter um den Winkel α gegeneinander versetzt sind (Bild 8.18).

Durch die Verkürzung der Spannungsblöcke wird die Grundschwingungsamplitude der Ausgangswechselspannung verringert. Dabei treten jedoch gleichzeitig die Oberschwingungen gegenüber der Grundschwingung in der Ausgangsspannung mehr und mehr hervor. Aus diesem Grund können diese Verfahren der Spannungssteuerung nur in einem begrenzten Stellbereich eingesetzt werden.

Pulsverfahren Bei der Aussteuerung nach dem Pulsverfahren werden die Stromrichterzweige in jeder Periode der Grundschwingung mehrfach gezündet und gelöscht. Dies entspricht der Betriebsweise des oben behandelten Gleichstromstellers. Durch das Pulsverfahren ergibt sich eine Folge einzelner Stromfluß- und Sperrzeiten im Stromrichterzweig, deren Verhältnis die Größe der Ausgangsspannung bestimmt.

In Bild 8.19 sind verschiedene Pulsverfahren zur Spannungssteuerung bei selbstgeführten Wechselrichtern wiedergegeben. Je nach Schaltung sind entweder nur zwei Spannungszustände $+U_d$ und $-U_d$ möglich oder drei Spannungszustände $+U_d$, 0 und $-U_d$. Der Mittelwert der Spannung einer Halbschwingung kann dabei durch Ändern des Einschaltverhältnisses $\lambda = T_e/(T_e + T_a)$ gesteuert werden. Pulsverfahren mit drei Spannungszu-

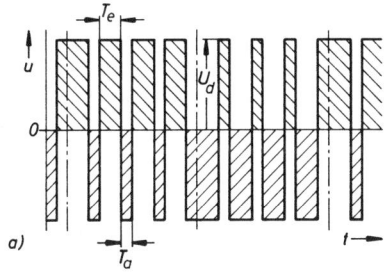
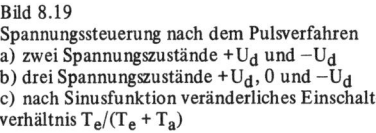
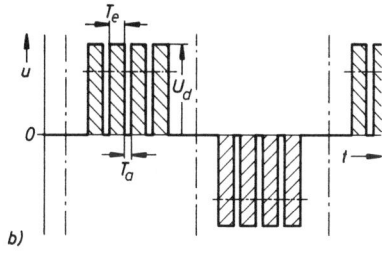
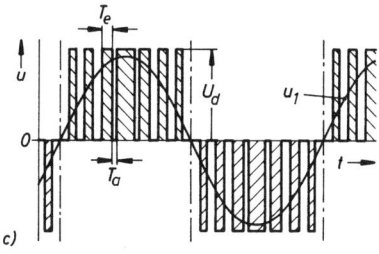

Bild 8.19
Spannungssteuerung nach dem Pulsverfahren
a) zwei Spannungszustände $+U_d$ und $-U_d$
b) drei Spannungszustände $+U_d$, 0 und $-U_d$
c) nach Sinusfunktion veränderliches Einschaltverhältnis $T_e/(T_e + T_a)$

ständen haben den Vorteil, daß die Energie nicht unnötig zwischen Last und Gleichspannungszwischenkreis pulsiert [8.29], [8.30], [8.32], [8.37].

Wird nicht mit konstantem Einschaltverhältnis λ gearbeitet, sondern die Dauer der angelegten Spannungsblöcke dem Verlauf des sinusförmigen Spannungssollwertes angepaßt, so ergibt sich eine gute Annäherung an die sinusförmige Grundschwingung. Die nach dem Pulsverfahren so erzeugte Grundschwingung der Ausgangsspannung wird auch Unterschwingung genannt [8.13]. Hierbei treten an der Last außer der Grundschwingung nur Oberschwingungen der gewählten Pulsfrequenz f_p und noch höhere Harmonische auf. Es ergibt sich durch die Induktivität auf der Lastseite eine gute Annäherung der Stromkurve an die Sinusform.

Das Pulsverfahren kann auch zu einer direkten Zweipunktregelung des Laststromes ausgebaut werden (s. Bild 8.8c). Der Laststrom schwankt dabei innerhalb eines vorgegebenen Stromintervalls Δi um den (meist sinusförmigen) vorgegebenen Stromsollwert.

8.3.4   Pulswechselrichter

Ein selbstgeführter Wechselrichter, dessen Ausgangsspannung bzw. -strom nach dem Pulsverfahren gesteuert bzw. geregelt wird, heißt Pulswechselrichter. Bei diesem wird ohne Vergrößerung der Anzahl der Halbleiterschalter durch wiederholtes Ein- und Ausschalten pro Periode mit der Pulsfrequenz f_p die Gesamtzahl der nicht gleichzeitigen Kommutierungen während einer Periode erhöht, was zu einer Verringerung von Strom- und Spannungsoberschwingungen ausgenutzt werden kann, weil es einer Vergrößerung der Pulszahl entspricht (s. Abschn. 11.6). Bei netzgeführten Stromrichtern ist die Vergrößerung der Pulszahl nur durch eine entsprechende Vermehrung der Stromrichterzweige möglich.

Einphasige Brückenschaltung Bild 8.20 zeigt die Kupplung einer Gleichspannungsquelle U_d mit einer Wechselspannungsquelle u über einen Pulswechselrichter in einphasiger Brückenschaltung [8.20]. Prinzipiell entspricht diese Schaltung der eines auf Vierquadrantenbetrieb erweiterten Gleichstromstellers (s. Bild 8.6e). Jeder Brückenzweig besteht aus einem löschbaren Thyristorschalter und einer gegensinnig parallelen Diode. Der

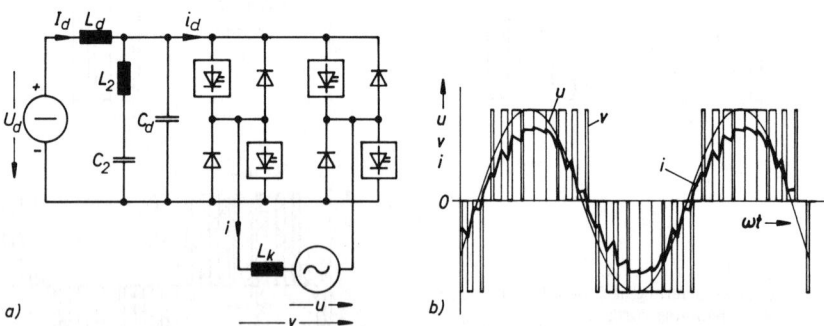

Bild 8.20 Einphasiger Pulswechselrichter
    a) einphasige Brückenschaltung (Doppel-Stromrichter), b) Spannungs- und Stromverlauf

Strom i in der Wechselspannungsquelle ist unter den gemachten Voraussetzungen beliebig einstellbar, solange die Bedingung $U_d \geqslant \sqrt{2}\, U$ erfüllt ist. Die Stromoberschwingungen werden durch die Induktivität L_k auf der Wechselstromseite bestimmt. Daher darf hier eine Mindestinduktivität nicht unterschritten werden. Da bei sinusförmigem Strom die Leistung in der einphasigen Wechselspannungsquelle u mit doppelter Frequenz pulsiert, überlagert sich dem Gleichstrom I_d eine sinusförmige Stromkomponente doppelter Frequenz. Diese kann von einem auf diese Frequenz abgestimmten Saugkreis geliefert werden.

Drehstrom-Brückenschaltung Bild 8.21 zeigt Schaltung sowie Spannungs- und Stromverlauf bei einem Pulswechselrichter in Drehstrom-Brückenschaltung. Jeder der sechs Brückenzweige besteht wieder aus der Gegenparallelschaltung eines löschbaren Thyristorschalters und einer Diode. Auch hier können die Ströme i_1, i_2 und i_3 sinusförmig vorgegeben werden. Bei sinusförmigem Stromverlauf ist die Summe der aufgenommenen Phasenleistungen auf der Wechselstromseite konstant, also auch die von der Gleichspannungsquelle U_d gelieferte Leistung.

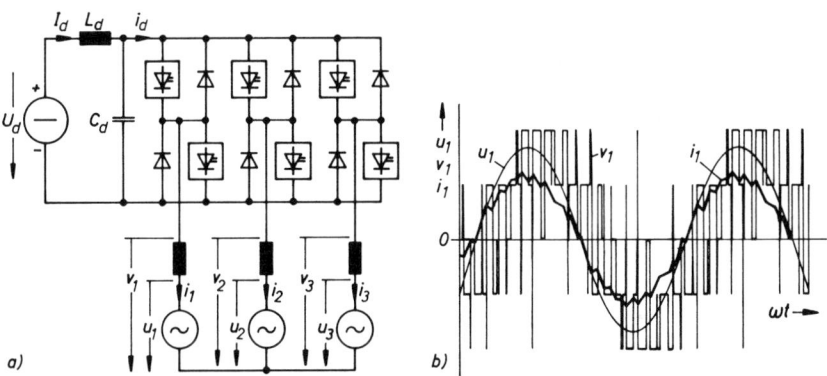

Bild 8.21 Dreiphasiger Pulswechselrichter
a) Drehstrom-Brückenschaltung (Doppel-Stromrichter), b) Spannungs- und Stromverlauf einer Phase

In Abschn. 11.6 werden die energetischen Verhältnisse bei ein- und mehrphasigen Pulsstromrichtern noch einmal ausführlich behandelt.

Pulswechselrichter können zur Drehzahlsteuerung von Drehfeldmaschinen verwendet werden [8.3], [8.5], [8.14], [8.28], [8.36], [8.39], die ein mehrphasiges Wechselspannungssystem veränderbarer Frequenz und drehzahlproportionaler Spannung benötigen (s. Abschn. 13.1.1).

8.3.5   Stromrichter mit Sektorsteuerung

In Abschn. 7.1.7 war die Blindleistung bei netzgeführten Stromrichtern behandelt worden. Bei Anschnittsteuerung mit dem Steuerwinkel α ergibt sich bei natürlicher Kommutierung eine Phasenverschiebung φ_1 der Grundschwingung des Netzstromes zur Spannung, die bei vollgesteuerten Schaltungen und nicht lückendem geglättetem Gleichstrom gleich dem Steuerwinkel α ist (s. Gl. (7.80)). Die Belastung des Wechsel- bzw. Drehstromnetzes mit induktiver Blindleistung ist in den meisten Fällen unerwünscht, weil sie zu zusätzlichen Verlusten und zur Spannungsabsenkung führt.

Neben den blindleistungssparenden halbgesteuerten Schaltungen, die in Abschn. 7.1.8 beschrieben werden, ist ein neues Verfahren anwendbar, die Sektorsteuerung (Bild 8.22). Aufgetragen ist die Gleichspannung u_d eines Stromrichters in einphasiger Brückenschaltung und die Grundschwingung i_1 des netzseitigen Wechselstromes, wobei ohmsche Last auf der Gleichstromseite angenommen wurde (keine Glättungsdrossel L_d).

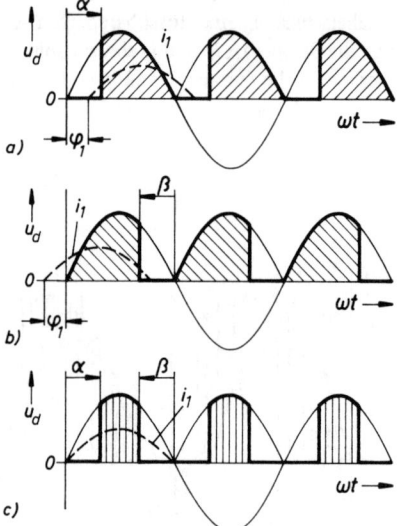

a)

b)

c)

Bild 8.22
Sektorsteuerung
a) Anschnittsteuerung
b) Abschnittsteuerung
c) An- und Abschnittsteuerung

Bei normaler Anschnittsteuerung mit dem Steuerwinkel α verschiebt sich die Grundschwingung des Netzstromes um den Phasenwinkel φ_1 nach hinten (Bild 8.22a). Wird die Abschnittsteuerung jedoch vom Ende der Spannungshalbschwingung beginnend mit dem Steuerwinkel β vorgenommen, so ergibt sich eine Phasenverschiebung der Stromgrundschwingung nach vorn (Bild 8.22b). Im Netz tritt statt induktiver eine kapazitive Blindleistung auf. Dies Verfahren ist jedoch mit natürlicher Kommutierung bei netzgeführten Stromrichtern nicht durchzuführen (s. Bild 7.18), vielmehr muß eine Zwangskommutierung vorgenommen werden. Schließlich kann die Gleichspannung sowohl vom Beginn der Halbschwingung durch den Steuerwinkel α als auch vom Ende der Halbschwingung durch den Steuerwinkel β gleichzeitig vorgenommen werden. Wenn α und β gleich groß sind, bleibt dabei die Grundschwingung i_1 des Netzstromes in Phase mit der Netzspannung. Auch hier kann die Abschnittsteuerung am Ende der Halbschwingung nur durch Zwangskommutierung erfolgen [8.16], [8.25], [8.26], [8.31], [8.42].

Löschbare unsymmetrische Brückenschaltung Bild 8.23 zeigt die Verwirklichung des Verfahrens der Sektorsteuerung bei der unsymmetrischen halbgesteuerten Brücken-

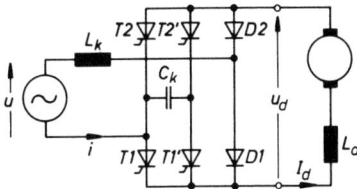

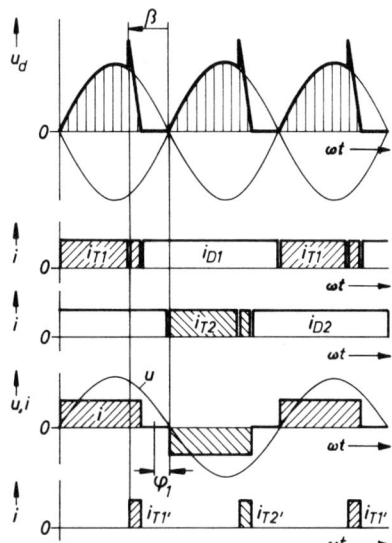

Bild 8.23 Löschbare und unsymmetrische
Brückenschaltung (LUB)

Bild 8.24
Spannungs- und Stromverlauf bei der löschbaren unsymmetrischen Brücke

schaltung, die bei Stromrichterlokomotiven und -triebwagen der Bundesbahn eingesetzt wird [8.22]. Durch Einfügen eines Löschkondensators C_k und zweier Hilfsthyristoren T1′ und T2′ können die Hauptthyristoren T1 und T2 gelöscht werden, ohne
daß auf die Kommutierungsspannung vom Wechselstromnetz gewartet werden muß.
Die Schaltung wird löschbare unsymmetrische Brückenschaltung (LUB) genannt. Sie
verringert den Blindleistungsbedarf des Stromrichters erheblich. Der Grundschwingungs-
Leistungsfaktor $\cos \varphi_1$ kann kapazitiv gemacht werden. Der Leistungsfaktor λ wird dabei
näher an den erwünschten Wert 1 gebracht.

Bild 8.24 zeigt den Spannungs- und Stromverlauf bei einer löschbaren unsymmetrischen
Brückenschaltung. Gezeichnet ist ein Betriebszustand mit dem Steuerwinkel β, beginnend
am Ende der Halbschwingung. Der Strom in den steuerbaren Ventilen T1 und T2 verkürzt sich dabei. Entsprechend verlängert er sich in den ungesteuerten Dioden D1 und
D2 (s. Bild 7.24). Während der Löschvorgänge fließt der Strom kurzzeitig abwechselnd
über die Löschthyristoren T1′ bzw. T2′. Der Wechselstrom i auf der Netzseite ist um
den Phasenwinkel φ_1 gegenüber der Wechselspannung u voreilend verschoben. Die Wechselspannungsquelle wird mit einer kapazitiven Komponente belastet.

Bei der Sektorsteuerung ist zu berücksichtigen, daß das Wechsel- bzw. Drehstromnetz
im allgemeinen nennenswerte Induktivitäten L_k enthält. Der Löschkondensator C_k muß
also den Strom in der Netzinduktivität L_k unterbrechen, wobei die dort gespeicherte
magnetische Energie $L_k i^2/2$ aufgenommen werden muß. Damit dadurch keine zu großen
Überspannungen erzeugt werden und außerdem keine unnötigen Leistungspendelungen
auftreten, ist die in Bild 8.23 gezeigte Schaltung weiterentwickelt worden. Die genannten
Probleme lassen sich durch einen über Dioden angekoppelten kapazitiven Zwischenspeicher lösen (s. Bild 13.21).

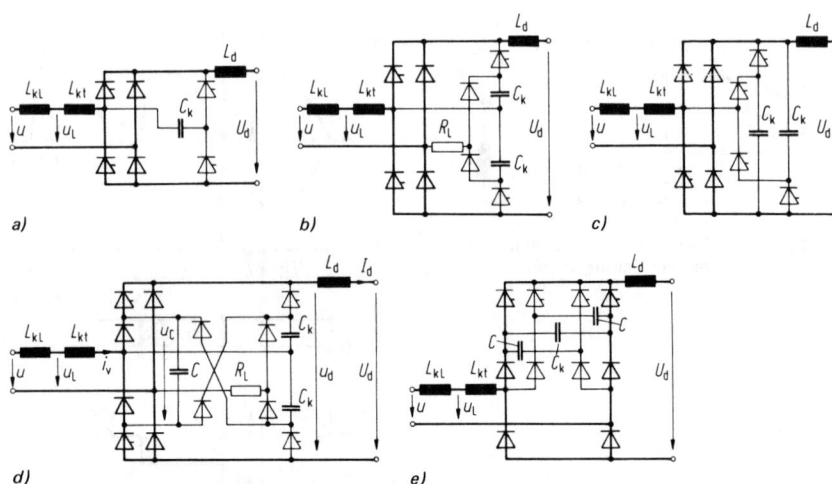

a)   b)   c)

d)   e)

Bild 8.25 Löschbare halbgesteuerte Brückenschaltungen; a) zweigpaargesteuert mit einem Löschkondensator, b) zweigpaargesteuert mit getrennten Löschzweigen, c) zweigpaargesteuert
mit getrennten Löschzweigen und langsamer Löschung, d) zweigpaargesteuert mit getrennten Löschzweigen und einem kapazitiven Zwischenspeicher, e) einpolig gesteuert mit
einem Löschkondensator und getrennten kapazitiven Zwischenspeichern

Löschbare halbgesteuerte Brückenschaltungen

Bild 8.25 zeigt Schaltungsvarianten halb-
gesteuerter Brückenschaltungen, bei denen die steuerbaren Ventilzweige durch Löschkondensatoren C_k und Hilfszweige löschbar sind.

Schaltung a arbeitet mit einem gemeinsamen Löschkondensator C_k und zwei Hilfsthyristoren. Bei Schaltung b hat jeder steuerbare Hauptzweig einen Löschkondensator C_k und
einen Hilfsthyristor, außerdem Dioden und einen Ladewiderstand R_L zur Aufladung der

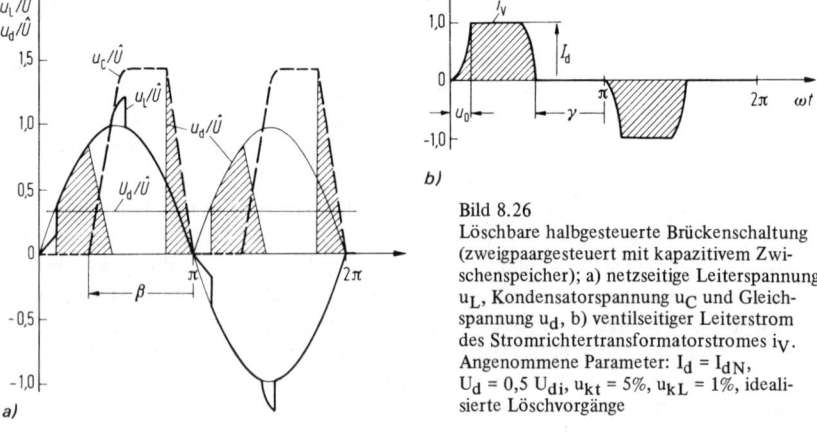

a)

b)

Bild 8.26
Löschbare halbgesteuerte Brückenschaltung
(zweigpaargesteuert mit kapazitivem Zwischenspeicher); a) netzseitige Leiterspannung
u_L, Kondensatorspannung u_C und Gleichspannung u_d, b) ventilseitiger Leiterstrom i_V
des Stromrichtertransformatorstromes i_V.
Angenommene Parameter: $I_d = I_{dN}$,
$U_d = 0,5 \, U_{di}$, $u_{kt} = 5\%$, $u_{kL} = 1\%$, idealisierte Löschvorgänge

Löschkondensatoren. Bei Schaltung c liegt die Wechselspannungsquelle u in Reihe mit
den jeweiligen Löschzweigen. Der Stromanstieg im Löschzweig wird daher durch die
Netz- und Transformatorinduktivitäten verlangsamt. Bei allen Schaltungsvarianten müssen die Löschkondensatoren C_k die in den Netz- und Transformatorinduktivitäten
gespeicherte magnetische Energie bei der Unterbrechung des Netzstromes aufnehmen,
was zu verhältnismäßig großen Kapazitäten führt. Die Schaltungen d und e arbeiten mit
kapazitiven Zwischenspeichern C. In diesen nur in einer Spannungsrichtung beanspruch-
ten Kondensatoren wird die magnetische Energie der Netz- und Transformatorinduktivitäten zwischengespeichert. Die Löschkondensatoren C_k können entsprechend kleinere
Kapazitäten haben. Dagegen wächst die Zahl der benötigten Diodenhilfszweige. Außerdem
müssen Sperrdioden in die löschbaren Hauptzweige eingefügt werden.

Bild 8.26 zeigt Spannungs- und Stromverlauf der Schaltung d. Der Strom i_V beginnt beim
Zünden eines Hauptthyristors beim Steuerwinkel $\alpha = 0$ zu fließen. Er kommutiert mit der
Anfangsüberlappung u_0 von einem ungesteuerten Hauptzweig auf den gezündeten Hauptzweig. Der Löschvorgang wird durch Zünden des zugehörigen Hilfsthyristors bei $\pi - \beta$ eingeleitet. Sobald die Spannung u_C größer als der Augenblickswert der Netzspannung wird,
beginnt der Netzstrom abzufallen, bis er bei $\pi - \gamma$ zu Null wird. Vor dem Ende der Halbschwingung wird der Speicherkondensator C über beide Hauptthyristoren auf die Gleichstromlast entladen. Die Gleichspannung u_d wird durch die schraffierten Spannungszeitflächen gebildet. Der netzseitige Leiterstrom eilt der Phasenspannung des Netzes vor, d. h.
seine Grundschwingung hat eine kapazitive Komponente.

Abschnitt- und Sektorsteuerung In Bild 8.27 ist der prinzipielle Verlauf des Netzstromes
bei den verschiedenen Steuerverfahren dargestellt. Bei Anschnittsteuerung mit dem Steuerwinkel α (a) ist der Netzstrom i gegenüber der Netzspannung u nacheilend phasenverschoben (induktiv). Bei Abschnittsteuerung mit dem Voreilwinkel β (b) ist der Netzstrom voreilend verschoben (kapazitiv). Diese Betriebsweise setzt löschbare Hauptzweige voraus.
Bei der Sektorsteuerung (c) wird eine Kombination von Anschnittsteuerung mit dem
Steuerwinkel α und Abschnittsteuerung mit dem Voreilwinkel β angewendet. Die Grund-

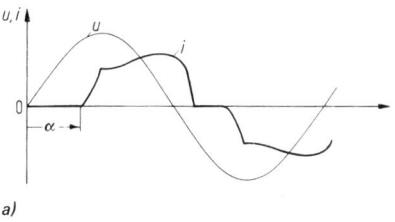

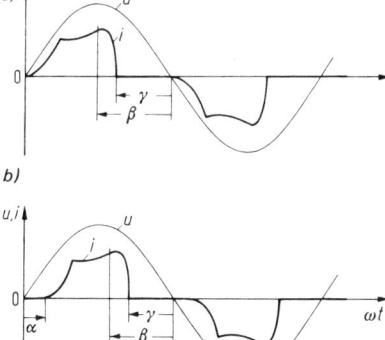

Bild 8.27
Verlauf des Stromes in einphasigen Netzen bei
halbgesteuerten Brückenschaltungen; a) Anschnittsteuerung, b) Abschnittsteuerung,
c) Sektorsteuerung

schwingung des Stromes i kann mit der Netzspannung u in Phase gehalten werden. Auch diese Betriebsweise hat löschbare Hauptzweige zur Voraussetzung.

Grundschwingungs-Blindleistung und Leistungsfaktor Bild 8.28 zeigt den mit den verschiedenen Steuerverfahren erreichbaren Bereich der Grundschwingungs-Blindleistung. Bei Anschnittsteuerung mit halbgesteuerten Schaltungen wird bei Vernachlässigung der Überlappung und ausreichender Glättung ein Halbkreis im Bereich induktiver Blindleistung durchlaufen, bei Abschnittsteuerung entsprechend ein Halbkreis im Bereich kapazitiver Blindleistung. Mit Sektorsteuerung können beliebige Betriebspunkte im gesamten schraffierten Bereich eingestellt werden. Der Grundschwingungs-Leistungsfaktor $\cos \varphi_1$ kann induktiv, 1 oder kapazitiv eingestellt werden. Wegen des nichtsinusförmigen Stromverlaufes tritt Verzerrungsleistung auf. Der (totale) Leistungsfaktor λ liegt unter 1.

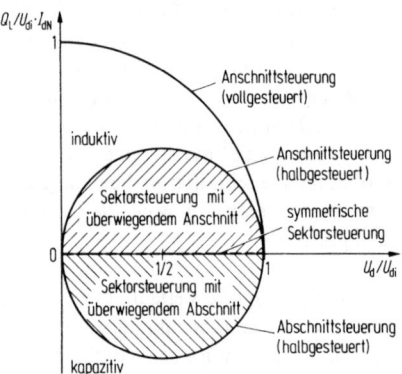

Bild 8.28
Grundschwingungs-Blindleistung des Netzes bei unterschiedlichen Steuerverfahren (für Überlappungswinkel u = 0 und Glättungsinduktivität $L_d \rightarrow \infty$)

Anwendungen Schaltungen mit Abschnitt- und Sektorsteuerung bieten besonders bei der elektrischen Traktion Vorteile. Gegenüber den halbgesteuerten Brückenschaltungen kann der Leistungsfaktor in einphasigen Bahnnetzen deutlich verbessert werden.

8.4   Blindleistungs-Stromrichter

Neben den vier Grundfunktionen (Gleichrichten, Wechselrichten, Gleichstromumrichten und Wechselstromumrichten, s. Bild 1.4) können Stromrichter für weitere Aufgaben eingesetzt werden, z. B. für die Erzeugung stetig steuerbarer Blindleistung. Blindleistungs-Stromrichter erzeugen induktiven oder kapazitiven Blindstrom. Sie können fremdgeführt oder selbstgeführt sein. Die aufgenommene bzw. abgegebene Blindleistung läßt sich über die Steuerung stetig verändern. Abgesehen von ihren Verlusten nehmen Blindleistungs-Stromrichter im Mittel keine Wirkleistung auf. Für die mittlere Leistung auf der Gleichstromseite gilt

$$U_d I_d = 0. \tag{8.53}$$

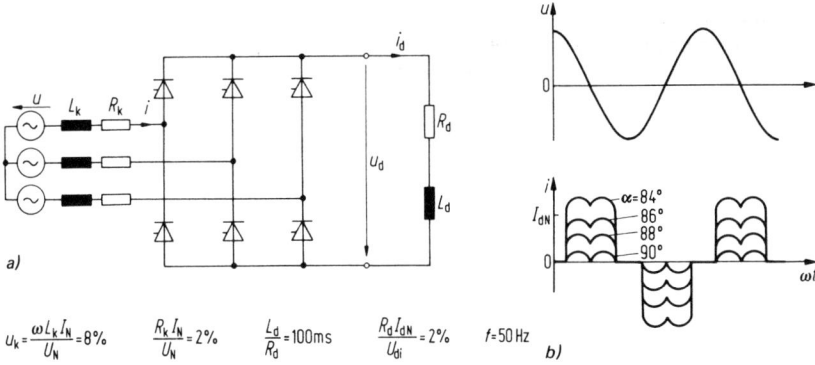

$$u_k = \frac{\omega L_k I_N}{U_N} = 8\% \qquad \frac{R_k I_N}{U_N} = 2\% \qquad \frac{L_d}{R_d} = 100\,\text{ms} \qquad \frac{R_d I_{dN}}{U_{di}} = 2\% \qquad f = 50\,\text{Hz}$$

Bild 8.29 Blindleistungs-Stromrichter mit induktivem Speicher
a) Schaltung mit angenommenen Parametern, b) Spannungs- und Stromverlauf

Für die Blindleistungserzeugung werden jedoch induktive oder kapazitive Speicher benötigt.

Blindleistungs-Stromrichter mit induktivem Speicher Bild 8.29 zeigt einen Blindleistungs-Stromrichter in Drehstrom-Brückenschaltung mit induktivem Speicher L_d auf der Gleichstromseite. Es handelt sich um einen netzgeführten Stromrichter, der gleichstromseitig über die Glättungsinduktivität kurzgeschlossen ist. Über den Steuerwinkel α kann der Gleichstrom I_d verstellt werden: Im Drehstromnetz ergibt sich eine Phasenverschiebung des Wechselstromes i um nahezu $90°$ (induktiver Blindstrom). Die Verluste in den Leitungen im Stromrichter und in der Glättungsinduktivität müssen aus dem Drehstromnetz gedeckt werden (Steuerwinkel $\alpha < 90°$). Ein solcher netzgeführter Blindleistungs-Stromrichter belastet das Wechsel- bzw. Drehstromnetz mit induktiver Blindleistung. Kapazitive Blindleistung ist bei natürlicher Kommutierung nicht möglich (s. Bild 7.18).

Blindleistungs-Stromrichter mit kapazitivem Speicher Bild 8.30 zeigt einen Blindleistungs-Stromrichter in Drehstrom-Brückenschaltung mit kapazitivem Speicher auf der Gleichspannungsseite. Die Schaltung entspricht einem selbstgeführten Wechselrichter (s. Bild 8.15) mit Lösch- und Rücklaufzweigen, bei dem auf der Gleichspannungsseite nur ein Glättungskondensator C_d angeschlossen ist. Dort fließt ein reiner Wechselstrom i_d. Der Mittelwert I_d ist Null. Im Drehstromnetz ergeben sich die in Bild 8.30 gezeichneten kapazitiven oder induktiven Blindströme i. Die Höhe des Blindstromes wird durch geringfügige Änderungen der Phasenlage der Wechselrichterspannung v gegenüber der Netzwechselspannung u (Zündung der löschbaren Hauptzweige mit dem Steuerwinkel δ) gestellt. Dadurch verändert sich die Höhe der Gleichspannung U_d am Glättungskondensator C_d. Sie sinkt bei induktiver Blindleistung im Drehstromnetz und steigt bei kapazitiver Blindleistung. Näherungsweise gilt

$$U_d \approx 2\sqrt{2}\,U(1 \mp u_k I/I_N). \tag{8.54}$$

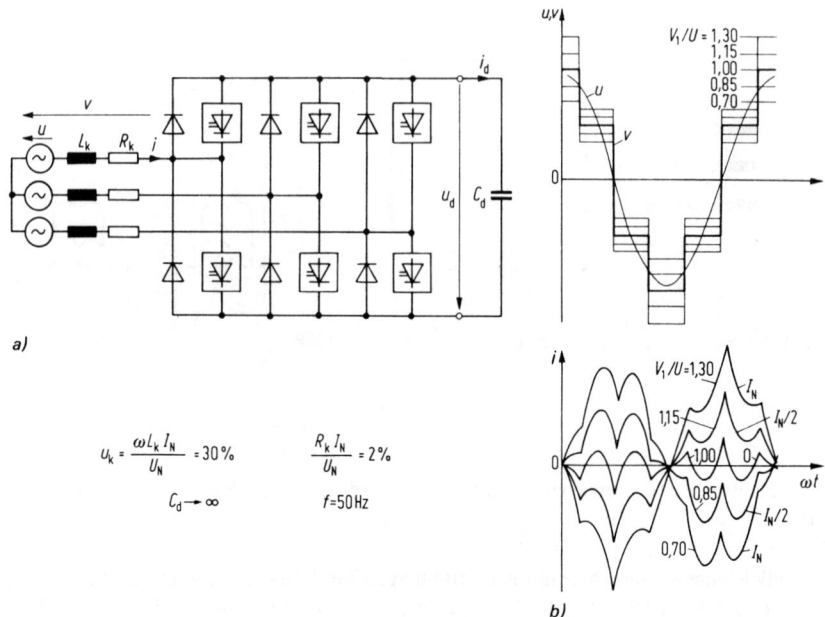

$$u_k = \frac{\omega L_k I_N}{U_N} = 30\,\% \qquad \frac{R_k I_N}{U_N} = 2\,\%$$

$$C_d \to \infty \qquad f = 50\,Hz$$

Bild 8.30 Blindleistungs-Stromrichter mit kapazitivem Speicher
a) Schaltung mit angenommenen Parametern, b) Spannungs- und Stromverlauf

Anwendungen Blindleistungs-Stromrichter können dort eingesetzt werden, wo eine stetige Verstellung des Blindstromes erforderlich ist. Dies kann in Drehstromnetzen mit Verbrauchern zeitlich schwankender Blindleistung wie Lichtbogenöfen, Schweißmaschinen oder Antrieben der Fall sein. Blindstromstöße und damit verbundene Netzspannungsschwankungen können in wenigen Perioden ausgeregelt werden.

9   Netze für Stromrichter

Stromrichter steuern den Energieaustausch zwischen Netzen und Verbrauchern oder sie kuppeln Netze untereinander. Dabei kann die Richtung des Energieflusses wechseln. Im folgenden werden einige für den Betrieb von Stromrichtern wichtige Eigenschaften von Netzen beschrieben. Die verschiedenen Arten von Belastungen für Stromrichter werden anschließend in Abschn. 10, die energetischen Verhältnisse in Abschn. 11 behandelt.

Unter Netzen für Stromrichter sollen elektrische Energiequellen verstanden werden, die eingeprägte Gleich- oder Wechselspannungen enthalten. Eine systematische Behandlung von Netzen ist schwierig, da die Einflußgrößen im allgemeinen Fall sehr komplex sein können.

9.1   Eigenschaften elektrischer Netze

Charakteristische Größen sind neben der Art der eingeprägten Spannung (Gleichspannung, einphasige oder mehrphasige Wechselspannung) der im allgemeinen komplexe Innenwiderstand, die Kurvenform und Toleranzen der Spannung, bei mehrphasigen Systemen auch auftretende Unsymmetrien, Frequenzänderungen, Überspannungen unterschiedlichen Energieinhalts sowie Verhalten bei Kurzschlüssen oder anderen Störungen.

Dabei müssen verschiedene Arten von Netzen unterschieden werden: Öffentliche Versorgungsnetze, Industrienetze, Bahnnetze, Bordnetze oder im Inselbetrieb arbeitende Netze. Bei Wechsel- und Drehstromnetzen wird die Energieerzeugung über Synchrongeneratoren vorgenommen, deren Spannungen mit guter Annäherung als sinusförmig angenommen werden können. Die Frequenz größerer Versorgungsnetze und Industrienetze ist praktisch konstant. Ihre Kurzschlußleistung wird durch die Innenwiderstände bestimmt. Bei leistungsstarken Netzen sind dies im wesentlichen die Netzreaktanzen einschließlich der Reaktanzen der Generatoren und Transformatoren. Bei Kabelnetzen müssen auch die ohmschen Spannungsabfälle berücksichtigt werden. Bordnetze und andere im Inselbetrieb arbeitende Netze haben im allgemeinen größere Spannungsschwankungen, manchmal auch größere Frequenzschwankungen und von 50 oder 60 Hz abweichende Nennfrequenzen, z. B. 400 Hz oder Mittelfrequenz. Ihre Kurzschlußleistung ist, bezogen auf die Anschlußleistung der angeschlossenen Verbraucher, niedrig (weiche Netze).

Die Energie für Gleichstromnetze wird entweder über Gleichrichter aus Wechsel- oder Drehstrom erzeugt (Unterwerke), in Einzelfällen auch von Gleichstromgeneratoren, oder von elektrochemischen Generatoren wie Batterien oder Brennstoffzellen bereitgestellt. In Sonderfällen kann die Energieerzeugung auch von MHD-Generatoren oder Solarzellen vorgenommen werden.

Das Verhalten der Netze im stationären Betrieb und bei Störungsfällen hat erhebliche Rückwirkungen auf die Auslegung der angeschlossenen Stromrichter. Beispielsweise können auftretende Überspannungen die Halbleiterbauelemente zerstören, andererseits haben die Stromrichter mit ihren periodische Schaltfunktionen ausführenden Ventilen Rückwirkungen auf die Kurvenform des Netzstromes und der Netzspannung. Sie erzeugen Oberschwingungen, welche mit Rücksicht auf andere Verbraucher bestimmte Werte nicht überschreiten dürfen. Außerdem können sie abhängig vom Aussteuerungszustand Wechsel- und Drehstromnetze mit erheblicher Blindleistung belasten. Um zu quantitativen Aussagen zu kommen, sind die elektrischen Betriebsbedingungen von Starkstromanlagen mit elektronischen Betriebsmitteln in VDE-Bestimmungen angegeben (VDE 0160, Teil 1 und 2 und VDE 0558, Teil 1, 2 und 3).

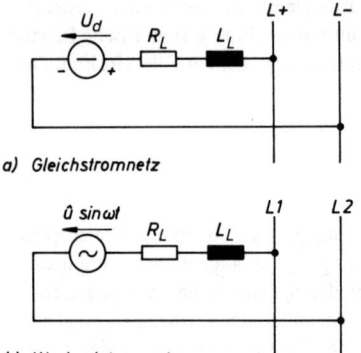

a) Gleichstromnetz

b) Wechselstromnetz

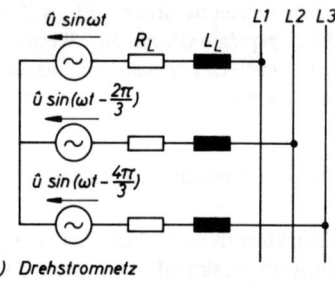

c) Drehstromnetz

Bild 9.1 Ersatzschaltung für Gleichstrom-, Wechselstrom- und Drehstromnetz

In Bild 9.1 sind die einfachsten Ersatzschaltungen für Gleichstrom-, Wechselstrom- und Drehstromnetze angegeben. Diese berücksichtigen neben der eingeprägten Spannung nur die als konstant angenommenen Netzwirkwiderstände R_L und Netzinduktivitäten L_L. In vielen Fällen reichen solche einfachen Ersatzschaltungen bei der Betrachtung des Betriebsverhaltens angeschlossener Stromrichter aus. Bei Belastung ergeben sich an den Anschlußstellen L+L−, L1L2 bzw. L1L2L3 von den eingeprägten Spannungen abweichende Spannungsverläufe, bei auftretenden Oberschwingungsströmen auch Verzerrungen der Netzspannung. Gleichstromnetze und Drehstromnetze sind balancierte Systeme. Der Leistungsfluß ist, abgesehen von der Verzerrungsleistung, konstant. Das Wechselstromnetz liefert eine mit doppelter Netzfrequenz pulsierende Augenblicksleistung (s. Abschn. 11).

Die in Bild 9.1 gezeichneten einfachen Ersatzschaltungen von Netzen geben keine Aussagen über Netzspannungsschwankungen oder auftretende Überspannungen, wie sie in realen Netzen auftreten können. Außerdem berücksichtigen sie nicht die für die Beeinflussung von Überspannungen wirksamen Leitungskapazitäten. Die Vorgänge in Versorgungsnetzen sind einer exakten mathematischen Behandlung nur in Sonderfällen zugänglich, bei denen alle dazu benötigten Parameter bekannt sind. Versorgungsnetze sind meist vermascht. Sie unterliegen nur statistisch bekannten Belastungen durch verschiedenartige Verbraucher. Durch Schaltvorgänge oder atmosphärische Störungen werden Überspannungen hervorgerufen, die sich als Wanderwellen vom Entstehungsort über das Netz ausbreiten. Ein allgemeines Ersatzschaltbild müßte dies berücksichtigen.

Bild 9.2a zeigt ein solches allgemeines Ersatzschaltbild mit einer beliebigen eingeprägten Spannung u(t) und einer zeitlich veränderlichen Impedanz $Z_L(t)$, an die ein Stromrichter mit der wechselstromseitigen Eingangsimpedanz Z_S angeschlossen ist. Eine solche allgemeine Ersatzschaltung ist jedoch wenig aussagefähig, weil die Zeitfunktionen der eingeprägten Spannung und der wirksamen Impedanzen nicht bekannt sind. Für hochfrequente Ströme und leistungsschwache Überspannungen wären außerdem noch zusätzlich die Leitungskapazitäten zu berücksichtigen, natürlich auch vorhandene Beschaltungskondensatoren.

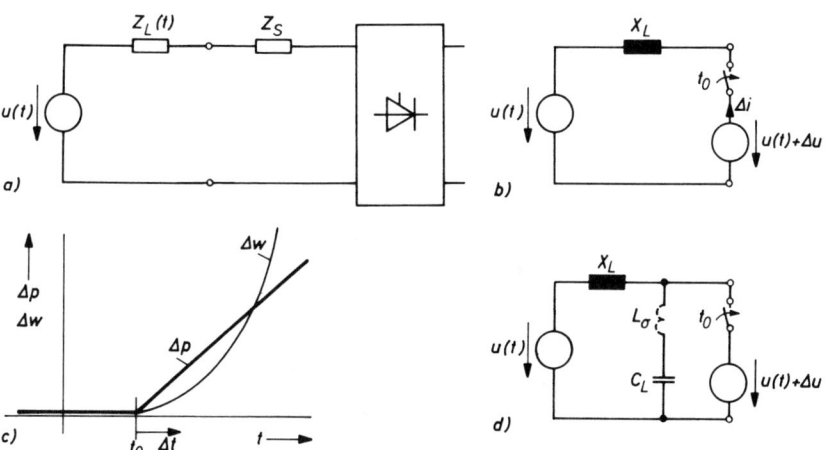

Bild 9.2 Überspannungserzeugung in einem induktiven Netz

Eine einfache Rechnung soll zeigen, daß in induktiven Netzen kurzzeitig erhebliche Überspannungen erzeugt werden können, ohne daß es dazu großer Energie bedarf. Dazu soll angenommen werden, daß vorübergehend an einer Stelle des Netzes z. B. durch Schaltvorgänge eine Überspannung Δu auftritt (Bild 9.2b). Nimmt man zwischen der betrachteten Netzstelle und der eingeprägten Spannung u(t) nur eine Netzreaktanz X_L an, so ergibt sich bei konstanter Überspannung Δu ein Ausgleichsstrom

$$\Delta i = \frac{\Delta u}{L_L} \Delta t. \tag{9.1}$$

Die für die Überspannungserzeugung benötigte Leistung ist

$$\Delta p = \Delta u \cdot \Delta i = \frac{\Delta u^2}{L_L} \Delta t. \tag{9.2}$$

Sie wächst von Null linear mit der Dauer der Überspannung an. Die dabei an der Störstelle aufzubringende Energie ist

$$\Delta w = \int \Delta p \, dt = \frac{1}{2} \frac{\Delta u^2}{L} \Delta t^2 = \frac{1}{2} L \Delta i^2. \tag{9.3}$$

Beide Verläufe sind in Bild 9.2c dargestellt. Ohne Berücksichtigung von Leitungskapazitäten C_L können also auch energiearme Störungen kurzzeitig zu erheblichen Überspannungen führen. Bei Berücksichtigung von Leitungskapazitäten oder Beschaltungskondensatoren wird den Überspannungsgeneratoren durch die Aufladung der Kapazitäten Energie entzogen. Eine Spannungsänderung Δu muß eine Änderung der elektrischen Energie von $Cu^2(t)/2$ auf $C[u(t) + \Delta u]^2/2$ aufbringen. Wirkwiderstände bewirken eine Umsetzung in Wärme und führen zu einer frequenzabhängigen Dämpfung.

9.2   Gleichstromnetze

Gleichstromnetze enthalten Batterien oder andere Gleichstromquellen wie Netzgleichrichter oder Gleichstrommaschinen als Spannungsquellen. Sie haben im allgemeinen ohmsch-induktive Innenwiderstände, Batterien, zusätzlich auch nichtlineare Strom-Spannungs-Kennlinien.

Für den Schwankungsbereich der Eingangsspannung bei Anschluß von Stromrichtern werden meistens zulässige Toleranzen angegeben: Bei Batterien als Spannungsquelle eine Nenneingangsspannung ±15%, für alle anderen Gleichstromquellen eine Nenneingangsspannung +5%, −7,5% (VDE 0558, Teil 2). Außerdem wird die zulässige Welligkeit der Eingangsspannung begrenzt. Bei Netzen, die von Akkumulatorbatterien versorgt werden, darf die Schwankungsbreite höchstens 10% der Nenneingangsspannung betragen, bei Netzen mit anderen Gleichstromquellen höchstens 15% der Nenneingangsspannung.

Da Überspannungen für die Stromrichterventile gefährlich sind, werden für die zulässigen Eingangs-Spitzenspannungen in Abhängigkeit von der Überspannungsdauer Grenzwerte vorgeschrieben. Bild 9.3 gibt das zulässige Überspannungsverhältnis

$$\frac{U_{dN} + \Delta U}{U_{dN}}$$

in Abhängigkeit von der Überspannungsdauer an (nach VDE 0558). Darin ist ΔU eine nichtperiodische Überspannung als Abweichung von der Nenneingangsspannung U_{dN}. Im Bereich kurzzeitiger Überspannungen gilt die ausgezogene Grenzkurve für Nenn-

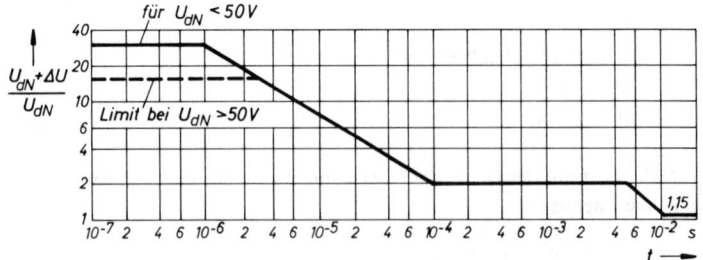

Bild 9.3 Maximal zulässiges Netzüberspannungsverhältnis in Abhängigkeit von der Überspannungsdauer

gleichspannungen bis 50 V. Für höhere Eingangsspannungen wird die kurzzeitig zulässige Überspannung auf einen Wert begrenzt, der nach Gleichung

$$\left(\frac{U_{dN} + \Delta U}{U_{dN}}\right)_{Limit} = \frac{1400 \text{ V}}{U_{dN}} + 2,3 \tag{9.4}$$

berechnet werden kann. Die gestrichelte Linie in Bild 9.3 gilt für $U_{dN} = 110$ V. Auch die Induktivität eines Gleichstromversorgungssystems für den Anschluß von Stromrichtern kann begrenzt werden. In VDE 0558, Teil 3, wird sie für Gleichstromsteller auf höchstens 0,75 mH festgesetzt. Bei Eingangsspannungen bis 260 V darf die Eingangs-Überspannungsenergie maximal 4 Joule (4 Ws) betragen. Diese Eingangs-Überspannungsenergie würde einen nach Gleichung

$$\frac{1}{2} CU_{Limit}^2 - \frac{1}{2} CU_{dN}^2 = 4 \text{ Ws} \tag{9.5}$$

berechenbaren Ersatzkondensator C, der anstelle des Stromrichters an das Gleichstromversorgungsnetz angeschlossen ist, von der Nennspannung U_{dN} auf die in Bild 9.3 angegebene Spannung U_{Limit} aufgeladen. Bei einer Eingangsspannung über 260 V kann die Eingangs-Überspannungsenergie 4 Joule überschreiten. Deshalb muß die Beanspruchbarkeit für den jeweiligen Anwendungsfall festgelegt werden.

9.3   Wechsel- und Drehstromnetze

Für Wechsel- und Drehstromnetze zum Anschluß von Stromrichtern werden ebenfalls Spannungstoleranzen im Lang- und Kurzzeitbereich vorgeschrieben. Außerdem wird die zulässige Abweichung von der im Idealfall sinusförmigen Kurvenform angegeben. Daneben ist der Einfluß auf die Kurvenform der Netzwechselspannung, insbesondere während der Kommutierung von Stromrichtern, zu berücksichtigen [9.1], [9.7], [9.8], [9.9], [9.10], [9.11], [9.12], [9.13], [9.14].

Für die Toleranz der Netzwechselspannung im Langzeitbereich wird in VDE 0160, Teil 2, eine Schwankung des Effektivwertes der Wechselspannung zwischen 90% und 110% der Nennspannung des Netzes zugelassen. Nennspannungen für Netzwechselspannungen von Stromversorgungs- und Leistungsteilen sind 220 V, 380 V, 500 V und 660 V, für den Leistungsteil außerdem die genormten Werte für Hochspannung.

Außer den Spannungsänderungen im Langzeitbereich treten auch kurzzeitige, nichtperiodische Überspannungen auf, deren Höhe von der zeitlichen Einwirkung abhängig ist. Diese können sich vom 10- bis 100fachen Wert bei atmosphärischen Störungen bis zum 1,5- bis 2fachen Wert beim Entlasten von Synchrongeneratoren erstrecken. Die höheren Überspannungen müssen durch Einsatz von Überspannungsableitern in Hoch- und Mittelspannungsnetzen auf höchstens den 2,5fachen Wert der Nennspannung begrenzt werden. Schaltvorgänge durch Schalter oder Sicherungen in Niederspannungsnetzen erzeugen Überspannungen, die normalerweise unter dem 2,5fachen Wert der

Nennspannung liegen. Bild 9.4 zeigt die zulässige, nichtperiodische Überspannung

$$\frac{\hat{U}_N + \Delta u}{\hat{U}_N}$$

in Abhängigkeit von der zeitlichen Einwirkung (nach VDE 0160, Teil 2).

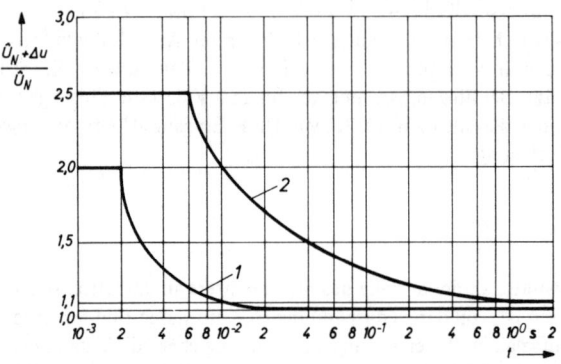

Bild 9.4
Zulässige nichtperiodische
Überspannung in Abhän-
gigkeit von der Über-
spannungsdauer
1 Funktionsfähigkeitskurve
2 Grenzkurve

Beim Betrieb von Betriebsmitteln der Leistungselektronik in Wechsel- und Drehspannungsnetzen wird hiernach vorausgesetzt, daß kurzzeitig auftretende, nichtperiodische Überspannungen unterhalb der in Bild 9.4 dargestellten Grenzkurve 2 bleiben. Bei Überspannungen im Bereich zwischen den Kurven 2 und 1 darf der Betrieb durch das Ansprechen von Schutzeinrichtungen unterbrochen werden, wobei jedoch keine Beschädigung der Stromrichter auftreten darf. Unterhalb der Kurve 1 muß ihre Funktionsfähigkeit bei Überspannungen erhalten bleiben. Die Ermittlung der Zulässigkeit einer Überspannung mit beliebigem zeitlichem Verlauf erfolgt in der Weise, daß der über dem Scheitelwert der Nennspannung liegende Spannungsverlauf in ein höhen- und flächengleiches Rechteck verwandelt wird.

Das Ansprechen von Schutzeinrichtungen im Bereich zwischen den Kurven 1 und 2 ist in der Praxis schwer zu realisieren. In die internationale Normung haben die Funktionsfähigkeitskurve 1 und die Grenzkurve 2 noch keinen Eingang gefunden. Angestrebt wird die Festlegung einer Angabe des maximal zulässigen Netzüberspannungsverhältnisses in Abhängigkeit von der Überspannungsdauer (wie in Bild 9.3) auch für Wechsel- und Drehstromnetze.

Nach Kurve 1 müssen die Betriebsmittel für 2 ms den zweifachen Wert der Nennspannung aushalten. Da es nicht in allen Fällen wirtschaftlich ist, die Halbleiterbauelemente für den zweifachen Wert der Nennspannung auszulegen, können insbesondere bei Stromrichtern kleiner Leistung auch vorgeschaltete Filter verwendet werden, welche die im Netz auftretende kurzzeitige Überspannung auf für die Stromrichter ungefährliche Werte begrenzen.

Darüber hinaus müssen die Betriebsmittel der Leistungselektronik so ausgelegt sein, daß sie im Bereich bis zu 10 µs nichtperiodische Überspannungen bis zur Höhe des Scheitelwertes der Prüfspannung aushalten, ohne ihre Funktionsfähigkeit einzubüßen. Auch kurzzeitige Absenkungen der Netzwechselspannung, die z. B. bei Netzkurzschlüssen und Kurzzeitunterbrechungen auftreten, müssen in Betrieb überstanden werden, solange die Spannung für höchstens 0,5 s um nicht mehr als 15% der Nennspannung sinkt. Bei größeren oder längeren Spannungsabsenkungen dürfen sich die Stromrichter über ihre Schutzeinrichtung abschalten, ohne daß dabei Beschädigungen auftreten.

An die Kurvenform der Netzwechselspannung werden ebenfalls bestimmte Mindestanforderungen gestellt, da Oberschwingungen in der Eingangsspannung Auswirkungen z. B. auf die Steuereinrichtung, den Regler und die Steuerkennlinie des Stromrichters haben können. Außerdem beeinflussen sie den Stromrichtertransformator [9.3], [9.5].

In VDE 0160, Teil 2, sind Grenzwerte für jede einzelne Oberschwingung in der Netzwechselspannung angegeben (Bild 9.5). Danach dürfen die Spannungsoberschwingungen niedriger Ordnungszahl (bis ν = 13) 5% der Netzwechselspannung nicht überschreiten.

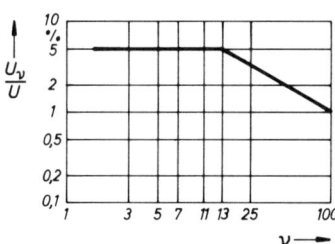

Bild 9.5
Maximal zulässige Werte für die Oberschwingungen der Netzspannung

Für die zugelassenen Oberschwingungen höherer Ordnungszahl gilt die in Bild 9.5 angegebene fallende Grenzkurve.

Der Grundschwingungsgehalt der Netzwechselspannung

$$g_u = \frac{U_1}{U} \tag{9.6}$$

muß mindestens 99,5% betragen, was einem Oberschwingungsgehalt (Klirrfaktor)

$$k_u = \frac{\sqrt{U_2^2 + U_3^2 + \ldots}}{U} = \frac{\sqrt{U^2 - U_1^2}}{U} = \sqrt{1 - g_u^2} \tag{9.7}$$

von höchstens 10% entspricht.

Für andere Verbraucher, wie Synchronmaschinen, Asynchronmaschinen oder Kondensatoren, wären höhere Oberschwingungen in der Netzwechselspannung zulässig als in Bild 9.5 angegeben, ohne daß ihr Betriebsverhalten beeinträchtigt wird.

Für die zusätzliche Abweichung der Netzwechselspannung vom Augenblickswert der Grundschwingung ist in VDE 0160, Teil 2, die in Bild 9.6 gezeichnete Spannungskurve angegeben. Danach darf die Abweichung bis zu 20% des vorhandenen Scheitelwertes der Grundschwingung betragen. Die zulässige Breite b ist abhängig vom zulässigen Oberschwingungsgehalt (s. Bild 9.5). Solche Einbrüche der Netzwechselspannung treten z. B. während der Kommutierung von Stromrichtern auf, weil vorübergehend die Kommutierungsspannung über die sich in der Stromführung ablösenden Ventile kurzgeschlossen wird (s. Abschn. 7.1.3).

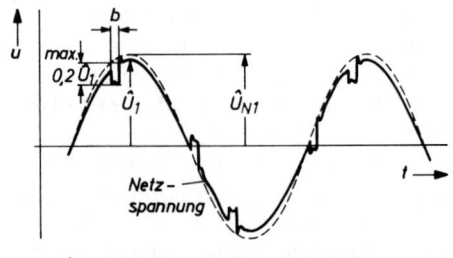

$\hat{U}_1$ Scheitelwert der Grundschwingung

$\hat{U}_{N1}$ Scheitelwert der Grundschwingung der Nennspannung

Bild 9.6 Zulässige Kurzzeiteinbrüche der Netzwechselspannung (nach VDE 0160/2)

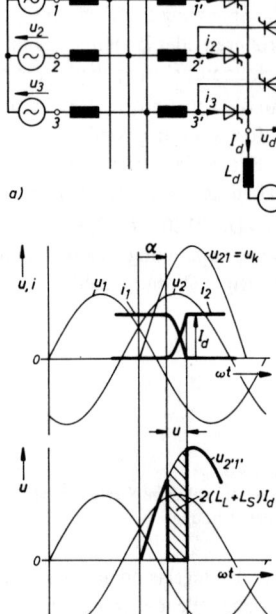

Bild 9.7
Spannungsverlauf während einer Kommutierung
a) Drehstrom-Brückenschaltung
b) Spannungs- und Stromverlauf

Einerseits werden also bestimmte Mindestvorschriften für die Kurvenform der Netzwechselspannung aufgestellt, wenn Betriebsmittel der Leistungselektronik angeschlossen werden sollen. Andererseits haben die Stromrichter durch ihre periodischen Schaltfunktionen Rückwirkungen auf den Verlauf der Netzwechselspannung [9.2]. Im allgemeinen erzeugen also Stromrichter Oberschwingungen im Netz, und zwar sowohl im Netzstrom als auch in der Netzspannung (s. Abschn. 7.1.9).

In Bild 9.7a ist die Ersatzschaltung eines Stromrichters in Drehstrom-Brückenschaltung an einem Drehstromnetz mit induktivem Innenwiderstand angegeben. In erster Annäherung genügt es für die Betrachtung der Netzrückwirkungen, wenn nur die induktiven Blindwiderstände berücksichtigt werden, während die ohmschen Widerstände vernachlässigt werden. Dann enthält das Netz Induktivitäten L_L und der Stromrichter Ersatzinduktivitäten L_S, die sich aus auf die Netzseite bezogenen Streureaktanzen eines gegebenenfalls vorhandenen Stromrichtertransformators, aus Leitungsreaktanzen im Stromrichter und aus vorgeschalteten Reaktanzen zusammensetzen. Während der Kommutierungszeit u schließen die sich ablösenden Ventile die Spannung zwischen den Anschlußpunkten $1'$, $2'$ bzw. $3'$ kurz. Als Beispiel ist der Verlauf der Spannung $u_{2'1'}$ während der Kommutierung vom Ventil 1 auf das Ventil 2 eingezeichnet. Die schraffierte Spannungszeitfläche während der Kommutierung ist $2(L_L + L_S)I_d$. Das Spannungspotential der Anschlußpunkte $1'$ und $2'$ liegt bei gleichgroßen Reaktanzen in den einzelnen Phasen auf der Mitte zwischen den eingeprägten Spannungen u_1 und u_2.

Bild 9.8 zeigt Kommutierungseinbrüche in der Spannung bei einem Stromrichter in Drehstrom-Brückenschaltung bei verschiedenen Steuerwinkeln α. Angenommen ist eine

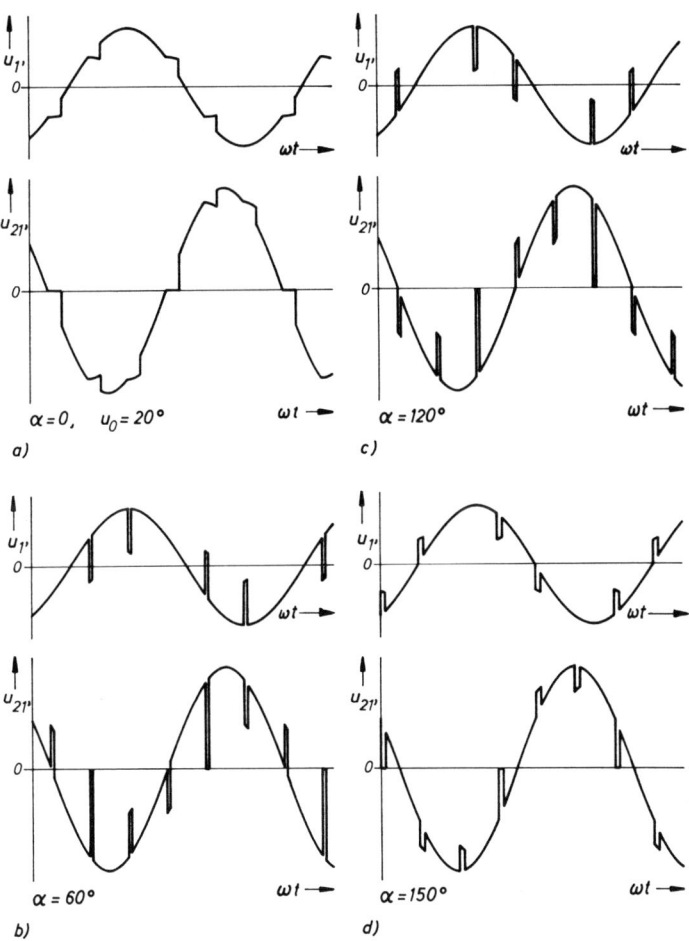

Bild 9.8 Kommutierungseinbrüche in der Spannung an einem Stromrichter in Drehstrom-Brückenschaltung bei verschiedenen Steuerwinkeln

Anfangsüberlappung $u_0 = 20°$. Es ergeben sich erhebliche Spannungseinbrüche, wobei jeweils zweimal pro Periode die verkettete Spannung während der Überlappungszeit u kurzgeschlossen wird (also zu Null wird). Die übrigen vier Spannungseinbrüche pro Periode rühren von Kommutierungen anderer Ventile her.

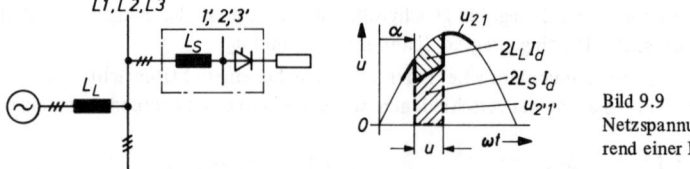

Bild 9.9
Netzspannungsverlauf während einer Kommutierung

Der in den Bildern 9.7 und 9.8 gezeichnete Spannungsverlauf bezieht sich auf die Potentiale der Anschlußpunkte $1'$ und $2'$. Die Netzwechselspannung liegt aber zwischen L1, L2 und L3. Die dort auftretenden Kommutierungseinbrüche sind abhängig vom Verhältnis der Induktivitäten L_L und L_S. Die in Reihe liegenden Induktivitäten wirken dabei also als Spannungsteiler. In Bild 9.9 ist der Verlauf u_{21} der verketteten Netzspannung während der Kommutierungszeit u angegeben. Je größer die Stromrichterreaktanz X_S im Verhältnis zur Netzreaktanz X_L ist, um so kleiner werden die im Netz durch die Kommutierung auftretenden Spannungseinbrüche. Im Grenzfall würde bei einem starren Netz mit unendlich großer Kurzschlußleistung X_L zu Null. Dann könnten durch den Betrieb des Stromrichters keinerlei Rückwirkungen auf den Verlauf der Netzspannung auftreten. Bei endlicher Kurzschlußleistung des Netzes

$$Q = 3U_s I_k = \frac{3U_s^2}{X_L} \qquad (9.8)$$

muß der Stromrichter eine minimale Reaktanz X_S haben, wenn die Kommutierungseinbrüche auf einen bestimmten Höchstwert begrenzt werden sollen. U_s ist die Sternspannung (Phasenspannung), I_k der Kurzschlußstrom im Netz. Es gilt die Beziehung

$$\frac{u'}{u} = a = \frac{X_S}{X_L + X_S}, \qquad (9.9)$$

wobei u der Augenblickswert der Netzspannung bei Leerlauf und u' der zu u gehörende Augenblickswert der Netzspannung während der Kommutierung sind. Nach Gleichung

$$X_{S\,min} = \frac{a}{1-a} \frac{3U_s^2}{Q} \qquad (9.10)$$

kann bei bekannter Netzkurzschlußleistung Q und gewünschtem Spannungsverhältnis a die erforderliche Mindestreaktanz $X_{S\,min}$ des Stromrichters ausgerechnet werden. Bei Anschluß mehrerer Stromrichter an ein Netz wird meist noch berücksichtigt, daß aus statistischen Gründen nicht alle Stromrichter gleichzeitig bei voller Leistung kommutieren.

Das Leistungsverhältnis des Stromrichters als Verhältnis von ideeller Gleichstromleistung des Stromrichters $U_{di} I_{dN}$ zur Netzkurzschlußleistung Q ist also von erheblichem Einfluß auf die auftretenden Netzrückwirkungen. Als normal gilt ein Leistungsverhältnis bis 1% beim Anschluß netzgeführter Stromrichter. Die Kommutierungsinduktivitäten oder Stromrichtertransformatoren netzgeführter Stromrichter sollen eine relative Kurzschlußspannung u_{kS} von mindestens 4% ergeben. Dann beträgt der Netzspannungseinbruch während der Kommutierung maximal 20% des Scheitelwertes. Bei Stromrichtern für Fahrmotoren an einphasigen Bahnnetzen kann die Gleichstromleistung bis zu 10% der Netzkurzschlußleistung betragen [9.4], [9.6].

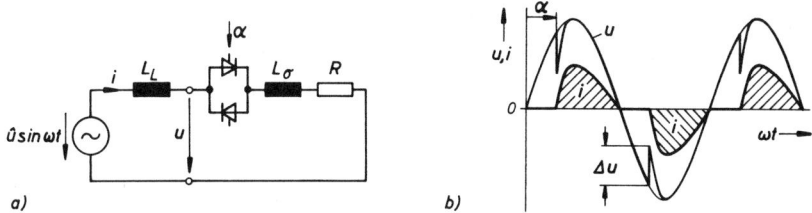

Bild 9.10 Netzspannungseinbruch bei einem Wechselstromsteller mit ohmscher Last

Andere Oberschwingungserzeuger sind Wechsel- und Drehstromsteller. Bild 9.10 zeigt als ein Beispiel den Netzspannungseinbruch bei einem mit ohmscher Last betriebenen Wechselstromsteller. Auch hier richtet sich die Höhe des Netzspannungseinbruchs nach dem Verhältnis von Netzinduktivität L_L zu Streuinduktivität L_σ auf der Lastseite einschließlich des Wechselstromstellers. Es gilt

$$\Delta u = \frac{L_L}{L_L + L_\sigma}.$$
(9.11)

10 Belastungen für Stromrichter

Stromrichter kuppeln Netze mit Verbrauchern oder Netze untereinander, wobei sie
eine der Grundfunktionen ausführen, nämlich Gleichrichten, Gleichstromumrichten,
Wechselrichten oder Wechselstromumrichten (s. Abschn. 1.2).
Gleichrichter oder Gleichstromumrichter sind Stromrichter mit Gleichstromausgang,
die eine Gleichspannung abgeben. Dieser ist eine Wechselspannung überlagert.

Wechselrichter oder Wechselstromumrichter erzeugen an der Last eine ein- oder mehrphasige Wechselspannung, die neben der Grundschwingung auch Oberschwingungen
verschiedener Ordnungszahl enthält. In Sonderfällen können auch Unterschwingungen
auftreten.

Sowohl bei den Stromrichtern mit Gleichstromausgang als auch bei denen mit Wechsel-
oder Drehstromausgang beeinflußt die Art der Last die Beanspruchung und die Betriebs-
eigenschaften des Stromrichters. Bei Gleichrichtern oder Gleichstromumrichtern kennzeichnet die Lastart die Eigenschaft des Gleichstromverbrauchers, bei Anschluß an eine
Gleichspannung mit überlagerter Wechselspannung einen Strom aufzunehmen, dessen
Wechselstromgehalt kleiner, gleich oder größer als der Wechselspannungsgehalt der Ausgangsspannung des Stromrichters ist. Bei Wechselrichtern und Wechselstromumrichtern
ist das wesentlichste Unterscheidungsmerkmal der Lastarten der Verschiebungswinkel
φ_1 der Grundschwingung des Stromes gegenüber der Grundschwingung der Ausgangsspannung. Weitere Unterscheidungsmerkmale sind Nichtlinearitäten der Last, Gegenspannungen oder Energierücklieferung.

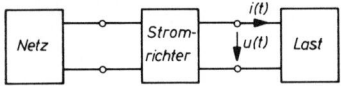

Bild 10.1
Kupplung einer Last mit einem Netz über einen
Stromrichter

Bild 10.1 zeigt die Kupplung eines Netzes mit einer Last über einen Stromrichter in all-
gemeiner Form. Der Zusammenhang zwischen der Spannung u und dem Strom i am
Ausgang des Stromrichters, d. h. am Eingang der Last, wird sowohl von den Eigenschaften des Stromrichters als auch von denen der Last beeinflußt. Aus diesem Grund ist eine
Kenntnis der Eigenschaften der Last für die Vorhersage z. B. der Kennlinien des Stromrichters erforderlich. Zum Beispiel können die Spannung u oder der Strom i eingeprägt
sein. Eingeprägte Spannungen treten bei Spannungsquellen mit kleinem Innenwiderstand
oder Kapazitäten auf. Ströme werden durch Induktivitäten eingeprägt. In DIN 41 756,
Blatt 2, werden Lastarten bei Gleichstrom, in Blatt 3 Lastarten bei Wechselstrom unterschieden.

Lastarten bei Gleichstrom sind Widerstandslast (Kurzzeichen W), induktive Last (Kurzzeichen L), Last mit Gegenspannung wie Batterielast (Kurzzeichen B), Motorlast (Kurzzeichen M) und kapazitive Last (Kurzzeichen C), außerdem verzerrende Last (Kurzzeichen V) und gemischte Last (s. Tabelle 10.1).

Bei Wechselstrom werden die Lastarten nach dem Verschiebungswinkel unterschieden
in Wirklast (Kennbuchstabe R), Last mit nacheilendem Strom (Kennbuchstabe L) und

Last mit voreilendem Strom (Kennbuchstabe C). Weitere Unterscheidungsmerkmale der Lastarten bei Wechselstrom sind verzerrende Last (Kennbuchstabe V), Motorlast (Kennbuchstabe M) ohne Energierücklieferung und mit Energierücklieferung sowie periodisch veränderliche Last (s. Tabelle 10.2).

Tabelle 10.1 Lastarten bei Gleichstrom (nach DIN 41 756, Bl. 2)

Widerstandslast (Kurzzeichen W)   L/R oder RC < 1,35 ms
  Wechselstromgehalt $\approx$ Wechselspannungsgehalt an der Last
  Belastung mit Lichtbogen (Kurzzeichen Li)
  Stabilisierung des Gleichstromes erforderlich

Induktive Last (Kurzzeichen L)   L/R $\geqslant$ 1,35 ms
  Wechselstromgehalt $\ll$ Wechselspannungsgehalt an der Last

Last mit Gegenspannung
  Wechselstromgehalt $\gg$ Wechselspannungsgehalt an der Last
  Batterielast (Kurzzeichen B), Motorlast (Kurzzeichen M),
  Kapazitive Last (Kurzzeichen C)   RC $\geqslant$ 1,35 ms

Verzerrende Last (Kurzzeichen V)
  relative Schwingungsweite des Stromes > 50%

Gemischte Last

Tabelle 10.2 Lastarten bei Wechselstrom (nach DIN 41 756, Teil 3)

Wirklast (Kennbuchstabe W) $-5° \leqslant \varphi_1 \leqslant +5°$, d. h. cos $\varphi_1 > 0,996$

Last mit nacheilendem Strom (Kennbuchstabe L)
  auch induktive Last $0° < \varphi_1 \leqslant +90°$, d. h. 1 > cos $\varphi_1 \geqslant 0$
  Angabe des Verschiebungswinkelbereiches möglich (z. B. $+ 15° \leqslant \varphi_1 \leqslant +45°$, Kurzzeichen 15L45)

Last mit voreilendem Strom (Kennbuchstabe C)
  auch kapazitive Last $-90° \leqslant \varphi_1 < 0°$, d. h. 1 > cos $\varphi_1 \geqslant 0$
  Angabe des Verschiebungswinkelbereiches möglich (z. B. $-60° \leqslant \varphi_1 \leqslant -45°$, Kurzzeichen 60C45)

Erweiterter Lastbereich
  Angabe des erweiterten Verschiebungswinkelbereiches (z. B. $-15° \leqslant \varphi_1 \leqslant +15°$, Kurzzeichen 15CL15)

Verzerrende Last (Kennbuchstabe V)
  Oberschwingungsgehalt k des Laststromes > 5% oder Scheitelwert des Laststromes $\hat{\imath} > 110\%$ des Grundschwingungsscheitelwertes $\hat{\imath}_1$

Oberschwingungsgehalt k des Laststromes	Scheitelwert $\hat{\imath}$ des Laststromes	Kurzzeichen
bis zu 5%	bis zu 1,1 $\hat{\imath}_1$	ohne
bis zu 10%	bis zu 1,2 $\hat{\imath}_1$	V10
bis zu 50%	bis zu 2 $\hat{\imath}_1$	V50
bis zu 100%	über 2 $\hat{\imath}_1$	V100

Tabelle 10.2 (Fortsetzung)

Last mit Gleichstromanteil (Kennbuchstabe D)

$$\text{Gleichstromgehalt d des Laststromes} = \frac{\text{Gleichstromanteil}}{\text{Effektivwert des Stromes}} > 2\%$$

Gleichstromgehalt d des Laststromes	Kurzzeichen
bis zu 2%	ohne
bis zu 10%	D10
bis zu 50%	D50
bis zu 100%	D100

Motorlast (Kennbuchstabe M)

$$\text{Verhältnis m} = \frac{\text{Anlaufstrom (bei Stillstand)}}{\text{Nennstrom (bei Nennspannung u. Bezugsfrequenz)}}$$

$\dfrac{\text{Anlaufstrom}}{\text{Nennstrom}}$	Kurzzeichen
bis zu 3	M3
bis zu 7	M7
bis zu 10	M10

Motorlast ohne Energierücklieferung
  in keinem Betriebszustand eine Energierücklieferung (gemittelt über eine Periode)
Motorlast mit Energierücklieferung
  neben Motorbetrieb auch Generatorbetrieb, dann Energierücklieferung (gemittelt über eine Periode) und $\varphi_1 > 90°$

Periodisch veränderliche Last
  Bei periodischem Ein- und Ausschalten der Last Unterschwingung im Laststrom

---

10.1   Widerstand, Induktivität und Kapazität als Last

Widerstandslast entspricht einem Verbraucher mit einem im wesentlichen ohmschen Widerstand R. In diesem Fall entspricht der Verlauf des Laststromes dem der Lastspannung. Bei Stromrichtern mit Gleichstromausgang ist der Wechselstromgehalt angenähert gleich dem Wechselspannungsgehalt der Spannung an der Last. Bei Anschnittsteuerung tritt bei Widerstandslast häufig Lückbetrieb auf.

Bei Stromrichtern mit Wechselstromausgang und Wirklast sind Strom und Spannung in Phase. Der Verschiebungswinkel φ_1 liegt bei Null.

Bei induktiver Last ist bei Stromrichtern mit Gleichstromausgang der Wechselstromgehalt wesentlich kleiner als der Wechselspannungsgehalt an der Last (Glättung). Induktive Last gilt als gegeben, wenn die Zeitkonstante L/R des Verbrauchers größer als 1,35 ms ist.

Bei Stromrichtern mit Wechselstromausgang eilt bei induktiver Last die Grundschwingung des Stromes um den Verschiebungswinkel φ_1 der Spannungsgrundschwingung nach, bei rein induktiver Last um $90°$, bei gemischt ohmsch-induktiver Last zwischen $0°$ und $90°$.

Kapazitive Last wirkt bei Stromrichtern mit Gleichstromausgang wie eine Gegenspannung. Sie gilt als gegeben, wenn die Zeitkonstante RC des Verbrauchers größer als 1,35 ms ist.

Bei Stromrichtern mit Wechselstromausgang eilt bei kapazitiver Last die Grundschwingung des Stromes der Spannungsgrundschwingung vor. Bei rein kapazitiver Last ist $\varphi_1 = -90°$.

Bei Wirklast R gelten für Spannung u, Strom i, Leistung p und Energie w die bekannten Beziehungen

$$u = Ri, \tag{10.1}$$

$$i = \frac{u}{R}, \tag{10.2}$$

$$p = ui = \frac{u^2}{R} = Ri^2, \tag{10.3}$$

$$w = \int p\,dt = \int ui\,dt. \tag{10.4}$$

Strom und Spannung haben gleichen zeitlichen Verlauf. Im Widerstand R wird die elektrische Energie in Wärme umgesetzt. Spannungsänderungen Δu haben unverzüglich Stromänderungen Δi zur Folge. Energie wird nicht gespeichert.

Bei induktiver Last L gelten für L = konst. die bekannten Beziehungen

$$u = L\frac{di}{dt}, \tag{10.5}$$

$$i = \frac{1}{L} \int u\,dt, \tag{10.6}$$

$$p = ui = \frac{di}{dt} \int u\,dt = \frac{u}{L} \int u\,dt = Li\frac{di}{dt}, \tag{10.7}$$

$$w = \frac{1}{2} Li^2. \tag{10.8}$$

Die Spannung u bestimmt bei induktiver Last die Stromänderungsgeschwindigkeit. Spannungsänderungen Δu bewirken eine Änderung der Stromanstiegsgeschwindigkeit, keine Stromsprünge. Die Induktivität speichert magnetische Energie, die an den Stromkreis wieder abgegeben werden kann.

Bei kapazitiver Last C gelten die bekannten Beziehungen

$$u = \frac{1}{C} \int i\,dt, \tag{10.9}$$

$$i = C \frac{du}{dt}, \tag{10.10}$$

$$p = ui = \frac{du}{dt} \int idt = \frac{i}{C} \int idt = Cu \frac{du}{dt}, \tag{10.11}$$

$$w = \frac{1}{2} Cu^2. \tag{10.12}$$

Der vom Kondensator aufgenommene Strom ist der Spannungsänderungsgeschwindigkeit proportional. Bei Änderung des Spannungsanstiegs treten Stromsprünge Δi auf. Plötzliche Spannungssprünge Δu haben hohe Ausgleichsströme zur Folge. Im Kondensator wird elektrische Energie gespeichert.

Bild 10.2 zeigt das Verhalten der verschiedenen Lastarten bei einem Spannungsimpuls Δu während der Zeitdauer Δt. Bei Wirklast R hat ein solcher Spannungsimpuls einen gleichen Stromimpuls zur Folge. Bei induktiver Last L bewirkt er eine Stromänderung und eine damit verbundene Änderung der gespeicherten magnetischen Energie. Bei kapazitiver Last C ist ein steiler Spannungsimpuls Δu unzulässig.

Bild 10.3 zeigt die Verhältnisse bei einem angenommenen Stromimpuls Δi während der Zeitdauer Δt. Bei Wirklast R ergibt sich ein gleichartiger Spannungsimpuls. Bei induktiver

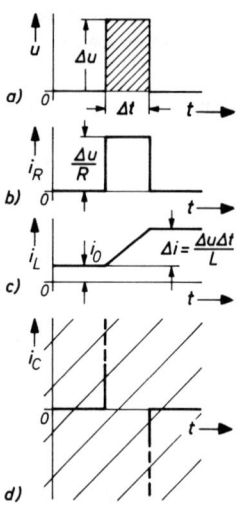

Bild 10.2 Verhalten der Lasten R, L und C bei einem Spannungsimpuls
a) Spannungsimpuls
b) Laststrom bei R
c) Laststrom bei L
d) Laststrom bei C

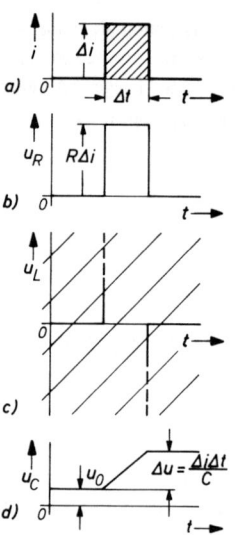

Bild 10.3 Verhalten der Lasten R, L und C bei einem Stromimpuls
a) Stromimpuls
b) Lastspannung bei R
c) Lastspannung bei L
d) Lastspannung bei C

Last L ruft ein steiler Stromimpuls unzulässige Spannungen hervor. Bei kapazitiver Last C bewirkt er eine Änderung der Kondensatorspannung und damit eine Änderung der gespeicherten elektrischen Energie.

10.2   Innenwiderstand des Stromrichters

Der Innenwiderstand des Stromrichters beeinflußt die Abhängigkeit zwischen Spannung und Strom am Ausgang des Stromrichters. In Abschn. 7.1.4 wurde die Belastungskennlinie eines netzgeführten Stromrichters behandelt. Es ergibt sich gegenüber der ideellen Leerlaufgleichspannung U_{di} ein Spannungsabfall, der sich aus der induktiven Gleichspannungsänderung U_{dx}, der ohmschen Gleichspannungsänderung U_{dr} und der Durchlaßspannung der Stromrichterventile zusammensetzt. In Bild 10.4 sind die linearisierten Strom- und Spannungskennlinien auf der Gleichstromseite eines netzgeführten Doppel-Stromrichters noch einmal angegeben. Es handelt sich um einen Vierquadrant-Stromrichter. In den Quadranten I und III liegt Gleichrichterbetrieb, in den Quadranten II und IV Wechselrichterbetrieb vor. Parameter ist der Steuerwinkel α. Angenähert können solche Strom-Spannungs-Kennlinien netzgeführter Stromrichter durch das in Bild 10.5 gezeichnete Ersatzschaltbild mit dem ohmschen Ersatzwiderstand R_i wiedergegeben werden. Auch für andere Stromrichterarten lassen sich Innenwiderstände angenähert berechnen.

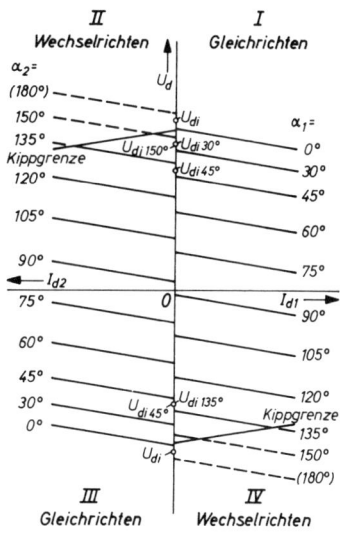

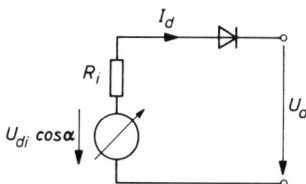

Bild 10.4 Linearisierte Strom-Spannungs-Kennlinien auf der Gleichstromseite eines netzgeführten Doppel-Stromrichters

Bild 10.5 Vereinfachtes Ersatzschaltbild für die Gleichstromseite eines netzgeführten Einzel-Stromrichters

10.3 Motorlast

Elektrische Maschinen stellen wegen ihrer eingeprägten Spannungen, ihres Anlaufverhaltens und ihrer sonstigen dynamischen Eigenschaften eine besondere Lastart dar. In ihnen wird elektrische Energie in mechanische oder umgekehrt umgewandelt. Es muß daher unterschieden werden, ob reiner Motorbetrieb, Generatorbetrieb oder beides vorliegt [16].

Häufig nehmen elektrische Maschinen beim Anlaufen aus dem Stillstand erheblich höhere Ströme als im Nennbetrieb auf. Dies gilt insbesondere beim Einschalten von Kurzschlußläufermotoren. Motorlast ohne Energierücklieferung liegt vor, wenn die elektrische Maschine in keinem Betriebszustand gemittelt über eine Periode eine Energierücklieferung bewirkt. Motorlast mit Energierücklieferung liegt vor, wenn die elektrische Maschine neben motorischem Betrieb auch als Generator wirkt und gemittelt über eine Periode Energie in die Speisequelle zurückliefert.

Für den speisenden Stromrichter bedeutet dies eine Umkehr der Energierichtung und damit eine entsprechende Auslegung für Zwei- oder Vierquadrant-Betrieb.

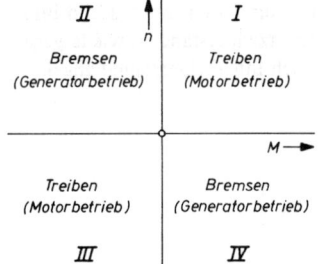

Bild 10.6
Drehmoment-Drehzahl-Quadranten für eine elektrische Maschine

In Bild 10.6 sind die möglichen Drehmoment-Drehzahl-Quadranten dargestellt. Üblicherweise bezeichnen in der Antriebstechnik die Quadranten I und III mit jeweils gleichen Vorzeichen von Drehmoment M und Drehzahl n Treiben. Die elektrische Maschine arbeitet in diesen Quadranten als Motor. Die Quadranten II und IV bezeichnen Bremsen. Die elektrische Maschine arbeitet in diesen Quadranten als Generator oder unter Verlustentwicklung als Bremse. Ein Übergang von Motor- in Generatorbetrieb entspricht einer Umkehr der Richtung des Energieflusses. Der mit stromrichtergespeisten Antrieben erreichbare Drehmoment-Drehzahl-Bereich wird in Abschn. 13.1.1 für die verschiedenen Antriebsarten angegeben.

Gleichstrommaschinen werden durch Steuerung bzw. Regelung der Klemmengleichspannung in ihrer Drehzahl verstellt, Drehfeldmaschinen durch eine Veränderung der Frequenz, wobei die Spannung im allgemeinen proportional mit der Frequenz verändert werden muß [10.3], [10.4], [10.5].

Bei konstant angenommenem Maschinenfluß Φ und Nennstrom gilt sowohl für Gleichstrommaschinen als auch für Drehfeldmaschinen der in Bild 10.7 dargestellte Zusammenhang zwischen der Klemmenspannung U und der Maschinendrehzahl n bzw. der Speisefrequenz f. Der Spannungsbedarf steigt proportional mit n bzw. f an. Im Stillstand wird zur Deckung der ohmschen Spannungsabfälle bereits ein Anfangswert U_0 benötigt. Die vom Stromrichter zur Verfügung gestellte Spannung ist natürlich nach oben begrenzt. Als Typenpunkt wird die Drehzahl bzw. Frequenz bezeichnet, bei der abgesehen von einer Spannungs-Regelreserve die volle Stromrichterspannung anliegt. Oberhalb des Typenpunktes bleibt die Klemmenspannung konstant. Der Maschinenfluß Φ sinkt vom Nennwert hyperbolisch mit steigender Drehzahl ab. Die Maschine arbeitet im Feldschwächebereich. Dies gilt sowohl für Gleichstrommaschinen als auch für Drehfeldmaschinen [10.1], [10.2].

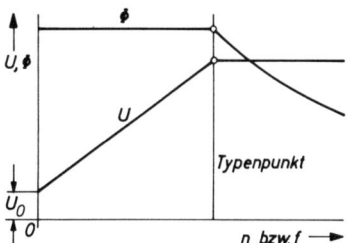

Bild 10.7 Verlauf der Klemmenspannung U von elektrischen Maschinen bei Nennstrom und bei unterhalb des Typenpunktes konstantem Fluß Φ

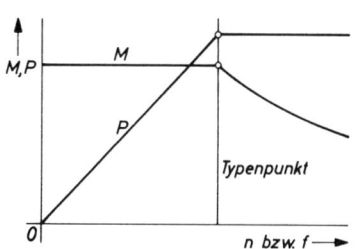

Bild 10.8 Verlauf des Drehmomentes M und der Leistung P von elektrischen Maschinen bei Nennstrom und bei unterhalb des Typenpunktes konstantem Fluß Φ

In Bild 10.8 ist der Verlauf des Drehmomentes M und der Leistung P für die in Bild 10.7 angenommenen Verhältnisse dargestellt. Im Drehzahlbereich unterhalb des Typenpunktes bleibt das Drehmoment M bei konstantem Maschinenfluß und konstantem Strom ebenfalls konstant. Die Leistung P steigt linear mit der Drehzahl an. Oberhalb des Typenpunktes verläuft die Leistung konstant. Das Drehmoment sinkt mit steigender Drehzahl hyperbolisch.

Die in den Bildern 10.7 und 10.8 gezeichneten Zusammenhänge gelten unter den gemachten Voraussetzungen sowohl für Gleichstrom- als auch für Drehstromantriebe. Unterhalb des Typenpunktes sind höhere Drehmomente möglich, wenn der Strom oder der Fluß entsprechend erhöht werden.

Bei Betrieb auf elektrische Maschinen sind die innerhalb der Maschine erzeugten Gegenspannungen zu beachten. Diese klingen auch nach dem Abschalten erst mit den entsprechenden Zeitkonstanten der magnetischen Kreise ab.

10.4   Batterielast

Werden Stromrichter als Ladegleichrichter für Batterien eingesetzt, so müssen deren Ladekennlinien berücksichtigt werden. Je nach Art der zu ladenden Batterien und der zur Verfügung stehenden Ladezeit werden verschiedene Ladeverfahren angewendet,

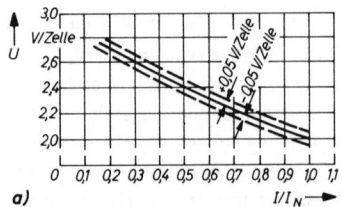

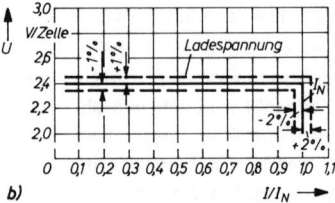

a)   b)

Bild 10.9 Ladekennlinien von Batterien
a) W-Kennlinie nach DIN 41774, b) IU-Kennlinie nach DIN 41773

wobei verhindert werden muß, daß die Batterien, insbesondere während der Endphase des Ladevorganges, zu gasen beginnen. Bild 10.9 zeigt Ladekennlinien von Batterien. Beim Laden nach der in DIN 41774 festgelegten W-Kennlinie stehen Ladespannung und Ladestrom in einem festen Verhältnis zueinander. Der Ladestrom klingt mit steigender Batteriespannung ab. Ein anderes Verfahren ist das Laden nach einer IU-Kennlinie nach DIN 41773. Bei diesem Verfahren, einem Konstantspannungsladen mit Strombegrenzung, werden die Batterien zunächst mit konstantem Strom geladen. Bei Beginn der Gasung setzt die Konstantspannungsregelung ein und der Ladestrom fällt ab. Durch die Begrenzung der Ladespannung auf einen je nach Batterietyp einstellbaren Höchstwert werden die Batterien geschont.

10.5   Verzerrende Last

Bei Stromrichtern mit Gleichstromausgang liegt eine verzerrende Last vor, wenn die Last bei Anschluß einer konstanten Gleichspannung einen Gleichstrom mit überlagertem Wechselstrom aufnimmt, wobei die relative Schwingungsweite dieses Stromes größer als 50% ist. Eine solche verzerrende Last kann z. B. durch einen im Wechselrichterbetrieb arbeitenden Stromrichter gegeben sein, wenn dieser auf der Gleichstromseite kommutiert (s. Abschn. 11.3.2).
Bei Stromrichtern mit Wechselstrom- bzw. Drehstromausgang liegt eine verzerrende Last vor, wenn der Oberschwingungsgehalt des Laststromes größer als 5% oder der Scheitelwert des Laststromes $\hat{i}$ größer als 110% des Grundschwingungsscheitelwertes $\hat{i}_1$ ist.
Verzerrende Lasten können durch nichtlineare Schaltungselemente, z. B. durch Sättigungserscheinungen in Eisenkreisen, hervorgerufen werden. Auch Stromrichter selbst können verzerrende Lasten darstellen.

10.6   Betriebsarten und Belastungsklassen

Betriebsarten und Belastungsklassen von Stromrichtern sind in DIN 41756, Blatt 1 genormt: Die Betriebsart eines Stromrichters kennzeichnet den zeitlichen Verlauf der Belastung, wobei das wichtigste Unterscheidungsmerkmal der verschiedenen Betriebsarten darin besteht, ob die Ausrüstungsteile des Stromrichters ihre Beharrungstemperatur erreichen. Diese ist die Temperatur, bei der zwischen konstant zugeführter und abgeführter Wärme Gleichgewicht besteht. Dabei stellt sich bei jeder Belastung bei konstanten Kühlbedingungen eine bestimmte Beharrungstemperatur ein. Die Beharrungstemperaturen sind im allgemeinen für die einzelnen Ausrüstungsteile eines Stromrichters verschieden. Jedes Ausrüstungsteil muß für die höchsten Endtemperaturen bemessen werden, die sich während des ungünstigsten Lastspiels einstellen. Nur selten läßt sich das bei einem Stromrichter auftretende Lastspiel exakt angeben. Daher werden Betriebsarten mit idealisierter Beschreibung des Lastspiels definiert, z. B. Dauerbetrieb, Aussetzbetrieb oder Kurzzeitbetrieb.

Bei Dauerbetrieb (Kurzzeichen DB) ist die Belastungsdauer beim Belastungsstrom I_B so lang, daß alle Ausrüstungsteile ihre Beharrungstemperatur erreichen.

Kurzzeitbetrieb (Kurzzeichen KB) liegt vor, wenn der Belastungsstrom I_B nur während einer kurzen angegebenen Belastungsdauer t_B auftritt, wobei nicht alle Ausrüstungsteile ihre Beharrungstemperatur erreichen. Während der stromlosen Pause kühlen sich die Ausrüstungsteile auf die Temperatur des Kühlmittels ab.

Bei Aussetzbetrieb (Kurzzeichen AB) wechseln Belastungen mit dem Strom I_B während der Belastungsdauer t_B mit Pausen ab, die so kurz sind, daß sich nicht alle Ausrüstungsteile auf die Temperatur des Kühlmittels abkühlen. Die Belastungsdauer wird als relative Einschaltdauer (ED) bei der längsten Spieldauer angegeben. Es gilt

$$ED = \frac{t_B}{t_S} . \qquad (10.13)$$

In Bild 10.10 ist der Verlauf des Stromes I und der Übertemperatur ϑ eines Ausrüstungsteiles für Dauerbetrieb, Kurzzeitbetrieb und Aussetzbetrieb angegeben. Es bedeuten t_B die Belastungsdauer, t_S die Spieldauer, ϑ_b die Beharrungsübertemperatur und ϑ_e die Endübertemperatur (Übertemperatur ϑ gegenüber Kühlmitteltemperatur).

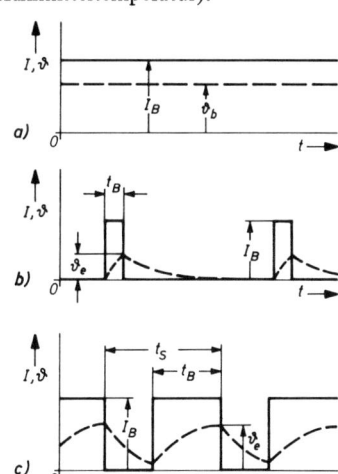

Bild 10.10
Verlauf von Strom und Übertemperatur
bei verschiedenen Betriebsarten
a) Dauerbetrieb (DB)
b) Kurzzeitbetrieb (KB)
c) Aussetzbetrieb (AB)

246 10 Belastungen für Stromrichter

Das Belastungsspiel, z. B. für einen stromrichtergespeisten Antrieb, kann zeitlichen
Schwankungen um einen Mittelwert unterworfen sein. Beim Wechsellastbetrieb (Kurzzeichen WLB) wird das Belastungsspiel durch Strom und Dauer sämtlicher Belastungs-
abschnitte beschrieben. Orientierungsgrößen sind die Spieldauer t_S und der quadratische
Mittelwert I_Q des Belastungsstromes. Bild 10.11 zeigt ein mögliches Beispiel für Wechsellastbetrieb.

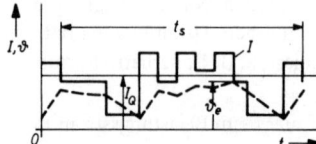

Bild 10.11
Verlauf von Strom und Übertemperatur
bei Wechsellastbetrieb (WLB)

Stromrichter müssen kurzzeitig über ihren Grundlaststrom hinaus belastbar sein. Der
Überstrom I_B in Prozent des Grundlaststromes I_G in Abhängigkeit von der Überstrom-
dauer wird in Belastungsklassen I bis VI angegeben, beispielsweise gilt für elektrochemische Anlagen die Belastungsklasse II mit 150% Überstrom bei gelegentlicher einminüti-
ger Dauer der zusätzlichen Kurzzeitbelastung. Für Industriebetrieb gilt die Belastungsklasse IV mit 125% Überstrom für zwei Stunden oder 200% Überstrom für 10 Sekun-
den. Die Belastungsklasse VI gilt für schweren Bahnbetrieb mit 150% Überstrom für
zwei Stunden oder 300% Überstrom für eine Minute (DIN 41756, Blatt 1, s. Tabelle 10.3).

Wegen der geringen Wärmekapazität der Leistungshalbleiter einschließlich ihrer Kühlkörper wirken sich die Überströme auf Halbleiterdioden und Thyristoren schon bei
relativ kurzer Dauer (z. B. > 30 s) wie Dauerströme aus, was bei der Auslegung der
Stromrichter zu berücksichtigen ist.

Tabelle 10.3 Belastungsklassen von Stromrichtern (nach DIN 41756, Bl. 1)

Belastungs-klasse	Beispiele für Anwendungsgebiete	Überstrom I_B in % des Grundstromes I_G	Dauer der zusätzlichen Kurzzeitbelastung (Überstromdauer) t_B
I	Elektrochemische Anlagen	100%	−
II	Elektrochemische Anlagen	150%	1 min gelegentlich (bei Störungen)
III	leichter Industrie betrieb und leichter Bahnbetrieb	150% oder 200%	2 min 10 s
IV	Industriebetrieb	125% oder 200%	2 h 10 s
V	Mittelschwerer Bahnbetrieb, Grubenbahnen	150% oder 200%	2 h 1 min
VI	Schwerer Bahnbetrieb	150% oder 300%	2 h 1 min

10.7   Betriebsbedingungen

Betriebsbedingungen für Stromrichter sind alle äußeren Einwirkungen, die Belastbarkeit, Betriebsverhalten und konstruktive Ausführung beeinflussen. In VDE 0160 sind Bestimmungen für die Ausrüstung von Starkstromanlagen mit elektrischen Betriebsmitteln festgelegt. Angaben über Betriebsbedingungen von Stromrichtern enthalten auch VDE 0558, Teil 1 bis 3.

Allgemeine Anforderungen Stromrichter müssen ihre bestimmungsmäßige Funktion erfüllen. Die durch die Typenwerte gekennzeichnete Bemessung muß den normalen Betriebsbedingungen entsprechen. Für die Angabe von Nennwerten können andere Betriebsbedingungen ausdrücklich vereinbart werden.

Bei normalen Kühlbedingungen wird vorausgesetzt, daß keine zusätzliche Erwärmung des Stromrichtersatzes durch in der Nähe befindliche Wärmequellen (z. B. durch Wärmestrahlung) erfolgt. Die Kühlart wird mit Kurzzeichen nach DIN 41751 angegeben.

Bei Stromrichtersätzen mit Luft als Kühlmittel ist für die Umgebungstemperatur $-10\,^{\circ}C$ bis $+40\,^{\circ}C$ (bei Luftselbstkühlung bei der Festlegung von Typenwerten $+45\,^{\circ}C$ als obere Grenze) anzusetzen. Für die Kühlmitteltemperatur gelten bei Luftselbstkühlung die gleichen Werte. Bei Fremdlüftung gilt für die Kühlmitteltemperatur $-10\,^{\circ}C$ bis $+35\,^{\circ}C$. Unbehindertes Zu- und Abströmen der Kühlluft wird vorausgesetzt. Für Stromrichtersätze mit Wasserkühlung muß mit Umgebungstemperaturen über $0\,^{\circ}C$ bis $+40\,^{\circ}C$ gerechnet werden. Die Kühlmitteltemperatur kann zwischen $+5\,^{\circ}C$ bis $+25\,^{\circ}C$ schwanken. Bei Öl als Wärmeträger gilt für die Temperatur des eintretenden Öls $-5\,^{\circ}C$ bis $+30\,^{\circ}C$, wenn nicht anders angegeben. Bei gekapselten Stromrichtersätzen darf die höchstzulässige Gehäusetemperatur bei Betrieb mit den Typenwerten nicht überschritten werden. Typenwerte gelten i. allg. für Widerstandslast (s. Abschnitt 10.1) sowie für Dauerbetrieb (s. Abschnitt 10.6) und Vollaussteuerung. Aufstellungshöhen bis 1000 mNN gelten als normal.

Elektrische Betriebsbedingung Bei Netzen, die von Synchronmaschinen gespeist werden, darf der Effektivwert der Wechselspannung zwischen 90 und 110% der Nennspannung des Netzes schanken. Für Stromrichter zulässige Kurzzeiteinbrüche der Netzwechselspannung sind in Bild 9.6 angegeben. Die zulässige Breite b ist vom zulässigen Oberschwingungsgehalt abhängig (s. Bild 9.5). Bei größeren oder länger dauernden Spannungsabsenkungen darf der Betrieb von Stromrichtern durch Ansprechen von Schutzeinrichtungen unterbrochen werden.

Die Frequenz des Wechselspannungsnetzes darf vom Nennwert höchstens um $\pm 1\%$ abweichen. In Drehstromnetzen darf weder die Spannung des Gegensystems noch die des Nullsystems mehr als 2% der Spannung des Mitsystems betragen.

In Netzen, die von Akkumulatorbatterien versorgt werden, darf der Mittelwert der Spannung zwischen 85 und 115% der Nennspannung schwanken. Bei Spannungsabsenkungen unter 85% der Nennspannung darf der Betrieb durch Ansprechen von Schutzeinrichtungen unterbrochen werden. Als Bereich der Eingangsspannung für alle anderen Gleichstromquellen ist Nenneingangsspannung +5%, −7,5% festgelegt. Für Wechselstromumrichter gilt für den Bereich der Eingangswechselspannung Nenneingangsspannung ±10% (nach VDE 0558, Teil 2). Für Überlagerungen auf der Eingangsgleichspannung gilt eine Schwingungsweite ≤ 15% der Nenneingangsspannung als zulässig (bei Akkumulatoren höchstens 10% der Nenneingangsspannung).

Ungewöhnliche Betriebsbedingungen Diese erfordern zusätzliche Maßnahmen und sind vom Anwender ausdrücklich anzugeben. Ungewöhnliche Betriebsbedingungen liegen vor, wenn die zulässigen Toleranzen der Netzwechsel- bzw. Netzgleichspannung überschritten werden.

Ungewöhnliche Betriebsbedingungen sind auch ungewöhnliche mechanische Beanspruchungen, Kühlwasser mit Kondensation oder Rohrverstopfungen verursachenden Bestandteilen, feste Bestandteile in der Kühlluft, aggressive Atmosphäre in der Umgebung, Explosionsgefahr, radioaktive Strahlung. Weiter gelten ungewöhnliche Kühlmitteltemperaturen oder Umgebungstemperaturen, beträchtliche und rasche Temperaturschwankungen und hohe relative Luftfeuchtigkeit sowie Aufstellungshöhen von mehr als 1000 m über NN als ungewöhnliche Betriebsbedingungen.

11   Energetische Verhältnisse

Die Betrachtung der energetischen Verhältnisse, das ist der zeitliche Verlauf der Leistung in den verschiedenen Komponenten eines Systems und die durch Integration über der Zeit daraus gewonnene Arbeit (Energie), führt zu allgemeinen und oft leicht zugänglichen Aussagen. Dies gilt auch für Systeme der Leistungselektronik, also einer Kombination von Netzen (Energiequellen), Stromrichtern und Verbrauchern [11.8].

In Abschn. 8.2.9 wurde bereits für die Berechnung einer Kondensatorlöschung das Aufstellen einer Energiebilanz am Anfang und Ende des Kommutierungsvorganges vorgenommen. In elektrischen Stromkreisen können magnetische Energien in Induktivitäten und elektrische in Kondensatoren gespeichert werden. Wirkwiderstände setzen elektrische Energie in Wärme um. Energiequellen und Verbraucher werden meist durch Ersatzschaltungen mit eingeprägten Spannungen und Innenwiderständen dargestellt, die sich nach Zeitfunktionen ändern können (s. Abschn. 9 und 10). Im physikalischen Sinn treten hier Umwandlungen anderer Energieformen in elektrische Energie bzw. umgekehrt auf.

11.1   Energiequellen

Die Erzeugung elektrischer Energie wird überwiegend mittels elektrischer Maschinen (Generatoren) vorgenommen, bei denen nach dem von Siemens entdeckten elektrodynamischen Prinzip mechanische Energie in elektrische umgewandelt wird. Daneben gibt es Formen der direkten Energieumwandlung, bei denen elektrische Energie aus chemischer Energie oder aus anderen Energieformen wie Wärme oder Licht direkt, d. h. ohne Umweg über elektrische Maschinen, erzeugt wird.

Dazu ist in jedem Fall sogenannte Primärenergie erforderlich. In Bild 11.1 sind die wichtigsten Formen von Primärenergie zusammengestellt, daneben Verfahren zur

Primärenergie	Erzeugung elektrischer Energie
fossile Brennstoffe	*Elektrische Maschinen*
(Erdöl, Kohle, Erdgas)	*(Generatoren, Dynamos)*
Kernbrennstoffe	*Turbogeneratoren*
Wasserenergie	*Wasserkraftgeneratoren*
Sonnenstrahlung	*Dieselgeneratoren*
Windenergie	*Bordnetzgeneratoren*
geothermische Energie	*(Lichtmaschinen, Ladegeneratoren...)*
	Direkte Energieumwandlung
	Akkumulatoren
	Galvanische Brennstoffe
	Isotopenbatterien
	Thermoelektrische Generatoren
	Lichtelektrische Zellen
	Magnetohydrodynamische
	Generatoren

Bild 11.1 Primärenergie und Erzeugung elektrischer Energie

Erzeugung elektrischer Energie. Mit elektrischen Maschinen wird überwiegend Drehstrom bzw. Wechselstrom erzeugt, nur in Sonderfällen Gleichstrom. Bei der direkten Energieumwandlung entsteht Gleichspannung bzw. Gleichstrom.

11.2 Zeitlicher Verlauf der Leistung

Der Augenblickswert p der Leistung ist gleich dem Produkt des Augenblickswerts u der Spannung in einem beliebigen Abschnitt eines Stromkreises mit dem Augenblickswert i des Stromes in diesem Abschnitt. Bei Wechselspannungen und -strömen nimmt dieses Produkt meist positive und negative Werte während einer jeden Periode an. Positive Werte von p zeigen einen Energiefluß in der einen Richtung an, negative Werte einen Energiefluß in entgegengesetzter Richtung [10.23].

Für einen Stromkreis mit sinusförmig verlaufender Wechselspannung und sinusförmig verlaufendem, um den Winkel φ phasenverschobenem Strom ist der zeitliche Verlauf der Leistung p in Bild 11.2 dargestellt. Es ergibt sich eine mit doppelter Netzfrequenz um den Mittelwert schwingende Leistungspulsation (s. Abschn. 7.1.7). Die mittlere Leistung (Wirkleistung) ist

$$P = \frac{1}{T} \int_0^T uidt. \tag{11.1}$$

Die Amplitude des Wechselanteils der Leistungsschwingung ist die Scheinleistung

$$S = UI. \tag{11.2}$$

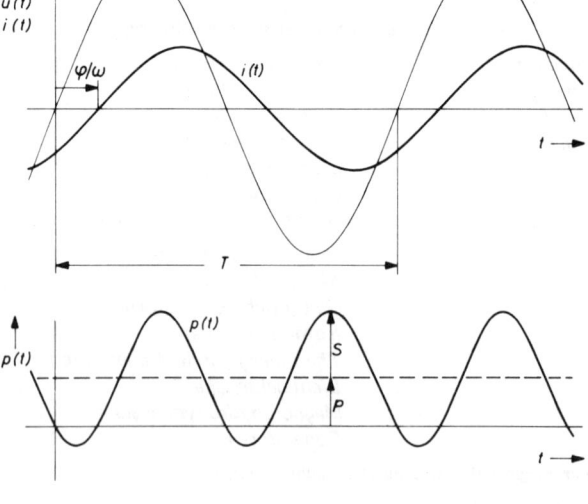

Bild 11.2
Zeitlicher Verlauf
der Leistung p bei
sinusförmigem
phasenverschobe-
nem Strom

Die mittlere Leistung (Wirkleistung) ist

$$P = UI \cos \varphi. \tag{11.3}$$

U bzw. I sind die Effektivwerte der Spannung u bzw. des Stromes i. Für die Augenblickswerte p der Leistung gilt

$$p = ui = P - S \cos (2\omega t - \varphi). \tag{11.4}$$

Bei Stromrichtern treten im allgemeinen nichtsinusförmige elektrische Größen auf, die jedoch meist periodisch sind. Die durch die periodischen Schaltvorgänge erzeugten Ströme im Wechsel- bzw. Drehstromnetz sind nur im Sonderfall idealer Filter sinusförmig. Die nichtsinusförmigen Ströme rufen auch in Netzen mit eingeprägter sinusförmiger Spannung am Netzinnenwiderstand nichtsinusförmige Spannungsabfälle hervor (s. Abschn. 9.3). Der zeitliche Verlauf der Leistung als Produkt aus Spannung und Strom ist ebenfalls nichtsinusförmig. Die gebräuchlichen Definitionen von Wirkleistung, Scheinleistung und Blindleistung für sinusförmigen Spannungs- und Stromverlauf reichen daher für die Beschreibung der energetischen Verhältnisse bei Stromrichtern nicht aus. Es ist notwendig, den zeitlichen Verlauf der Leistung

$$p(t) = u(t) \, i(t) \tag{11.5}$$

mit der sich ergebenden Energie

$$w(t) = \int p(t) dt = \int u(t) i(t) dt \tag{11.6}$$

zu betrachten. Bei periodischen Größen (Periode T) sind eine Reihe von Leistungsdefinitionen genormt (DIN 40110). Unter der Voraussetzung s i n u s f ö r m i g e r Spannung und n i c h t s i n u s - f ö r m i g e n Stromes gelten folgende Definitionen:

$$\text{Wirkleistung } P = UI_1 \cos \varphi_1, \tag{11.7}$$

wobei U der Effektivwert der Spannung, I_1 der Effektivwert der Grundschwingung des Stromes und φ_1 die Phasenverschiebung zwischen Spannung und Grundschwingung des Stromes sind.

Weitere Definitionen, die in Abschn. 7.1.7 bereits eingeführt wurden, sind

$$\text{Scheinleistung } S = UI \tag{11.8}$$

als Produkt der Effektivwerte von Spannung und Strom,

$$\text{Blindleistung } Q = \sqrt{S^2 - P^2}, \tag{11.9}$$

$$\text{Grundschwingungsblindleistung } Q_1 = UI_1 \sin \varphi_1, \tag{11.10}$$

$$\text{Verzerrungsleistung } D = U \sqrt{I_2^2 + I_3^2} \ldots \tag{11.11}$$

und $\text{Grundschwingungsgehalt } g_i = \dfrac{I_1}{I}.$ $\tag{11.12}$

Zwischen der Scheinleistung S, der Wirkleistung P, der Grundschwingungs-Blindleistung Q_1 und der Verzerrungsleistung D besteht die Beziehung

$$S^2 = P^2 + Q_1^2 + D^2, \tag{11.13}$$

die sich grafisch durch das bekannte Leistungs-Vierflach darstellen läßt (s. Bild 7.16). Dem Verhältnis von Wirk- zu Scheinleistung kommt besondere Bedeutung zu. Es wird

$$\text{Leistungsfaktor } \lambda = \frac{P}{S} = g_i \cos \varphi_1 \tag{11.14}$$

genannt. Der Grundschwingungs-Leistungsfaktor $\cos \varphi_1$, der meist als Verschiebungs-faktor bezeichnet wird, ergibt also erst durch Multiplikation mit dem Grundschwingungsgehalt g_i den Leistungsfaktor λ, d. h. λ ist bei nichtsinusförmigen Strömen kleiner als der Verschiebungsfaktor $\cos \varphi_1$. Alle aufgeführten Definitionen gelten nur unter der Voraussetzung sinusförmiger Spannung. Bei nichtsinusförmiger Spannung verlieren sie ihre Gültigkeit.

Es sind weitere Leistungsdefinitionen vorgeschlagen worden [11.3], [11.4], [11.5], die auch bei nichtsinusförmigen periodischen Größen anwendbar sind. Für die Wirkleistung P gilt stets die Beziehung (11.1).

Auch die Scheinleistung S kann allgemein als Produkt von Effektivwert der Spannung und des Stromes definiert werden (Gl. (11.2)).

Darüber hinaus hat Tröger [11.2], [11.2a] die Begriffe

$$\text{Rücklaufleistung } P_r = \frac{1}{2T} \int_0^T [\,|u(t)i(t)| - u(t)i(t)]dt, \tag{11.15}$$

$$\text{Durchlaufleistung } P_d = \frac{1}{T} \int_0^T |u(t)i(t)|dt = P + 2P_r \tag{11.16}$$

sowie $\text{Vorlaufleistung } P_v = P + P_r \tag{11.17}$

vorgeschlagen. Diese Leistungsgrößen sind Mittelwerte und führen bei oberschwingungsbehafteten Systemen zu eindeutigen und physikalisch verständlichen Begriffen. Außerdem lassen sie sich messen.

In Bild 11.3 ist zur Veranschaulichung der zeitliche Verlauf der Leistung p bei einem netzgeführten Stromrichter dargestellt. In diesem Beispiel wurde wieder sinusförmiger Spannungsverlauf u(t) angenommen. Der Wechselstrom i(t) hat während der Kommutierungszeit sinusförmigen, sonst konstanten Verlauf und eilt der Spannung um den Winkel φ_1 nach. Der zeitliche Verlauf p(t) der Leistung ergibt sich durch Multiplikation von Spannung und Strom, die Wirkleistung P als Mittelwert von p(t) und die Rücklaufleistung P_r als Mittelwert des Betrages der negativen Leistungszeitflächen.

Zusammenfassend sei noch einmal darauf hingewiesen, daß physikalische Bedeutung nur dem zeitlichen Verlauf und der sich daraus ergebenden mittleren Leistung zukommt. Die übrigen Begriffe wie Blindleistung, Verzerrungsleistung oder Scheinleistung sind Rechengrößen, die sich aus der mathematischen Zerlegung von Spannung und Strom in Grund- und Oberschwingungen bzw. Wirk- und Blindkomponenten ergeben.

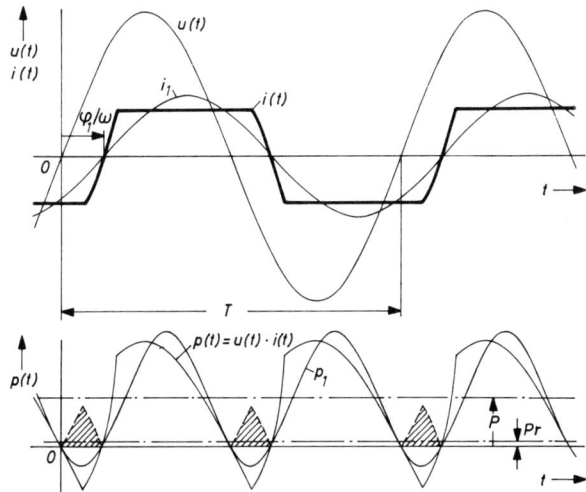

Bild 11.3
Zeitlicher Verlauf der Leistung p bei einem netzgeführten Stromrichter (einphasige Brückenschaltung)

11.3 Stromrichtertypen

In Abschnitt 5.5 waren die Stromrichter statt nach der ausgeführten Grundfunktion (Gleichrichten, Wechselrichten, Gleichstromumrichten und Wechselstromumrichten), d. h. ihrer äußeren Wirkungsweise, nach ihrer inneren Wirkungsweise unterschieden worden, nämlich nach der Art der Kommutierung. Nach diesem Unterscheidungsmerkmal ergeben sich drei verschiedene Stromrichtertypen, und zwar Halbleiterschalter und -steller (ohne Kommutierung), fremdgeführte Stromrichter und selbstgeführte Stromrichter, die in den Abschn. 6, 7 und 8 ausführlich behandelt wurden.

Die innere Wirkungsweise von Stromrichtern kann außer nach den beschriebenen Merkmalen der natürlichen Kommutierung und der Zwangskommutierung auch nach einem weiteren Funktionsmerkmal unterschieden werden [5.1], [5.2]. Danach lassen sich die Stromrichter in solche mit Kommutierung auf der Wechsel- und solche mit Kommutierung auf der Gleichstromseite unterteilen.

11.3.1 Stromrichter mit wechselstromseitiger Kommutierung

Beim Stromrichtertyp mit wechselstromseitiger Kommutierung wird Wechselstrom in Gleichstrom umgeschaltet oder — bei Energielieferung von der Gleichstrom- zur Wechselstromseite — Gleichstrom in Wechselstrom, wobei der Strom in beiden Fällen auf der Wechselstromseite kommutiert.

Diese Eigenschaft setzt mehrere Bedingungen voraus. Auf der Wechselstromseite ist wegen der dort stattfindenden Kommutierungsvorgänge nur eine mäßige Reaktanz zulässig. Auf der Gleichstromseite kann dagegen eine beliebig große Glättungsinduktivität vor-

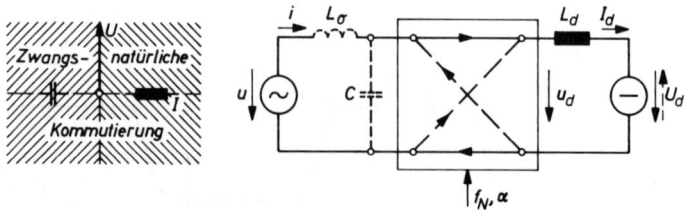

Bild 11.4 Stromrichter mit wechselstromseitiger Kommutierung (gezeichnet mit Ersatzkommutator)

handen sein. Die Halbleiterschalter für diesen Stromrichtertyp sind nur für eine Stromrichtung vorzusehen. In Bild 11.4 ist ein Ersatzkommutator gezeichnet, der periodisch mit Netzfrequenz f_N zwischen den ausgezogenen und gestrichelt eingetragenen Zuständen umschaltet und einer einphasigen Brückenschaltung entspricht. Die eingetragenen Pfeile markieren die Stromrichtung. Es soll vorausgesetzt werden, daß der Kommutator sowohl im Bereich natürlicher Kommutierung als auch Zwangskommutierung arbeiten kann. Im Bereich natürlicher Kommutierung wird die Wechselspannungsquelle mit induktiver Blindleistung belastet, im Bereich der Zwangskommutierung mit kapazitiver Blindleistung.

Bild 11.5 zeigt Ausführungsformen von Stromrichtern mit wechselstromseitiger Kommutierung. Es handelt sich um Stromrichter in einphasiger Brückenschaltung, bei denen der Ersatzkommutator von Bild 11.4 durch Halbleiterschalter verwirklicht ist. Der gebräuchlichste Stromrichtertyp ist unter 11.5a dargestellt. Es handelt sich um einen fremdge-

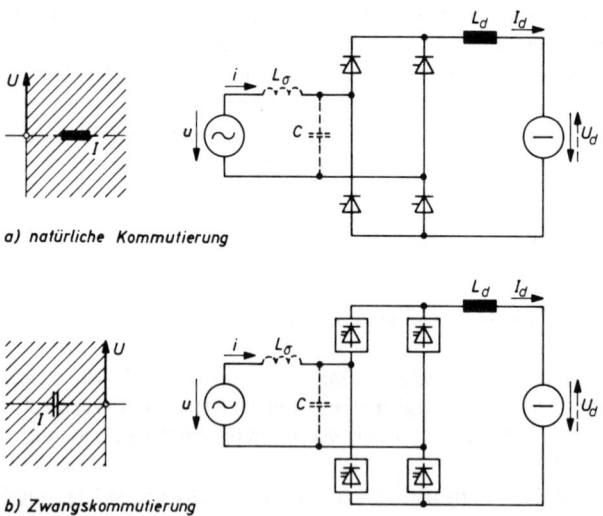

a) natürliche Kommutierung

b) Zwangskommutierung

Bild 11.5 Stromrichter mit wechselstromseitiger Kommutierung

führten Stromrichter (mit natürlicher Kommutierung). Als Halbleiterschalter kommen Gleichrichterdioden oder Thyristoren in Frage. Die Wechselspannungsquelle wird im gesamten Betriebsbereich mit induktiver Blindleistung belastet. Unter 11.5b ist ein Stromrichter mit wechselstromseitiger Kommutierung aber löschbaren Halbleiterschaltern für eine Stromrichtung dargestellt. Dieser Stromrichter gestattet die Belastung der Wechselspannungsquelle mit kapazitiver Blindleistung und gewinnt damit zunehmend an Interesse.

Beim Stromrichter mit wechselstromseitiger Kommutierung ist der Mittelwert U_d der Gleichspannung wegen der starren Verbindung über den Kommutator mit der Wechselspannungsquelle nur von deren Größe und von der Phasenlage der Schaltzeitpunkte zur Wechselspannung abhängig. Der Steuerwinkel α definiert diese Phasenverschiebung der Schaltzeitpunkte zum Nulldurchgang der Kommutierungsspannung. Der Augenblickswert u_d der Gleichspannung hinter dem Kommutator (s. Bild 11.4) kann also je nach Stellung des Kommutators die Werte $u(t)$ oder $-u(t)$ annehmen. Im Sonderfall unsymmetrischer Aussteuerung zusätzlich den Wert $u_d = 0$ (Freilauf). Zwischen der Gleichspannung U_d und dem Steuerwinkel α besteht die bekannte Beziehung $U_d = U_{di} \cos \alpha$. Die Gleichspannung U_{di} bei Vollaussteuerung ($\alpha = 0$) hängt bei gegebener Stromrichterschaltung nur vom Effektivwert U der Wechselspannung ab. Für die in Bild 11.4 und 11.5 dargestellte einphasige Brückenschaltung gilt

$$U_d = \frac{2}{\pi}\sqrt{2}\, U \cos \alpha. \qquad (11.18)$$

Der Steuerwinkel α kann von $0°$ bis $180°$ (Bereich natürlicher Kommutierung) und $180°$ bis $360°$ (Bereich der Zwangskommutierung) variieren. Mit α ist das Verhältnis der Gleichspannung U_d zur Wechselspannung U eindeutig festgelegt. Der durch kleine Spannungsdifferenzen zwischen der Wechsel- und Gleichspannungsquelle getriebene Strom i bzw. I_d wird durch eine Steuerwinkeländerung $\Delta\alpha$ gestellt. Bei guter Glättung gilt zwischen Gleichstrom I_d und Effektivwert I_1 der Grundschwingung des Wechselstromes die Beziehung

$$I_d = \frac{\pi}{4}\sqrt{2}\, I_1 \qquad (11.19)$$

Für alle Stromrichter mit wechselstromseitiger Kommutierung besteht ein fester Zusammenhang zwischen dem Steuerwinkel α und der Phasenverschiebung φ_1 zwischen Spannung und Grundschwingungsstrom auf der Wechselstromseite (s. Abschn. 7.1.7)

$$\cos \varphi_1 = \cos \alpha. \qquad (11.20)$$

Diese Beziehung gilt bei Kommutierungsreaktanzen auf der Wechselstromseite infolge der Überlappung nur näherungsweise. Prinzipiell ist sowohl nacheilender (induktiver) als auch voreilender (kapazitiver) Wechselstrom möglich. Voreilender Wechselstrom ist jedoch nur im Bereich von $\alpha = 180°$ bis $360°$ mit Zwangskommutierung realisierbar.

11.3.2   Stromrichter mit gleichstromseitiger Kommutierung

Beim Stromrichtertyp mit gleichstromseitiger Kommutierung wird Gleichspannung in Wechselspannung umgeschaltet oder − bei Energielieferung von der Wechselstrom- zur Gleichstromseite − Wechselspannung in Gleichspannung, wobei der Strom in beiden Fällen auf der Gleichstromseite kommutiert. Diese Eigenschaft setzt voraus, daß auf der Gleichstromseite nur eine mäßige Reaktanz vorhanden ist. Die Wirkung zu großer Induktivitäten L_σ läßt sich durch Glättungskondensatoren C_d kompensieren. Auf der Wechselstromseite ist zur Begrenzung von Stromoberschwingungen eine Reaktanz erforderlich. Die Halbleiterschalter für diesen Stromrichtertyp sind für zwei Stromrichtungen vorzusehen. In Bild 11.6 ist ein Ersatzkommutator gezeichnet, der ebenfalls einer einphasigen Brückenschaltung entspricht. Stromrichter mit gleichstromseitiger Kommutierung arbeiten in der Regel mit Zwangskommutierung. Die Wechselspannungsquelle wird mit kapazitiver Blindleistung belastet. Im Bereich induktiver Belastung der Wechselspannungs-

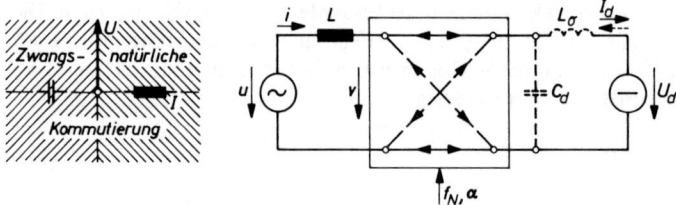

Bild 11.6 Stromrichter mit gleichstromseitiger Kommutierung (gezeichnet mit Ersatzkommutator)

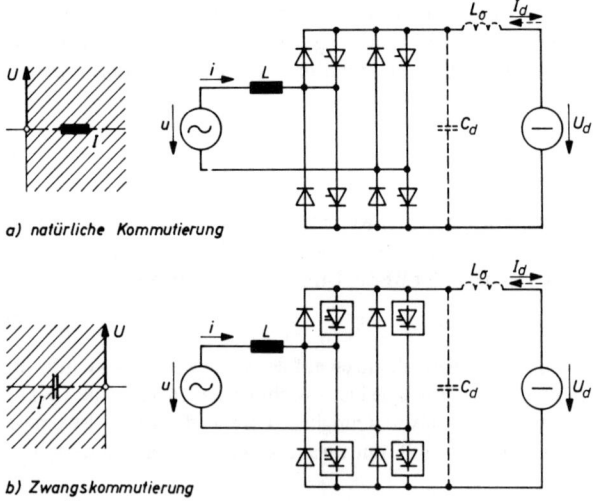

a) natürliche Kommutierung

b) Zwangskommutierung

Bild 11.7 Stromrichter mit gleichstromseitiger Kommutierung

quelle ist natürliche Kommutierung möglich. Dieser Betriebsbereich wird beim Stromrichter mit gleichstromseitiger Kommutierung nur in Sonderfällen angewendet [11.25].

Bild 11.7 zeigt Ausführungsformen von Stromrichtern mit gleichstromseitiger Kommutierung in einphasiger Brückenschaltung, bei denen der Ersatzkommutator von Bild 11.6 durch Halbleiterschalter verwirklicht ist. In Bild 11.7b ist der gebräuchlichste Stromrichtertyp mit gleichstromseitiger Kommutierung dargestellt, der als selbstgeführter Stromrichter mit Zwangskommutierung arbeitet. Die Halbleiterschalter in den einzelnen Brückenzweigen sind für zwei Stromrichtungen ausgestattet. In einer Richtung sind sie löschbar. Die Wechselspannungsquelle wird mit kapazitiver Blindleistung belastet. Unter 11.7a ist ein Sonderfall des Stromrichters mit gleichstromseitiger Kommutierung aufgeführt, der im Bereich induktiver Blindleistungsaufnahme aus der Wechselspannungsquelle mit natürlicher Kommutierung arbeitet, wie z. B. der Reihenschwingkreis-Wechselrichter (s. Bild 7.34). In Drehstrom-Brückenschaltung kann er auch als stetig stellbarer Blindleistungsstromrichter eingesetzt werden. Ebenso läßt sich eine Synchronmaschine mit veränderbarer Frequenz und Spannung mit diesem Stromrichtertyp mit natürlicher Kommutierung betreiben [11.24]. Als Halbleiterschalter werden in jedem Brückenzweig Thyristoren mit gegensinnig parallelgeschalteten Dioden verwendet.

Beim Stromrichter mit gleichstromseitiger Kommutierung besteht ebenfalls ein fester Zusammenhang zwischen der Gleichspannung U_d und der Grundschwingung V_1 der Spannung auf der Wechselspannungsseite des Kommutators (s. Bild 11.6). Für einphasige Brückenschaltungen gilt bei ausreichender Glättung der Gleichspannung U_d die Beziehung

$$U_d = \frac{\pi}{4}\sqrt{2}\,V_1. \tag{11.21}$$

Der Steuerwinkel α, mit dem der Kommutator betrieben wird, bestimmt die Phasenverschiebung zwischen V_1 und U. Diese Phasenverschiebung ist bei gegebenem Strom I von der Induktivität L auf der Wechselspannungsseite abhängig und nähert sich mit abnehmender Induktivität dem Wert Null. Gleichstrom I_d und Effektivwert I_1 der Grundschwingung des Wirkstromes sind nach

$$I_d = \frac{2}{\pi}\sqrt{2}\,I_1 \cos\varphi_1 \tag{11.22}$$

verknüpft. Der Strom wird durch kleine Änderungen $\Delta\alpha$ des Steuerwinkels gestellt. Der Grundschwingungs-Leistungsfaktor $\cos\varphi_1$ kann in allen Quadranten liegen. Bei diesem Stromrichtertyp entfällt die Möglichkeit, den Zusammenhang der Gleichspannung U_d und der Wechselspannung U − wie beim Stromrichter mit wechselstromseitiger Kommutierung − in weiten Grenzen über den Steuerwinkel α zu ändern. Dafür besteht die Möglichkeit des freizügigen Blindleistungsaustausches zwischen Wechselstromnetz und Stromrichter [11.7].

Durch Pulsbetrieb des Kommutators, das ist wiederholtes Ein- und Ausschalten während einer Halbschwingung der Wechselspannung, kann der Zusammenhang zwischen U_d und V_1 in der Weise veränderlich gemacht werden, daß bei gegebener Gleichspannung U_d die Grundschwingung V_1 der Wechselspannung zwischen dem möglichen Höchstwert und Null stetig verstellt werden kann (s. Abschn. 8.3 und 11.6).

11.4   Kupplung von Netzen

Elektrische Energieversorgungsnetze enthalten Wechselspannungsquellen, deren eingeprägte Spannungen sich zeitlich sinusförmig ändern. Erwünscht ist, daß diese Wechselspannungsquellen mit möglichst sinusförmigen Strömen belastet werden, wobei zur Vermeidung von überflüssigem Blindstrom der Phasenverschiebungswinkel φ klein sein soll.
Bei sinusförmigem Spannungs- und Stromverlauf pulsiert die Leistung in den Wechselspannungsquellen sinusförmig mit doppelter Netzfrequenz (s. Bild 11.2)

$$p(t) = u(t)i(t) = \hat{u}\hat{i} \sin \omega t \sin (\omega t - \varphi) = UI \cos \varphi \left[1 - \frac{\cos(2\omega t - \varphi)}{\cos \varphi} \right]. \qquad (11.23)$$

Der Strom in Gleichspannungsquellen bzw. Gleichstromverbrauchern soll möglichst
geglättet, d. h. zeitlich konstant sein. Unter dieser Voraussetzung ist der zeitliche Verlauf der Leistung auf der Gleichstromseite konstant

$$p_d(t) = P_d = U_d I_d. \qquad (11.24)$$

Bei der Kupplung eines einphasigen Wechselstromnetzes mit einem Gleichstromnetz
wären unter den gemachten Voraussetzungen Abweichungen im zeitlichen Verlauf der
in den beiden Quellen umgesetzten Leistung vorhanden. Die Abweichung beträgt

$$p(t) - p_d(t) = -UI \cos (2\omega t - \varphi). \qquad (11.25)$$

Es sind also magnetische und elektrische Speicher zur Aufrechterhaltung des Leistungsgleichgewichts notwendig.

Bei mehrphasigen, symmetrisch belasteten Wechselstromsystemen würde bei sinusförmigem Stromverlauf die Summenleistung aller Phasen zeitlich konstant und damit das
Leistungsgleichgewicht zwischen Drehstrom- und Gleichstromseite erfüllt sein. Bei unsymmetrischer Belastung von Mehrphasensystemen gilt diese Bedingung nur für das Mit-
system der Ströme. Für das durch die Unsymmetrie hervorgerufene Gegensystem ergeben
sich wieder Leistungspulsationen mit doppelter Netzfrequenz.

Leider läßt sich bei der Energieumformung mit Stromrichtern wegen der nichtlinearen
Halbleiterschalter ohne Speicherwirkung die Voraussetzung sinusförmiger Ströme auf
der Wechsel- bzw. Drehstromseite nicht ohne weiteres erfüllen. Vielmehr werden durch
die periodischen Schaltvorgänge Oberschwingungsströme hervorgerufen (s. Abschn. 7.1.9),
die sich nur durch die Hinzunahme von magnetischen und elektrischen Speichern unterdrücken lassen, die zu Filterkreisen ausgebildet sind.

Praktisch werden bisher Oberschwingungsströme im Wechsel- bzw. Drehstromnetz bis zu
einem gewissen Grad in Kauf genommen (s. Abschn. 9.3). Bei der Kupplung von Wechselbzw. Drehstromnetzen mit Gleichstromnetzen bzw. Gleichstromverbrauchern wird im
allgemeinen durch einen magnetischen Speicher auf der Gleichstromseite für den Anwendungsfall ausreichend geglättet. Auf der Wechsel- bzw. Drehstromseite treten dann die für
Stromrichterbelastung typischen rechteck- bzw. treppenförmigen Ströme auf.

Prinzipiell lassen sich magnetische und elektrische Speicher zu Filtern kombinieren, welche in der Lage sind, Energiependelungen mit doppelter Netzfrequenz und die übrigen

höherfrequenten Energiependelungen aufzunehmen, und außerdem im Wechsel- bzw. Drehstromnetz sinusförmigen und im Gleichstromnetz konstanten Stromverlauf sicherzustellen. In solchen, aus Spannungsquellen, Transformatoren, linearen Energieumsetzern (Widerständen) und linearen Energiespeichern (s. Bild 2.1) und nichtlinearen Halbleiterschaltern ohne Energieaufnahmevermögen (s. Bild 2.2 und 2.3) aufgebauten Netzwerken lassen sich die beiden gemachten Voraussetzungen erfüllen, nämlich daß die Leistungsbilanz in jedem Zeitpunkt ausgeglichen ist (notwendige Bedingung) und daß die Ströme sinusförmig bzw. konstant sind (erwünschte Bedingung). Die Leistungsbilanz wird durch die Bedingung

$$\Sigma\, p(t) = 0 \qquad\qquad (11.26)$$

beschrieben.

Die Quellen tragen mit

$$p(t) = u(t)i(t), \qquad\qquad (11.27)$$

magnetische Speicher mit

$$p_L(t) = Li_L di_L/dt, \qquad\qquad (11.28)$$

elektrische Speicher mit

$$p_C(t) = Cu_C du_C/dt \qquad\qquad (11.29)$$

und ohmsche Widerstände als Energieumsetzer mit

$$u_R^2/R \quad\text{bzw.}\quad Ri_R^2 \qquad\qquad (11.30)$$

zu dieser Bilanz bei.

11.4.1 Kupplung von Wechselstrom- und Gleichstromnetz

Es sollen zunächst die bei der Kupplung einer einphasigen Wechselspannungsquelle mit einer Gleichspannungsquelle über verschiedene Stromrichtertypen auftretenden energetischen Verhältnisse untersucht werden. Betrachtet man also ein System Wechselspannungsquelle, Filter f auf der Wechselstromseite, Kommutator (einphasige Brückenschaltung mit Halbleiterschaltern), Filter F auf der Gleichstromseite und Gleichspannungsquelle (Bild 11.8), so soll vorausgesetzt werden, daß der Wechselstrom sinusförmig verläuft und der Gleichstrom konstant ist [11.17].

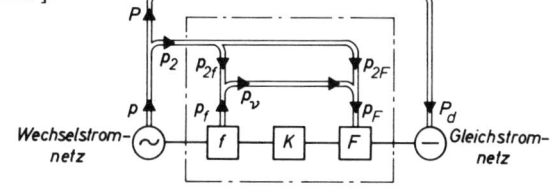

Bild 11.8 Leistungsfluß bei der Kupplung eines Wechsel- mit einem Gleichstromnetz über Stromrichter
f Filter auf der Wechselstromseite, K Kommutator (Halbleiterschalter),
F Filter auf der Gleichstromseite

In Bild 11.8 ist der Leistungsfluß zwischen den Quellen bzw. den Speichern dargestellt.
Die Wechselspannungsquelle liefert die Leistung p, die sich aus einem konstanten Anteil
P, der als Gleichstromleistung P_d zur Gleichstromseite fließt, und einer mit doppelter
Netzfrequenz um Null oszillierenden Leistung p_2 zusammensetzt. p_2 fließt in die Filter f
und F. Es gilt

$$p_2 = p_{2f} + p_{2F}. \qquad (11.31)$$

Daneben findet zwischen den beiden Filtern ein Austausch an Oberschwingungsleistung
p_ν statt.

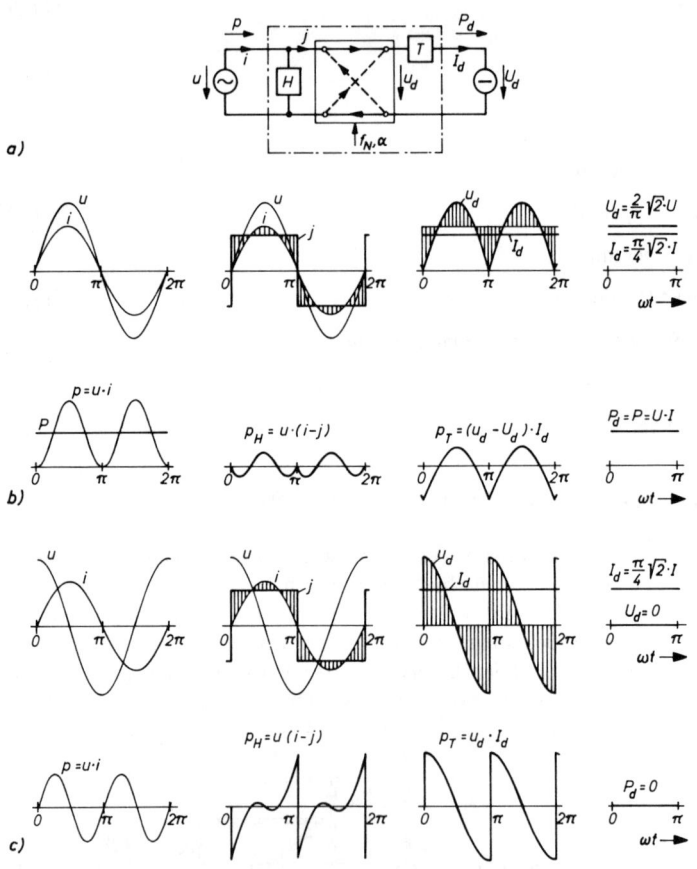

Bild 11.9 Spannungs-, Strom- und Leistungsverlauf beim Stromrichter mit wechselstromseitiger
Kommutierung (einphasige Brückenschaltung)
a) Schalten mit Ersatzkommutator und idealen Filtern
b) bei Wirkleistung ($\alpha = 0°$)
c) bei induktiver Blindleistung ($\alpha = 90°$)

In Bild 11.9 sind Spannungs-, Strom- und Leistungsverlauf bei der Kupplung einer Wechsel- mit einer Gleichspannungsquelle über einen Stromrichter mit wechselstromseitiger Kommutierung und zwei idealisierten Filtern mit Hochpaßcharakter auf der Wechselstromseite und Tiefpaßcharakter auf der Gleichstromseite gezeichnet. Dargestellt sind zwei Betriebsfälle, nämlich Steuerwinkel $\alpha = 0$ (Vollaussteuerung mit Wirkbelastung der Wechselspannungsquelle) und Steuerwinkel $\alpha = 90°$ (mit induktiver Belastung der Wechselspannungsquelle). Spannung und Strom zeigen den bekannten Verlauf. Interessant ist der Verlauf der Leistungen p_H und p_T in den wechselstrom- bzw. gleichstromseitigen Filtern. Zu jedem Zeitpunkt gilt die Gleichung

$$p = p_H + p_T + P_d. \tag{11.32}$$

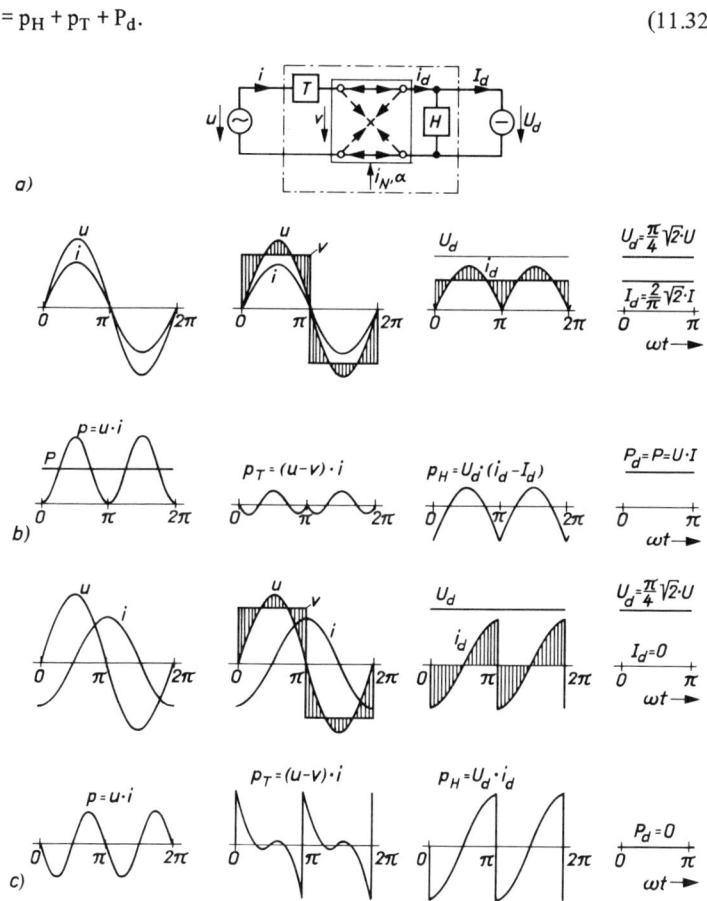

Bild 11.10 Spannungs-, Strom- und Leistungsverlauf beim Stromrichter mit gleichstromseitiger
    Kommutierung (einphasige Brückenschaltung)
    a) Schaltung mit Ersatzkommutator und idealen Filtern,
    b) bei Wirkleistung ($\alpha = 0$), c) bei induktiver Blindleistung ($\alpha = 90°$)

Die Leistungszeitflächen zwischen zwei Nulldurchgängen der Leistungen p_H bzw. p_T sind ein Maß für die von den Filtern zu speichernde Energie und damit für die Größe der Filter. Man erkennt, daß beim Steuerwinkel $\alpha = 90°$ (Blindleistungsbetrieb ohne Wirkleistungsübertragung) die von den Filtern zu speichernden Energien am höchsten sind. Das gleichstromseitige Filter T muß mehr Energie speichern als das wechselstromseitige Filter H; bei $\alpha = 90°$ ist seine Leistungszeitfläche sogar größer als die maximale Leistungszeitfläche der Wechselspannungsquelle.

Bild 11.10 zeigt Spannungs-, Strom- und Leistungsverlauf bei der Kupplung einer Wechsel- mit einer Gleichspannungsquelle über einen Stromrichter mit Kommutierung auf der Gleichstromseite und einem Filter T mit Tiefpaßcharakter auf der Wechselstrom- und einem Filter H mit Hochpaßcharakter auf der Gleichstromseite. Hier sind ebenfalls die Bild 11.9b und c entsprechenden Betriebszustände dargestellt, nämlich Wirkstrom und induktiver Blindstrom in der Wechselspannungsquelle.

Bei näherem Vergleich der Bilder 11.9 und 11.10 erkennt man den Dualismus zwischen sinusförmiger Spannung u und rechteckförmigem Strom j vor dem Kommutator beim Stromrichter mit Kommutierung auf der Wechselstromseite einerseits und sinusförmigem Strom i und rechteckförmiger Spannung v vor dem Kommutator beim Stromrichter mit Kommutierung auf der Gleichstromseite andererseits. Dieser Dualismus von Strom und Spannung führt zu entsprechenden Leistungsverläufen bei den beiden Stromrichtertypen. Auch beim Stromrichter mit Kommutierung auf der Gleichstromseite hat das gleichstromseitige Filter H die höhere Energie zu speichern.

11.4.2 Kupplung von Drehstrom- und Gleichstromnetz

Es sollen nun die entsprechenden Verhältnisse bei der Kupplung mehrphasiger Wechselstromnetze mit einem Gleichstromnetz behandelt werden. Dabei ergibt sich die Erleichterung, daß ein mehrphasiges System mit symmetrischen sinusförmigen Strömen eine zeitlich konstante Leistung liefert, wie sie auf der Gleichstromseite verlangt wird. Bild

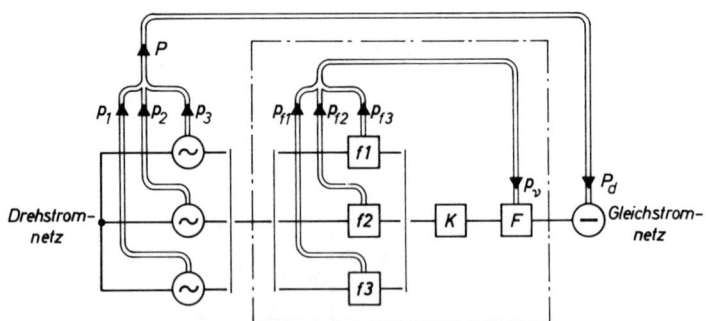

Bild 11.11 Leistungsfluß bei der Kupplung eines Drehstrom- mit einem Gleichstromnetz über
Stromrichter
f1...f3 Filter auf der Drehstromseite, K Kommutator (Halbleiterschalter),
F Filter auf der Gleichstromseite

11.11 zeigt den Leistungsfluß. Auf der Wechsel- bzw. Drehstromseite sind in diesem Fall drei Filter f_1, f_2 und f_3 erforderlich. Die Augenblicksleistungen p_1, p_2 und p_3 der drei Wechselspannungsquellen 1, 2 und 3 (s. Bild 11.2 und Gl. (11.23)) ergeben eine konstante Leistung P, die gleich der Gleichstromleistung P_d ist. Es gilt

$$p_1 = \frac{P}{3} + p_{21}, \tag{11.33a}$$

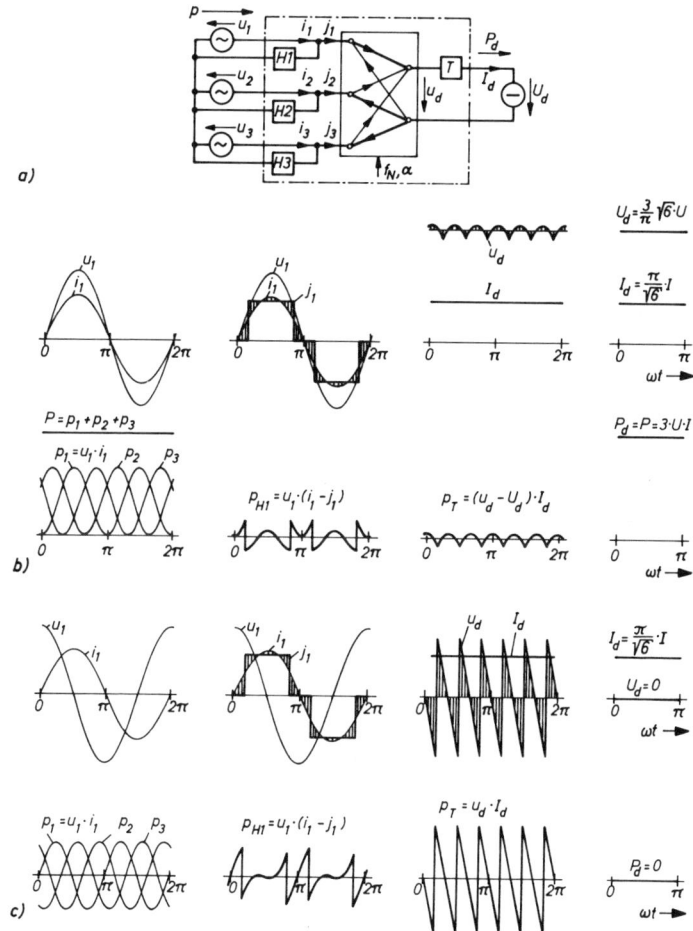

Bild 11.12 Spannungs-, Strom- und Leistungsverlauf beim Stromrichter mit wechselstromseitiger Kommutierung (Drehstrom-Brückenschaltung)
a) Schaltung mit Ersatzkommutator und idealen Filtern,
b) bei Wirkleistung ($\alpha = 0$), c) bei induktiver Blindleistung ($\alpha = 90°$)

$$p_2 = \frac{P}{3} + p_{22},\tag{11.33b}$$

$$p_3 = \frac{P}{3} + p_{23},\tag{11.33c}$$

mit der Summe der mit doppelter Netzfrequenz pulsierenden Teilleistungen

$$p_{21} + p_{22} + p_{23} = 0.\tag{11.34}$$

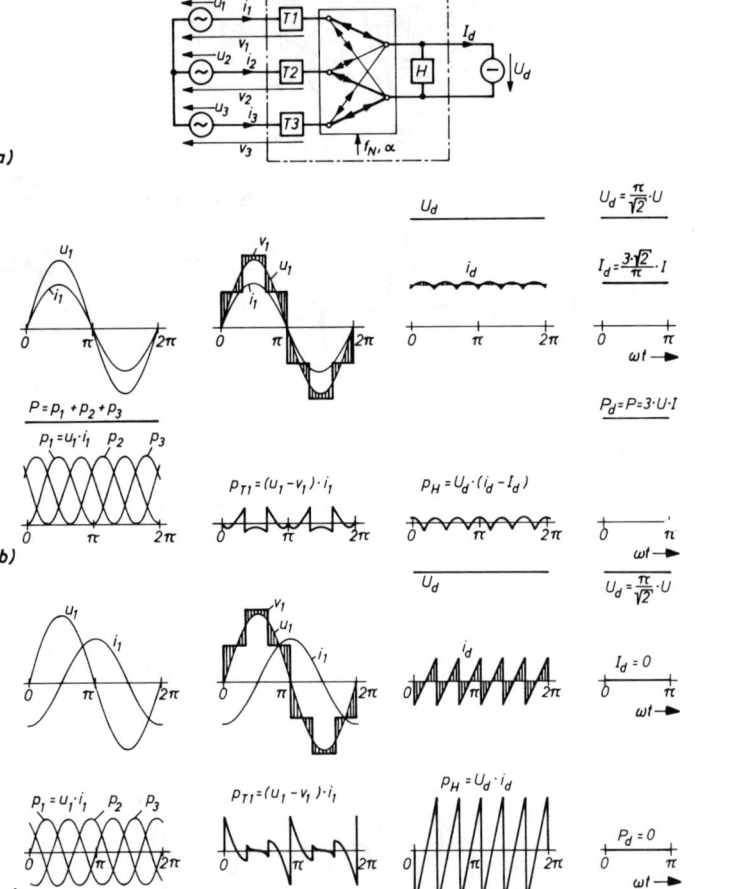

Bild 11.13 Spannungs-, Strom- und Leistungsverlauf beim Stromrichter mit gleichstromseitiger Kommutierung (Drehstrom-Brückenschaltung)
a) Schaltung mit Ersatzkommutator und idealen Filtern,
b) bei Wirkleistung ($\alpha = 0$), c) bei induktiver Blindleistung ($\alpha = 90°$)

Zwischen den wechsel- und gleichstromseitigen Filtern wird nur noch die Oberschwingungsleistung p_ν ausgetauscht.

Bild 11.12 zeigt Spannungs-, Strom- und Leistungsverlauf beim Stromrichter in Drehstrom-Brückenschaltung mit Kommutierung auf der Wechselstromseite für zwei charakteristische Betriebszustände, nämlich Steuerwinkel $\alpha = 0°$ (Vollaussteuerung mit Wirkstrom im Drehstromnetz) und Steuerwinkel $\alpha = 90°$ (induktiver Blindstrom im Drehstromnetz).

Bild 11.13 zeigt die entsprechenden Verläufe beim Stromrichter in Drehstrom-Brückenschaltung mit Kommutierung auf der Gleichstromseite, ebenfalls für zwei Betriebszustände, nämlich Wirkstrom und induktiver Blindstrom im Drehstromnetz. Gegenüber den vorher betrachteten einphasigen Stromrichtern ist bezeichnend, daß die Filter keine Leistungspulsationen mit doppelter Netzfrequenz mehr zu liefern bzw. aufzunehmen haben. Im Filter auf der Gleichstromseite pulsiert die Leistung p_ν mit der Frequenz $2mf_N$ und höheren Harmonischen (m = Phasenzahl, f_N = Netzfrequenz) [11.28].

Auch bei mehrphasigen Systemen besteht ein Dualismus zwischen den Spannungen und Strömen beim Stromrichtertyp mit wechselstromseitiger Kommutierung einerseits und den Strömen und Spannungen beim Stromrichtertyp mit gleichstromseitiger Kommutierung andererseits. Wegen des balancierten Drehstromsystems und der höheren Frequenz der Leistungspulsationen sind die von den Filtern zu speichernden Energien kleiner als bei einphasigen Stromrichtern. Die größten Anforderungen an die Filter treten auch hier beim Steuerwinkel $\alpha = 90°$ auf (Blindleistungsbetrieb).

11.5   Pulszahl

Bei den bisherigen Beispielen sind unter vielen möglichen Schaltungen nur zwei typische Stromrichterschaltungen betrachtet worden, die einphasige Brückenschaltung und die Drehstrom-Brückenschaltung. Die Drehstrom-Brückenschaltung ist die bei Halbleiterbauelementen gebräuchlichste Schaltung. Darüber hinaus werden in der Leistungselektronik eine Vielzahl weiterer Stromrichterschaltungen verwendet (s. Abschn. 7.1.5), von denen hier jedoch nicht jede einzeln behandelt zu werden braucht. Es soll aber noch einmal auf ein allgemeines Schaltungsprinzip hingewiesen werden, daß durch Erhöhung der Pulszahl einer Stromrichterschaltung die Spannungs- und Stromoberschwingungen auf der Wechsel- bzw. Drehstromseite und auf der Gleichstromseite wesentlich verringert werden können.

Die Pulszahl p ist definiert als Gesamtzahl der nicht gleichzeitigen Stromübernahmen durch Hauptzweige einer Stromrichterschaltung während einer Periode (s. Abschn. 7.1.1). Die Erhöhung der Pulszahl setzt also eine Erhöhung der Anzahl der Hauptzweige eines Stromrichters, d. h. der Mindestanzahl von Halbleiterschaltern, voraus. Dies führt zu einer Verringerung der Oberschwingungen, das heißt z. B., daß die Gleichspannungen glatter und die Wechselströme sinusförmiger werden.

In Abschn. 7.1.9 wurden die Oberschwingungen fremdgeführter Stromrichter bereits behandelt. Es ergab sich, daß bei fremdgeführten Stromrichtern in der Gleichspannung

u_d Oberschwingungen der Ordnungszahl $\nu = kp$ mit $k = 1, 2, 3 \ldots$ auftreten. Bei Vollaussteuerung hat die ν-te Oberschwingung der Gleichspannung den Wert

$$U_{\nu i} = \frac{\sqrt{2}}{\nu^2 - 1} U_{di} \qquad (11.35)$$

(U_{di} = ideelle Gleichspannung). Die Oberschwingungsströme im Wechsel- bzw. Drehstromnetz haben die Ordnungszahl $\nu = kp \pm 1$ mit $k = 1, 2, 3 \ldots$. Ihre Amplitude nimmt mit steigender Ordnungszahl ab. Es gilt

$$I_{\nu i} = \frac{I_{1i}}{\nu} \qquad (11.36)$$

(I_{1i} = Grundschwingung des ideellen Netzstromes). Ähnliches gilt für die Abhängigkeit der auftretenden Oberschwingungen von der Pulszahl bei selbstgeführten Stromrichtern.

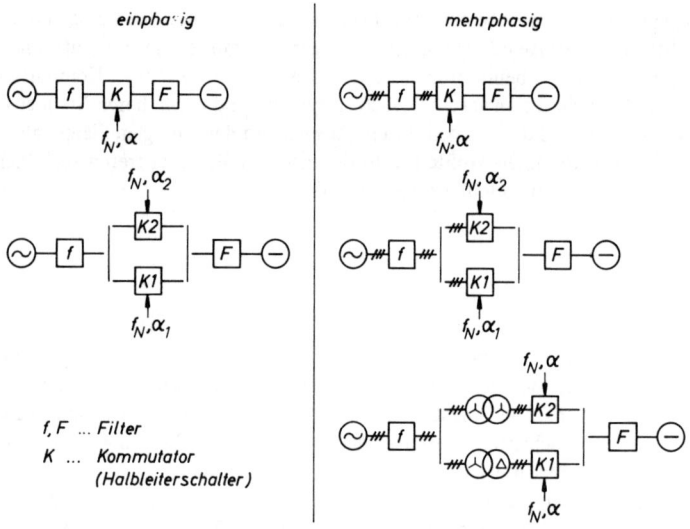

Bild 11.14   Verfahren zur Erhöhung der Pulszahl von Gleich- und Wechselrichtern

In Bild 11.14 sind allgemeine Prinzipien zur Erhöhung der Pulszahl von Gleich- und Wechselrichtern aufgeführt. Sie bestehen im Übergang von einphasigen auf mehrphasige Wechselstromnetze und in der zusätzlichen Phasenschwenkung der Wechselspannungen durch Stromrichtertransformatoren. Daneben ist auch eine phasenversetzte Aussteuerung von Teilstromrichtern möglich. Dazu müssen die Steuerwinkel α_1 und α_2 der Teilstromrichter K1 bzw. K2 um gleiche Winkel vor- bzw. nacheilen. Allerdings ist ein voreilender Steuerwinkel nur durch Zwangskommutierung erreichbar.

In Bild 11.15 ist die mit der Erhöhung der Pulszahl p verbundene bessere Annäherung des Netzstromes an die gewünschte Sinusform veranschaulicht. Bei einem Stromrichter

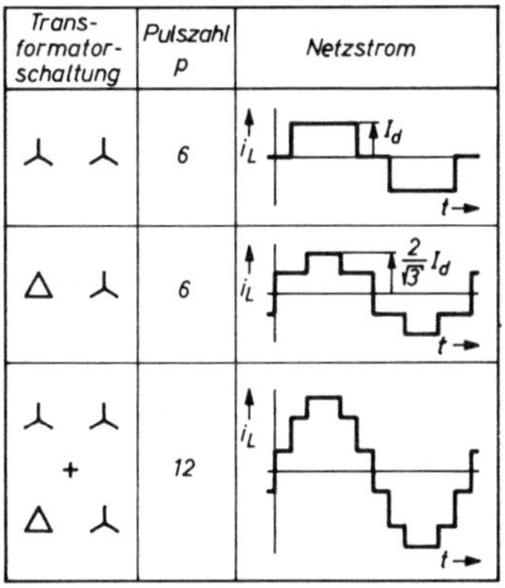

Trans-formator-schaltung	Pulszahl p	Netzstrom
⊥ ⊥	6	
△ ⊥	6	
⊥ ⊥ + △ ⊥	12	

Bild 11.15
Kurvenform der Netzströme von sechs- und
zwölfpulsigen Stromrichtern

in Drehstrom-Brückenschaltung ergibt sich auf der Netzseite im Idealfall der gezeichnete Stromverlauf mit $120°$-Rechteckblöcken wechselnder Polarität, wenn der Stromrichtertransformator primär- und sekundärseitig im Stern geschaltet ist. Bei primärseitiger Dreieckschaltung des Stromrichtertransformators erhält man für die gleiche Stromrichterschaltung den treppenförmigen Stromverlauf im Netz mit zwei unterschiedlichen Stromwerten bei wechselnder Polarität. Beide Stromkurvenformen haben exakt die gleichen Amplituden der Oberschwingungsströme. Die 5. und 7., 17. und 19. usw. Stromharmonische sind jedoch so gegeneinander phasenverschoben, daß sie sich bei der Addition auslöschen. Der Summenstrom im Netz hat dann den gezeichneten treppenförmigen Verlauf mit drei verschiedenen Stromwerten bei wechselnder Polarität. Außer der Grundschwingung treten als niedrigste Stromharmonische die 11. und 13. auf.

Die Erhöhung der Pulszahl führt also zu einer Verringerung der Strom- und Spannungsoberschwingungen und damit zu einer Verringerung des Aufwandes für die wechselstrombzw. gleichstromseitigen Filter. Dies zeigt sich anschaulich beim Vergleich der Bilder 11.9 bzw. 11.10 mit den Bildern 11.12 bzw. 11.13, bei denen die Verhältnisse der einphasigen Brückenschaltung (Pulszahl p = 2) denen der Drehstrom-Brückenschaltung (Pulszahl p = 6) gegenübergestellt sind.

11.6   Pulsfrequenz

Bei allen in diesem Abschnitt betrachteten Stromrichterschaltungen war — ohne daß darauf jedesmal ausdrücklich hingewiesen wurde — vorausgesetzt, daß die Halbleiterschalter in den Stromrichterzweigen bzw. der Ersatzkommutator periodisch mit der Frequenz f_N der Wechselspannungsquelle schalten, d. h. ein Halbleiterschalter durchläuft je Netzperiode einen Schaltzyklus Ein/Aus.

Selbstgeführte Stromrichter mit Zwangskommutierung erlauben es, diese einschränkende Schaltbedingung aufzuheben und wiederholt pro Netzperiode ein- und auszuschalten (vgl. Abschn. 8.2 und 8.3). Damit erhöht man ohne Vergrößerung der Anzahl der Halbleiterschalter (wie bei der Erhöhung der Pulszahl mit den konventionellen, in Abschn. 11.5 beschriebenen Verfahren) durch wiederholtes Schalten die Gesamtzahl der nicht gleichzeitigen Kommutierungen während einer Netzperiode und eröffnet einen weiteren Weg zur Verringerung von Strom- und Spannungsoberschwingungen. Die Frequenz, mit der die Halbleiterschalter bzw. der Ersatzkommutator dabei schalten, wird als Pulsfrequenz f_p bezeichnet. Im Prinzip kann die Pulsfrequenz f_p ein beliebiges (auch gebrochenes) Vielfaches der Netzfrequenz betragen. Sie braucht auch nicht zeitlich konstant zu sein. Bei den folgenden Betrachtungen wird der spezielle Fall zugrunde gelegt, daß die Pulsfrequenz konstant und ein ganzzahliges Vielfaches der Netzfrequenz ist. Stromrichter, deren Halbleiterschalter mit Pulsfrequenz arbeiten, werden hier als Pulsstromrichter bezeichnet.

Derartige Pulsstromrichter eröffnen neuartige Möglichkeiten bei der Umformung elektrischer Energie. Die wichtigsten sind die Umformung der Mittelwerte von Strömen und Spannungen, die Vorgabe beliebiger Stromkurvenformen sowie die Verminderung von Strom- und Spannungsoberschwingungen und damit die Verringerung des Aufwandes für Filter und Glättungseinrichtungen. Die Eigenschaften von Pulsstromrichtern sind unter anderem stark von der Höhe der Pulsfrequenz abhängig. Im Hinblick auf Oberschwingungen und kleine Filter wären möglichst hohe Pulsfrequenzen anzustreben; dem sind jedoch u. a. wegen der Schalteigenschaften der Halbleiterbauelemente Grenzen gesetzt (s. Abschn. 3).

11.6.1 Pulsstromrichter mit gleichstromseitiger Kommutierung

Es sollen nun die Verhältnisse bei der Kupplung eines einphasigen Wechselstromnetzes mit einem Gleichstromnetz über einen Pulsstromrichter mit gleichstromseitiger Kommutierung näher untersucht werden [11.14], [11.15], [11.18], [11.30]. Bild 11.16a zeigt die betrachtete Schaltung. Es wird vorausgesetzt, daß der Kommutator mit konstanter Pulsfrequenz f_p betrieben wird. Das Einschaltverhältnis $\lambda = T_e/T_p$ ist variabel. Für die Erzeugung sinusförmiger Größen auf der Wechselstromseite muß λ mit Netzfrequenz f_N zeitlich sinusförmig veränderlich sein (s. Abschn. 8.3.3 und 8.3.4).

Für die Grenzwertbetrachtung sehr hoher Pulsfrequenz ($f_p \rightarrow \infty$) können die Induktivität L auf der Wechselstromseite und der Glättungskondensator C_d auf der Gleichstromseite beliebig klein werden. Aus dem Leistungsgleichgewicht zwischen Wechsel- und Gleichstromseite folgt die Bedingung

$$p(t) = u(t)i(t) = p_d(t) = u_d(t)i_d(t). \qquad (11.37)$$

Die vorausgesetzten Eigenschaften des Kommutators gestatten für die Spannung v(t) auf der Wechselstromseite des Kommutators drei Zustände

$$v(t) = \begin{vmatrix} u_d(t) \\ 0 \\ -u_d(t) \end{vmatrix} . \qquad (11.38)$$

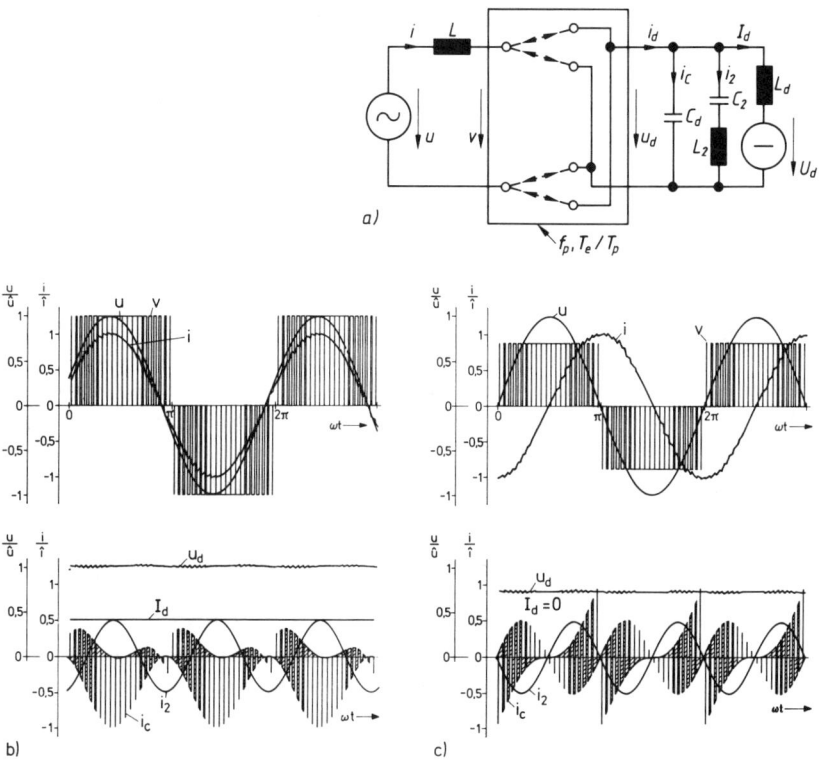

Bild 11.16 Spannungs- und Stromverlauf beim Pulsstromrichter mit gleichstromseitiger Kommutierung
a) Schaltung mit Ersatzkommutator und Filter, b) bei Wirkleistung,
c) bei induktiver Blindleistung

Entsprechend gilt für den Strom $i_d(t)$ auf der Gleichstromseite des Kommutators

$$i_d(t) = \begin{vmatrix} i(t) \\ 0 \\ -i(t) \end{vmatrix} .$$
(11.39)

Unter der Annahme sehr hoher Pulsfrequenz und damit beliebig kleiner Speicher L und
C_d kann unter der Voraussetzung $U_d \geqslant \sqrt{2}\, U$ der Strom $i(t)$ beliebig eingestellt werden.
Die einzige dazu notwendige Stellgröße ist das zeitlich veränderliche Einschaltverhältnis
des Kommutators. Im allgemeinen ist sinusförmiger Verlauf des Stromes $i(t)$ erwünscht,
$i(t) = \hat{i} \sin{(\omega t - \varphi)}$. Dann ergibt sich für die Leistung $p(t)$ auf der Wechselstromseite

$$p(t) = \frac{\hat{u}\hat{i}}{2} [\cos{\varphi} - \cos{(2\omega t - \varphi)}] = P_d \left[1 - \frac{\cos{(2\omega t - \varphi)}}{\cos{\varphi}} \right] .$$
(11.40)

Die Leistung p(t) schwankt also um den Mittelwert P_d mit doppelter Netzfrequenz und Amplitude $P_d/\cos \varphi$ (s. Gl. (11.23)).

Aus dem Leistungsgleichgewicht zwischen Wechsel- und Gleichstromseite folgt bei konstanter Gleichspannung U_d für den Strom $i_d(t)$ am gleichstromseitigen Ausgang des Kommutators die Bedingung

$$i_d(t) = \frac{p(t)}{U_d} \,.$$ (11.41)

Unter den gemachten Voraussetzungen pulsiert dieser Strom also wie die Leistung auf der Wechselstromseite mit doppelter Netzfrequenz um den Mittelwert I_d. Damit in der Gleichspannungsquelle U_d nur der erwünschte zeitlich konstante Strom I_d fließt, muß ein auf doppelte Netzfrequenz abgestimmter Saugkreis parallel zur Gleichspannungsquelle hinzugefügt werden, der den Wechselstromanteil von $i_d(t)$ aufnimmt. Dieser Saugkreis muß unabhängig von der Höhe der Pulsfrequenz die Leistungspulsationen der einphasigen Wechselspannungsquelle aufnehmen.

In Bild 11.16b und c sind Spannungs- und Stromverlauf bei der Übertragung von Wirkleistung und induktiver Blindleistung über einen Pulsstromrichter in einphasiger Brückenschaltung dargestellt. Die Strom- und Spannungskurven sind durch Simulation ermittelt. Angenommen sind eine Pulsfrequenz $f_p = 42f_N$, eine zeitlich sinusförmige Änderung des Einschaltverhältnisses λ zwischen den Werten 0 und 1 und eine Kurzschlußspannung $u_k = \omega L I_1/U$ der wechselstromseitigen Induktivität L von 30%. Unter den gemachten quantitativen Annahmen ist der Strom i auf der Wechselstromseite bereits in guter Annäherung sinusförmig. Die verbleibenden Oberschwingungen werden durch die Differenzspannungszeitflächen zwischen der Spannung v und deren Grundschwingung v_1 und der Größe der wechselstromseitigen Induktivität L bestimmt.

Auf der Gleichstromseite wird der I_d überlagerte, mit zweifacher Netzfrequenz pulsierende Wechselstrom i_2 vom Saugkreis aufgenommen. Die Größe dieses Stromes ist unabhängig davon, ob es sich um Wirkstrom- oder Blindstromübertragung handelt. Die Welligkeit der Gleichspannung u_d wird von den Differenzstromzeitflächen bestimmt, die der Glättungskondensator C_d aufnimmt.

Es soll auch die Kupplung eines mehrphasigen Wechselstromnetzes mit einem Gleichstromnetz über einen Pulsstromrichter mit gleichstromseitiger Kommutierung betrachtet werden. Ein derartiger Pulsstromrichter kann beispielsweise in Drehstrom-Brückenschaltung mit Halbleiterschaltern für beide Stromrichtungen (in einer Stromrichtung löschbar, in der anderen nicht steuerbar) verwirklicht werden.

Bild 11.17a zeigt die prinzipielle Schaltung mit Ersatzkommutator. Der Kommutator arbeitet mit Pulsfrequenz f_p und verbindet jeden Wechselstromanschluß abwechselnd mit dem positiven und dem negativen Gleichstromanschluß. Das Einschaltverhältnis λ bestimmt dabei die jeweiligen Stellungen der drei Kommutatorschalter. Zunächst soll wieder idealisiert angenommen werden, daß der Kommutator mit sehr hoher Pulsfrequenz ($f_p \to \infty$) arbeitet. Dann können die wechselstromseitigen Induktivitäten und der gleichstromseitige Glättungskondensator wie bei der einphasigen Brückenschaltung beliebig schrumpfen [11.13], [11.19], [11.20], [11.21], [11.22].

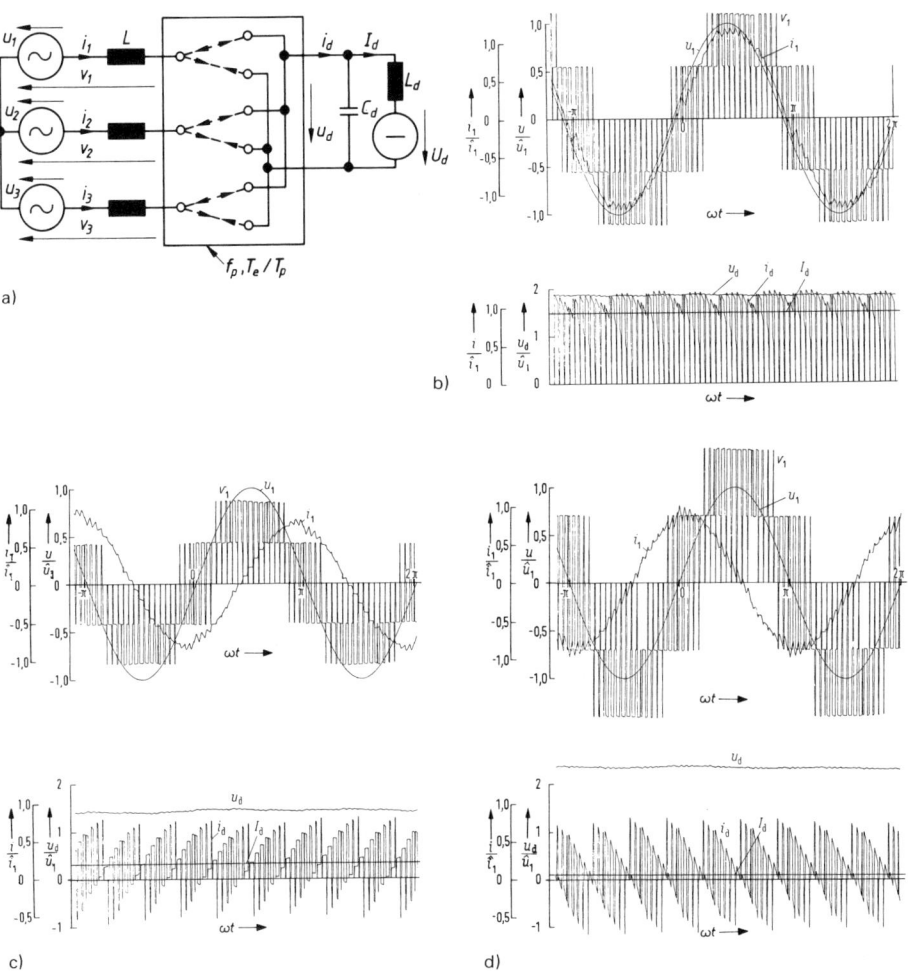

Bild 11.17 Spannungs- und Stromverlauf beim Pulsstromrichter mit gleichstromseitiger Kommutierung (Drehstrom-Brückenschaltung)
a) Schaltung mit Ersatzkommutator und Filter, b) bei Wirkleistung, c) bei induktiver
Blindleistung, d) bei kapazitiver Blindleistung

Bei sinusförmigen und symmetrischen Strömen auf der Drehstromseite ist die Summe
des Leistungsflusses von dort konstant. Es gilt

$$p(t) = u_1(t)i_1(t) + u_2(t)i_2(t) + u_3(t)i_3(t) = 3UI \cos \varphi = \text{konst.} = p_d. \qquad (11.42)$$

Das Leistungsgleichgewicht ist also in diesem Fall ohne zusätzliche Energiespeicher in
jedem Augenblick erfüllt. Der Saugkreis auf der Gleichstromseite entfällt. Amplitude

und Phasenverschiebung der Ströme i(t) in den Wechselspannungsquellen sind im Prinzip unter den gemachten Voraussetzungen beliebig einstellbar, so lange die Bedingung $U_d \geqslant 2\sqrt{2}\, U$ erfüllt ist.

In Bild 11.17b, c und d sind Strom- und Spannungsverlauf für Wirkleistungs- sowie induktiven und kapazitiven Blindleistungsbetrieb wiedergegeben. Die Kurvenverläufe sind quantitativ durch Simulation ermittelt. Die Pulsfrequenz f_p beträgt wieder $42 f_N$, das Einschaltverhältnis λ ändert sich sinusförmig mit Netzfrequenz zwischen den Werten 0 und 1, die Kurzschlußspannung der wechselstromseitigen Induktivitäten beträgt 30%. Der Strom i_1 auf der Wechselstromseite ist mit guter Annäherung sinusförmig, die verbleibenden Stromoberschwingungen werden durch die Differenzspannungszeitflächen der Stromrichterphasenspannung v_1 und deren Grundschwingung und von der Größe der wechselstromseitigen Induktivität L bestimmt.

Auf der Gleichstromseite ergibt sich nur noch eine hochfrequente Leistungspulsation mit Pulsfrequenz, welche vom Glättungskondensator C_d aufgenommen wird. Bei Blindleistungsbetrieb verschwindet der Mittelwert des Gleichstromes I_d. Der Mittelwert der Gleichspannung U_d sinkt bei induktiver Blindleistung im Drehstromnetz und steigt bei kapazitiver Blindleistung. Näherungsweise gilt

$$U_d \approx 2\sqrt{2}\, U(1 \pm u_k). \qquad (11.43)$$

Da die dem Wechselstrom überlagerten Oberschwingungen von der Höhe der Gleichspannung U_d abhängig sind, erreichen sie bei kapazitiver Blindleistung im Drehstromnetz ihr Maximum.

11.6.2 Pulsstromrichter mit wechselstromseitiger Kommutierung

Die bisher behandelten Pulsstromrichter arbeiten mit gleichstromseitiger Kommutierung. Sie entsprechen dem in Abschn. 11.3.2 behandelten Stromrichtertyp mit dem Merkmal einer Glättungskapazität C_d auf der Gleichstromseite und Induktivitäten L auf der Wechselstromseite. Dies ist der bei Pulsstromrichtern bisher technisch angewendete Stromrichtertyp.

Prinzipiell kann jedoch auch ein Stromrichter mit wechselstromseitiger Kommutierung im Pulsbetrieb arbeiten. Dazu müssen die Ventilzweige löschbar sein. Die Prinzipschaltung eines Pulsstromrichters mit wechselstromseitiger Kommutierung entspricht also der in Bild 11.5b gezeichneten Schaltung [11.11], [11.16].

In Bild 11.18a ist diese Schaltung durch einen mechanischen Ersatzkommutator dargestellt, der nur für eine eingezeichnete Stromrichtung vorzusehen ist. Die vorausgesetzten Eigenschaften des Kommutators gestatten für die Spannung $u_d(t)$ auf der Gleichstromseite des Kommutators die drei Zustände

$$u_d(t) = \begin{vmatrix} u_C(t) \\ 0 \\ -u_C(t) \end{vmatrix}. \qquad (11.44)$$

Bild 11.18
Spannungs- und Stromverlauf beim Pulsstromrichter mit wechselstromseitiger Kommutierung (einphasige Brückenschaltung)
a) Schaltung mit Ersatzkommutator und
Filter
b) bei Wirkleistung
c) bei induktiver Blindleistung
d) bei kapazitiver Blindleistung mit Energieaufnahme der Wechselstromquelle

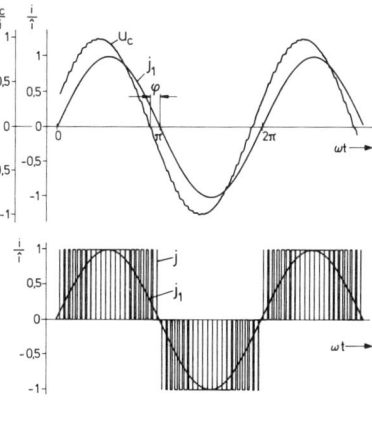

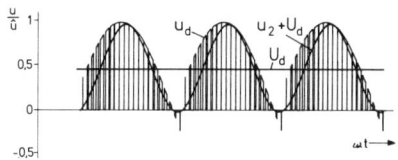

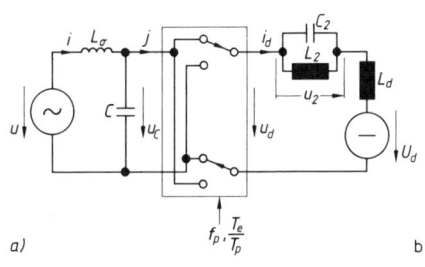

a)

b)

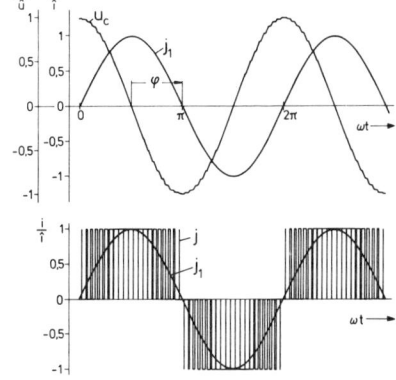

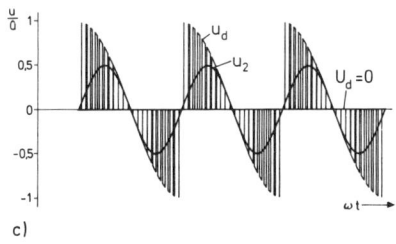

c)

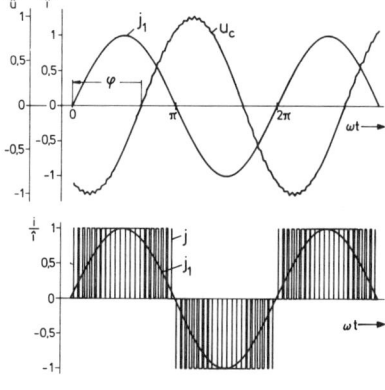

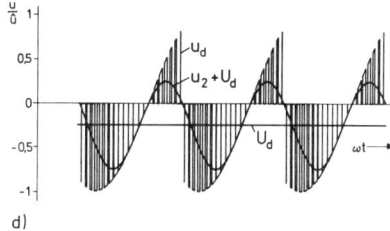

d)

Entsprechend gilt für den Strom j(t) auf der Wechselstromseite des Kommutators

$$j(t) = \begin{vmatrix} i_d(t) \\ 0 \\ -i_d(t) \end{vmatrix}. \tag{11.45}$$

Bei sinusförmigem Strom i auf der Wechselstromseite und konstantem Strom I_d auf der Gleichstromseite ergibt sich ein Leistungsgleichgewicht nur bei Einfügung eines aus L_2 und C_2 bestehenden Sperrkreises auf der Gleichstromseite. An diesem Sperrkreis liegt die mit doppelter Netzfrequenz pulsierende Spannung u_2.

In Bild 11.18b, c und d sind die Strom- und Spannungsverhältnisse bei Wirkleistung, induktiver Blindleistung und bei kapazitiver Blindleistung unter gleichzeitiger Energieaufnahme der Wechselstromquelle dargestellt. Die Strom- und Spannungskurven sind durch Simulation bei einer angenommenen Pulsfrequenz $f_p = 42f_N$ ermittelt. Das Einschaltverhältnis $\lambda = T_e/T_p$ ändert sich sinusförmig zwischen den Werten 0 und 1. Für die Spannung $u_d(t)$ am gleichstromseitigen Ausgang des Kommutators gilt bei konstantem Gleichstrom I_d Bedingung

$$u_d(t) = \frac{p(t)}{I_d}. \tag{11.46}$$

Unter den gemachten Voraussetzungen pulsiert diese Spannung wie die Leistung auf der Wechselstromseite mit doppelter Netzfrequenz um den Mittelwert U_d. Damit an der Gleichspannungsquelle nur die erwünschte, zeitlich konstante Gleichspannung U_d auftritt, muß der auf die doppelte Netzfrequenz abgestimmte Sperrkreis in Reihe geschaltet werden. Dieser Sperrkreis nimmt unabhängig von der Höhe der Pulsfrequenz die Leistungspulsationen der einphasigen Wechselspannungsquelle auf.

Zwischen den Spannungen und Strömen der Pulsstromrichter mit gleichstromseitiger Kommutierung in Bild 11.16 und mit wechselstromseitiger Kommutierung in Bild 11.18 besteht ein Dualismus, ähnlich wie er bei den Bild 11.9 und 11.10 dargestellten Stromrichtern bestanden hatte.

Ein Pulsstromrichter mit wechselstromseitiger Kommutierung läßt sich auch mehrphasig aufbauen. Dann ergeben sich duale Strom- und Spannungsverhältnisse zu dem in Bild 11.17 dargestellten Pulsstromrichter mit gleichstromseitiger Kommutierung in DrehstromBrückenschaltung. In Bild 11.19 sind drei Betriebszustände eines Pulsstromrichters mit wechselstromseitiger Kommutierung dargestellt. Schwingungen zwischen den Streuinduktivitäten L_σ der Wechselspannungsseite und den Parallelkondenstoren C müssen durch geeignete Pulsmodulation vermieden werden.

11.7   Blindstromkompensation und Symmetrierung von Schieflast

Die in den Abschnitten 7.1.7 und 11.2 behandelten Definitionen der Blindleistung können durch eine allgemeine Aussage ergänzt werden. Solange Spannungs- und Stromverlauf zeitlich übereinstimmen, ist die Blindleistung Null. Zeitliche Abweichungen zwischen

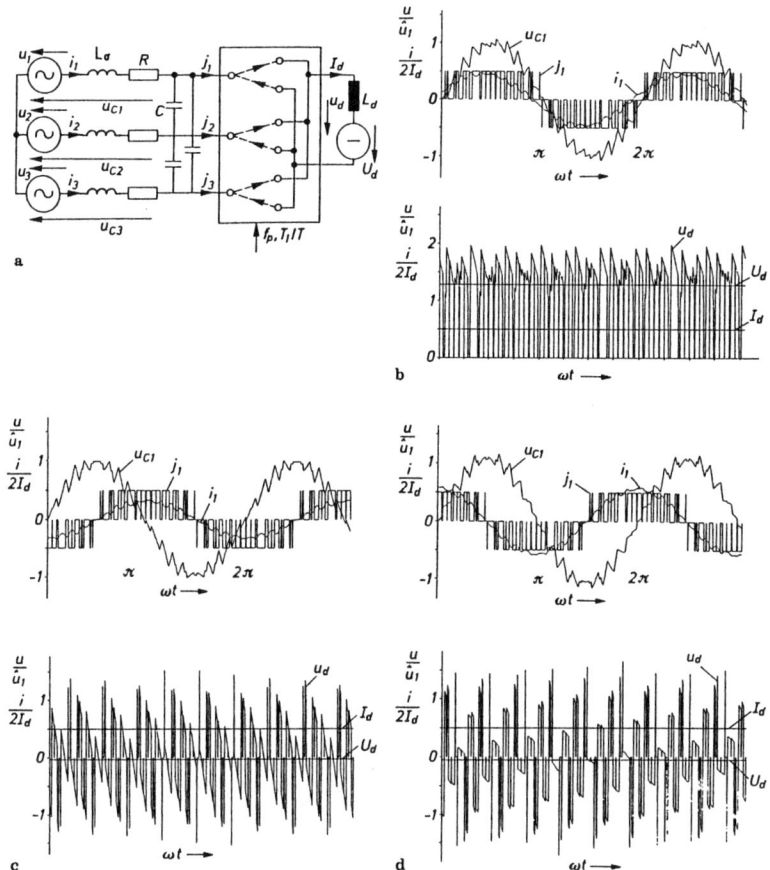

Bild 11.19 Spannungs- und Stromverlauf beim Pulsstromrichter mit wechselstromseitiger Kommutierung (Drehstrom-Brückenschaltung)
a) Schaltung mit Ersatzkommutator und Filter, b) bei Wirkleistung, c) bei induktiver Blindleistung, d) bei kapazitiver Blindleistung

Spannung und Strom wirken sich wie Blindleistung aus, und zwar auch dann, wenn reine Wirkwiderstände über die Stromrichter gespeist werden. Diese Aussage gilt allgemein, auch bei nichtsinusförmiger Wechselspannung [11.1]. Da bei Stromrichtern normalerweise die Augenblickswerte von Spannung und Strom voneinander abweichen, tritt also bei ihnen stets Blindleistung auf. Diese kann jedoch, wenn nötig, durch geeignete Verfahren niedrig gehalten werden (z. B. durch die in Abschn. 8.3.5 behandelte Sektorsteuerung). Erwünscht ist ein möglichst hoher Leistungsfaktor λ, der durch das Verhältnis von übertragener Wirkleistung zur auftretenden Scheinleistung bestimmt ist. Der optimal für den Leistungsfaktor λ erreichbare Grenzwert liegt also bei 1 [11.9], [11.10].

11.7.1 Blindstromkompensation

Die Kompensation der Blindleistung in Wechsel- und Drehstromnetzen kann durch zusätzlich vorzusehende (meist kapazitive) Blindwiderstände vorgenommen werden. Solche Blindwiderstände lassen sich durch Halbleiterschalter kontaktlos schalten (s. Abschn. 6.1.4). Über Halbleiterschalter können induktive Blindwiderstände durch Anschnittsteuerung auch stetig verstellt werden (s. Abschn. 6.2). Darüber hinaus können Stromrichter auch als reine Blindleistungsstromrichter eingesetzt werden, wobei ihre induktive oder kapazitive Blindleistungsaufnahme stetig verändert werden kann (s. Abschn. 8.4) [11.6], [11.12].

Neben der unerwünschten Belastung von Netzen und Anlagen durch Blindleistung erzeugen Blindströme an den Netzreaktanzen Spannungsabfälle. Die von unruhigen Verbrauchern wie Schweißmaschinen, Lichtbogenöfen oder Antrieben mit stoßartiger Stromaufnahme hervorgerufenen Spannungsabfälle führen zu Netzspannungsschwankungen, dem sogenannten Netzflimmern oder Netzflicker. Wenn die Pulsationen der Blindleistung im Bereich von einigen Hz auftreten, werden die mit dem Netzflicker verbundenen Lichtschwankungen vom menschlichen Auge als lästig empfunden.

Blindleistungsschwankungen können durch Stromrichter oder mittels Leistungshalbleiter geschalteter Blindwiderstände kompensiert werden. Es lassen sich sowohl induktive als auch kapazitive Blindwiderstände mit gegensinnig parallelgeschalteten Leistungshalbleitern schalten. Die maximale Schaltfrequenz beim ausgleichsschwingungsfreien Schalten ist gleich der doppelten Netzfrequenz, wodurch sich eine gute Dynamik erzielen läßt [11.26], [11.27], [11.29].

Bild 11.20 zeigt das Prinzip der Parallelkompensation des Spannungsabfalls in einem Wechselstromnetz mit induktivem und ohmschem Innenwiderstand durch einen thyristorgeschalteten Kompensationskondensator. Bei der reinen Blindstromkompensation

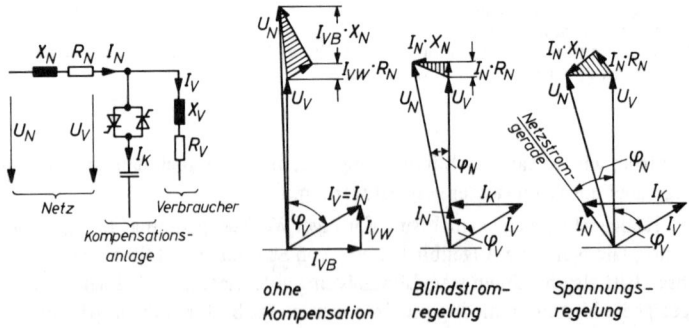

Bild 11.20 Schaltbild und Zeigerdiagramm eines ohmsch-induktiven Verbrauchers mit Kondensatorkompensation

verbleibt der ohmsche Längsspannungsabfall. Eine Kompensation des Netzstromes auf die um den Winkel φ_N = arc tan (X_N/R_N) geneigte Netzstromgerade hebt auch den ohmschen Längsspannungsabfall auf.

Werden die Kompensationskondensatoren binär gestuft, so ergeben sich bei vier Kondensatorstufen bereits 15 unterschiedliche Blindleistungsstufen (Bild 11.21). In diesem Fall werden Kondensatoren über Thyristoren mit gegensinnig parallelen Dioden geschaltet.

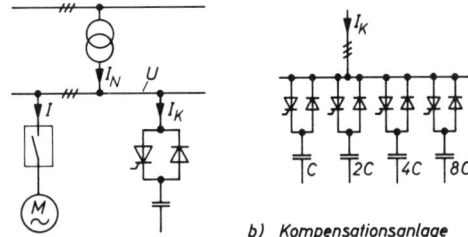

Bild 11.21
Dynamische Spannungsstabilisierung mit thyristorgeschalteten Leistungskondensatoren

a)

b) Kompensationsanlage

Beim Verwenden von halbgesteuerten Schaltern sinkt die maximale Schaltfrequenz auf die Netzfrequenz. Trotzdem läßt sich mit diesem Verfahren eine gute dynamische Spannungsstabilität erzielen.

Statt mit Kompensationskondensatoren kann auch mit geschalteten Kompensationsinduktivitäten gearbeitet werden. In diesem Fall werden gestufte Drosseln über gegensinnig parallele Thyristoren wahlweise zu- oder abgeschaltet. Da durch das Zuschalten von Induktivitäten der normalerweise bereits vorhandene induktive Blindstrom vergrößert wird, müssen zusätzliche feste Kompensationskondensatoren vorgesehen werden.

11.7.2 Symmetrierung von Schieflast

Bei der Belastung von mehrphasigen Wechselstromnetzen kann Schieflast auftreten, d. h. unterschiedliche Ströme in den einzelnen Phasen. In diesem Fall sind die einzelnen Phasen unsymmetrisch belastet, und es treten auch an sonst balancierten Mehrphasennetzen Leistungspulsationen auf.

Nach Steinmetz kann eine einphasige ohmsche Last zwischen zwei Leitern eines Drehstromnetzes durch kapazitive und induktive Blindwiderstände symmetriert werden. Bild 11.22 zeigt die Verhältnisse bei der Lastsymmetrierung in einem Drehstromnetz. Die für die Symmetrierung erforderlichen kapazitiven und induktiven Blindwiderstände (Bild 11.22a) können nach Gleichung

$$\omega C_{23} = \frac{1}{\omega L_{31}} = \frac{1}{\sqrt{3} \, R_{12}} \qquad (11.47)$$

berechnet werden. Mit diesen Blindwiderständen ergeben sich im Drehstromnetz symmetrische ohmsche Ströme I_1, I_2 und I_3.

Wenn zusätzlich induktive Belastungen kompensiert werden sollen (Bild 11.22b), können die dazu erforderlichen Kompensationskondensatoren nach Gleichung

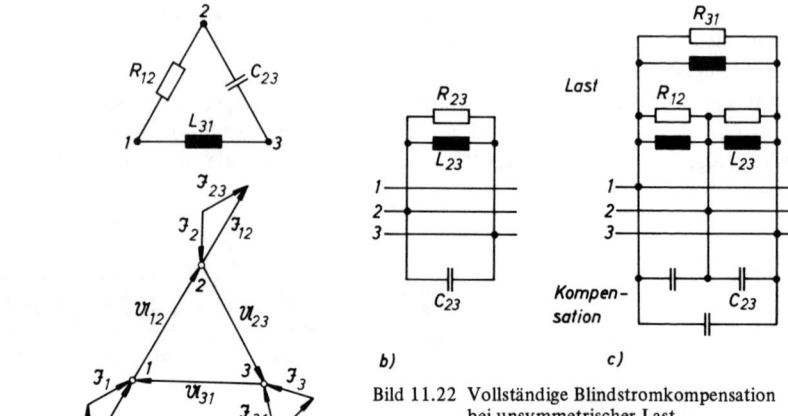

Bild 11.22 Vollständige Blindstromkompensation
bei unsymmetrischer Last
a) Lastsymmetrierung nach Steinmetz,
b) Blindstromkompensation mit Lastsymmetrierung

$$\omega C_{23} = \frac{1}{\omega L_{23}} \qquad (11.48)$$

bestimmt werden.

Soll nun eine Blindstromkompensation mit Lastsymmetrierung für alle drei Phasen vorgenommen werden (Bild 11.22c), so können die dazu erforderlichen Kondensatoren nach Gleichung

$$\omega C_{23} = \frac{1}{\omega L_{23}} + \frac{1}{\sqrt{3}} \left(\frac{1}{R_{12}} - \frac{1}{R_{31}} \right) \qquad (11.49)$$

berechnet werden. Die Kondensatoren für die anderen Phasen ergeben sich durch zyklisches Vertauschen der Indizes. Unter bestimmten Voraussetzungen kann Gl. (11.49) einen negativen Wert angeben. In diesem Fall ist statt eines Kondensators eine zusätzliche Induktivität erforderlich.

Bild 11.22c zeigt, wie durch Kombination von Kompensationskondensatoren zwischen den drei Leitern eines Drehstromnetzes eine unsymmetrische ohmsch-induktive Belastung symmetriert und vollständig kompensiert werden kann.

Die Kupplung ungleichphasiger Wechselstromnetze stellt ein ähnliches Problem dar. Bild 11.23 zeigt, wie die unter a dargestellte unsymmetrische Belastung des Drehstromnetzes durch entsprechend angeordnete induktive und kapazitive Blindwiderstände symmetriert werden kann. Dabei läßt sich eine induktive Komponente des Stromes I_{12} im Einphasennetz durch einen zusätzlichen Kompensationskondensator C_K aufheben. Bei veränderlichem Strom im Einphasennetz müssen die Blindwiderstände entsprechend gestellt werden, was mit Hilfe von Halbleiterschaltern erfolgen kann. Die Blindwiderstände können in einem solchen Fall wieder binär gestuft und netzsynchron ohne Ausgleichsvorgang über Thyristorschalter zu- und abgeschaltet werden.

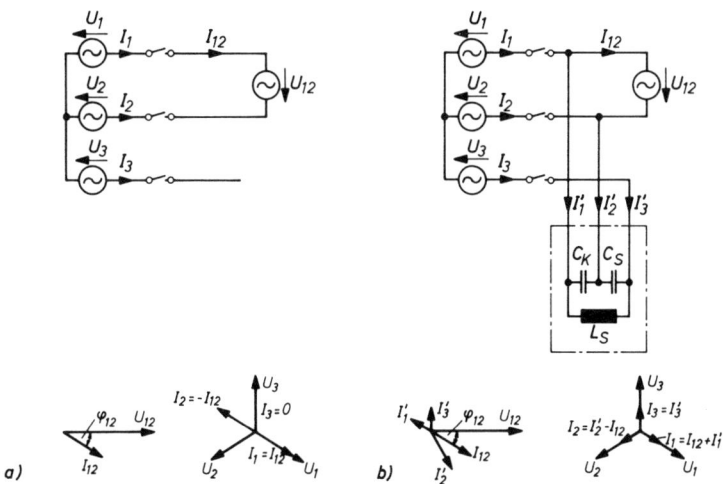

Bild 11.23 Blindstromkompensation und Symmetrierung bei der frequenzstarren Kupplung
ungleichphasiger Wechselstromnetze
a) unsymmetrische Belastung, b) Kompensation und Symmetrierung

Statt mit Blindwiderständen kann die Symmetrierung und Kompensation eines Drehstromnetzes auch mit einem Blindleistungsstromrichter vorgenommen werden.

11.8 Verluste und Wirkungsgrad

Wirkungsgrad Der Wirkungsgrad η eines Stromrichters ist das Verhältnis der abgegebenen
Leistung (Ausgangsleistung P_A) zur aufgenommenen Wirkleistung (Eingangsleistung P_E).
Der Wirkungsgrad kann nach folgender Gleichung berechnet werden

$$\eta = \frac{P_A}{P_E} = \frac{P_A}{P_A + \Sigma P_V} = 1 - \frac{\Sigma P_V}{P_A + \Sigma P_V} = 1 - \frac{\Sigma P_V}{P_E}. \tag{11.50}$$

ΣP_V ist die Summe aller bei der Bestimmung des Wirkungsgrades zu berücksichtigenden
Verluste.

Verluste in Stromrichtern entstehen in den Leistungshalbleitern selbst, weil diese im
durchgeschalteten Zustand einen Durchlaßspannungsabfall (Größenordnung 1 V bis über
2 V) haben (s. Abschn. 3). Zusätzlich treten Sperr- und Schaltverluste auf, die jedoch bei
netzgeführten Stromrichtern meistens vernachlässigt werden können. Für die Zündung
und Kühlung ist ebenfalls Leistung aufzubringen (s. Abschn. 4), welche in die Verlustbilanz eingeht. Auch in den Beschaltungsgliedern wird elektrische Energie in Wärme umgesetzt. Vorgeschaltete Schmelzsicherungen haben ebenfalls wegen ihres ohmschen Innen-
widerstandes (Größenordnung 1 mΩ) Verluste.

Tabelle 11.1 Leistungs- und Wirkungsgradbegriffe (nach DIN 41750, Bl. 3)

Leistungsbegriffe

auf der Wechselstromseite:

Wirkleistung P_L: Grundschwingungsleistung P_{1L} und Oberschwingungsleistung
Blindleistung Q_L
Scheinleistung S_L

auf der Gleichstromseite:

Wirkleistung P_d
Gleichstromleistung S_d: Produkt der arithmetischen Mittelwerte von Gleichspannung
und Gleichstrom

Eingangsleistung P_E: aufgenommene Wirkleistung
Grundschwingungs-Eingangsleistung P_{1E}

Ausgangsleistung P_A: abgegebene Wirkleistung
Grundschwingungs-Ausgangsleistung P_{1A}

Wirkungsgradbegriffe

Wirkungsgrad $\eta = \dfrac{P_A}{P_E}$

Gleichrichtgrad $\eta_{d1} = \dfrac{S_d}{P_{1L}}$

Wechselrichtgrad $\eta_{1d} = \dfrac{P_{1L}}{S_d}$

(Wechselstrom-) Umrichtgrad $\eta_{11} = \dfrac{P_{1A}}{P_{1E}}$

Daneben treten Stromwärmeverluste in den Verbindungsleitungen innerhalb des Stromrichters auf. Erheblichen Anteil an den Gesamtverlusten haben die Kupfer- und Eisen-
verluste im Stromrichtertransformator, in Strombegrenzungs- und Stromausgleichsdros-
seln oder in Saugdrosseln, falls solche vorhanden sind. Dazu kommen die Leistungen von
Hilfsbetrieben (Pumpen, Ventilatoren usw.). Bei selbstgeführten Stromrichtern treten
zusätzliche Verluste in den Kommutierungseinrichtungen auf.

Leistungsbegriffe In DIN 41750, Bl. 3 sind Leistungsbegriffe auf der Wechselstrom- und
auf der Gleichstromseite festgelegt (Tabelle 11.1). Die Wirkleistung P_L ist der arithmetische
Mittelwert über den zeitlichen Verlauf der Augenblickswerte der Leistung auf der Wechselstromseite des Stromrichters

$$P_L = \frac{1}{T} \int_0^T uidt. \tag{11.51}$$

Grundschwingungsleistung P_{1L} ist der aus den Grundschwingungen von Strom und Spannung gebildete Anteil der Wirkleistung. Oberschwingungsleistung ist derjenige Anteil der

Wirkleistung, der aus den Oberschwingungen von Strom und Spannung gebildet wird. Blindleistung Q_L setzt sich aus Grund- und Oberschwingungsblindleistung zusammen. Scheinleistung S_L ist das Produkt der Effektivwerte von Spannung und Strom auf der Wechselstromseite des Stromrichters. Wirkleistung P_d auf der Gleichstromseite ist der arithmetische Mittelwert über den zeitlichen Verlauf der Augenblickswerte der Leistung des Stromrichters

$$P_d = \frac{1}{T} \int_0^T u_d i_d \, dt. \tag{11.52}$$

Gleichstromleistung S_d ist das Produkt der arithmetischen Mittelwerte von Gleichspannung und Gleichstrom

$$P_d = U_d I_d. \tag{11.53}$$

Wirkungsgradbegriffe Wirkungsgradbegriffe sind ebenfalls in DIN 41750, Bl. 3 festgelegt (Tabelle 11.1).

Wirkungsgradbestimmung Als Wirkungsgrad eines netzgeführten Stromrichters wird, wenn nicht anders vereinbart, der Wert angegeben, der sich bei Betrieb mit praktisch sinusförmiger Spannung auf der Wechselstromseite und bei guter Glättung des Stromes auf der Gleichstromseite (Wechselstromgehalt $\leqslant 5\%$) ergibt. Der Wirkungsgrad gilt, wenn nicht anders angegeben, für Nenneingangsspannung, Nennausgangsspannung und Nennausgangsstrom des Stromrichters. Häufig interessiert auch der Verlauf des Wirkungsgrades in Abhängigkeit von der Belastung des Stromrichters. Wegen der konstanten Leerlaufverluste sinkt im allgemeinen der Wirkungsgrad bei Teillast. Gleichrichtgrad, Wechselrichtgrad bzw. Umrichtgrad sind abhängig von der Lastart und werden i. allg. nicht angegeben.

In Tabelle 11.2 sind die bei der Wirkungsgradbestimmung von Stromrichtern zu berücksichtigenden und nicht zu berücksichtigenden Verluste zusammengestellt. In Zweifelsfällen ist angegeben, ob Verluste bestimmter Anlagenteile bei der Wirkungsgradermittlung berücksichtigt worden sind.

Nicht berücksichtigt werden bei der Bestimmung des Wirkungsgrades die Verluste in den Leitungen außerhalb des Stromrichtergerätes und in Schaltgeräten. Auch die Verluste in Glättungseinrichtungen auf der Wechselstromseite und in Glättungsinduktivitäten auf der Gleichstromseite werden für die Bestimmung des Wirkungsgrades eines Stromrichters nicht berücksichtigt. Das gleiche gilt für Verluste in nur vorübergehend in Betrieb befindlichen Hilfseinrichtungen. Die Verluste in Grundlastwiderständen werden dann berücksichtigt, wenn diese Einrichtungen dauernd eingeschaltet bleiben.

In Abschn. 4.3 wurde bereits darauf hingewiesen, daß der Hauptanteil der Verluste bei Leistungshalbleitern im Durchlaßbereich entsteht. Maßgebend für den Verlustanteil der Leistungshalbleiter an den Gesamtverlusten eines Stromrichters ist daher das Verhältnis von Sperrspannung zu Durchlaßspannung der verwendeten Leistungshalbleiter. In Bild 11.24 ist dieses als Gütezahl G bezeichnete Verhältnis von periodischer Spitzensperrspannung zu Durchlaßspannung für N-Thyristoren über der Spitzensperrspannung aufgetragen. Die Kurve gibt die bei optimaler Auslegung der N-Thyristoren erreichbaren Werte an.

Tabelle 11.2 Bei der Wirkungsgradbestimmung zu berücksichtigende Verluste (nach
VDE 0558, Teil 1)

Zu berücksichtigende Verluste:

Verluste in der Grundausrüstung

Grundausrüstung: Stromrichtersätze
Steuersätze
Stromrichtertransformator
Vervielfacher-Kondensatoren
Kommutierungseinrichtungen
Energiespeicher bei Zwischenkreis-Umrichtern

Verluste in der Zusatzausrüstung

Zusatzausrüstung: Siebmittel, z. B. Glättungseinrichtungen,
Oberschwingungsfilter, Saugkreise
Einrichtungen zur Kennliniengestaltung
Einrichtungen zur Kennlinienverstellung

Verluste im Zubehör

Zubehör: Ausrüstungsteile zum Schalten, Messen, Überwachen,
Funkentstörung, Schutz sowie Steuern und Regeln
(soweit nicht unter Grund- und Zusatzausrüstung)

Nicht zu berücksichtigende Verluste:

Leistungsaufnahme der überwiegend nicht im Betrieb befindlichen Ausrüstungsteile
bei Anlagen die Verluste in Verbindungsleitungen zwischen getrennt aufgestellten
Anlagenteilen sowie in Siebmitteln (z. B. Glättungseinrichtungen) und Zubehörteilen
der Leistungsbedarf für Raumlüftung oder Kühlwasserversorgung

---

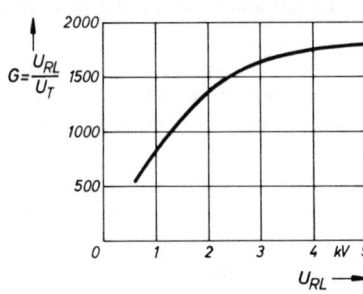
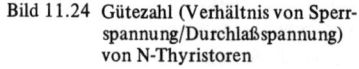
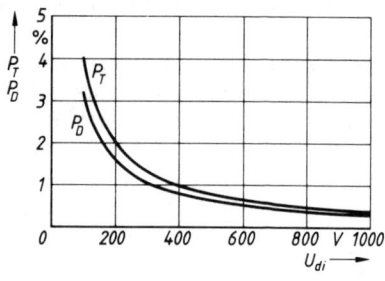

Bild 11.24 Gütezahl (Verhältnis von Sperr-
spannung/Durchlaßspannung)
von N-Thyristoren

Bild 11.25 Bezogene Thyristorverluste p_T bzw.
Diodenverluste p_D bei netzgeführten
Stromrichtern in Drehstrom-Brückenschaltung in Abhängigkeit von der
ideellen Gleichspannung U_{di}
(1 Leistungshalbleiter in Reihe)

Oberhalb von 3 kV erreicht die Gütezahl ein nur noch flach ansteigendes Plateau mit
Werten zwischen 1500 und 2000.

In Bild 11.25 sind die bezogenen Thyristorverluste p_T bzw. Diodenverluste p_D in Abhängigkeit von der ideellen Gleichspannung U_{di} aufgetragen. Es handelt sich um Richtwerte

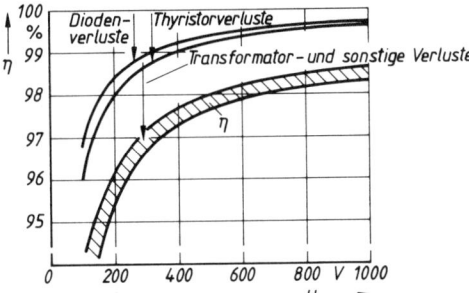

Bild 11.26
Wirkungsgrad η bei netzgeführten
Stromrichtern in Drehstrom-Brückenschaltung in Abhängigkeit von der ideellen Gleichspannung U_{di} (P_d > 100 kW)

für einen netzgeführten Stromrichter in Drehstrom-Brückenschaltung mit einem Halbleiterventil in Reihe. Diese Verlustkurven werden von der in Bild 11.24 gezeigten Gütezahl einerseits und von notwendigen Sicherheitsfaktoren andererseits bestimmt. Bei
Gleichspannungen oberhalb von 600 V liegen die bezogenen Leistungshalbleiterverluste
in einem Bereich von nur 0,5%.

Bild 11.26 zeigt Richtwerte für den Wirkungsgrad η von netzgeführten Stromrichtern
ebenfalls in Abhängigkeit von der ideellen Gleichspannung U_{di}. Die Kurven gelten für
Stromrichter im Leistungsbereich über 100 kW. Die Transformator- und sonstigen Verluste überwiegen im oberen Spannungsbereich gegenüber den Dioden- bzw. Thyristor-
verlusten. Typische Wirkungsgrade für solche Stromrichter sind 97% bis 98%.

Die mit Stromrichtern erreichbaren Wirkungsgrade liegen damit im allgemeinen erheblich über den Werten, die mit anderen Umformern (z. B. Maschinenumformern) erreicht
werden können. Dies ist ein wesentlicher Vorteil der Leistungselektronik.

Die Ermittlung des Wirkungsgrades eines Stromrichters kann entweder durch direkte
Messung oder indirekt erfolgen. Bei der direkten Messung werden Eingangs- und Ausgangsleistung mit Wattmetern oder mit Präzisionsmeßgeräten für Spannungen und Ströme
gemessen. Auf der Gleichstromseite können dazu Meßgeräte verwendet werden, die den
arithmetischen Mittelwert anzeigen, wenn die Glättung so gut möglich ist, daß der durch
Vernachlässigungen des Wechselstromgehaltes bedingte Fehler gegenüber der Toleranz
für die Wirkungsgradbestimmung weniger als die Hälfte beträgt. Auf der Wechsel- bzw.
Drehstromseite müssen Oberschwingungen berücksichtigt werden. Wegen der verzerrten
Spannungs- und Stromkurven muß die Höhe der Meßgenauigkeit beachtet werden.

Bei der indirekten Ermittlung wird der Wirkungsgrad aus der Summe der Verluste in den
einzelnen Ausrüstungsteilen bestimmt. Diese Einzelverluste können teilweise durch Messung, teilweise durch Berechnung ermittelt werden. Der Wirkungsgrad wird dann nach
Gl. (11.50) berechnet. Bei mehrphasigen Stromrichtern größerer Leistung (über 300 kW
oder über 5000 A Nenngleichstrom) wird dieses indirekte Verfahren stets angewendet.

Der Wirkungsgrad von Stromrichtern gilt, wenn nicht anders angegeben, für Nennbetrieb,
d. h. für Nenneingangsspannung, Nennausgangsspannung und Nennausgangsstrom. Daneben interessiert häufig der Verlauf des Wirkungsgrades in Abhängigkeit von der Belastung
des Stromrichters. Im allgemeinen sinkt der Wirkungsgrad bei Teillast wegen der konstanten Leerlaufverluste.

12 Regelungstechnische Verhältnisse

Stromrichter eignen sich wegen ihrer guten Steuerbarkeit und ihrer den Erfordernissen der Anwendung leicht anzupassenden Ausgangsleistung in besonderer Weise als Stellglieder für elektrische Steuerungen und Regelungen. Die Steuersätze von Stromrichtern können unmittelbar von elektronischen Reglern angesteuert werden. Steuersatz und Regler sind kompatibel, d. h. sie sind mit den gleichen Bauelementen aufgebaut und haben im informationsverarbeitenden Teil gleiches Leistungsniveau.

Im folgenden sollen die regelungstechnischen Verhältnisse bei Stromrichtern kurz behandelt werden [16], [21], [22], [12.1], [12.2]. Die Behandlung beschränkt sich auf die Angabe der wichtigsten Begriffe für eine Steuerung bzw. Regelung und ihre Darstellung in Signalflußplan und Strukturbild.

Eine exakte mathematische Untersuchung des Stromrichters als Stellglied in Steuer- und Regelkreisen müßte berücksichtigen, daß der Steuerwinkel keine kontinuierliche Funktion und der Zusammenhang zwischen Steuerwinkel und Stromrichterausgang nicht linear ist. Bisher fehlt eine exakte allgemeine Theorie. In der Praxis wird der Stromrichter durch ein vereinfachtes Modell angenähert, bei dem eine Totzeit zwischen der Änderung der Eingangsgröße und der Ausgangsgröße angenommen und die Steuerkennlinie zumindest in Teilbereichen linearisiert wird.

Seit Anfang der achtziger Jahre dringen verstärkt Mikroprozessoren in die Regelkreise ein. Die Signalverarbeitung erfolgt zunehmend digital statt analog [12.7], [12.8], [12.9], [12.13], [12.15], [12.17]. Adaptive Regelungen werden auch bei Stromrichtern eingesetzt [12.10].

12.1 Begriffe und Benennungen

Die wichtigsten Begriffe und Benennungen der Steuerungs- und Regelungstechnik sind in DIN 19226 festgelegt.

12.1.1 Steuerung

Bei einer Steuerung beeinflussen eine oder mehrere Größen als Eingangsgrößen andere Größen als Ausgangsgrößen. Kennzeichen für eine Steuerung ist der offene Wirkungsablauf, bei dem keine Erfassung oder Rückmeldung der Ausgangsgröße zum Zweck einer selbsttätigen Korrektur erfolgt.

Bild 12.1 zeigt den Signalflußplan einer Steuerung. Ein solcher Signalflußplan beschreibt die Zusammenhänge zwischen den auftretenden Größen. Die einzelnen Gleichungen des Systems werden in Form eines Blockes mit Eingangs- und Ausgangsgrößen dargestellt, die Größen mit Hilfe von Linien mit Richtungspfeilen.

Die Führungsgröße w wird der Steuerung von außen zugeführt. Ihr soll die Ausgangsgröße (Steuergröße) x in vorgegebener Abhängigkeit folgen. Das Stellglied am Eingang

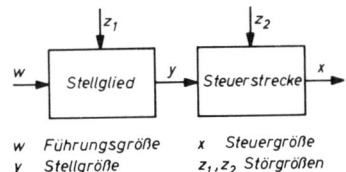

Bild 12.1
Signalflußplan einer Steuerung

w Führungsgröße x Steuergröße
y Stellgröße z_1, z_2 Störgrößen

greift in den Massenstrom oder Energiefluß ein. Bei einer Steuerung mit Stromrichtern umfaßt es Impulssteuergerät und Leistungsteil (s. Bild 12.4). Die Stellgröße y überträgt die steuernde Wirkung der Steuereinrichtung auf die Steuerstrecke. Das ist derjenige Teil des Wirkungsweges, der den aufgabenmäßig zu beeinflussenden Bereich der Anlage darstellt. Störgrößen z_1 bzw. z_2 sind von außen wirkende Größen, soweit sie die beabsichtigte Beeinflussing in einer Steuerung beeinträchtigen.

Längs der aus Stellglied und Steuerstrecke bestehenden sogenannten Steuerkette besteht eine festgelegte Wirkungsrichtung, die durch die Pfeile im Signalflußplan angegeben wird. Eine Änderung der Führungsgröße w bewirkt eine Änderung der Stellgröße y und diese eine Änderung der Ausgangsgröße x der Steuerstrecke. Die Stellgeschwindigkeit ist dabei die Geschwindigkeit, mit der die Stellgröße geändert wird. Das Übertragungsverhalten der Steuerstrecke wird durch die Gesamtheit der entsprechenden Eigenschaften ihrer Glieder vorgeschrieben.

12.1.2 Regelung

Bei einer Regelung wird die zu regelnde Größe (Regelgröße) fortlaufend erfaßt, mit der Führungsgröße verglichen und abhängig vom Ergebnis dieses Vergleichs im Sinne einer Angleichung an die Führungsgröße beeinflußt. Daraus ergibt sich ein Wirkungsablauf in einem geschlossenen Kreis, dem Regelkreis.

Bild 12.2 zeigt den Signalflußplan einer Regelung. Die Regelgröße x als zu beeinflussende Größe wird erfaßt und am Eingang der Regeleinrichtung mit einer vorgegebenen Führungsgröße w verglichen. Solange eine Differenz zwischen Führungs- und Regelgröße besteht, wird die auf die Regelstrecke wirkende Stellgröße y mit Hilfe des Stellgliedes der Regeleinrichtung so beeinflußt, daß die Differenz zwischen Regelgröße und Führungsgröße vermindert wird.

Eingangsgrößen der Regeleinrichtung sind die Führungsgröße w, die Regelgröße x und gegebenenfalls eine Störgröße z_1. Ausgangsgröße der Regelreinrichtung ist die Stellgröße y. Die Regeleinrichtung bewirkt die aufgabengemäße Beeinflussung der Regelstrecke über

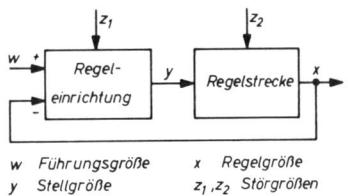

Bild 12.2
Signalflußplan einer Regelung

w Führungsgröße x Regelgröße
y Stellgröße z_1, z_2 Störgrößen

das Stellglied. Sie enthält Glieder für die Umwandlung der Führungs- und Regelgröße, ihren Vergleich, dynamische Korrekturglieder und Verstärker sowie das Stellglied (s. Bild 12.5). Die Regelstrecke ist der Bereich der Anlage, in dem die Beeinflussung der Regelgröße stattfindet. Kennzeichen der Regelstrecke ist, daß sie vom Hauptenergiefluß durchsetzt wird.

Die Güte einer Regelung wird durch ihr stationäres und dynamisches Verhalten bestimmt. Die Genauigkeit einer Regelung wird durch die maximal bleibende Abweichung der Regelgröße von der Führungsgröße unter der Einwirkung der ungünstigsten Kombination der Störgrößen angegeben. Die Konstanz einer Regelung gibt die maximal verbleibende Abweichung der Regelgröße bei konstanter Führungsgröße unter der Einwirkung der ungünstigsten Kombination der Störgrößen an.

Das dynamische Verhalten einer Regelung wird durch ihre Reaktion auf stoßartige Änderungen der Führungsgröße oder auf eine stoßartig auftretende Störgröße beschrieben. Auf beides reagiert die Regelgröße mit einem Einschwingvorgang. Die Anregelzeit ist die Zeitspanne, die nach einem Sprung der Führungsgröße oder einer Störgröße vergeht, bis die Regelgröße in den vorgegebenen Toleranzbereich erstmalig wieder eintritt. Die Ausregelzeit beginnt, wenn die Regelgröße nach einem Sprung der Führungsgröße oder einer Störgröße einen vorgegebenen Toleranzbereich verläßt. Sie endet, wenn die Regelgröße in diesen Bereich zum dauernden Verbleib wieder eintritt.

Bild 12.3 zeigt den Verlauf der Regelgröße nach einer sprunghaften Änderung der Führungsgröße und nach einer sprunghaften Änderung der Last.

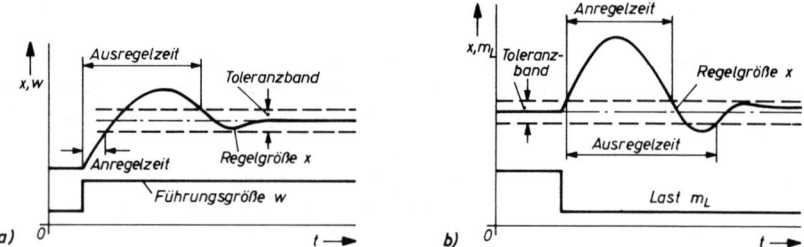

Bild 12.3 Verlauf der Regelgröße nach einer sprunghaften Änderung der Führungsgröße (a) bzw. der Last (b)

12.2   Stromrichter als Stellglied

Stromrichter werden als Stellglieder in Steuerketten und in Regelungskreisen eingesetzt. Sie arbeiten dort als Leistungsverstärker. Ihre Ausgangsspannung bzw. ihr Ausgangsstrom wirken als Stellgröße auf die Steuer- bzw. Regelstrecke. Ausgangsspannung bzw. -strom werden durch Änderung der Zündzeitpunkte der steuerbaren Stromrichterventile verstellt. Die Erzeugung der Steuerimpulse für die steuerbaren Stromrichterventile wird in dem sogenannten Steuersatz vorgenommen (s. Bild 4.17), die Impulsverschiebung durch ein Signal auf den Eingangsverstärker des Steuersatzes.

Das Verhalten des Stromrichters als Stellglied wird durch seine statische Kennlinie, das ist z. B. die Abhängigkeit der Ausgangsspannung vom Impulsverschiebungssignal, durch seinen Innenwiderstand, der die Ausgangsspannung abhängig von der Strombelastung ändert, sowie durch sein dynamisches Verhalten bestimmt. Charakteristisch für Stromrichter ist, daß die Zündzeitpunkte der Ventile diskontinuierlich sind, wodurch Totzeiten auftreten, und daß die Funktionen der Ausgangsgrößen von den Eingangssignalen im allgemeinen nicht linear sind. Ein weiteres Merkmal ist die Richtungsabhängigkeit der Stromrichterventile.

Die Analyse der dynamischen Vorgänge im Stromrichter führt zu nichtlinearen Differentialgleichungen, die nicht geschlossen gelöst werden können [12.3], [12.4]. Durch vereinfachende Annahmen und Linearisierungen in Teilbereichen kommt man jedoch zu Modellen, die eine mathematische Behandlung von Stromrichtern als Stellglied in Steuerketten und Regelkreisen ermöglichen und zu für die Praxis befriedigenden Ergebnissen führen [12.6], [12.11], [12.18], [12.19], [12.20].

12.2.1 Steuerkette mit Stromrichter als Stellglied

Bild 12.4 zeigt die Drehzahlsteuerung einer Gleichstrommaschine über einen netzgeführten Stromrichter in Sechspuls-Brückenschaltung. Führungsgröße ist eine einstellbare Gleichspannung U_S am Eingang des Steuersatzes. Das Stellglied umfaßt den Steuersatz und die Drehstrom-Brückenschaltung, also den Leistungsteil des Stromrichters. Stellgröße ist die Gleichspannung U_d an seinem Ausgang. Die Steuerstrecke umfaßt die angeschlossene Gleichstrommaschine einschließlich einer Belastung mit dem Lastmoment M_L. Steuergröße ist in diesem Fall die Maschinendrehzahl n_M. Durch Änderung der vorgegebenen Führungsgröße kann in einer Wirkungskette über Stellglied und Steuerstrecke die Drehzahl des Antriebs so beeinflußt werden, daß ein gewünschter Sollwert eingehalten wird. Ein solcher Sollwert ist der Wert, den eine Größe (hier die Drehzahl n_M) im betrachteten Zeitpunkt unter festgelegten Bedingungen haben soll.

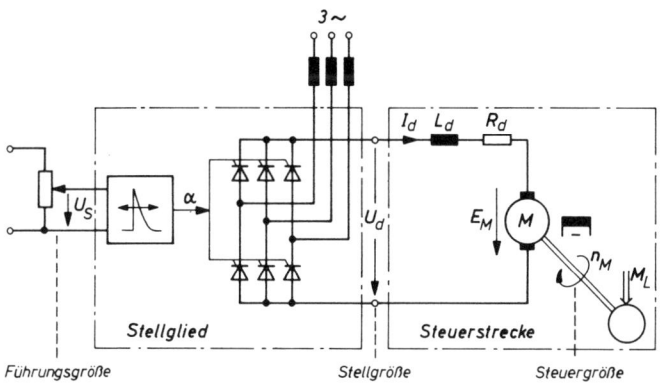

Bild 12.4 Drehzahlsteuerung einer Gleichstrommaschine

Kennzeichen der Steuerung ist ein offener Wirkungsablauf. Es erfolgt keine Rückführung der Steuergröße. Als Störgrößen, die zu unerwünschten Änderungen der Steuergröße führen, können Netzspannungsschwankungen oder Belastungsänderungen auftreten (s. Bild 12.1).

12.2.2 Regelkreis mit Stromrichter als Stellglied

Bild 12.5 zeigt als Beispiel einen Stromrichter als Leistungsstellglied in einem Regelkreis für die Drehzahlregelung einer Gleichstrommaschine nach dem Stromleitverfahren. Aufgabengröße der Regelung, das ist die Größe, die nach der Aufgabe beeinflußt werden soll, ist die Drehzahl n_M des Antriebs. Die Drehzahl wird mit einem Tachometer T erfaßt und mit der Führungsgröße n_W verglichen.

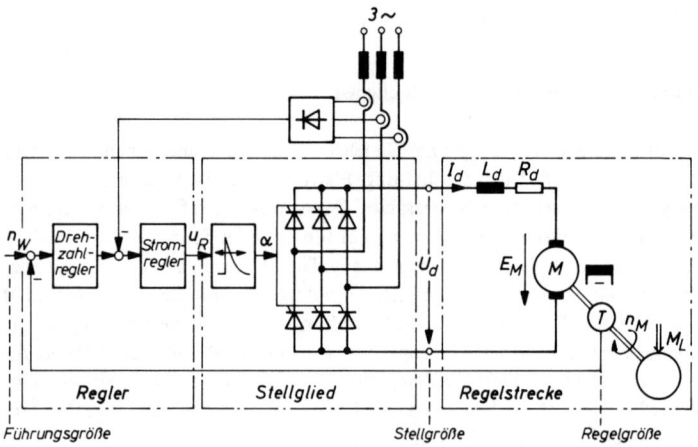

Bild 12.5 Drehzahlregelung einer Gleichstrommaschine nach dem Stromleitverfahren

Der Drehzahlregelung ist eine Ankerstromregelung unterlagert, die sich bei netzgeführten Stromrichterantrieben durchgesetzt hat, weil sie einerseits den Stromrichter gegen Überlastung schützt und andererseits zu einem guten dynamischen Verhalten für die Stromregelung führt. Der Strom für den unterlagerten Stromregelkreis wird auf der Drehstromseite erfaßt und zu einem Gleichwert umgeformt, der dem Gleichstrom I_d proportional ist. Der überlagerte Drehzahl-Regelkreis liefert die Führungsgröße für den Ankerstrom-Regelkreis.

12.3   Regelkreisglieder

Regelungen und Steuerungen lassen sich längs des Wirkungsweges in Glieder aufteilen. Im folgenden werden die wichtigsten Regelkreisglieder angegeben.

12.3.1 Lineare Regelkreisglieder

Regelkreisglieder können durch die Übergangsfunktion, ihre Gleichung im Zeitbereich, die Ortskurve des Frequenzganges und in Blockdarstellung als Symbol mit Übergangsfunktion gekennzeichnet werden.

Die Übergangsfunktion ist der zeitliche Verlauf des Ausgangssignals als Ergebnis einer Sprungfunktion am Eingang, wobei die Änderung des Ausgangssignals durch Quotientenbildung auf die Sprunghöhe des Eingangssignals bezogen wird.

Die Gleichung im Zeitbereich beschreibt den Zusammenhang zwischen Eingangsgröße x_e und Ausgangsgröße x_a als Funktion der Zeit.

Der Frequenzgang eines linearen Systems ist das Verhältnis der inhomogenen Teillösung der Ausgangsgröße zur Eingangsgröße, wobei die Eingangsgröße sinusförmig verläuft.

Die Frequenzganggleichung, die das Übertragungsverhalten eines Systems für eine harmonische Schwingung als Eingangsgröße beschreibt, wird durch Anwendung der Laplace-Transformation auf die Differentialgleichung des Systems gewonnen. Die Anwendung der Laplace-Transformation auf eine Originalfunktion führt zu einer Bildfunktion. Hat die Originalfunktion die Form einer linearen Differentialgleichung, so ergibt sich als Bildfunktion eine lineare algebraische Gleichung. Die Lösung der Differentialgleichung kann also in der Weise erfolgen, daß durch Laplace-Transformation zunächst algebraische Gleichungen gewonnen werden, deren Lösung nach Rücktransformation in den Originalbereich die Lösung der Differentialgleichung ergibt [15].

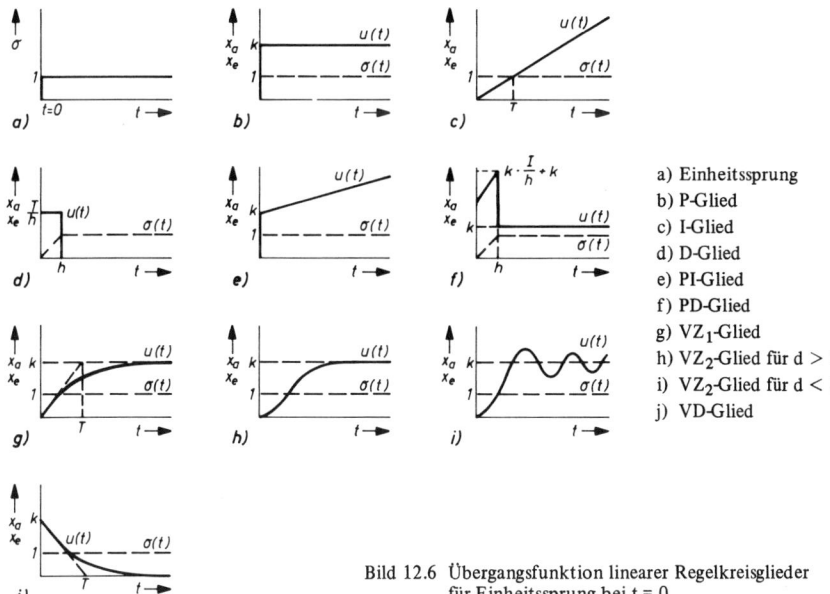

a) Einheitssprung
b) P-Glied
c) I-Glied
d) D-Glied
e) PI-Glied
f) PD-Glied
g) VZ_1-Glied
h) VZ_2-Glied für $d > 1$
i) VZ_2-Glied für $d < 1$
j) VD-Glied

Bild 12.6 Übergangsfunktion linearer Regelkreisglieder
für Einheitssprung bei t = 0

Elementare lineare Glieder sind

P-Glieder (Proportionalglieder) mit proportionalem Verhalten,
I-Glieder (integrierende Glieder) mit integrierendem Verhalten,
D-Glieder (differenzierende Glieder) mit differenzierendem Verhalten.
Die elementaren Verhaltensweisen können additiv zusammengesetzt werden. So entstehen PI-Glieder, PD-Glieder und PID-Glieder.
Weitere Glieder sind Verzögerungsglieder 1. und 2. Ordnung, VZ_1- und VZ_2-Glieder.
Ein VD-Glied hat verzögert differenzierendes Verhalten.
In Bild 12.6 sind die Übergangsfunktionen der aufgeführten Glieder angegeben. Die
Übergangsfunktion u(t) ist der zeitliche Verlauf der Ausgangsgröße bei einem Einheits-

Art des Gliedes	Gleichung im Zeitbereich	Frequenzgang	Symbol mit Übergangsfunktion
P	$x_a = k \cdot x_e$	k	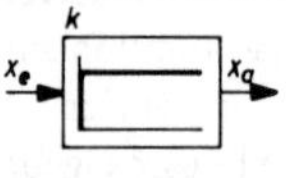
I	$T\dot{x}_a = x_e$	$\dfrac{1}{pT}$	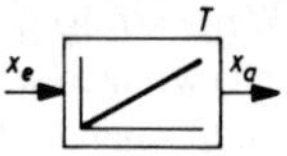
D	$x_a = T \cdot \dot{x}_e$	pT	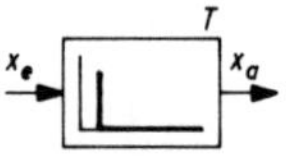
PI	$T\dot{x}_a = k(x_e + T\dot{x}_e)$	$\dfrac{k(1+pT)}{pT}$	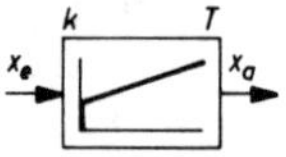
PD	$x_a = k \cdot x_e + kT\dot{x}_e$	$k(1+pT)$	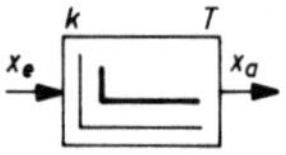
VZ_1	$T\dot{x}_a + x_a = k \cdot x_e$	$k\dfrac{1}{1+pT}$	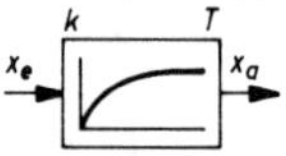
VZ_2	$T^2\ddot{x}_a + 2dT\dot{x}_a + x_a = kx_e$	$\dfrac{k}{1+2dpT+p^2T^2}$	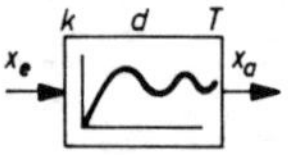
VD	$T\dot{x}_a + x_a = kT\dot{x}_e$	$k\dfrac{pT}{1+pT}$	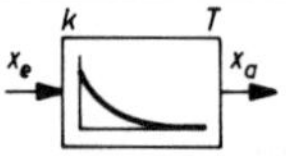

Bild 12.7 Kennzeichnung linearer Regelkreisglieder

sprung $\sigma(t)$ am Eingang. Die Lösung der Gleichung im Zeitbereich (einer Differential-gleichung) ergibt die Übergangsfunktion u(t), wenn für t > 0 die Eingangsgröße $x_e = \sigma(t) = 1$ gesetzt wird.

Bei D- und PD-Gliedern muß ein Einheitssprung mit endlicher Steilheit angenommen werden, weil die Ableitung des Einheitssprunges für t = 0 sonst unendlich wird.

In Bild 12.7 sind zur Kennzeichnung linearer Regelkreisglieder ihre Gleichung im Zeitbereich, ihr Frequenzgang und ihr Symbol mit Übergangsfunktion angegeben.

12.3.2 Totzeitglied

Es gibt Übertragungsglieder, die nicht durch Differentialgleichungen beschrieben werden können. Bild 12.8 zeigt die Übergangsfunktion eines Totzeitgliedes. Zwischen der Eingangsgröße und der Ausgangsgröße liegt eine Verzögerung um die Totzeit T_t. Die Kennzeichnung eines Totzeitgliedes ist in Bild 12.9 angegeben.

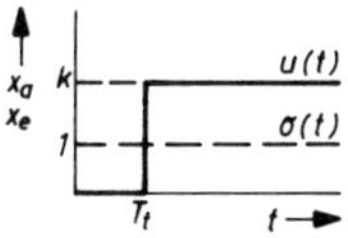

Bild 12.8
Übergangsfunktion eines Totzeitgliedes

	Gleichung im Zeitbereich		Frequenzgang	Symbol mit Übergangsfunktion
T_t	$x_a = \sigma$	für $t < T_t$	$k e^{-pT_t}$	
	$x_a = k \cdot x_e$	für $t \geq T_t$		

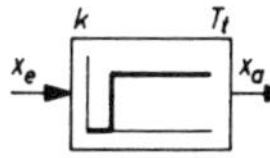

Bild 12.9 Kennzeichnung eines Totzeitgliedes

12.3.3 Kennlinienglied

Die bisher angegebenen Glieder einschließlich des Totzeitgliedes sind lineare Glieder mit linearem Zusammenhang zwischen Eingangs- und Ausgangsgröße. Zur Kennzeichnung eines nichtlinearen Zusammenhanges werden Kennliniengliedern (KL-Glieder) verwendet. Nichtlineare Zusammenhänge treten beispielsweise bei Magnetisierungskennlinien auf. Bild 12.10 zeigt die Blockdarstellung eines Kennliniengliedes. Häufig wird die Kennlinie für bestimmte Arbeitsbereiche linearisiert, so daß ein KL-Glied in den linearisierten Bereichen durch ein P-Glied ersetzt werden kann.

Bild 12.10
Kennliniennglied

12.3.4 Strukturbild

Die symbolische Darstellung eines Systems von Größen, die in ihrer Wirkung miteinander verknüpft sind, heißt Strukturbild. Andere Bezeichnungen sind Strukturdiagramm oder Blockschaltbild. Ein Strukturbild kennzeichnet sowohl das statische als auch das dynamische Verhalten des dargestellten Systems.

Regelungssysteme werden häufig in einem Strukturbild dargestellt. Das Strukturbild ist ein Signalflußplan (s. Bild 12.1 und 12.2). Es erleichtert bei umfangreichen Systemen die Übersicht über die Abhängigkeit der Größen untereinander.

Bild 12.11 zeigt als Beispiel das Strukturbild der Drehzahlregelung einer Gleichstrommaschine nach dem Stromleitverfahren, wie es sich bei einem Regelkreis nach Bild 12.5 ergibt. Die Blöcke können entweder mit Übergangsfunktionen (Bild 12.11a) oder mit Frequenzgang (Bild 12.11b) angegeben werden.

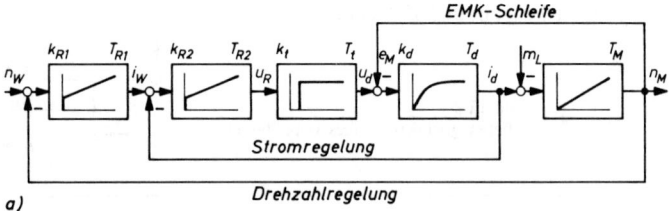

a)

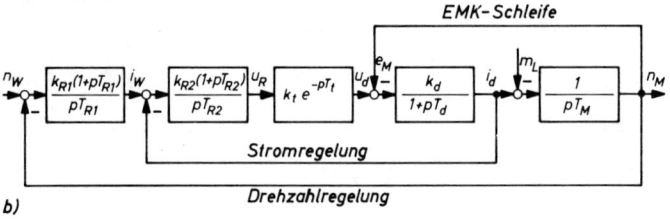

b)

Bild 12.11 Strukturbild der Drehzahlregelung einer Gleichstrommaschine nach dem Stromleitverfahren
a) Blöcke mit Übergangsfunktion, b) Blöcke mit Frequenzgang

Bei dem Beispiel handelt es sich um ein vermaschtes Regelsystem mit Regelschleifen. Die Gleichstrommaschine ist hierbei als sogenannte EMK-Schleife im Strukturbild aufgelöst dargestellt.

Der Stromrichter ist in diesem Strukturbild als lineares Übertragungsglied mit Totzeitverhalten eingeführt. Eingangsgröße ist die Ausgangsspannung u_R des vorgeschalteten Reglers, Ausgangsgröße die Gleichspannung u_d, das ist die Ankerspannung der Gleichstrommaschine. Alle Größen sind in normierter Form angegeben. Auf die Methode zur mathematischen Behandlung von Strukturbildern wird hier nicht weiter eingegangen, sondern auf die einschlägige Literatur verwiesen [15], [21], [22].

12.4   Interne Regelungen

Stromrichter können zur Verbesserung ihres Betriebsverhaltens, zur Erhöhung der Betriebssicherheit oder aus Schutzgründen interne Regelkreise enthalten. Die unterlagerte Stromregelung bei der Drehzahlregelung nach dem Stromleitverfahren (s. Bild 12.5 bzw. 12.11) ist in diesem Sinn eine interne Regelung, die die Stromrichterventile vor Überlastung schützt und außerdem das dynamische Verhalten verbessert. Weitere interne Regelgrößen sind beispielsweise Spannungen oder der Löschwinkel γ bei netz- und lastgeführten Wechselrichtern (s. Abschn. 7.1.2). Bei kreisstrombehafteten Umkehrstromrichtern (s. Abschn. 7.2.1) kann der Kreisstrom geregelt werden, wodurch die Stromrichtergruppen ohne Zeitverzug gegeneinander ausgesteuert werden können und der Kreisstrom bei ansteigendem Laststrom unterdrückt wird [12.5], [12.12], [12.14], [12.16].

13 Stromrichteranwendungen

Leistungselektronik wird auf allen Gebieten angewendet, wo die Aufgabe des Umformens, Steuerns und kontaktlosen Schaltens elektrischer Energie besteht [13.22], [13.45], [13.46], [13.47]. Gründe für den noch ständig zunehmenden Einsatz von Stromrichtern sind deren technische und betriebliche Eigenschaften.

Ihre wichtigsten technischen Eigenschaften sind die Fähigkeit der Umformung elektrischer Energie nach Spannung, Frequenz oder Phasenzahl, ihre stetige und schnelle Steuer- und Regelbarkeit und ihr guter Wirkungsgrad.

Bei den betrieblichen Eigenschaften von Stromrichtern sind ihre Zuverlässigkeit, ihr geringer Bedarf an Wartung und ihr geringer Verschleiß zu nennen. Diesen Vorteilen stehen in manchen Anwendungsfällen höhere Investitionskosten gegenüber.

In Abschn. 1.1 wurde die Entwicklung der Stromrichterventile und die ersten Anwendungen zur Batterieladung und Speisung von Gleichstromverbrauchern über Gleichstromunterwerke beschrieben. Dazu kam schon bald auch die Versorgung von Elektrolysen mit Gleichstrom und der Betrieb von Gleichstrombahnen. Im Laufe der jahrzehntelangen Entwicklung hat sich die Zahl der Anwendungsgebiete beträchtlich vergrößert. Auch heute wird die überwiegende Mehrheit der Stromrichter für die Erzeugung von Gleichstrom aus dem Wechsel- bzw. Drehstromnetz eingesetzt, wobei die Gleichspannung bzw. der Gleichstrom meist gesteuert oder geregelt wird. Dazu kommen Wechselrichter zur Erzeugung von Wechsel- oder Drehstrom, beim Antrieb von Drehfeldmaschinen mit veränderlicher Frequenz. Wechselrichter für Mittelfrequenz werden bei der induktiven Erwärmung und Härtung eingesetzt. Im folgenden werden Anwendungsschwerpunkte der Leistungselektronik aufgeführt.

13.1 Anwendungsschwerpunkte

Die Leistungselektronik wird in der gesamten elektrischen Energietechnik eingesetzt. Anwendungsschwerpunkte sind Industrieantriebe, elektrische Energieerzeugung und -verteilung, Elektrowärme, Elektrochemie, elektrische Traktion und in zunehmendem Maße auch elektrische Hausgeräte. Außerdem gibt es interessante Anwendungen auf Sondergebieten wie Teilchenbeschleunigern und anderen physikalischen Geräten.

13.1.1 Industrieantriebe

In der Antriebstechnik haben sich die stromrichtergespeisten Antriebe in erheblichem Umfang dort durchgesetzt, wo Drehzahlverstellung erforderlich ist [13.7], [13.11], [13.31], [13.34], [13.38], [13.39], [13.79], [13.82], [13.83], [13.84], [13.87]. In Industrieanlagen müssen sich viele Antriebe laufend den veränderlichen Arbeitsbedingungen durch Drehzahlverstellung anpassen. Polumschaltbare Motoren gestatten nur eine Anpassung in zwei oder drei Stufen. Mechanische Regelantriebe haben nur begrenzte Verstellgeschwindigkeit. Getriebe übersetzen nicht nur die Drehzahl, sondern auch das Drehmoment und geben damit dem Antrieb im unteren Drehzahlbereich ein hohes Drehmoment. Sie unterliegen aber Verschleiß und benötigen Wartung.

Stromrichtergespeiste Antriebe können sowohl mit Gleichstrommaschinen als auch mit Drehfeldmaschinen ausgerüstet werden. Für beide Maschinenarten gilt jedoch, daß das von einer elektrischen Maschine abgegebene Drehmoment dem Produkt aus magnetischem Fluß mal Strom proportional ist, d. h. bei gegebenem Strom kann so lange ein etwa konstantes Drehmoment im gesamten Drehzahlbereich abgegeben werden, wie der magnetische Fluß konstant aufrecht erhalten werden kann (s. Bild 10.7 u. 10.8). Bei erhöhtem Anfahrmoment ist also im Gegensatz zum Verstellgetriebe eine Strom- bzw. Flußerhöhung erforderlich.

Nach der Art der verwendeten elektrischen Maschinen unterscheidet man Gleichstromantriebe und Drehstromantriebe. Im folgenden werden die wichtigsten stromrichtergespeisten Antriebe aufgeführt.

Stromrichtergespeiste Gleichstromantriebe werden am häufigsten eingesetzt [13.7]. Es gibt zahlreiche Varianten von Gleichstromantrieben. In Bild 13.1 ist der Betrieb mit einem Einzel-Stromrichter und der Vierquadrantenbetrieb mit einem Doppel-Stromrichter (Umkehrstromrichter) im Ankerkreis dargestellt.

Es können vier Drehmoment-Drehzahlbereiche unterschieden werden (s. Bild 10.6). Die Quadranten I und III kennzeichnen Motorbetrieb (die elektrische Maschine gibt mechanische Leistung ab), die Quadranten II und IV kennzeichnen Generator- bzw. Bremsbetrieb (die elektrische Maschine nimmt mechanische Leistung auf). Übergang von Treiben auf Bremsen bedeutet Energierichtungsumkehr. Mit einem Einzel-Stromrichter im Ankerkreis können nur die Quadranten I und IV gefahren werden. Mit einem Doppel-Stromrichter ist Vierquadrantenbetrieb möglich. Vierquadrantenbetrieb kann auch durch mechanische Ankerumschaltung oder durch Feldumkehr erreicht werden.

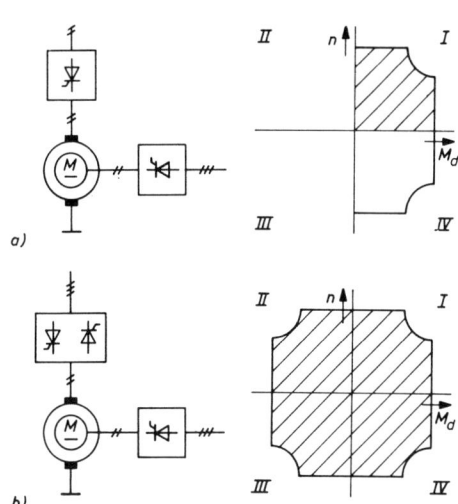

Bild 13.1
Gleichstromantrieb mit netz-
geführtem Stromrichter
(Gleichstrommotor fremderregt)
a) Einzel-Stromrichter
b) Umkehrstromrichter
(für Vierquadrantenbetrieb)

Gleichstromantriebe nach Bild 13.1 werden durch Änderung der Ständerspannung
(Ankerstellbereich) und des Erregerstromes (Feldschwächbereich) verstellt. Die Dreh-
momentumkehr erfolgt durch Umpolen des Ständer- oder Erregerstromes. Die Stromrichter sind netzgeführt. Man erhält einen universalen regelbaren Antrieb, der für einen
weiten Leistungs- und Drehzahlbereich gebaut werden kann (Leistungsbereich 1 kW bis
10 000 kW, Drehzahlbereich bis 6000 min^{-1}).
Bild 13.2 zeigt Gleichstromantriebe mit Gleichstromstellern, wie sie auf elektrisch
betriebenen Fahrzeugen Anwendung finden.
Der Mittelwert der konstanten Gleichspannung kann durch Pulsbetrieb mit veränderlichem Einschaltverhältnis stetig verändert werden (s. Abschn. 8.2). Bild 13.2a zeigt
die Schaltung für Fahrbetrieb, 13.2b eine Schaltung für Bremsbetrieb, wobei die Reihen-
schlußwicklung der Gleichstrommaschine umgepolt werden muß. Auch das Anfahren
über einen pulsgesteuerten Widerstand ist möglich (Bild 13.2c).
Gleichstromsteller werden im Bereich von etwa 1 kW bis über 1 MW für drehzahlsteuer-
bare Gleichstrommotoren bei Fahr- und Bremsbetrieb gebaut (elektrische Traktion).
Der Übergang von Fahr- auf Bremsbetrieb wird meist durch mechanische Schaltgeräte
vorgenommen.

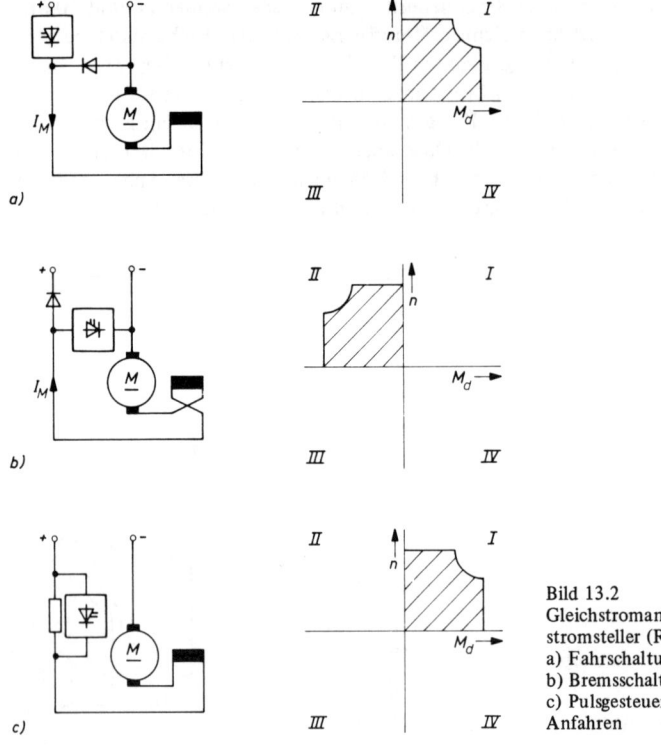

Bild 13.2
Gleichstromantrieb mit Gleichstromsteller (Reihenschlußmotor)
a) Fahrschaltung
b) Bremsschaltung
c) Pulsgesteuerter Widerstand zum
Anfahren

Neben den stromrichtergespeisten Gleichstrommaschinen werden stromrichtergespeiste Drehstrommaschinen für verschiedene Anwendungsgebiete eingesetzt. Gegenüber Gleichstromantrieben haben sie einige Vorteile: Kein Kommutator; robusterer Aufbau, d. h. weitgehend wartungsfrei; geringeres Gewicht und kleinere Abmessungen; höhere Grenzleistungen und höhere Grenzdrehzahlen.

An den Stromrichter stellen Drehstromantriebe meist höhere Anforderungen als Gleichstromantriebe, bei denen eine Verstellung der Ankerspannung ausreicht. Deshalb sind stromrichtergespeiste Drehstromantriebe meist teurer als Gleichstromantriebe [13.49], [13.53].

Die Drehzahlverstellung bei stromrichtergespeisten Antrieben erfolgt im einfachsten Fall durch eine Spannungssteuerung. Dies ist jedoch nur im unteren Leistungsbereich und für einen begrenzten Stellbereich wirtschaftlich. Bei Schleifringläufermotoren kann die Schlupfleistung über Stromrichter verstellt werden. Von dieser Möglichkeit wird vorzugsweise bei Anwendungen Gebrauch gemacht, die nur einen begrenzten Drehzahlstellbereich benötigen. Drehstromantriebe für besondere Anforderungen mit vollem Drehzahlstellbereich erfordern die Bereitstellung veränderlicher Frequenz und Spannung.

Die Bilder 13.3 bis 13.6 zeigen stromrichtergespeiste Drehstromantriebe für eingeschränkte Anforderungen, bei denen die Schlupfleistung gesteuert wird (Schlupfsteuerung) [13.57]. In den Bildern 13.7 bis 13.11 sind stromrichtergespeiste Drehstromantriebe mit veränderlicher Speisefrequenz dargestellt. Bild 13.12 zeigt die Anwendung eines Schwingkreisumrichters für hochtourige Drehstromantriebe.

Bei dem in Bild 13.3 dargestellten Antrieb wird die Ständerspannung des Asynchronmotors über einen Drehstromsteller verstellt [13.5]. Dazu werden Kurzschlußläufermotoren mit Widerstandsläufer oder Schleifringläufer mit externen Widerständen benötigt. Im Läuferkreis treten bei Teildrehzahlen erhebliche Verluste auf, weil die Schlupfleistung in Wärme umgesetzt wird. Durch Drehfeldumkehr ist Gegenstrombremsen möglich.

Bild 13.4 zeigt einen Antrieb mit Schleifringläufer, bei dem der Läuferwiderstand durch Pulssteuerung verändert werden kann. Auch bei diesem Antrieb wird die Schlupfleistung im Läuferkreis in Wärme umgesetzt [13.56].

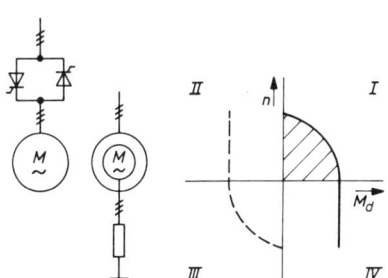

Bild 13.3 Asynchronmotor mit Drehstromsteller (Käfigläufer oder Schleifringläufer)

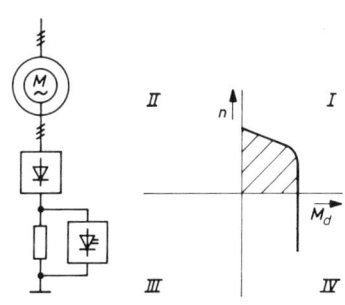

Bild 13.4 Asynchronmotor mit Schleifringläufer und pulsgesteuertem Widerstand im Läuferkreis

In Bild 13.5 ist die untersynchrone Stromrichterkaskade dargestellt, bei der die Schlupfleistung des Schleifringläufers über eine Stromrichterkaskade zunächst gleichgerichtet,
geglättet und über einen netzgeführten Wechselrichter ins Drehstromnetz zurückgespeist
wird. Die untersynchrone Stromrichterkaskade wird für Antriebe größerer Leistung
(bis 20 MW) bei begrenztem Drehzahlstellbereich eingesetzt. Im übersynchronen Drehzahlbereich ist Bremsbetrieb möglich [13.27], [13.30].

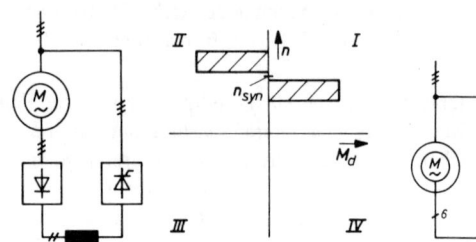

Bild 13.5 Untersynchrone Stromrichterkaskade mit Schleifringläufer-
motor

Bild 13.6 Doppeltgespeiste Schleifringläufermaschine mit Direktumrichter im
Läuferkreis

Bild 13.6 zeigt eine doppelt gespeiste Schleifringläufermaschine, bei der der Läufer an
einen Direktumrichter angeschlossen ist. Dadurch kann der Maschine Energie über den
Läufer entzogen oder eingespeist werden. Motor- und Generatorbetrieb sind sowohl
untersynchron wie übersynchron möglich [13.74].

Bild 13.7 zeigt die Speisung eines Drehstrommotors über einen netzgeführten Direktumrichter, wobei die Ständerfrequenz und -spannung der jeweiligen Drehzahl angepaßt
werden. Die Drehstrommaschine kann sowohl eine Asynchronmaschine mit Käfigläufer
als auch eine Synchronmaschine sein. Die Frequenz des netzgeführten Direktumrichters
ist nach oben auf etwa 40% der Netzfrequenz begrenzt. Der Einsatzschwerpunkt liegt
bei langsam laufenden Antrieben großer Leistung (bis 10 000 kW).

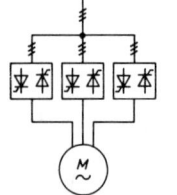
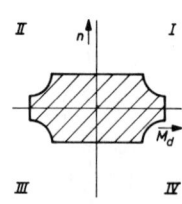

Bild 13.7
Drehstromantrieb mit Direktumrichter
im Ständerkreis

Die Bilder 13.8 und 13.9 zeigen Drehstromantriebe mit veränderlicher Frequenz und
Spannung, bei denen die Maschinenspannung über Zwischenkreisumrichter eingeprägt
wird [13.3]. Bei dem Zwischenkreisumrichter nach Bild 13.8 ist die Spannung U_d im
Zwischenkreis variabel. Die Spannungsverstellung erfolgt durch Anschnittsteuerung des
netzseitigen Stromrichters. Bei Vierquadrantenbetrieb muß dieser als Doppel-Stromrichter ausgeführt werden.

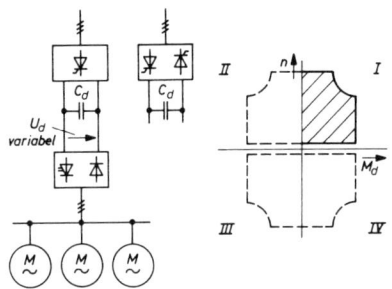

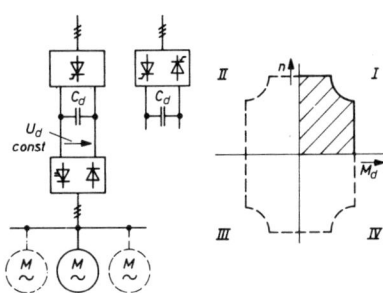

Bild 13.8 Zwischenkreisumrichter mit eingeprägter Spannung (variable Zwischenkreisspannung)

Bild 13.9 Zwischenkreisumrichter mit eingeprägter Spannung (konstante
Zwischenkreisspannung), Pulsstromrichter

Bei dem Drehstromantrieb nach Bild 13.9 ist die Zwischenkreisspannung U_d konstant.
Neben der Frequenzänderung wird auch die Spannungsverstellung in dem maschinenseitigen Wechselrichter durch Pulsverfahren vorgenommen (s. Abschn. 8.3.4). Zwischenkreisumrichter mit eingeprägter Spannung werden für Gruppenantriebe mit hoher Gleich-
laufanforderung eingesetzt. Beim Umrichter mit variabler Zwischenkreisspannung geht
der Frequenzbereich bis etwa 600 Hz, bei Leistungsverminderung sogar bis 1000 Hz
und darüber. Beim Pulsumrichter liegt die obere Frequenz bei etwa 200 Hz, weil die Pulsfrequenz ein Mehrfaches der Ausgangsfrequenz betragen muß. Pulsstromrichter können
für den dynamischen Vierquadrantenbetrieb von Asynchronmaschinen mit Käfigläufer
eingesetzt werden [13.2]. Ihre Leistung ist bis in den Megawattbereich erweitert worden.
Die Bilder 13.10 und 13.11 zeigen Zwischenkreisumrichter mit eingeprägtem Strom.
Diese sind für Einmotorantriebe entwickelt worden. Der induktive Energiespeicher im
Zwischenkreis prägt den Motorstrom ein, der vom maschinenseitigen Stromrichter zyklisch auf die Wicklungsstränge der Maschine geschaltet wird. Die Spannung an den Ma-
schinenklemmen stellt sich dabei frei ein.

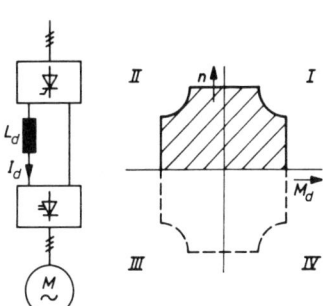

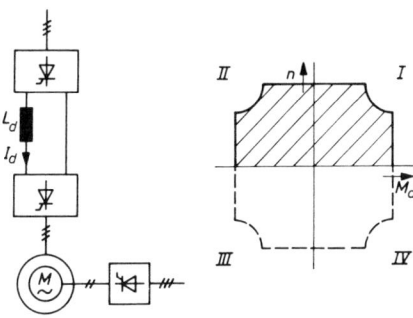

Bild 13.10 Zwischenkreisumrichter
mit eingeprägtem Strom
für Asynchronmaschine

Bild 13.11 Zwischenkreisumrichter mit eingeprägtem Strom für Synchronmaschine
(Stromrichtermotor)

300   13 Stromrichteranwendungen

Bild 13.10 zeigt den Zwischenkreisumrichter mit eingeprägtem Strom für den Antrieb eines Asynchronmotors. Der maschinenseitige Stromrichter arbeitet mit Zwangskommutierung, vorzugsweise mit Phasenfolgelöschung (s. Abschn. 8.3.2).
Bild 13.11 zeigt einen Zwischenkreisumrichter mit eingeprägtem Strom zum Antrieb einer Synchronmaschine (s. Abschn. 7.3.3). Die Synchronmaschine ist übererregt und liefert die für den maschinenseitigen Stromrichter erforderliche Blindleistung [13.16]. Die Taktung des maschinenseitigen Stromrichters kann über einen Polwinkel-Stellungsgeber von der Maschinenseite abgeleitet werden. Der Antrieb erhält damit ein Verhalten wie eine fremderregte Gleichstrommaschine und kann bei Laststößen nicht kippen. Für den Anlauf aus dem Stillstand sind Sondermaßnahmen erforderlich (z. B. eine Taktung des netzseitigen Stromrichters), da im Stillstand von der Synchronmaschine noch keine Kommutierungsleistung zur Verfügung gestellt werden kann. Stromrichtergespeiste Antriebe mit Synchronmaschinen (Stromrichtermotor) werden für Leistungen bis über den Grenzleistungsbereich von Gleichstrommaschinen (über 20 MW) gebaut [13.54], [13.60].

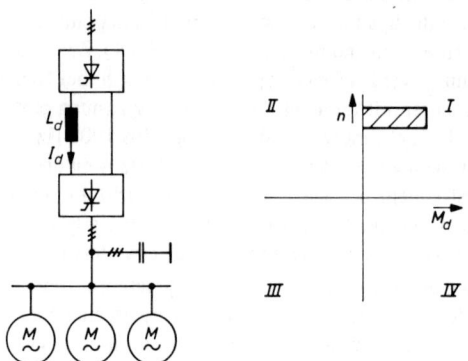

Bild 13.12
Mehrphasiger Parallelschwinkreis-umrichter für schnellaufende Drehstromantriebe

Bild 13.12 zeigt einen dreiphasigen Parallelschwingkreisumrichter für den Antrieb von schnellaufenden Drehstrommaschinen. Die Drehstrommaschinen (z. B. Hysteresemotoren) werden durch Parallelkondensatoren zu einem Schwingkreis mit eingeprägtem Strom. Der lastseitige Stromrichter bezieht seine Kommutierungsblindleistung von der Last (s. Abschnitt 7.3.1). Die Frequenz kann mehr als 1000 Hz betragen.

13.1.2   Energieerzeugung

In der Energieerzeugung werden Stromrichter zum Antrieb von Pumpen, Gebläsen, Lüftern und Hilfsbetrieben eingesetzt. Dabei handelt es sich vorwiegend um Drehstromantriebe (untersynchrone Stromrichterkaskade, Stromrichtermotoren im mittleren und großen Leistungsbereich, Drehstromsteller im unteren Leistungsbereich) [13.9], [13.23], [13.73].
Außerdem werden Dioden- und Thyristorstromrichter zur Erregung von Synchronmaschinen eingesetzt [13.12], [13.41], [13.77]. Dazu können rotierende Diodenstromrichter

verwendet werden, bei denen die Erregerleistung über einen Wellengenerator eingespeist wird, dessen äußere Pole über einen Thyristorstromrichter erregt werden. Eine solche Anordnung arbeitet ohne Schleifringe. Auch Erregereinrichtungen mit rotierenden Thyristorstromrichtern sind entwickelt worden.

Daneben gibt es statische Erregereinrichtungen, bei denen die über Thyristorstromrichter geregelte Erregerleistung dem Synchrongenerator zugeführt wird.

13.1.3   Energieverteilung

In der Energieverteilung finden Stromrichter Anwendung zur frequenzstarren und frequenzelastischen Netzkupplung [13.75]. Bei der Hochspannungs-Gleichstrom-Übertragung (HGÜ) werden sie für die Umformung von Drehstrom in Gleichstrom (Gleichrichterstation) und von Gleichstrom in Drehstrom (Wechselrichterstation) eingesetzt [13.59], [13.72]. Außerdem wird in Unterwerken Drehstrom in Gleichstrom für die Versorgung von Gleichstromnetzen umgewandelt. Ein wichtiges Anwendungsgebiet ist die Aufrechterhaltung einer gesicherten Stromversorgung mittels Stromrichter für empfindliche Verbraucher, bei denen bei kurzzeitigem Netzausfall keine Unterbrechung der Stromversorgung zugelassen werden kann [13.8], [13.58], [13.80]. Weitere Anwendung finden Stromrichter in der Energieverteilung als Rundsteuersender. Ein Sondergebiet ist die Blindstromkompensation durch thyristorgeschaltete Blindwiderstände oder andere Blindleistungsstromrichter. Dies wird beispielsweise zur Netzentflimmerung eingesetzt. Daneben werden Halbleiterschalter zunehmend in der Energieverteilung dort verwendet, wo hohe Schaltspielzahlen gefordert werden.

Bei der Hochspannungs-Gleichstrom-Übertragung, die bis Mitte der sechziger Jahre die letzte Domäne der Quecksilberdampfgleichrichter geblieben war, haben sich Thyristorventile ebenfalls durchgesetzt [13.21]. Bei der konstruktiven Ausführung konkurrieren noch verschiedene Systeme, die entweder mit Luftkühlung oder mit Flüssigkeitskühlung arbeiten [13.51].

Bild 13.13 zeigt den Prinzipschaltplan einer HGÜ-Station (Cabora Bassa), bei der in der zweiten Ausbaustufe 8 Thyristorbrücken (Drehstrom-Brückenschaltung B6) in Reihe geschaltet eine Gleichspannung von ± 533 kV auf der 1350 km langen Freileitung erzeugen. Zur Erzielung einer zwölfpulsigen Rückwirkung sind die Stromrichtertransformatoren sekundärseitig abwechselnd in Stern bzw. Dreieck geschaltet. Fünf Wasserkraftgeneratoren (Leistung je 480 MVA) speisen über Transformatoren die 220-kV-Sammelschienen, an die außerdem zu Saugkreisen ausgebildete Kompensationskondensatoren angeschlossen sind.

Jede Stromrichterbrücke bringt bei 133 kV und 1800 A eine Leistung von 240 MW auf. Die Thyristorventile sind unter Öl im Ventilkessel eingebaut (280 Thyristoren je Ventil in Reihe, 2 parallel). Die äußeren Ventilkessel an der Freileitung müssen auf Isoliertischen für 533 kV Gleichspannung gegen Erde isoliert werden. Die Signalübertragung von der Warte auf das Ventilpotential wird über Lichtsignalübertrager vorgenommen.

Ein Sondergebiet für Thyristorschalter ist das synchrone Schalten von Blindwiderständen (Kondensatoren oder Induktivitäten). Dies wird zur stufenweisen Kompensation

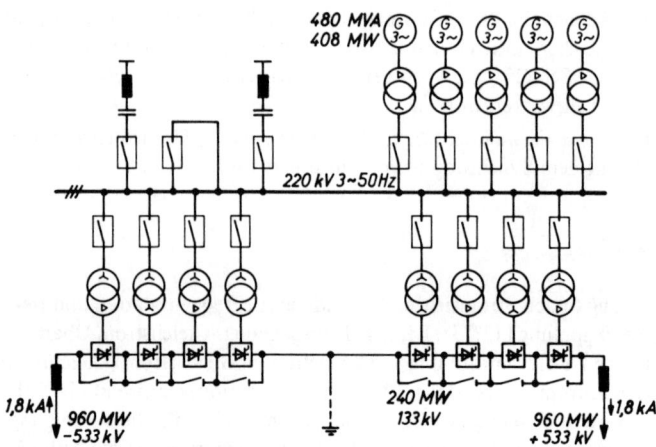

Bild 13.13 Prinzipschaltplan einer HGÜ-Station

des Blindstromes in Drehstromnetzen eingesetzt, wo durch unruhige Verbraucher Netzflimmern hervorgerufen wird (s. Abschn. 11.7) [13.17], [13.24]. Bild 13.14 zeigt ein
Blindleistungs-Kompensationsverfahren mit Streutransformator und Thyristorsteller.
Die Blindleistungsaufnahme des mit extrem hoher Streuung ausgelegten Transformators (u_k = 100%) kann über den sekundärseitigen Drehstromsteller stetig verändert werden. Da nach diesem Verfahren nur die induktive Blindleistungsaufnahme des Streutrans-

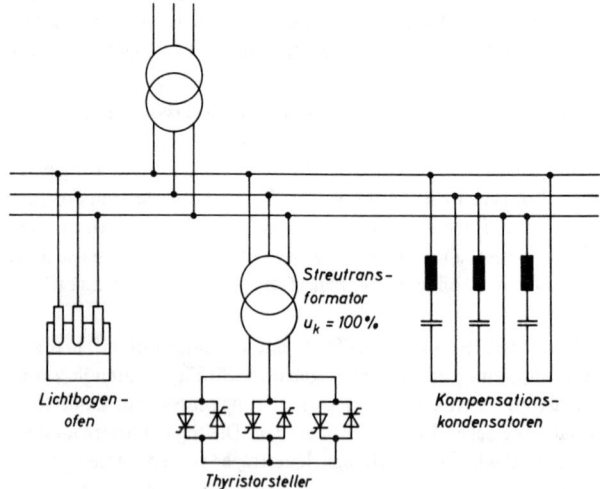

Bild 13.14 Dynamische Blindleistungskompensation über Streutransformator und Thyristorsteller

formators zwischen Nennleistung und Null stetig verstellt werden kann, muß zunächst mit festen Kompensationskondensatoren überkompensiert werden. Aus schutztechnischen Gründen liegen in Reihe mit diesen Kompensationskondensatoren Induktivitäten zur Strombegrenzung in Störungsfällen.

Zur dynamischen Regelung von Blindleistungsschwankungen in Drehstromnetzen können auch Blindleistungs-Stromrichter eingesetzt werden. Bild 13.15 zeigt den Leistungsteil eines Blindleistungs-Stromrichters mit kapazitivem Speicher und gleichspannungsseitiger Kommutierung (Pulszahl p = 6) (s. Bild 8.30). Mit ihm kann kapazitive oder induktive Blindleistung schnell verstellt werden. Durch phasenversetzte Zusammenschaltung von 6-phasigen Einheiten kann 12-pulsige Rückwirkung im Drehstromnetz erreicht werden.

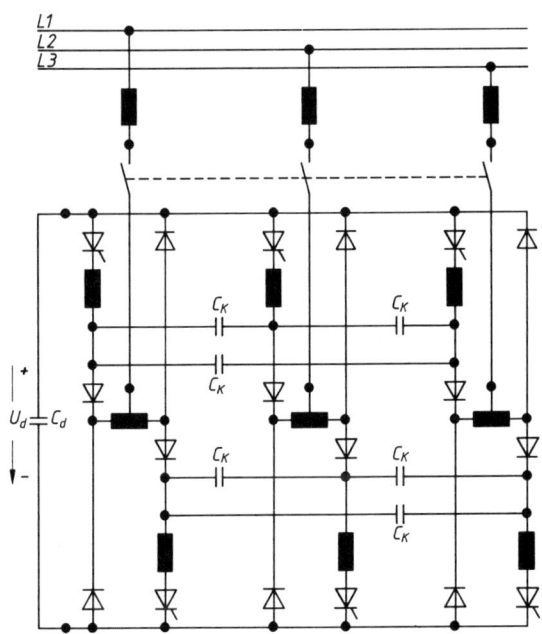

Bild 13.15
Leistungsteil eines selbstgeführten Blindleistungs-Stromrichters

13.1.4 Elektrowärme

Auf dem Gebiet der Elektrowärme werden Stromrichter zum Schalten und Steuern von Heizgeräten, für die Schweißsteuerung, die Speisung von Lichtbogenöfen und als Umrichter für induktive Härtung, Erwärmung und Schmelzen eingesetzt.

Schwingkreisumrichter sind besonders zur Erzeugung von Mittelfrequenz geeignet. Es handelt sich dabei um lastgeführte Stromrichter, bei denen die zur Kommutierung notwendige Blindleistung von der Last zur Verfügung gestellt wird (s. Abschn. 7.3). Ohmschinduktive Verbraucher müssen dazu durch Kondensatoren zu Reihen- oder Parallelschwingkreisen ergänzt werden [13.18], [13.40].

Bild 13.16 zeigt Reihenkompensation der Last (s. Abschn. 7.3.2). Bei diesem Reihen-schwingkreis-Umrichter ist die Spannung im Zwischenkreis konstant. Der Wechselrichter hat Rückstromdioden (Doppel-Stromrichter). Reihenschwingkreis-Umrichter werden bevorzugt zur Speisung von Induktionsschmelzofenanlagen bis zu Leistungen von einigen MW eingesetzt. Ihr Frequenzbereich erstreckt sich von 200 Hz bis 3 kHz. Der Wirkungs-grad liegt bei 94% bis 95%.

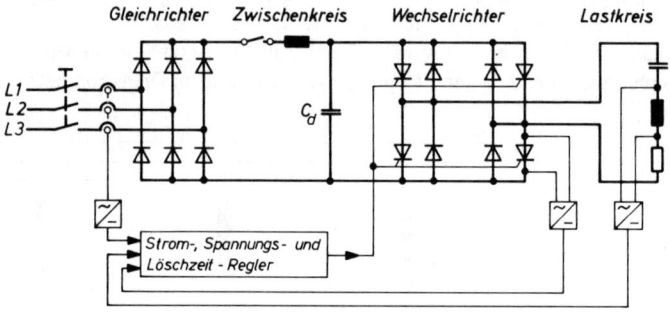

Bild 13.16 Reihenschwingkreis-Umrichter

Bild 13.17 zeigt Parallelkompensation der Last (s. Abschn. 7.3.1). Beim Parallelschwing-kreis-Umrichter wird die Spannung im Zwischenkreis über den netzseitigen steuerbaren Gleichrichter verstellt. Der Strom im Zwischenkreis wird durch die Glättungsinduktivität eingeprägt. Der lastseitige Wechselrichter benötigt Ventile für nur eine Stromrichtung (Einzel-Stromrichter).

Parallelschwingkreis-Umrichter werden für alle Anwendungen der induktiven Elektro-wärme (Induktionserwärmung zum Warmformen, Härten und Induktionsschmelzen) bis zu Frequenzen von 10 kHz eingesetzt. Der Vollast-Wirkungsgrad liegt ebenfalls bei 95%, während rotierende Umformer höchstens 90% erreichen. Pro Umrichtereinheit werden Leistungen bis 1800 kW im Frequenzbereich bis 3 kHz erreicht. Bei 10-kHz-Umrichtern vermindert sich die Leistung wegen der höheren Beanspruchung der Thy-ristoren und Bauelemente.

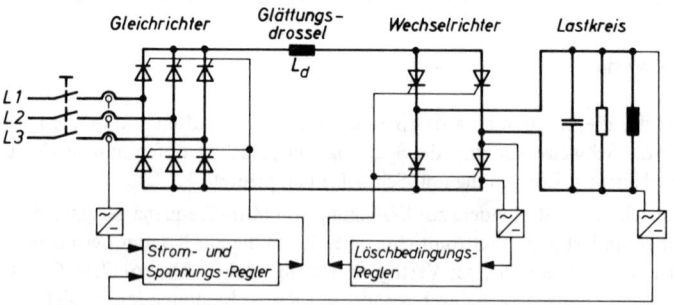

Bild 13.17 Parallelschwingkreis-Umrichter

Für die Abführung der Verluste wird bei Schwingkreisumrichtern bevorzugt Wasserkühlung eingesetzt. Für das Anschwingen werden besondere Maßnahmen getroffen. Zur Erzielung noch höherer Frequenzen sind Sonderbauformen von Schwingkreiswechselrichtern entwickelt worden.

Ein Sondergebiet für den Einsatz von netzgeführten Direktumrichtern ist das Elektro-Schlacke-Umschmelzverfahren, bei dem ein mehrphasiger Direktumrichter zur Erzeugung von niederfrequentem Wechselstrom veränderlicher Frequenz (0 bis 10 Hz) eingesetzt wird [13.36]. Mit dem niederfrequenten Strom wird unter einer Schlackenschicht umgeschmolzen.

Bild 13.18 zeigt die induktive Erwärmung großer Stahlblöcke mit Netzfrequenz. Bei dieser 1968 in Betrieb gegangenen Anlage mit insgesamt 210 MW Leistung werden die mit Parallelkondensatoren kompensierten Induktionsspulen, in denen die Stahlblöcke auf Walztemperatur erhitzt werden, über gegenparallele Thyristoren geschaltet. Beim Einschalten wird vorübergehend Anschnitt gefahren (Soft Start-Up) [13.10].

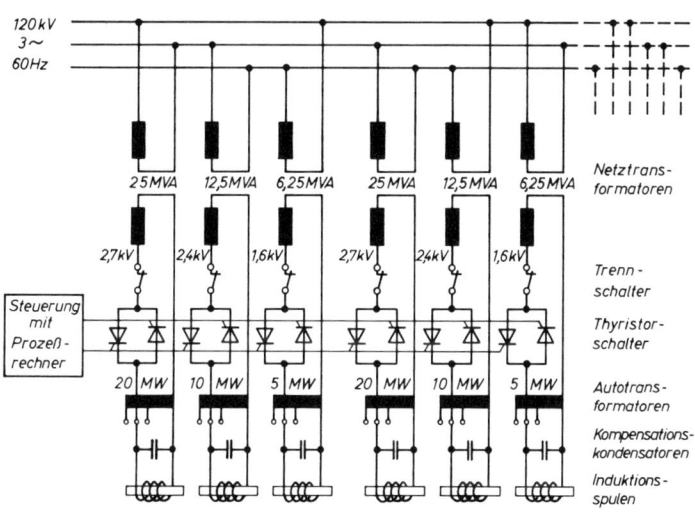

Bild 13.18 Induktive Erwärmung großer Stahlblöcke (General Electric/Ajax 1968)

13.1.5 Elektrochemie

In der Elektrochemie werden Stromrichter als Elektrolyse- und Galvanikgleichrichter eingesetzt, außerdem zur Batterieladung und Formierung. Ein weiteres Anwendungsgebiet ist die elektrophoretische Lackierung [13.14].
Im Elektrolysebereich werden nach der Hochspannungs-Gleichstrom-Übertragung die größten Stromrichterleistungen benötigt. Die elektrochemische Industrie ist unter den Abnehmern elektrischer Energie der bei weitem größte Gleichstromverbraucher. Sie

benötigt für Elektrolyseanlagen zur Herstellung von Chlor, Azeton, Wasserstoff, Sauerstoff sowie Aluminium, Magnesium, Zink und Reinkupfer sehr hohe Gleichströme. Als Richtwerte für elektrochemische Anlagen gelten bei Aluminiumelektrolysen Stromstärken von 170 kA bei Gleichspannungen von 1100 V (Leistung 165 MW), bei Chlorelektrolysen Stromstärken von über 200 kA bei Spannungen von 250 bis 500 V [13.37], [13.42].

Die Anforderungen an eine Elektrolyse-Gleichrichteranlage sind: möglichst hoher Wirkungsgrad wegen des erheblichen Anteils des Stromes an den Produktionskosten, Steuer und Regelbarkeit innerhalb des von dem Elektrolyseprozeß geforderten Stellbereiches, Zuverlässigkeit und geringer Wartungsbedarf und außerdem erträgliche Netzrückwirkungen sowie möglichst niedrige Investitionskosten.

Für Elektrolysen haben sich flüssigkeitsgekühlte Gleichrichter weitgehend durchgesetzt, da sie die größte spezifische Leistung haben. Bild 13.19 zeigt als Beispiel den Prinzipschaltplan einer zwölfpulsigen Gleichrichtergruppe für direkten 110-kV-Anschluß. Die Energie fließt vom 110-kV-Doppelsammelschienensystem über einen Leistungsschalter in eine Transformatorkombination, die aus einem Stelltransformator und zwei nachgeschalteten Gleichrichtertransformatoren besteht. Die Wicklungen der Gleichrichtertransformatoren sind zur Erzielung einer zwölfphasigen Netzrückwirkung um 30° gegeneinander

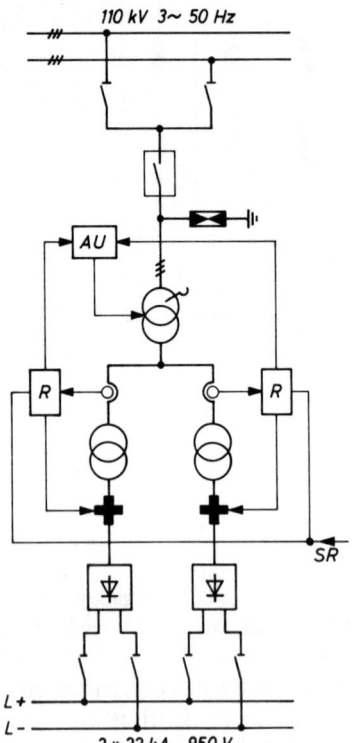

Bild 13.19
Zwölfpulsige Gleichrichtergruppe einer Aluminiumelektrolyse für 110-kV-Anschluß
R   Regelung
AU   automatische Umstufung
SR   zur Summenregelung einer Ofenreihe

geschwenkt. Die nachgeschalteten Transduktordrosseln dienen der Feinregulierung zwischen den Stufen des Lastschaltwerkes. Sie können in den Transformatorkessel einbezogen werden, oder, wenn räumlich möglich, auch als Verbindungsleitung zwischen Transformator und Gleichrichter geschaltet werden (Einwindungsdrosseln). Eine Gleichrichtergruppe liefert hier 2 x 22 kA bei 950 V Gleichspannung. Insgesamt beträgt die Anlagenleistung 2 x 176 kA bei 950 V. Die zwei Badreihen werden durch je vier Gleichrichtergruppen mit je 44 kA gespeist.

Elektrolysegleichrichter können statt mit Siliziumdioden auch mit Thyristoren ausgeführt werden [13.32]. In diesem Fall erfolgt die Steuerung bzw. Regelung der abgegebenen Gleichspannung durch Anschnittsteuerung, wodurch ein Stelltransformator oder sättigbare Eisendrosseln entfallen. Problematisch ist die Netzrückwirkung eines solchen anschnittgesteuerten Großgleichrichters, weil bei Teilaussteuerung im speisenden Drehstromnetz erhebliche Blindleistung auftritt, die durch Kompensationseinrichtungen teilweise beseitigt werden muß.

Galvanikanlagen erfordern niedrigere Gleichstromleistungen. Die Spannung muß stetig von Null bis zum Nennwert verstellt werden können. Dazu können Thyristorstellglieder anstelle von früher üblichen Stelltransformatoren oder Transduktoren verwendet werden.

13.1.6 Traktion

In der elektrischen Traktion werden Stromrichter in erheblichem Umfang eingesetzt, und zwar als Gleichrichter in Bahnunterwerken, für die Netzkupplung (Bahnumformer) [13.64], zur Speisung von Mischstrom- und Drehstrommotoren, für die Bordnetzversorgung, als Ladegeräte [13.29] und als Heizumrichter [13.66]. Außerdem werden gegenparallele Thyristoren als Überschalteinrichtung für Stufenschalter an Lokomotivtransformatoren verwendet, um lichtbogenfrei zu schalten [13.4].

Stromrichtergespeiste Antriebe verdrängen in der Traktion in zunehmendem Maße andere Lösungen [13.68], [13.69], [13.78], [13.81]. Bei Straßenbahnen und U-Bahnen werden Gleichstromsteller anstelle von mechanischen Schaltwerken und Widerständen verwendet [13.86], auf Triebwagen und Lokomotiven halbgesteuerte Brückenschaltungen und Mischstrommotoren [13.1], [13.6], [13.35], [13.61]. Auch Triebfahrzeuge und Lokomotiven mit Pulsstromrichtern und asynchronen Fahrmotoren sind bereits in Betrieb [13.43], [13.50], [13.52], [13.62], [13.63], [13.65], [13.67], [13.70], [13.71], [13.76].

Stromrichter werden auch zur Netzkupplung eingesetzt, z. B. zur frequenzelastischen Kupplung von Drehstromnetzen mit einphasigen Bahnnetzen. Bild 13.20 zeigt eine elastische Netzkupplung zwischen dem dreiphasigen 50-Hz-Landesnetz und dem einphasigen 16 2/3-Hz-Netz der Deutschen Bundesbahn [13.33]. Hierbei wird ein Maschinenumformer mit einem Asynchronmotor und einem einphasigen Synchrongenerator verwendet. Die veränderliche Schlupfleistung des Schleifringläufermotors wird über Steuerumrichter ins Drehstromnetz zurückgespeist (s. Bild 13.6). Die gegenparallelen Thyristorstromrichter in Drehstrombrückenschaltung werden von drei eigenen Transformatoren (je 1250 kVA) gespeist, die über den Maschinentransformator an das 50-Hz-Landesnetz

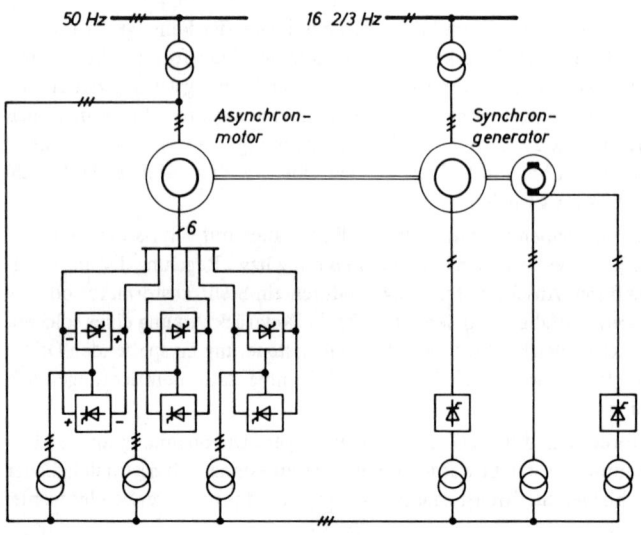

Bild 13.20 Elastische Netzkupplung 3 ~ 50 Hz/1 ~ 16 2/3 Hz

angeschlossen sind. Der Einphasen-Synchrongenerator wird durch eine Stromrichtererregung mit Thyristoren erregt, ebenso der Wellengenerator. Der Wellengenerator
gestattet einen vom 50-Hz-Landesnetz unabhängigen Betrieb des Synchrongenerators
als Phasenschieber.

Bild 13.21 zeigt als weiteres Beispiel für den Einsatz von Stromrichtern in der Traktion
die Ausrüstung einer unsymmetrisch halbgesteuerten Brückenschaltung mit einer Lösch-

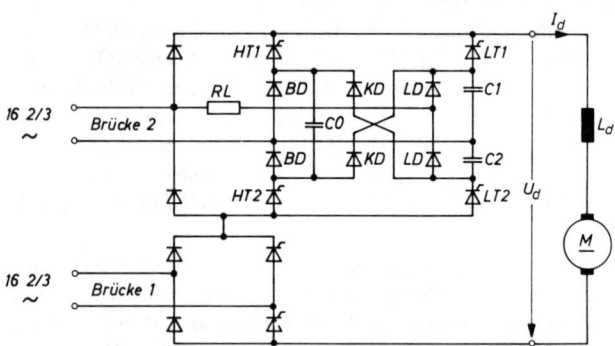

Bild 13.21 Zwei unsymmetrisch halbgesteuerte Brücken in Folgeschaltung mit Löscheinrichtung
für Brücke 2

HT1, HT2	Hauptthyristoren	KD	Kommutierungsdioden
BD	Sperrdioden	LD	Ladedioden
LT1, LT2	Löschkondensatoren	RL	Ladewiderstand
C1, C2		CO	Gleichspannungskondensator

einrichtung (s. Abschn. 8.3.5). Bei den beiden in Folgeschaltung betriebenen Brücken 1 und 2 kann der Strom in den Hauptthyristoren HT1 bzw. HT2 der Brücke 2 über die Löschthyristoren LT1 bzw. LT2 und die Löschkondensatoren C1 bzw. C2 vorzeitig unterbrochen werden. Die magnetische Energie der Netzinduktivitäten wird in dem Gleichspannungskondensator CO als elektrische Energie zwischengespeichert und nach Beendigung des Löschvorganges auf die Gleichstromlast entladen.

Diese Schaltung (löschbare unsymmetrische Brückenschaltung LUB) ermöglicht die Vermeidung der sonst bei Anschnittsteuerung auftretende Steuerblindleistung durch sogenannte Abschnittsteuerung. Auch die Kommutierungsblindleistung kann vermieden werden. Der Leistungsfaktor λ erreicht Werte über 0,95 [13.19], [13.55].

Bild 13.22 zeigt den Prinzipschaltplan einer dieselelektrischen Lokomotive mit Pulswechselrichtern und asynchronen Fahrmotoren. Der von dem Dieselmotor angetriebene Drehstromgenerator erzeugt die elektrische Energie, die über einen Gleichrichter auf die Gleichstromsammelschiene gespeist wird. Insgesamt vier Pulswechselrichter (s. Abschn. 8.3.4) erzeugen ein dreiphasiges System veränderlicher Frequenz und Spannung, an das die Fahrmotoren angeschlossen sind. Der Antrieb entspricht dem in Bild 13.9 dargestellten Zwischenkreisumrichter.

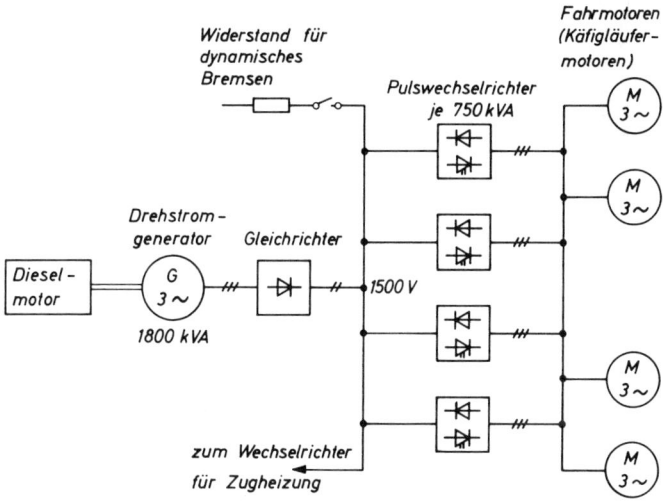

Bild 13.22 Dieselektrische Lokomotive mit Pulswechselrichtern und Asynchronmotoren

Wenn eine solche Lokomotive mit Asynchronmotoren aus dem Einphasen-Wechselstromnetz gespeist werden soll, muß dieses mit dem Gleichspannungszwischenkreis gekuppelt werden. Dazu können Pulsstromrichter in einphasiger Brückenschaltung verwendet werden (s. Bild 8.20 und Bild 11.16) [13.44], [13.48], [13.85].

Bild 13.23 zeigt das Prinzipschaltbild einer Drehstromlokomotive E 120 der Deutschen Bundesbahn mit Asynchron-Fahrmotoren (Leistung 5, 6 MW, Gewicht 84 t, Höchstgeschwindigkeit 200 km/h). Diese Universallokomotive kann sowohl für schnelle Per-

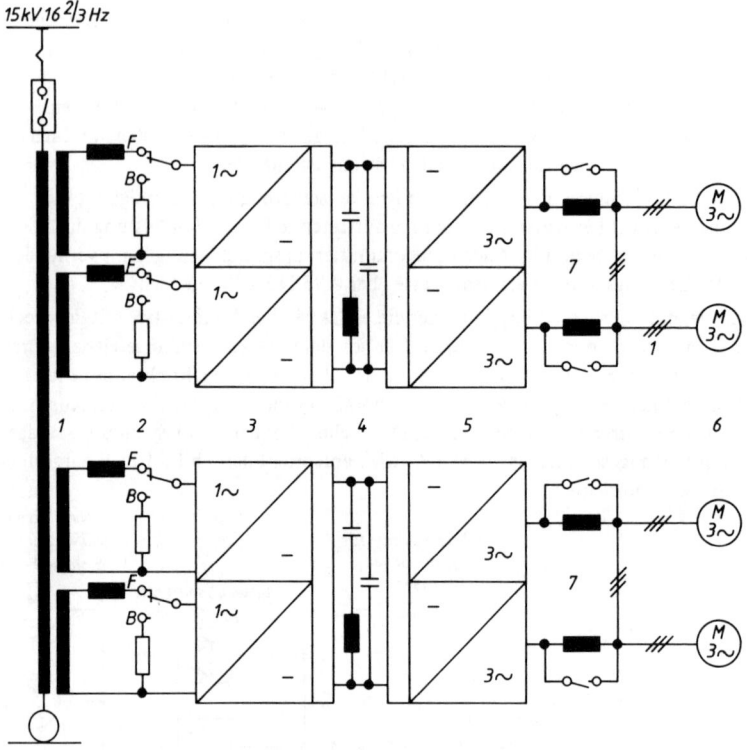

Bild 13.23 Prinzipschaltbild der Drehstromlokomotove E 120

F	Fahren	2	Bremswiderstände	5	Wechselrichter
B	Bremsen	3	Vierquadrantensteller	6	Fahrmotoren
1	Transformator	4	Zwischenkreis	7	Motorvordrossel

sonenreisezüge mit Geschwindigkeit 160 km/h als auch für schwere Güterzüge (650 t) eingesetzt werden. Die Einphasenwechselspannung (16 2/3 Hz) der Fahrleitung wird über einen Vierquadrantensteller in einen Gleichspannungszwischenkreis umgewandelt, der einen auf 33 1/3 Hz abgestimmten Saugkreis enthält. An den Zwischenkreis sind Pulswechselrichter angeschlossen, welche die für die Drehzahlsteuerung der Asynchron-Fahrmotoren notwendige veränderbare Frequenz und Spannung erzeugen.

13.1.7 Hausgeräte

Auch bei Hausgeräten findet die Leistungselektronik in zunehmendem Maße Anwendung zur elektronischen Leistungssteuerung bzw. -regelung. Einsatzgebiete sind Kleinantriebe mit Transistorwechselrichtern oder Thyristorstellern, Halbleiterschalter und -steller zur Heizungsregelung und Helligkeitssteuerung mit TRIACs zur stufenlosen Verstellung der Beleuchtung (Light Dimmer) [13.13].

13.2 Leistungsbereich

Stromrichter werden in einem Leistungsbereich eingesetzt, der sich von einigen VA bis über 1000 MVA erstreckt. Im folgenden werden für die wichtigsten Stromrichter Leistungsbereiche angegeben, in denen sie eine breite Anwendung haben. Dabei werden die Stromrichter wieder nach ihrer inneren Wirkungsweise, nämlich der Art der Kommutierung, unterteilt in netzgeführte Stromrichter (s. Abschn. 7.1 und 7.2), lastgeführte Stromrichter (s. Abschn. 7.3), selbstgeführte Stromrichter (s. Abschn. 8) und Halbleiterschalter und -steller (s. Abschn. 6).

13.2.1 Grenzdaten von Leistungshalbleitern

Die Entwicklung der Stromrichter und das Vordringen in neue Anwendungsgebiete ist eng verknüpft mit der Leistungsfähigkeit der für den Leistungsteil verwendeten Halbleiterbauelemente (Siliziumdioden, Thyristoren und Leistungstransistoren, s. Abschn. 3). In Bild 13.24 sind die höchsten Listenwerte von Leistungshalbleitern in doppelt logarithmischem Maßstab dargestellt.

Dioden und Thyristoren Siliziumdioden und N-Thyristoren erreichen die höchsten Spitzensperrspannungen U_M und die höchsten Dauergrenzströme I_M. Mit F-Thyristoren

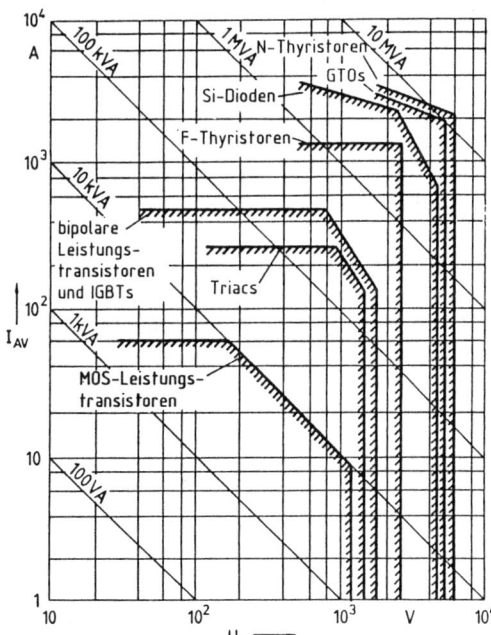

Bild 13.24
Maximale periodische Spitzensperrspannung und Dauergrenzstrom von Leistungshalbleitern (höchste Listenwerte)

werden maximal 2500 V Spitzensperrspannung erreicht. Wegen der Schaltverluste und der aufgeteilten Kathodenfläche liegt der Dauergrenzstrom niedriger als bei N-Thyristoren. Oberhalb von einigen kHz nimmt die Strombelastbarkeit mit wachsender Frequenz erheblich ab.

Die Spannungsfestigkeit von Thyristoren konnte durch die Einführung besonderer Schrägschlifftechniken der Randzonen erheblich erhöht werden. Die Steigerung der Strombelastbarkeit wurde durch eine kontinuierliche Vergrößerung des Durchmessers der Siliziumscheibe bei struktureller Verbesserung des Kristalldurchmessers erzielt. Die höchsten Stromwerte erreicht man mit Thyristoren in Scheibenzellenbauform (s. Bild 3.2) bei doppelseitiger Kühlung. Bei N-Thyristoren geht die Entwicklung zu Spitzensperrspannungen von 6 bis 8 kV und zu noch größeren Kristalldurchmessern (bis über 100 mm).

Bei F-Thyristoren zielt die Entwicklung auf eine weitere Verbesserung der Schalteigenschaften und kleinere Freiwerdezeiten, was meist durch eine Aufteilung der Kathodenfläche (ähnlich einer Transistorstruktur) erreicht wird. Extrem kleine Freiwerdezeiten (unter 10 μs) werden durch negative Steuerströme während des Ausschaltvorganges und der anschließenden Schonzeit erreicht.

Zweirichtungs-Thyristor-Trioden (TRIACs), die für Wechsel- und Drehstromschalter und -steller eingesetzt werden, erreichen Spitzensperrspannungen zwischen 1000 und 1500 V bei Strömen bis 300 A.

Abschaltbare Bauelemente Seit Anfang der achtziger Jahre sind Abschaltthyristoren (GTOs) entwickelt worden, die mit ihrem Strom-Spannungs-Werten inzwischen die Daten von F-Thyristoren weit übertreffen (Abschaltzeit < 10 μs).

Leistungstransistoren haben erhebliche Fortschritte gemacht. Hochsperrende Transistoren haben maximale Sperrspannungen von 1 bis 2 kV bei Strömen bis über 200 A. Hochstromtransistoren schalten Ströme bis zu 500 A bei maximalen Sperrspannungen von über 500 V. Mit diesen Leistungstransistoren können Stromrichtergeräte bis in den Leistungsbereich über 200 kW verwirklicht werden. Zur Leistungssteigerung ist sowohl Reihen- als auch Parallelschaltung von Leistungstransistoren in einem Stromrichterzweig möglich.

Feldeffekttransistoren stehen für den untersten Leistungsbereich zur Verfügung. MOS-Leistungstransistoren erreichen bei Strömen von 10 A Spannungen von über 1000 V und bei Strömen von 50 A Spannungen von über 100 V. Sie benötigen nur eine sehr kleine Steuerleistung und schalten im Bereich von < 100 ns (geeignet für Frequenzen bis > 50 kHz).

13.2.2 Netzgeführte Stromrichter

Netzgeführte Stromrichter sind nach dem Umfang ihres Einsatzes die am meisten verbreiteten. Bei ihnen wird die Kommutierungsleistung vom speisenden Wechsel- oder Drehstromnetz zur Verfügung gestellt. Bei 16 2/3-, 50- oder 60-Hz-Netzen werden sie mit N-Thyristoren ausgerüstet, weil bei diesen Schaltfrequenzen genügend große Schonzeiten (mehrere 100 μs) zur Verfügung stehen. Die freizügige Reihen- und Parallelschaltung von

Siliziumdioden oder N-Thyristoren ermöglicht die Bereitstellung beliebig großer Stromrichterleistungen.

In Bild 13.25 sind die Hauptanwendungen netzgeführter Stromrichter angegeben. Dabei ist der Nenngleichstrom I_{dN} über der Nenngleichspannung U_{dN} in doppelt logarithmischem Maßstab aufgetragen. Die größten Stromrichterleistungen werden bei der Hochspannungs-Gleichstrom-Übertragung eingesetzt (bis über 1000 MVA). Zur Speisung von Elektrolyseanlagen mit geregeltem Gleichstrom werden Anlagenleistungen bis zu mehreren 100 MVA benötigt. Die elektrochemische Industrie ist unter den Abnehmern elektrischer Energie der bei weitem größte Gleichstromverbraucher. Weitere Anwendungen netzgeführter Gleichrichter sind Galvanikanlagen und Batterieladung. Gleichstromnetze, z. B. für die Traktion, werden über Gleichrichterunterwerke gespeist.

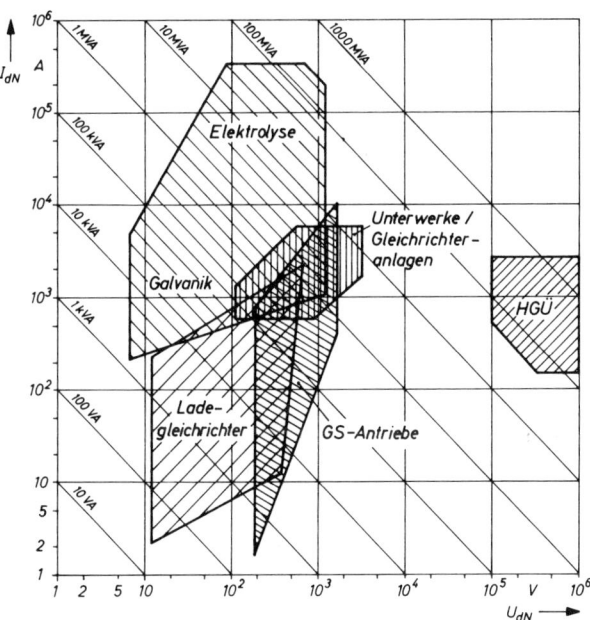

Bild 13.25 Hauptanwendungen netzgeführter Stromrichter (Anlagenleistungen)

Die stromrichtergespeisten Gleichstromantriebe erstrecken sich über einen sehr weiten Leistungsbereich, der nach oben durch die Grenzleistung der Gleichstrommaschine begrenzt wird. Die Gleichspannung wird möglichst so gewählt, daß sie von einem Thyristor je Brückenzweig in Reihe beherrscht wird.

Im Bereich niedriger Nenngleichspannungen verschlechtert der zunehmend ins Gewicht fallende Durchlaßspannungsabfall der Leistungshalbleiter den Wirkungsgrad der Stromrichtergeräte (s. Bild 11.25 und 11.26).

13.2.3 Lastgeführte Stromrichter

Bei lastgeführten Stromrichtern wird die zur Kommutierung benötigte Blindleistung von der Last zur Verfügung gestellt. Ohmsch-induktive Verbraucher müssen dazu durch Kondensatoren zu Reihen- oder Parallelschwingkreisen ergänzt werden (s. Abschn. 7.3). Schwingkreisumrichter sind zur Erzeugung von Mittelfrequenz besonders geeignet. Synchronmaschinen können so erregt werden, daß sie einen der Spannung voreilenden Strom aufnehmen und so die für den lastgeführten Stromrichter notwendige Energie liefern können (s. Abschn. 7.3.3).

Bild 13.26 zeigt Anlagenleistungen lastgeführter Stromrichter. Die wichtigsten Anwendungen sind die stromrichtergespeisten Synchronmaschinen (s. Bild 13.11) und die Mittelfrequenzumrichter für induktive Erwärmung, Härtung und Schmelzen. Eine Sonderanwendung bilden mehrphasige Schwingkreiswechselrichter für die Speisung extrem schnellaufender Antriebe, beispielsweise Gasultrazentrifugen (s. Bild 13.12). Die TV-Ablenkschaltung mit Thyristor und Siliziumdiode kann ebenfalls als lastgeführter Stromrichter aufgefaßt werden.

Stromrichtergespeiste Synchronmaschinen werden für Pumpen und Lüfterantriebe im Leistungsbereich von 100 kVA bis über 10 MVA eingesetzt, außerdem als Hochfahreinrichtung bei Gasturbinen, wobei der Turbogenerator vorübergehend als Motor

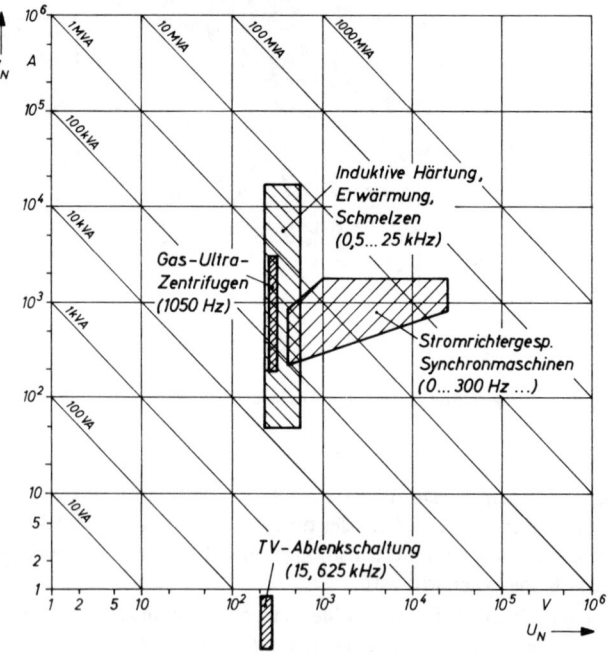

Bild 13.26 Anwendungen lastgeführter Stromrichter (Anlagenleistungen)

über einen Stromrichter von ungefährt 5% der Nennleistung des Turbogenerators betrieben wird [13.26]. Auch in Wasserkraftwerken können die Generatoren vorübergehend über Stromrichter motorisch als Pumpen betrieben werden.

Bei Schwingkreiswechselrichtern zur induktiven Erwärmung liegen die Anlagenleistungen zwischen 10 kVA in Kompaktbauweise als Steckdosengeräte bis zu 10-MVA-Anlagen, wobei Frequenzen von mehreren 100 Hz bis über 10 kHz möglich sind. Die Schwerpunkte liegen bei 500 Hz, 1000 Hz, 2000 Hz, 3000 Hz und 10 kHz.

13.2.4 Selbstgeführte Stromrichter

Bei selbstgeführten Stromrichtern wird die Kommutierung durch zum Stromrichter gehörende Löschkondensatoren oder durch löschbare Stromrichterventile vorgenommen (s. Abschn. 8). Sie haben erhebliche Anwendungsgebiete erlangt. Diese Entwicklung wurde durch die Verbesserung der F-Thyristoren und der zugehörigen Komponenten wie Lösch- und Glättungskondensatoren begünstigt. Mit Abschaltthyristoren werden die Schaltungen weiter vereinfacht. Im unteren Leistungsbereich werden die Leistungstransistoren zunehmend eingesetzt.

Bild 13.27 zeigt Anwendungen selbstgeführter Stromrichter. In der Antriebstechnik werden sie zur Speisung von Drehfeldmaschinen (vorzugsweise Asynchronmaschinen

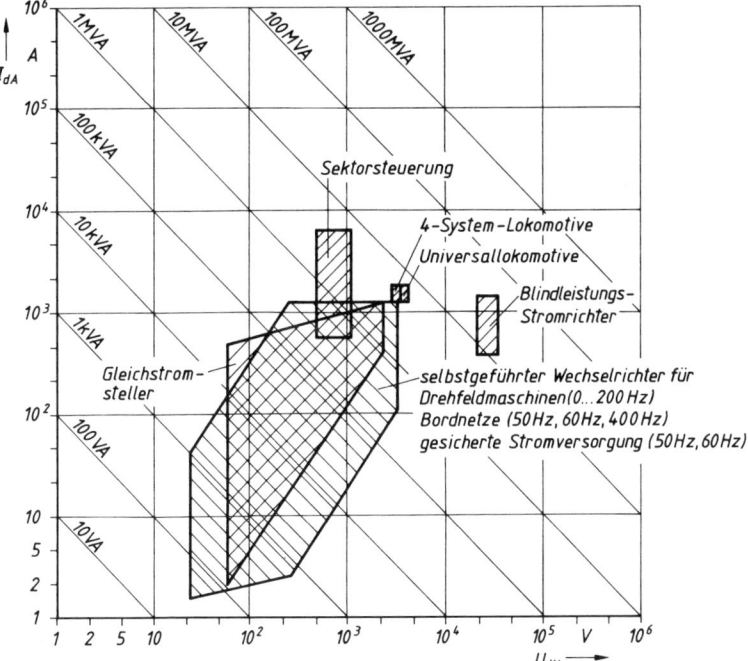

Bild 13.27 Anwendungen selbstgeführter Stromrichter (Anlagenleistungen)

mit Käfigläufer) mit veränderlicher Frequenz und Spannung zunehmend dort eingesetzt, wo der Einsatz der robusten und kollektorlosen Drehfeldmaschinen den Mehrpreis für den aufwendigeren Umrichter rechtfertigt. Selbstgeführte Wechselrichter werden außerdem zur gesicherten Stromversorgung, zur Speisung von Bordnetzen und als Rundsteuersender verwendet.

Gleichstromsteller zur Umformung von Gleichspannungs- und Gleichstrommittelwerten werden z. B. bei Batteriefahrzeugen eingesetzt, außerdem auf schienengebundenen Triebfahrzeugen, die aus einem Gleichstromfahrdraht gespeist werden. Gleichstromsteller können für Spannungen bis zu mehreren kV und Leistungen von einigen MVA gebaut werden.

Bei der 4-System-Lokomotive handelt es sich um eine Lokomotive für den grenzüberschreitenden Verkehr unter vier verschiedenen Fahrdrahtsystemen, nämlich Wechselspannung 16 2/3 Hz, 15 kV oder 50 Hz, 25 kV bzw. Gleichspannung 1,5 kV oder 3 kV. Bei Betrieb unter Gleichspannungsfahrdraht wird die elektrische Energie zunächst über einen selbstgeführten 100-Hz-Wechselrichter in Wechselstrom umgewandelt [13.20]. Die Sektorsteuerung (s. Abschn. 8.3.5) arbeitet mit Kondensatorlöschung und gestattet durch sogenannte Abschnittsteuerung (im Gegensatz zur Anschnittsteuerung) die Verminderung der unerwünschten Blindleistung. Sie wird auf Triebfahrzeugen der Deutschen Bundesbahn eingesetzt (s. Bild 13.21). Die Universallokomotiven E 120 (Leistung 5.6 MW) haben als Fahrmotoren Asynchronmotoren für jede der vier Achsen. Die Motoren werden über Pulswechselrichter mit veränderbarer Frequenz und Spannung gespeist (vgl. Bild 13.23).

Die Schaltungsvarianten selbstgeführter Wechselrichter sind vielfältig und die Entwicklung von Standardschaltungen ist noch nicht abgeschlossen. Ihre Anwendung nimmt laufend zu. Für die erreichte Zuverlässigkeit derartiger Wechselrichter spricht, das wichtige Verbraucher, für welche die Forderung nach unterbrechungsfreier Stromversorgung besteht, statt vom Versorgungsnetz dauernd über selbstgeführte Wechselrichter gespeist werden [13.25].

Durch die Abschaltthyristoren (GTOs) werden die Gleichstromsteller und selbstgeführten Wechselrichter wegen des Fortfalls der Löschzweige erheblich vereinfacht. Man erreicht eine Verringerung des Volumens und des Gewichts von bis zu 50%, eine Verbesserung Wirkungsgrades von ungefähr 0,5% sowie eine Geräuschminderung um 10 dB.

Zur Stabilisierung von Mittelspannungsnetzen (30 kV) können Blindleistungs-Stromrichter mit kapazitivem Energiespeicher (s. Bild 13.15) eingesetzt werden (Blindleistungs-Hub $>$ ±10 M var).

13.2.5   Halbleiterschalter und -steller

Bild 13.28 zeigt Anwendungen von Wechselstrom- bzw. Drehstromschaltern und -stellern mit Leistungshalbleitern. Wo die Forderung nach hohen Schaltspielzahlen besteht, beginnt sich das Elektronikschütz (vorzugsweise mit TRIACs) durchzusetzen [13.28]. TRIAC-Schütze können für Anschlußspannungen bis 500 V gebaut werden. Gegenüber mechanischen Schützen bieten sie den Vorteil lichtbogenfreien, schnellen und leicht synchronisier-

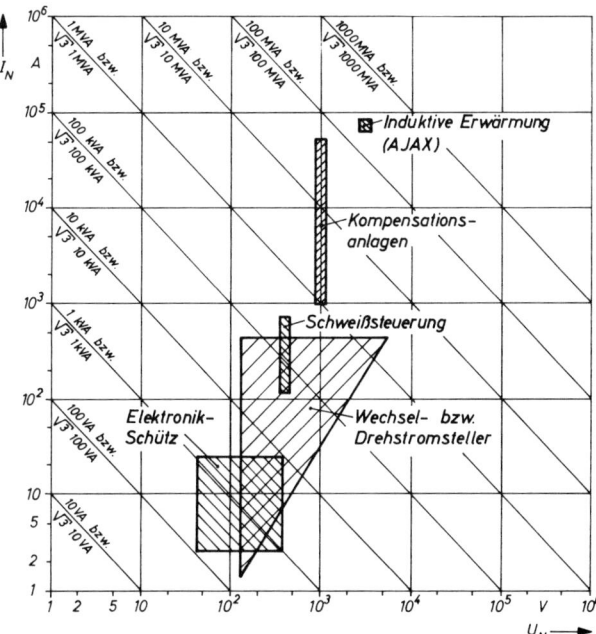

Bild 13.28 Anwendungen von Wechselstrom- bzw. Drehstromschaltern und -stellern mit Leistungshalbleitern (Anlagenleistungen)

baren Schaltens. Sie sind praktisch verschleiß- und wartungsfrei, auch geräuscharm, jedoch noch erheblich teurer als mechanische Schütze. Bei der Schweißsteuerung lösen gegenparallele Thyristoren zunehmend Ignitronschütze ab [13.15].

Wechsel- und Drehstromsteller werden in einem weiten Leistungsbereich eingesetzt.

1968 wurde bei der McLouth Steel Corporation eine Anlage (AJAX) zur Erwärmung von Stahlblöcken mit Netzfrequenz (60 Hz) mit insgesamt 210 MW Leistung in Betrieb gesetzt (s. Bild 13.18).

Ein Sondergebiet für Thyristorschalter ist das synchrone Schalten von Blindwiderständen (Kondensatoren oder Induktivitäten), das zur Netzentflimmerung bei unruhigen Verbrauchern wie Lichtbogenöfen oder Schweißmaschinen eingesetzt werden kann (s. Abschn. 11.7).

13.3   Frequenzbereich

In Stromrichtern schalten die Ventile mit einer meist periodischen, von der Art und Schaltung des Stromrichters abhängigen Schaltfrequenz. Bei netzgeführten Stromrichtern ist dies die Netzfrequenz von 16 2/3, 50 oder 60 Hz, bei last- und selbstgeführten

Stromrichtern die vorgegebene Taktfrequenz, die in weiten Grenzen veränderbar sein oder im Mittelfrequenzgebiet liegen kann. Bei Pulsstromrichtern schließlich werden die Stromrichterventile mit der Pulsfrequenz f_p betrieben. Diese Pulsfrequenz kann konstant oder variabel sein. Sie liegt bei Gleichstromstellern meist zwischen mehreren Hundert Hz und einigen kHz. Bei Pulswechselrichtern werden die Ventilzweige je nach Schaltung nur während der Stromfluß- oder Pulsbetriebdauer einzelner Stromrichterzweige mit Pulsfrequenz ein- und ausgeschaltet.

Bei Wechselstromumrichtern wird der Frequenzbereich von den Erfordernissen der Anwendung festgelegt. Bei der Speisung von Drehfeldmaschinen über Stromrichter mit veränderlicher Frequenz wird die obere Frequenz meist von den Maschineneigenschaften bestimmt. Je nach Stromrichter- und Drehfeldmaschinentyp liegt die obere Frequenzgrenze zwischen 200 Hz und 1000 Hz. Maßgeblichen Einfluß haben die induktiven Spannungsabfälle, die bei konstantem Strom proportional mit der Frequenz wachsen.

Bei Schwingungskreisumrichtern mit Thyristoren sind Betriebsfrequenzen bis über 10 kHz technisch verwirklicht. F-Thyristoren (Inverter-Thyristoren) gestatten Schaltfrequenzen bis etwa 10 kHz, wobei Schonzeiten von unter 10 μs auftreten. Durch negativen Steuerstrom während des Ausschaltvorganges und der anschließenden Schonzeit kann die Freiwerdezeit von F-Thyristoren weiter herabgesetzt werden. Die Strombelastbarkeit geht mit steigender Frequenz oberhalb von einigen kHz erheblich zurück.

Die Schaltfrequenz von Leistungshalbleitern ist natürlich nach oben begrenzt. Wichtige Kriterien sind die Freiwerdezeit und die Verluste beim Ein- und Ausschalten (s. Abschn. 3).

Auch die Schaltfrequenz der übrigen Komponenten wie Löschkondensatoren und Kommutierungsinduktivitäten ist begrenzt. In den Beschaltungen wachsen die Verluste mit der Frequenz erheblich an.

Verschiedene neue abschaltbare Leistungshalbleiter haben die Leistungselektronik in allen Leistungsbereichen seit 1980 entscheidend verändert. Im untersten Leistungsbereich (um ein kW) werden MOSFETs mit hohen Schaltfrequenzen eingesetzt. Mit bipolaren Transistoren können heute Geräte bis zu einigen Hundert kW gebaut werden. GTO-Thyristoren decken den Leistungsbereich von mehreren Hundert kW bis zu beliebig großen Grenzleistungen ab. Schnelle feldgesteuerte Transistoren (IGBT) sind wegen ihrer kurzen Schaltzeiten für Schaltfrequenzen bis 20 kHz verwendbar, was z. B. für die Reduzierung von Geräuschen bei Pulswechselrichtern interessant ist. Langsamere Varianten von IGBTs werden für hohe Schaltleistungen (vergleichbar bipolaren Darlingtons) angeboten.

GTOs, bipolare Transistoren, feldgesteuerte bipolare Transistoren (IGT oder IGBT) und MOSFETs werden von vielen Herstellern in USA, Japan und Europa gebaut. Static-Induction-Transistoren (SIT) haben nur einen eng begrenzten Anwendungsbereich. Static-Induction-Thyristoren (SITh) befinden sich noch im Entwicklungsstadium in Japan. MOS Controlled Thyristoren (MCT) sind von einem Hersteller erhältlich und werden weiterentwickelt.

Die Schaltverluste und Schaltzeiten der Bauelemente sind wichtig für Anwendungen mit höheren Schaltfrequenzen. Außer den Verlusten begrenzt auch Abschaltzeit t_{off}

Tabelle 13.1 Abschaltbare Leistungshalbleiter (Stand 1996)

Bauelemente	U V	I A	t_{off} µs		P_{max}[1]) kVA	Frequenzbereich kHz	
bipolarer Transistor	1200	300	15	bis 25	180	0.5 bis	5
bipolarer Transistor	550	480	5	bis 10	130	0.5 bis	5
mit Feinstruktur	1000	80	1	bis 3	40	2 bis	20
IGBT	3300	800	1	bis 4	1320	2 bis	20
MOSFET	1000	28	0.3	bis 0.5	14	5 bis	100
SIT	1400	25	0.1	bis 0.3	18	30 bis	300
GTO-Thyristor	6000	6000	10	bis 25	9000	0.2 bis	1
HF-GTO Thyristor	4500	1200	6	bis 15	1350	1 bis	3
SITh	2000	600	2	bis 4	300	1 bis	10
MCT	1000	75	2	bis 5	38	2 bis	20

[1]) maximale Stromrichterleistung bei Einfachbestückung in Drehstrom-Brückenschaltung

den möglichen Frequenzbereich. In der Tabelle 13.1 sind Richtwerte angegeben. Große GTOs müssen mit Pulsfrequenzen unter 1 kHz betrieben werden. Große Leistungstransistoren sind nur für einige kHz geeignet, während IGBTs oder MOSFETs 20 kHz und mehr zulassen.

Bipolare Transistoren mit Feinstruktur (SIRET) erreichen ebenfalls kurze Schaltzeiten und entsprechend hohe Schaltfrequenzen [13.111].

Der Anwendungsbereich der neuen abschaltbaren Leistungshalbleiter ergibt sich aus ihren erreichbaren Spannungs- und Stromwerten, die mögliche Schaltfrequenz aus ihrem Schaltverhalten. Aus wirtschaftlichen Gründen spielen natürlich Kosten der Bauelemente ebenfalls eine wichtige Rolle bei der Einführung in breite Anwendungsgebiete. In Bild 13.29 ist die fiktive Schaltleistung der abschaltbaren Bauelemente gegen die mögliche Schaltfrequenz dargestellt.

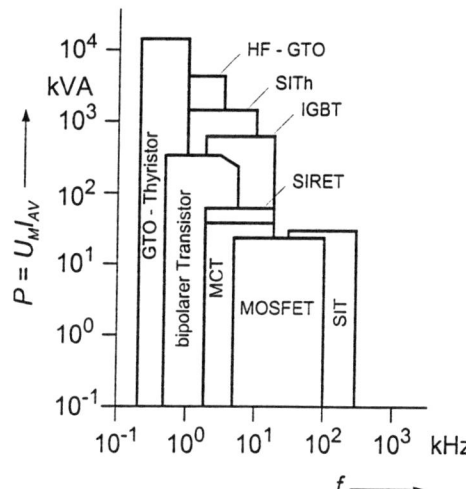

Bild 13.29
Schaltleistung und Frequenzbereich von
abschaltbaren Leistungshalbleitern

Das Schlüsselbauelement im unteren Leistungsbereich mit Schaltfrequenzen um einige kHz ist der bipolare Leistungstransistor. Durch verfeinerte Strukturen sind neuerdings bipolare Transistoren mit stark verkürzten Schalt- und Speicherzeiten entwickelt worden, z. B. der SIRET (Ring-Emitter-Transistor). MOSFETs gestatten weit höhere Frequenzen zwischen 10 und mehreren Hundert kHz. Sie sind jedoch bisher auf den untersten Leistungsbereich begrenzt. Der IGBT mit seinen Varianten dringt verstärkt in den unteren Leistungsbereich ein, weil er Schaltfrequenzen von 10 bis über 20 kHz beherrscht und gute Durchlaßeigenschaften aufweist. GTOs werden vorzugsweise im mittleren und oberen Leistungsbereich mit Pulsfrequenzen unter 1 kHz angewendet. Static Induction Transistoren (SIT) gestatten ebenfalls hohe Schaltfrequenzen bis zu einigen Hundert kHz, haben aber relativ hohen Spannungsabfall in Vorwärtsrichtung. Static Induction Thyristoren (SITh) haben ein Durchlaßverhalten vergleichbar mit GTOs aber kürzere Schaltzeiten, so daß sie im oberen Leistungsbereich den Weg zu höheren Schaltfrequenzen von 10 bis über 20 kHz eröffnen würden. Ähnliches gilt für MCTs im unteren und mittleren Leistungsbereich.

Die für die Bauelemente angegebene Schaltleistung ergibt sich aus dem Produkt Sperrspannung mal Nennstrom. Dies ist eine fiktive Leistung, die in Stromrichtergeräten wegen der notwendigen Sicherheitsfaktoren nur zu einem Bruchteil ausgenutzt werden kann. Eine Abschätzung der realistischen Leistung eines Stromrichtergerätes (in Drehstrom-Brückenschaltung) aus den Bauelementedaten ergibt sich mit der Annahme, daß die Gleichspannung im Zwischenkreis gleich der halben maximalen Sperrspannung der Bauelemente gewählt wird. Beim Strom ist eine Unterscheidung zwischen GTOs und Transistoren notwendig. Für den GTO ist der maximale Abschaltstrom maßgeblich, für Transistoren der Dauergleichstrom.

Bei GTOs wird daher der Gleichstrom im Zwischenkreis gleich dem halben maximalen Abschaltstrom angenommen, bei Transistoren gleich dem Dauergleichstrom. Unter einer solchen Annahme würde nach z. B. mit 6 bipolaren Transistoren für 1000 V und 100 A ein Stromrichtergerät für 500 V · 100 A = 50 kW aufbauen oder mit GTOs für 2400 V und 1000 A einen Stromrichter für 1200 V · 500 A = 600 kW.

13.4   Entwicklungstrends

Stromversorgung Bei Stromversorgungen mit PWM geht die Entwicklung zu höheren Pulsfrequenzen (1 MHz). Zielstellung ist die weitere Verkleinerung von elektrischen und magnetischen Speichern und Übertragern. Dazu sind verbesserte magnetische Materialien und Keramikkondensatoren für hohe Frequenzen erforderlich. Bei Stromversorgungen mit niedrigen Spannungen (< 10 V) bestehen Probleme wegen eines zu hohen Vorwärts-Spannungsabfalls. Hier müssen neue Bauelemente mit sehr kleinem Vorwärts-Spannungsabfall entwickelt werden. Quasi-Resonant-Schaltungen werden verstärkt bei der Stromversorgung zum Einsatz kommen, weil die Schaltverluste der Halbleiterbauelemente erheblich reduziert werden und daher noch höhere Frequenzen (mehrere MHz) möglich werden. Dafür sind allerdings noch die erforderlichen Komponenten (Kondensatoren und Übertrager) weiter zu entwickeln.

Unterbrechungsfreie Stromversorgung (USV) Der Bedarf an USV-Geräten wird im kommenden Jahrzehnt erheblich zunehmen. Wachstumsgebiete sind u. a. Büro-Automation, zentrale und dezentrale Rechner, medizinische Geräte und sensible Kontrolleinrichtungen in Industrie- und Energieanlagen. Gegenwärtig geht der Trend zum Einsatz von IGBTs mit Pulsfrequenzen bis 20 kHz. Wenn das Netz ohne Blindleistung und Oberschwingungsströme belastet werden soll, wird auch eingangsseitig ein PWM-Stromrichter verwendet, der allerdings teurer als ein steuerbarer Gleichrichter ist. Erheblich wachsen wird auch der Bedarf von USV-Geräten kleiner Leistung (einige W bis mehrere Hundert W). Hier finden MOSFETs und PWM-Technik zunehmend in Quasi-Resonant-Schaltungen bei hohen Frequenzen Anwendung.

Hochspannungs-Gleichstrom Übertragung (HGÜ) Als effektivste Kühlung für HGÜ-Ventile hat sich Wasser erwiesen. Inzwischen sind große Thyristoren mit Spannungen bis zu 10 kV und Strömen von über 3 kA in der Entwicklung, wodurch die Zahl der in Serie geschalteten Elemente weiter reduziert wird. Solche Bauelemente sind auch mit direkter Lichtzündung verfügbar. Damit lassen sich sehr kompakte und zuverlässige HGÜ-Anlagen bauen. Zur Kompensation der Blindleistung und Reduzierung von Oberschwingungsströmen sind heute noch große Installationen mit Kondensatoren und Saugkreisen erforderlich.

Grundsätzlich lassen sich HGÜ-Anlagen auch mit selbstgeführten Schaltungen verwirklichen. Die Ventilzweige müssen dann löschbar sein (Ausführung z. B. mit GTOs). Dann werden Blind- und Oberschwingungsströme weitgehend vermieden. Außerdem kann die Regelbarkeit verbessert werden: Übertragene Wirkleistung und Blindleistung können getrennt eingestellt werden. Auch Abzweige innerhalb einer Übertragung sind denkbar. Bisher steht eine Realisierung solcher Stromrichter für die HGÜ der hohe Aufwand für löschbare Hochspannungsventile entgegen.

Blindleistungskompensation Die Bedeutung der Blindleistungskompensation wird noch zunehmen. Neben den konventionellen Schaltungen (thyristorgesteuerte Drosseln und thyristorgeschaltete Kondensatoren) können auch Blindleistungs-Stromrichter vorzugsweise mit eingeprägter Spannung zum Einsatz kommen. Löst man die Schaltung in 3 einzelne Brücken auf, so lassen sich Blindleistungsunsymmetrien und bei PWM-Technik auch Oberschwingungsströme niedriger Ordnungszahl in Versorgungsnetzen mit hoher Regeldynamik kompensieren. Eine Pilotanlage für 80 MVA ist in Japan im Versuchsbetrieb.

Netzstabilisierung Anlagen zur Netzstabilisierung oder zur Leistungssteuerung in Versorgungsnetzen gewinnen zunehmend an Interesse. Als Speicher kommen neben Bleibatterien auch andere neu entwickelte Batteriearten in Frage, außerdem Brennstoffzellen oder magnetische Energiespeicher (in Zukunft auch mit supraleitfähigen Magneten) und vielleicht auch Schwungradspeicher. Erfolgt die Kopplung zwischen Speicher und Netz mit selbstgeführten Stromrichtern (z. B. mit GTOs), so können Wirkleistung zwischen Netz und Speicher aber auch beliebige Blindleistungen ausgetauscht werden. Man erhält ein universelles Stellglied für Wirkleistung, Blindleistung und Oberschwingungsströme niedriger Ordnungszahl, mit dem Frequenzregelungen und Spannungsregelungen möglich sind. Allerdings ist der Aufwand für selbstgeführte GTO-Stromrichter großer Leistung noch erheblich.

Oberschwingungskompensation (Active Power Filter) In Japan sind zuerst Versuchsanlagen mit Active Power Filtern am Netz verwirklicht worden. Sie arbeiten in PWM-Technik mit schnell schaltenden Halbleiterbauelementen (wie MOSFETs, IGBTs und SITs). Bisher werden Schaltungsvarianten mit eingeprägter Spannung oder mit eingeprägtem Strom eingesetzt. Der Trend geht aber zu Schaltungen mit eingeprägter Spannung. Die APF reduzieren Oberschwingungsströme im Netz und können Resonanzen in einer vorhandenen Netzkonfiguration ausregeln. Die Bedeutung der APF wird im kommenden Jahrzehnt erheblich zunehmen.

Servoantriebe Servoantriebe sind ein stark expandierendes Gebiet. Bei den Motoren geht der Trend weg von Gleichstrommotoren, hin zum Einsatz von Induktions- oder Synchronmotoren mit Permanentmagneten. Auf der Maschinenseite werden PWM-Wechselrichter mit MOSFETs oder Transistoren in Drehstrombrückenschaltung verwendet. Auf der Netzseite speist normalerweise ein einfacher Gleichrichter mit Glättungskondensator den Zwischenkreis. Dies ist die wirtschaftlichste Lösung. Neuerdings werden zunehmend auch pulsweitenmodulierte Schaltungen auf der Netzseite verwendet, weil sie wenig Blindleistung benötigen und nur kleine Oberschwingungen hoher Ordnungszahlen im Netz erzeugen. In Zukunft wird bei Servoantrieben der PWM-Wechselrichter mit hohen Pulsfrequenzen zum Standard werden. Das gleiche gilt für die feldorientierte Regelung (Vector Control). Für Massenanwendungen werden komplette, kompakte und billigere Konvertermodule entwickelt.

Industrieantriebe In der Industrie werden quer durch alle Anwendungen und alle Leistungsbereiche zunehmend drehzahlgeregelte Antriebe verwendet. Die Tendenz geht dahin, Drehfeldmaschinen anstelle von Gleichstrommaschinen einzusetzen. Bei industriellen Antrieben konkurrieren, abhängig von Leistungs- und Einsatzbereich, eine Reihe von Standardschaltungen. Bei hohen Leistungen, z. B. bei Hauptantrieben in Walzwerken oder bei Fördermaschinen, hat sich in den letzten Jahren der Steuerumrichter (Cycloconverter) durchgesetzt. Im unteren und mittleren Leistungsbereich sind PWM-Wechselrichter mit eingeprägter Spannung die Standardschaltung. Wo wegen Geräuschentwicklung und minimaler Oberschwingungen notwendig, werden IGBTs und MOSFETs mit hohen Pulsfrequenzen eingesetzt. Im oberen Leistungsbereich (> 5 MW) kommen GTOs zum Einsatz. Hier arbeiten die PWM-Wechselrichter mit möglichst niedrigen Pulsfrequenzen (einige hundert Hz). Multilevel-Wechselrichter oder höherpulsige Schaltungen bieten bei Grenzleistungen Vorteile. Auch die Pulsweitenmodulation bei Wechselrichtern mit eingeprägtem Strom ist inzwischen einsatzreif. So finden sie z. B. in Japan bei schnellen Aufzügen und in den USA bei großen Leistungen für Pumpenantriebe in Kraftwerken schon ihren Einsatz [13.110], [13.112].

Elektrische Traktion Verstärkter Einsatz von Drehstrommotoren erfolgt bei der Traktion, sowohl bei Lokomotiven als auch bei Triebzügen und Nahverkehrsmitteln. Bei den GTOs werden noch höhere Sperrspannungen angestrebt (> 6 KV). Damit lassen sich auch für Bahnnetze mit 3 KV Gleichspannung Chopper und Wechselrichter ohne Reihenschaltung von GTOs verwirklichen. Da die maximal zulässige Sperrspannung von IGBTs auf über 2 kV gesteigert werden konnte, werden diese zunehmend in PWM-Wechselrichtern für U- und S-Bahnen bei Gleichspannungen von 750 V, 900 V bis zu 1500 V eingesetzt. Wegen der hohen Spannungen z. T. auch in Reihenschaltung und in mehrstufigen Wechselrichterschaltungen. Bei Verkehrssystemen mit magnetischem Schweben und Linearmotoren gehen Entwicklungsarbeiten verstärkt weiter. In Japan hat man sich für eine Variante mit synchronem linearem Langstator und elektrodynamischem Schweben (supraleitfähigen Magneten) entschieden. Versuchsstrecken befinden sich im Bau bzw. in der Planung. Die europäischen Entwicklungen verwenden elektromagnetische Systeme zum Tragen und Führen (Transrapid) [13.113].

Induktive Erwärmung Der Bereich bis über 600 kHz wird von Schwingkreis-Wechselrichtern mit MOSFETs oder SITs bereits heute zufriedenstellend abgedeckt. Bei weiterer Verbesserung der Bauelemente werden Hochfrequenzanlagen weiter vereinfacht und noch mehr als bisher Röhrengeneratoren durch Wechselrichter mit Halbleiter-Bauelementen abgelöst.

Weitere Trends Welche Entwicklungstrends sind in den neunziger Jahren noch zu erwarten? Die Stromrichter werden von weiteren technischen Verbesserungen der Leistungshalbleiter profitieren. Diese Fortschritte beziehen sich auf Grenzwerte für Strom und Spannung, Lichtzündung und MOS-Control. Die Tendenz geht hin zu höheren Schaltfrequenzen für die Pulsweitenmodulation. Dadurch lassen sich die benötigten Energiespeicher verkleinern und Geräusche vermeiden, außerdem die Oberschwingungen am Elektromotor und am speisenden Netz reduzieren. Resonanz-Umrichter entlasten die Leistungshalbleiter von Schaltverlusten. Bezüglich Aufbautechnik und Integration ergeben sich neue Möglichkeiten für Antriebe im unteren Leistungsbereich mit großen Stückzahlen. Hier können mit integrierten Schaltungen für hohe Spannungen auf einem Silizium-Chip Leistungs- und Informationsteil des Wechselrichters zusammengefaßt und so eine sehr kompakte Bauweise erreicht werden. Andere Möglichkeiten bieten hybride Aufbautechniken. Potentiale für technischen Fortschritt liegen in der digitalen Steuerung und Regelung. Hierzu einige Schlagwörter: Selbstanpassung, Selbstinbetriebnahme, Fehlerdiagnose. In Verbindung mit Smart Power und Sensoren wird der intelligente Dialog zwischen Maschine und Arbeitsprozeß sowie Energieversorgung zunehmen [13.114].

14 Prüfungen

Die Halbleiterventile selbst sowie die Stromrichtergeräte und -anlagen werden zum Nachweis der angegebenen elektrischen, thermischen und anderen Eigenschaften geprüft. Unterschieden wird zwischen Typprüfung und Stückprüfung.

Die Typprüfung dient dem Nachweis, daß der Bauelemente-Typ oder der Gerätetyp die vom Hersteller angegebenen Eigenschaften besitzt und den Anforderungen der einschlägigen Bestimmungen entspricht. Bei Stromrichtergeräten kleiner Leistung ($\leqslant 10$ kW), die in geringen Stückzahlen hergestellt werden, sowie i. allg. auch bei in Einzelausführung gebauten Geräten reicht eine vereinfachte Typprüfung aus.

Die Stückprüfung dient dem Nachweis einer gleichbleibenden Fertigungsqualität. Bei Fertigung großer Stückzahlen kann an die Stelle der Stückprüfung einzelner Eigenschaften eine Stichprobenprüfung treten.

Tabelle 14.1 Typ- und Stückprüfung der Gleichrichterdioden und Thyristoren
(nach VDE 0558, Teil 1)

Zu prüfende Eigenschaft	Typprüfung		Stückprüfung	
	Dioden	Thyristoren	Dioden	Thyristoren
Durchlaßkennlinie	x	x		
Vorwärts-Sperrkennlinie		x		
Rückwärts-Sperrkennlinie	x	x		
Durchlaßkennwerte	x	x	x	x
Höchstzulässige Stoßspitzen-sperrspannung	x			
dito in Vorwärts- und Rückwärtsrichtung		x		
Sperrkennwerte			x	x
Haltestrom		x		
Einraststrom		x		x[1])
Stoßstrom-Grenzwert	x	x		
Kritische Stromsteilheit		x		
Kritische Spannungssteilheit		x		x[1])
Sperrverzögerungsladung	x	x		
Freiwerdezeit		x		x[1])
Wärmewiderstand	x	x		
Transienter Wärmewiderstand	x	x		
Zündstrom und Zündspannung		x		x
Höchste nicht zündende Steuerspannung		x		
Zündverzug		x		

[1]) Diese Prüfung ist nur dann als Stückprüfung durchzuführen, wenn vom Hersteller Mindest- oder Höchstwerte angegeben werden.

Prüfung von Halbleiterventilen Alle an Gleichrichterdioden und Thyristoren vorzunehmenden Prüfungen sind nach den in DIN 41 783 (Gleichrichterdioden) und DIN 41 784 (Thyristoren) angegebenen Verfahren durchzuführen. In Tabelle 14.1 sind die bei der Typ- und Stückprüfung zu prüfenden Eigenschaften angegeben. Es sind mindestens die in den Spalten durch ein Kreuz gekennzeichneten Eigenschaften zu prüfen. Bei der Stückprüfung dürfen die Werte der geprüften Eigenschaften die im Datenblatt angegebenen Grenzen der Typenstreuung nicht überschreiten.

Prüfung von Stromrichtern In Tabelle 14.2 sind die bei Stromrichtergeräten erforderlichen Prüfungen zusammengestellt. Bei Stromrichteranlagen wird vorausgesetzt, daß die Anlagenteile einzeln geprüft sind. Die Isolationsprüfung ist an der betriebsfertigen Stromrichteranlage vorzunehmen.

Die Prüfungen sind nach Möglichkeit unter den gleichen elektrischen Bedingungen wie im Betrieb durchzuführen. Die Funktionsprüfung dient dem Nachweis, daß das Stromrichtergerät in allen Teilen seiner elektrischen Schaltung einwandfrei arbeitet. Bei der Erwärmungsprüfung darf bei den zulässigen Belastungen keine unzulässige Erwärmung im Gerät auftreten. Das Gerät muß in allen seinen Teilen bis zu den betriebsmäßig auftretenden Endtemperaturen einwandfrei arbeiten. Zu steuerbaren Stromrichtergeräten muß die einwandfreie Funktion des Steuersatzes (einschließlich Form, Dauer und Symmetrie der Steuerimpulse) geprüft werden. Bei Reihenschaltung von Thyristoren oder Dioden in Stromrichterzweigen oder bei Reihenschaltung von Stromrichtersätzen ist die Spannungsaufteilung zu überprüfen. Bei Parallelschaltung von Thyristoren oder Dioden in den Stromrichterzweigen muß die Stromverteilung kontrolliert werden. Auch die Schutz- und Überwachungseinrichtungen sind zu prüfen.

Tabelle 14.2 Prüfung von Stromrichtergeräten (nach VDE 0558, Teil 1)

Art der Prüfung	Typ-prüfung	Verein-fachte Typ-prüfung	Stück-prüfung
Funktionsprüfung	x	x	x
Erwärmungsprüfung	x	x	
Aufnahme der Kennlinie[1])	x		
Aufnahme von Kennwerten[1])		x	x
Ermittlung der inneren Spannungsänderung[1])	x	x	
Ermittlung des Wirkungsgrades	x		
Ermittlung des Grundschwingungsleistungsfaktors	x		
Isolationsprüfung	x	x	x
Ermittlung der überlagerten Wechselspannung[1])	x	x	
Ermittlung des Funkstörgrades[2])	x	x	
Prüfung des Berührungsschutzes	x	x	

[1]) Diese Prüfungen sind nur erforderlich, wenn hierzu an die Stromrichtergeräte bestimmte Forderungen gestellt sind.
[2]) Sofern gemäß DIN 57875/VDE 0875 erforderlich.

Toleranzen Toleranzen berücksichtigen unvermeidliche Ungleichmäßigkeiten in der Beschaffenheit der Werkstoffe, Fertigungsstreuungen und Meßungenauigkeiten. Die Einhaltung bestimmter Werte gilt bei Prüfungen als Nachweis, wenn die ermittelten Ergebnisse innerhalb der Toleranzen nach Tabelle 14.3 liegen. Die Werte müssen für Nennbetrieb und im betriebswarmen Zustand ermittelt werden. Beim Nachweis der Einhaltung des Wirkungsgrades brauchen die Verluste des Stromrichtersatzes, des Transformators und der Drosselspulen nicht im einzelnen nachgewiesen zu werden.

Tabelle 14.3 Toleranzen elektrischer Größen (nach VDE 0558, Teil 1)

Elektrische Größen	Zulässige Abweichungen vom nachzuweisenden Wert[1]
Verluste im Stromrichtersatz	$+ 10\%$
Summe der Verluste in Transformator und Drosselspulen	$+ 10\%$
Wirkungsgrad	$- 0{,}1 \, (1 - \eta)$, mindestens $- 0{,}002$[4]
Grundschwingungsleistungsfaktor	$- 0{,}2 \, (1 - \cos \varphi_1)$[4]
Induktive Gleichspannungsänderung bedingt durch den Transformator[2]	$\pm 10\%$
Innere Spannungsänderung[2]	$\pm 15\%$
Ausgangsspannung[3] für $U_N \leqslant 10$ V	$\pm 0{,}10 \, U_N$[4]
für $U_N > 10$ V	$\pm (0{,}02 \, U_N + 1$ V$)$[4]

[1]) Die in % angegebenen Abweichungen sind auf den nachzuweisenden Wert bezogen.
[2]) Gilt nicht für einphasig angeschlossene Geräte und Anlagen.
[3]) Für stabilisierte Stromversorgungsgeräte ist der Toleranzbereich der Gleichspannung zu vereinbaren.
[4]) Für η, $\cos \varphi_1$ und U_N sind hier die nachzuweisenden Werte einzusetzen.

Literatur

A. Bücher

[1]   M a r t i , O. K.; W i n o g r a d , H. (Deutsch von Gramisch, O.) Stromrichter, unter besonderer Berücksichtigung der Quecksilberdampf-Großgleichrichter. München – Berlin 1933

[2]   G l a s e r , A.; M ü l l e r - L ü b e c k , K.: Theorie der Stromrichter. Bd. 1: Elektrotechnische Grundlagen. Berlin 1935

[3]   R ü d e n b e r g , R.: Elektrische Schaltvorgänge. 5. Aufl. Berlin – Göttingen – Heidelberg 1973

[4]   H ü t t e . Des Ingenieurs Taschenbuch. Bd. IV A: Elektrotechnik Teil A, Stromrichter. 28. Aufl. Berlin 1957. S. 578–658

[5]   L a p p e , R.: Stromrichter. Stuttgart 1959

[6]   W a s s e r r a b , Th.: Schaltungslehre der Stromrichtertechnik. Berlin Göttingen – Heidelberg 1962

[7]   G e n t r y , F. E.; G u t z w i l l e r , F. W.; H o l o n y a k , N.; Z a s t r o w , E. E.: Semiductor Controlled Rectifiers: Principles and Applications of p-n-p-n Devices. Engelwood Cliffs, N.Y. 1964

[8]   B e d f o r d , B. D.; H o f t , R. G.: Principles of Inverter Circuits. New York London – Sydney 1964

[9]   H o f f m a n n , A.; S t o c k e r , K.: Thyristor-Handbuch. 3. Aufl. Siemens-Fachbuch 1968

[10] S t e i m e l , K.; J ü t t e n , R. (Hrsg.): Energieelektronik und geregelte elektrische Antriebe. VDE-Buchreihe, Bd. 11. Berlin 1966

[11] G u t z w i l l e r , F. W.: Silicon Controlled Rectifier Manual. 4. Aufl. Syracuse, N.Y. 1967

[12] M e y e r , M.: Selbstgeführte Thyristor-Stromrichter. 3. Aufl. Siemens-Fachbuch 1974

[13] J e n t s c h , W.: Digitale Simulation kontinuierlicher Systeme. München 1969

[14] M ö l t g e n , G.: Netzgeführte Stromrichter mit Thyristoren. 3. Aufl. Siemens-Fachbuch 1974

[15] L a n d g r a f , Chr.; S c h n e i d e r , G.: Elemente der Regelungstechnik. Berlin – Heidelberg – New York 1970

[16] K ü m m e l , F.: Elektrische Antriebstechnik. Berlin – Heidelberg – New York 1971

[17] BBC: Silizium Stromrichter Handbuch. Baden 1971

[18] M a g g e t t o , G.: Le Thyristor: définitions – protections – commandes. Presses Universitaires de Bruxelles 1971

[19] H i l p e r t , H.: Halbleiterbauelemente. 3. Aufl. Stuttgart 1983. = Teubner Studienskripten Bd. 8

[20] H e u m a n n , K.; S t u m p e , A. C.: Thyristoren – Eigenschaften und Anwendungen. 3. Aufl. Stuttgart 1974

[21] B u x b a u m , A.; S c h i e r a u , K.: Berechnung von Regelkreisen der Antriebstechnik. 4. Aufl. Berlin 1981. AEG-TELEFUNKEN-Handb. Bd. 16

[22] L e o n h a r d , W.: Regelung in der elektrischen Antriebstechnik. Stuttgart 1974. = Teubner Studienbücher Elektrotechnik

328   Literatur

[23]   L e o n h a r d , W. (Hrsg.): Control in Power Electronics and Electrical Drives
        (Regelung und Steuerung in der Leistungselektronik und bei elektrischen Antrie-
        ben). IFAC Symposium, Vol. 1, 2 and Survey Papers, Düsseldorf 1974
[24]   VEM-Handbuch. Die Technik der elektrischen Antriebe-Grundlagen, Berlin 1974
[25]   D e w a n , S. B.; S t r a u g h e n , A.: Power Semiconductor Circuits. New York –
        London – Sydney – Toronto 1975
[26]   L a p p e , R., u. a.: Thyristor-Stromrichter für Antriebsregelungen. Berlin 1975
[27]   J ö t t e n , R.: Leistungselektronik. Bd. 1. Wiesbaden 1976
[28]   G y u g y i , L.; P e l l y , B. R.: Static Power Frequency Changers. Theory, Perform-
        ance and Application. New York – London – Sydney – Toronto
[29]   H a r t e l , W.: Stromrichterschaltungen. Einführung in die Schaltungen netzgeführ-
        ter Stromrichter. Berlin – Heidelberg – New York 1977
[30]   VEM-Handbuch Leistungselektronik. Berlin 1978
[31]   H ü t t e . Elektrische Energietechnik, Bd. 2, Geräte. Berlin – Heidelberg – New York
        1978
[32]   B y s t r o n , K.: Leistungselektronik. Techn. Elektronik Bd. II. München – Wien
        1979
[33]   G e r l a c h , W.: Thyristoren. Berlin – Heidelberg – New York 1979
[34]   W o o d , P.: Switching Power Converters. New York – London – Toronto – Mel-
        bourne 1981
[35]   B u r i , H.: Leistungshalbleiter, Eigenschaften und Anwendungen. Brown, Boveri
        & Cie AG Mannheim, im Verlag W. Girardet Essen, 1982
[36]   M ö l t g e n , G.: Stromrichtertechnik, Einführung in Wirkungsweise und Theorie.
        Siemens-Fachbuch 1983
[37]   S p ä t z , H.: Steuerverfahren für Drehstrommaschinen. Berlin – Heidelberg – New
        York – Tokyo 1983
[38]   K r a m p i t z , R.; C o n r a d , H.: Elektrotechnologie. VEB Verlag Technik Berlin,
        1983
[39]   F e l d e r h o f f , R.: Leistungselektronik. München – Wien 1984
[40]   M e y e r , M.: Elektrische Antriebstechnik Bd. 1, 2. Berlin – Heidelberg – New
        York – Tokyo 1985
[41]   T h o r b o r g , K.: Power Elektronics. S. T. Teknik, Göteborg/Schweden 1985
[42]   B o s e , B. K.: Power Elektronics and AC Drives. Prentice-Hall, 1986
[43]   H e u m a n n , K.: Basic Principles of Power Electronics. Berlin – Heidelberg 1986
[44]   H o f t , R.: Semiconductor Power Electronics. New York 1986
[45]   S c h ö n f e l d , R.: Digitale Regelung elektrischer Antriebe. VEB Verlag Technik
        Berlin, 1987
[46]   B u d i g , P.-K.: Drehzahlvariable Drehstromantriebe mit Asynchronmotoren. Ber-
        lin – Offenbach, VDE-Verlag, 1988
[47]   V o g e l , J.: Elektrische Antriebstechnik. VEB Verlag Technik Berlin, 1988
[48]   K l o s s , A.: Oberschwingungen, Beeinflussungsprobleme der Leistungselektronik.
        VDE-Verlag, GmbH, Berlin 1989
[49]   M u r p h y , J. M. D.; T u r n b u l l , F.G.: Power Electronic Control of AC Motors.
        Pergamon Press: Oxford – New York – Beijing – Frankfurt – Sao Paulo – Sydney –
        Tokyo – Toronto 1988
[50]   M o h a n , N.; U n d e l a n d , T. M.; R o b b i n s , W. P.: Power Electronics: Con-
        verters, Applications, and Design. John Wiley & Sons, 1989

[51] M e y e r , M.: Leistungselektronik, Einführung, Grundlagen, Überblick. Springer-Verlag, Berlin – Heidelberg – New York – London – Paris – Tokyo – Hong Kong – Barcelona 1990

[52] K l o s s , A.: Auf den Spuren der Leistungselektronik. VDE-Verlag, 1990

[53] L a p p e , R.; C o n r a d , H.; K r o n b e r g , M.: Leistungselektronik. Verlag Technik. 2. Aufl. 1991

[54] S p ä t h , H.: Elektrische Maschinen und Stromrichter. Grundlagen und Einführung. Braun Verlag, 3. Aufl. 1991

[55] S t e n g l , J. P.; T i h a n y i , J.: Leistungs-Mosfet-Praxis. Pflaum Verlag München, 2. Aufl. 1992

[56] B o s e , B. K.: Modern power electronics: evolution, technology, and applications IEEE Press A Selected Reprint Volume, 1992

[57] M i c h e l , M.: Leistungselektronik. Eine Einführung. Springer Berlin, 1992

[58] H a g m a n n , G.: Leistungselektronik. Grundlagen und Anwendungen. Aula-Verlag Wiesbaden, 1993

[59] S e g u i e r , G.; L a b r i q u e , F.: Power Electronic Converters. DC-AC Conversion. Springer Berlin, 1993

[60] B a u s i e r e , R.; L a b r i q u e , F.; S e g u i e r , G.: Power Electronic Converters. DC-DC Conversion. Springer Berlin, 1993

[61] L a p p e , R.; F i s c h e r , F.: Leistungselektronik-Meßtechnik. Verlag Technik. 2. Aufl. 1993

[62] J ä g e r , R.: Leistungselektronik. Grundlagen und Anwendungen. VDE-Verlag, 4. Aufl. 1993

[63] A n k e , D.: Leistungselektronik. R. Oldenbourg Verlag München – Wien, 2. Aufl. 1994

[64] V o n B r e n n e r , E.; D e l i n s k y , W.; F a c k , J. u. a.: Handbuch der Leistungselektronik. Verlag Technik, 1994

[65] K a z m i e r k o w s k i , M. P.; T u n i a , H.: Automatic Control of Converter-Fed Drives. Elsevier Amsterdam – London – New York – Tokyo, 1994

[66] C o u g h r a n , W. M. jr; C o l e , J.; L l o y d , P.; W h i t e , J. K.: Semiconductors Part 1. Springer Berlin, 1994

[67] C o u g h r a n , W. M. jr; C o l e , J.; L l o y d , P.; W h i t e , J. K.: Semiconductors Part 2. Springer Berlin, 1994

[68] J e n n i , F.; W ü e s t , D.: Steuerverfahren für selbstgeführte Stromrichter. Vdf Zürich und B. G. Teubner, Stuttgart 1995

B. Aufsätze und Einzelprobleme

Zu Abschnitt 1

[1.1] K ö h l , G.: Hochleistungselektronik in Deutschland. Ein Vergleich des technischen Standes. VDI-Nachrichten (1970) H. 44–46

[1.2] H e u m a n n , K.: Leistungselektronik. Fortschritte und Entwicklungstendenzen. ETZ-B **23**, Nr. 11 (1971) 253–258

[1.3] S c h m i d t , J.; S c h r ä d e r , A.: Vom Quecksilberdampf-Gleichrichter zur Leistungselektronik. etz Bd. **101**, Nr. 16/17 (1980) 955–960

[1.4] G r ü n e b e r g , J.: Neue Entwicklungen bei Schaltungen in der Leistungselektronik. etz **104**, H. 24 (1983) 1241–1245

[1.5]   A b r a h a m , L.: Antriebstechnik und Mikroelektronik. ETZ **106**, Nr. 5 (1985) 208–209

[1.6]   H e m p e l , H. P.: Leistungshalbleiter werden intelligent. ETZ **108**, Nr. 4 (1987) 138–139

[1.7]   S y r b e , G.: Entwicklungstendenzen in der Leistungselektronik. ETZ **108**, Nr. 19 (1987) 904–905

[1.8]   S t r a t f o r t , R.: What Power Systems Problems Caused by Drive Static Power Converter Should the Static Power Converter Solve? IEEE/IAS Conf. Rec. (1987) 349–350

[1.9]   Y o u n k i n , G.: Industrial Drive Systems. IEEE/IAS Conf. Rec. (1987) 351–355

[1.10]   H e u m a n n , K.: Untersuchungen und Erfahrungen mit abschaltbaren Leistungshalbleitern. Archiv für Elektrotechnik, Springer Verlag, Heft 72, 1989, 95–111

[1.11]   H e u m a n n , K.: Power Electronics – State of the Art. IPEC '90, Tokio, Japan, Conf. Rec. Vol. 1, 11–20

[1.12]   J a e c k l i n , A.: Future Devices and Modules for Power Electronic Applications. EPE '93, Conf. Rec. Vol. 1, 1–8

Zu Abschnitt 2

[2.1]   E i s e n a c k , H.; H o f m e i s t e r , H.: Digitale Nachbildung von elektrischen Netzwerken mit Dioden und Thyristoren. Arch. f. Elektr. **32** (1972)

[2.2]   L a k o t a , J.: Simulation von stromrichtergespeisten Gleichstrom-Motorantrieben. ETZ-A **94**, Nr. 1 (1973) 26–30

[2.3]   V o g t , F.: Die Simulation von Stromrichtern. ETZ-A **94**, Nr. 8 (1973) 479–482

[2.4]   Z e i n e r , M.: Ein Beispiel zur digitalen Simulation von Netzwerken der Leistungselektronik. Wiss. Ber. AEG-TELEF. **47**, Nr. 1 (1974) 21–27

[2.5]   H o f f m a n n , D.: Ein Beitrag zur automatischen Simulation von Stromrichterschaltungen mittels Digitalrechner. Diss. TU Berlin 1974

[2.6]   M e h r i n g , P.; J e n t s c h , W.; J o h n , G.; K r ä m e r , D.: Das digitale Simulationssystem NETSIM für die Leistungselektronik – Erste Version: das NETSIM 02-System. Wiss. Ber. AEG-TELEF. **50**, Nr. 1/2 (1977) 3–9

[2.7]   H o f t , R. G.: Power Electronics Circuit Analysis Techniques. Survey Paper. IFAC Sympos. Düsseldorf 1977

[2.8]   F o c h , H.; R é b o u l e t , C.; S c h o n e k , J.: A General digital computer simulation programme for thyristor static convertors (programme SACSO) application examples. IFAC Sympos., Düsseldorf 1977

[2.9]   G u t z w i l l e r , R.: Methode der digitalen Simulation von Stromrichterschaltungen gezeigt am Beispiel eines Gleichstromstellers. ETZ-A **99**, Nr. 1 (1978) 8–11

[2.10]   M e h r i n g , P.; J e n t s c h , W.; J o h n , G.; K r ä m e r , D.: NETASIM – ein digitales Simulationssystem für die Leistungselektronik. ETZ-A **99**, Nr. 4 (1978) 189–191

[2.11]   K a r s t ä d t , B.; W i l k e , W.; D a n d e r s , M.; U n t e r g u t s c h , U.: Simulation von Störungsfällen in Halbleiter-Stromrichter-Anlagen mittels Digitalrechner. Wiss. Ber. AEG-TELEF. **52**, Nr. 3–4 (1979) 179–204

[2.12] Yuvarajan, S.; Bellamkonda Ramaswami; Subrah-
        manyam, V.: Analysis of a Current-Controlled Inverter-Fed Induction
        Motor Drive Using Digital Simulation. IEEE Trans. Appl. Ind., vol. IECI-27,
        No. 2 (1980) 67–76
[2.13] Jawassoglou, K.; Safacas, A.: Digitale Simulation eines selbstge-
        führten Drehstromwechselrichters mit Einzellöschung. E und M **98**, Heft 3
        (1981) 82–88
[2.14] Möltgen, G.: Simulationsuntersuchung zum Stromrichter mit Phasenfolge-
        löschung. Siemens Forsch.- u. Entwickl.-Ber. Bd. 12 (1983) Nr. 3, 166–175
[2.15] Simond, J. J.: Simulation des Systems Synchronmaschine-Stromrichter-
        Drehstromnetz. ETZ-A **9**, Nr. 3 (1987) 71–76
[2.16] Schönfeld, R.: Rechnersteuerung elektrischer Antriebe. ELEKTRIE **5**
        (1987) 169–173
[2.17] Büchner, P.: Netzseitige Ersatzschaltung von Stromrichtern. ELEKTRIE
        10 (1987) 392–394
[2.18] Otto, M. D.; Otto, D. V.: Computer Simulation of Electric Motor
        Drive Systems Including the Power Electronic Network. IEEE/IAS Conf. Rec.
        (1987) 233–240
[2.19] Cheung, R. W. Y.; Lavers, J. D.: A Basis Transformed State Space
        Formulation for the Computer Aided Design of Power Electronic Circuits
        and Systems. IEEE/IAS Conf. Rec. (1987) 946–953
[2.20] Manesse, G.; Ledee, G.: Application of Functional Analysis Con-
        cepts in Power Electronics. EPE, Conf. Rec. (1987) 337–342
[2.21] Masada, E.; Tobe, Y.; Nakajima, T.; Tamura, M.: Numerical
        Analysis of Switching Processes in Turn Off Thyristors. EPE, Conf. Rec. Vol.
        1 (1987) 343–348
[2.22] Ferreira, J. A.: Electromagnetic Modelling of Power Electronic Converters
        under Conditions of Appreciable Skin and Proximity Effects. Ph.D. thesis,
        Rand Afrikaans University, Johannesburg, RSA 1987
[2.23] XU, Chihao: Netzwerkmodelle von Leistungshalbleiter-Bauelementen
        (Diode, BJT und MOSFET). Diss. TU München 1990
[2.24] Li, J. M.; Lafore, D.; Arnould, J.; Reymond, B.: Analysis of Switching
        Behaviour of the Power Insulated Gate Transistor by Soft Modeling. EPE '93,
        Brighton, 220–225
[2.25] Kraus, R.; Hoffmann, K.: Analysis and Modeling of the Technology-Depen-
        dent Electro-Thermal IGBT Characteristics. IPEC '95, Conf. Rec. 2, 1128–1133

Zu Abschnitt 3

[3.1] Moll, J. L.; Tanenbaum, M.; Goldey, J. M.; Holonyak, N.:
       P-N-P-N Transistor Switches. Proc. Inst. Radio Eng. **44** (1956) S. 1174–1182
[3.2] Stumpe, A. C.: Kennlinien der steuerbaren Siliziumzelle, ETZ-A **83**, Nr. 4
       (1962) 81–87
[3.3] Gerlach, W.; Seid, F.: Wirkungsweise der steuerbaren Siliziumzelle.
       ETZ-A **83**, Nr. 8 (1962) 270–277
[3.4] Stumpe, A. C.: Das Schaltverhalten der steuerbaren Siliziumzelle. ETZ-A
       83, Nr. 9 (1962) 291–298
[3.5] Bösterling, W.; Fröhlich, M.: Die dynamischen Eigenschaften von
       Thyristoren. AEG-Mitt. **54**, Nr. 5/6 (1964) 459–463

332   Literatur

[3.6]   G e r l a c h , W.: Thyristor mit Querfeld-Emitter. Z. f. angew. Phys. **19**, Nr. 5 (1965) 396–400

[3.7]   K ö h l , G.: Steuermechanismus und Aufbau bilateral schaltender Thyristoren. Scientia Elektrica **12**, Nr. 4 (1966) 123–132

[3.8]   G i n s b a c h , H. K.; H e n g s b e r g e r , J.: Leistungsthyristoren. Optimierung für heutige und zukünftige Anwendungsgebiete. AEG-Mitt. **56**, Nr. 6 (1966) 374–376

[3.9]   G e r l a c h , W.; S t u m p e , A. C.: Das Schaltverhalten von Thyristoren. VDE-Buchr. Bd. 11, 1966, S. 32–51

[3.10]   B ö s t e r l i n g , W.; S o n n t a g , A.: Ein volldiffundierter Frequenzthyristor für große Einschaltstrombelastbarkeit und hohen Dauergrenzstrom. Techn. Mitt. AEG-TELEF. **59**, Nr. 3/4 (1969) 238–240

[3.11]   G e r l a c h , W.; K ö h l , G.: Thyristoren für hohe Spannungen. Festkörperprobleme IX. Edit.: O. M a d e l u n g. Braunschweig 1969, S. 354–370

[3.12]   P e t e r , J. M.: Die Grenzen des di/dt von Thyristoren und Schutzmethoden. Elektrie **25** (1971) S. 266–267

[3.13]   P l a t z ö d e r , K.: BSt P 36, ein neuer Leistungsthyristor in Volldifusionstechnik für Spannungen bis 2500 V. Siemens-Z. **46**, Nr. 4, (1972) 310–311

[3.14]   B e r n d e s , G.: Frequenzthyristoren aus heutiger Sicht, BBC-Nachr. **54**, Nr. 9/10 (1972) 253–260

[3.15]   G a n n e r , P.; K i r c h n e r , F.: Schnelle hochsperrende Thyristoren. Siemens-Z. **46**, Nr. 11 (1972) 841–843

[3.16]   S t e i m e l , A.: Untersuchung über das Einschaltverhalten eines neuartigen gatelosen Thyristors. ETZ-A **95**, Nr. 5 (1974) 288–289

[3.17]   M a c e k , O.: Die verschiedenen Familien von Leistungstransistoren. Anwendungsbereiche. Zürich 1974

[3.18]   M e y e r , U.: Die heutige und künftige Anwendung von Leistungstransistoren in der Antriebstechnik, Zürich 1974

[3.19]   B ö s t e r l i n g , W.; R ü t h e r , K.-A.; T s c h a r n , M.: Thyristorendynamisches Verhalten spezieller Arten für Anwendungen von heute und morgen ETZ-B **27**, Nr. 23 (1975) 620–623

[3.20]   H e r l e t , A.; V o s s , P.: State of the Art in Power Semiconductor Devices. Invited Paper. IEEE/IAS Conf. Florida 1977

[3.21]   N e s t l e r , J.; W r e d e , H.: Leistungstransistoren in Stromrichtern. Wiss. Ber. AEG-TELEF. **50**, Nr. 1/2 (1977) 39–48

[3.22]   G i n s b a c h , K.-H.; S i l b e r , D.: Fortschritte und Entwicklungstendenzen bei Silizium-Leistungshalbleitern. ETZ-A **99**, Nr. 1 (1978) 11–19

[3.23]   B r i s b y , K.: Thyristoren für die HGÜ. ASEA Nr. 4, Jahrg. 24 (1979) 88–91

[3.24]   B e l l , G.; L a d e n h a u f , W.: SIPMOS Technology, an Example of VLSI Precision Realized with Standard LSI for Power Transistors. Siemens Forsch. u. Entwickl.-Ber. Bd. **9**, Nr. 4 (1980) 190–194

[3.25]   S e v e r n s , R.: MOSFETs rise to new levels of power. Electronica/May 22 (1980) 143–152

[3.26]   T i h a n y i , J.: A Qualitative Study of the DC Performance of SIPMOS Transistors. Siemens Forsch.- u. Entwickl.-Ber. Bd. **9**, Nr. 4 (1980) 181–189

[3.27]   T i h a n y i , J.; H u b e r , P.; S t e n g l , J. P.: Switching Performance of SIPMOS Transistors. Siemens Forsch.- u. Entwickl.-Ber. Bd. **9**, Nr. 4 (1980) 195–199

[3.28] H e b e n s t r e i t , E.: Driving the SIPMOS Field-Effect Transistor as a Fast Power Switch. Siemens Forsch.- u. Entwickl.-Ber. Bd. **9**, Nr. 4 (1980) 200–204

[3.29] B ö s t e r l i n g , W.; F r ö h l i c h , M.: Frequenzthyristoren im Schwing-kreisbetrieb. ETZ **101**, Nr.9 (1980) 537–538

[3.30] S c h r ö d e r , D.: Neue Bauelemente der Leistungselektronik. etz **102**, H. 17 (1981) 906–909

[3.31] F i s c h e r , F.; C o n r a d , H.: Thyristormodifikationen für höhere Frequenzen, Teil I–IV, ELEKTRIE **35** (1981) H. 2–5

[3.32] V i t i n s , J.; W e t z e l , P.: Rückwärtsleitende Thyristoren für die Leistungs-elektronik. BBC-Nachr. Nr. 2 (1981) 74–82

[3.33] S c h l a n g e n o t t o , H.; S i l b e r , D.; Z e y f a n g , R.: Halbleiter-Lei-stungsbauelemente: Untersuchungen zur Physik und Technologie. Wiss. Berg. AEG-TELEF. **55**, Nr. 1–2 (1982) 7–24

[3.34] T e m p l e , V. A. K.: Thyristor devices for electric power systems. IEEE Transactions on Power Apparatus and Systems, Vol. PAS-101, No. 7 (1982) 2286–1191

[3.35] F i s c h e r , F.; C o n r a d . H.: Leistungs-MOSFETs in der Energieelektronik. Teil I–IV u. Schluß. ELEKTRIE **36** (1982) H. 3

[3.36] L e i p o l d , L.; T i h a n y i , J.: Experimental Study of a SIPMOS Power Field-Effect Transistor with Integrated Input Amplifier. Siemens Forsch.- u. Entwickl.-Ber. Bd. **12**, Nr. 5 (1983) 327–331

[3.37] B ö s t e r l i n g , W.; F r ö h l i c h , M.: Thyristorarten ASCR, RLT und GTO – Technik und Grenzen ihrer Anwendung. etz **104**, H. 24 (1983) 1246–1251

[3.38] B r a u k m e i e r , R.: Zwischen Transistor und Thyristor der GTO-Thyristor. etz **104**, H. 24 (1983) 1252–1255

[3.39] B a a b , J.; F i s c h e r , F.: Rückwärtsleitende Thyristormodule für Anwendungen bis 25 kHz. etz **104**, H. 24 (1983) 1256–1258

[3.40] K a e s e n , K.; T i h a n y i , J.: MOS-Leistungstransistoren. etz **104**, H. 24 (1983) 1260–1263

[3.41] L o r e n z , L.: Zum Schaltverhalten von MOS-Leistungstransistoren bei ohmsch-induktiver Last. Diss. Hochsch. d. Bundeswehr München 1984

[3.42] S t e i n , E.: Elektrische Modelle von Leistungshalbleitern für den Entwurf von Stromrichterstellgliedern. Diss. Univ. Kaiserslautern 1984.

[3.43] G r a f f e r t , H.; P a l a n d , J.: GTO Thyristoren, Funktion und Anwendung. BBC Technik Nr. **73** (1986) 60–62

[3.44] N i s h i z a w a , J.; M u r a o k a , K.; K a w a m u r a , Y.; T a m a m u s h i , T.: A Low-Loss High-Speed Switching Decive: The 2500 V 300 A Static Induction Thyristor. IEEE Transactions on Electron Device, Vol. ED-**33**, No. 4 (1986) (1987) 337–342

[3.45] B a y e r e r , R.; T e i g e l k ö t t e r , J.: IGBT-Halbbrücken mit ultra-schnellen Dioden. ETZ, Bd. **108**, Nr. 19 (1987) 922–925

[3.46] V o g e l , D.: IGBT hochsperrende, schnell schaltende Transistormodule. ELEKTRONIK 9 (1987) 120–124

[3.47] R a n g a n , R.; C h e n , D. Y.; Y a n g , J.; L e e , J.: Application of IGT/ COMFET to Zero-Current Switching Resonant Converters. PESC (1987) 55–60

[3.48] Y i l m a z , H.; B e n j a m i n , J. L.; O w y a n g , K.; V a n D e l l , C. & W. R.: Recent Advances in Insulated Gate Bipolar Transistor Technology. IEEE/IAS Conf. Rec. (1986)

[3.49]   G e r l a c h , W.: Abschaltbare Bauelemente der Leistungselektronik. ETG
         Fachber. **23** (1988) 1–25

[3.50]   R i s c h m ü l l e r , K.: Aufbau und Wirkungsweise bipolarer Transistoren
         und Darlingtons. ETG Fachber. **23** (1988) 28–49

[3.51]   T i h a n y i , L.: MOS-Leistungsschalter. ETG Fachber. **23** (1988) 71–78

[3.52]   N o w a k , W. D.; B e r g , H.: GTO – Stand der Technik und Entwicklungs-
         möglichkeiten. ETG Fachber. **23** (1988) 86–109

[3.53]   H e u m a n n , K.: Untersuchung und Erfahrung mit abschaltbaren Leistungs-
         halbleitern. ETG Fachber. **23** (1988) 187–212

[3.54]   G r ü n i n g , H.: Feldgesteuerte Thyristoren – eine neue Klasse bipolarer
         Leistungsschalter. 4. Int. Makroelektronik-Konf. (1988) 23–36

[3.55]   S c h u l z e , G.; L o r e n z , L.; T u r s k y , W.: Der IGBT – ein Lei-
         stungstransistor mit herausragenden elektronischen Eigenschaften. 4. Int. Makro-
         elektronik-Konf. (1988) 133–144

[3.56]   O h n o , E.: The Semiconductor Evolution in Japan – A Four Decade Long
         Maturity Thriving to an Indispensable Social Standing. IPEC '90, Tokio, Japan,
         Conf. Rec. Vol. 1, 1–10

[3.57]   H e u m a n n , K.: Round-Table-Discussion: New Turn-off Semiconductor
         Devices. PEMC '90, Conf. Rec. Vol. 2, 334–340

[3.58]   K a u ß e n , F.; S c h l a n g e n o t t o , H.: Aktuelle Entwicklungen bei schnell schal-
         tenden Leistungsdioden. ETG-Fachbericht **39**, VDE-Verlag (1992) 25–40

[3.59]   B ö s t e r l i n g , W.; L u d w i g , H.; S c h u l z e , G.; T s c h a r n , M.: Moderne
         Leistungshalbleiter in der Stromrichtertechnik. etz **114** (1993) 1310–1319

[3.60]   B o b e r , G.; H e u m a n n , K.: Vergleich von MCT und IGBT hinsichtlich ihrer
         Eigenschaften in Pulswechselrichtern. etz **115**, H. 13/14 (1994)

[3.61]   G r e c k i , M.; N a p i e r a l s k i , A.: Static Induction Transistor – A new high
         speed power device. PEMC '94, 836–841

[3.62]   T e m p l e , V. A. K.: Power Semiconductors: Faster, Smarter and More Efficient,
         IPEC '95, Conf. Rec. 1, 6–12

[3.63]   S a i t o , K.; K a m i j o , H.; Y a m a g u c h i , Y.; S a t o , Y.; C h o i , J. H.;
         Y o k o t a , T.; I s h i k a w a , T.; I s h i k a w a , K.: An 8-kV 3.5-kA 6-inch Light
         Activated Thyristor for HVDC Transmission. IPEC'95, Conf. Rec. 2, 1250–1254

[3.64]   B a l i g a , B. J.: Power ICs in the saddle. IEEE Spectrum Juli 1995, 34–49

Zu Abschnitt 4

[4.1]   L i m , J. S.; W i l s e n , K.: Some Aspects of Thyristor Series Operation.
        Mullard Techn. Comm. 7 (1964) März, 266–270

[4.2]   M u l i c a , A. R.: How to Use Silicon Controlled Rectifiers in Series or Parallel.
        Control Eng. (1964) Mai, 95–99

[4.3]   R e i c h m a n n , A.; S c h r ä d e r , A.: Steuergeräte für die Anschnittsteu-
        erung von Stromrichtern. AEG-Mitt. **55**, Nr. 7 (1965) 613–620

[4.4]   T h i e l e , G.: Richtlinien für die Bemessung der Trägerspeichereffekt-Beschal-
        tung von Thyristoren. ETZ-A **90**, Nr. 14 (1969) 347–352

[4.5]   K o r b , F.: Die thermische Auslegung von fremdgekühlten Halbleitern bei
        netzgeführten Stromrichtern. ETZ-A **92**, Nr. 2 (1971) 100–107

[4.6]   K o r b , F.: Das thermische Verhalten selbstgekühlter Halbleiter bei netzgeführten Stromrichtern. ETZ-A **92**, Nr. 4 (1971) 228 −234

[4.7]   D e p e n b r o c k , M. (Hrsg.): Dynamische Probleme der Thyristortechnik. Berlin 1971

[4.8]   H e r r m a n n , D.: Digitale Zündwinkelsteuerung für eine Drehstrombrücke zum Betrieb an Netzen mit starken Frequenz- und Spannungsschwankungen. ETZ-A **94**, Nr. 1 (1973) 31 −34

[4.9]   D a u m , D.: Digitale Steuereinrichtung für Stromrichteranlagen. ETZ-A **94**, Nr. 5 (1973) 299 −301

[4.10]   G a m m e l , G.; H e i d t m a n n , U.: Anwendung von Wärmerohren in der Leistungselektronik. BBC-Nachr. Nr. 6/7 (1973) 143 −152

[4.11]   R e i c h e , W.: Steuerung von Stromrichtern. ETZ-A **95**, Nr. 9 (1974) 446 ff.

[4.12]   K o r b , F.: Thermisches Verhalten von Leistungshalbleitern. Industrieelektr. + elektron. **20**, Nr. 19 u. 21 (1975) 3 −7

[4.13]   B r a u n s t e i n e r , F.: Ermittlung der Thyristor-Sperrschichttemperatur bei Belastung mit Stromblöcken. E + M **96**, Nr. 12, 545 −548

[4.14]   H o w e , A. F.; N e w b e r y , P. G.: Semiconductor fuses and their applications. IEE Proceedings, Vol. 127, No. 3 (1980) 155 −168

[4.15]   B e s t , W.: Störsichere Synchronisation netzgeführter Stromrichter. BBC Nachr. Nr. 4 (1980) 139 −145

[4.16]   S t a m b e r g e r , A.: Die Projektierung einer RC-Beschaltung in der Leistungselektronik. Elektroniker CH Nr. 12 (1980)

[4.17]   G u p t a , S. C.; V e n k a t e s a n , K.; E a p e n , K.: A Generalized Firing Angle Controller Using Phase-Locked Loop for Thyristor Control. IEEE Trans. on Ind. Electronics and Control Instrumentation. Vol. IFCI-28 (1981) 46 −49

[4.18]   W e t z e l , P.: Metalloxid-Varistoren schützen Leistungshalbleiter-Bauelemente. BBC-Nachr. Nr. 3 (1981)

[4.19]   B ü t t n e r , J.; B e r g e r , G.: Steuergerät für einen nach dem Unterschwingungsverfahren gesteuerten Wechselrichter. ELEKTRIE **35**, H. 6 (1981) 318 −320

[4.20]   E v a n s , P. D.; S a i e d , B. M.: Fault-current control in power-conditioning units using power transistors. IEEE Proc., Vol. 128, Pt. B, No. 6 (1981) 335 −337

[4.21]   T r e u t l e r , H.: Die Entwicklung von Kurzschlußstrombegrenzungseinrichtungen auf der Basis induktiv belasteter Stromrichter. ELEKTRIE **35**, H. 12 (1981) 638 −641

[4.22]   B r e s c h , W.; S a n d e r , J.: Thyristoren störsicher und anwendungsgerecht zünden. BBC-Nachr., H. 2 (1982) 43 −49

[4.23]   E v a n s , P. D.; S a i e d , B. M.: Protection methods for power-transistor circuits. IEEE Proc., Vol. 129, Pt. B, No. 6 (1982) 359 −362

[4.24]   M a r q u a r d t , R.: Untersuchung von Stromrichterschaltungen mit GTO-Thyristoren. Diss. Universität Hannover 1982

[4.25]   H e u m a n n , K.; M a r q u a r d t , R.: GTO-Thyristoren in selbstgeführten Stromrichtern. etz **104**, H. 9 (1983) 328 −332

[4.26]   B r e s c h , W.: Damit Thyristoren besser zünden. „elektrotechnik" **66**, H. 4 (1984) 14 −17

[4.27]   S c h o t t , W.: Thyristor-Stromrichter mit der integrierten Phasenanschnittsteuerung TCA 785. Siemens Comp. Nr. **4/5** (1985) 158 −163 & 193 −201

[4.28]   S c h w a r z , J.: Stationäres thermisches Verhalten von Halbleiterbauelementen und Kühldosen im Säulenverband. ETZ-A **8**, Nr. 7 (1986) 223 −230

336   Literatur

[4.29]   S c h w a r z , J.: Grundzüge eines statistisch begründeten Dimensionierungs-
         verfahrens zur Bestimmung der maximal zulässigen Belastung von Halbleiter-
         stromrichtem. ETZ-A 8, Nr. 12 (1986) 385–392

[4.30]   S t e y n , C. G.; W y k , J. D. van: Voltage dependent turn-of snubbers for
         power electronic switches. ETZ-A 9, Nr. 2 (1987) 39–44

[4.31]   H o l t z , J.; S a l a m a , S. F.; W e r n e r , K.-H.: Verlustfreie und auf-
         wandsarme Entlastungsschaltung für Pulsumrichter mit Abschaltthyristoren.
         ETZ-A 9, Nr. 7 (1987) 211–218

[4.32]   S i e v e r s , R.: Hochfrequente Ansteuerschaltung für GTO-Thyristoren. ETZ,
         Bd. 108, Nr. 12 (1987) 544–548

[4.33]   K e u t e r , W.; T s c h a r n , M.: Optimierte Ansteuerung heutiger Darling-
         ton-Leistungstransistoren. ETZ, Bd. 108, Nr. 19 (1987) 914–921

[4.34]   C o q u e r y , G.: Direct Cooling for GTO. EPE, Conf. Rec. Vol. 3 (1987)
         23–28

[4.35]   H e m p e l , H.-P.; L o r e n z , L.: Kapselung von Leistungs-Halbleiterbau-
         elementen, Modultechnik. ETG Fachber. 23 (1988) 126–134

[4.36]   F u t t e r l i e b , E.: Ansteuerung, Beschaltung, Schutz bei Transistoren. ETG
         Fachber. 23 (1988) 135–145

[4.37]   M a r q u a r d t , R.: Stand der Ansteuer-, Beschaltungs- und Schutztechnik
         beim Einsatz von GTO Thyristoren. ETG Fachber. 23 (1988) 146–170

[4.38]   S p e r n e r , A.; M a j u m d a r , G.: Konzepte zur Ansteuerung und zum
         Schutz von Kaskaden-BIMOS- und IGBT-Modulen der Klasse 100 A/500 V.
         4. Int. Makroelektronik-Konf. (1988) 165–174

[4.39]   B ö s t e r l i n g , W.; S o m m e r , K.-H.: Bipolar-Transistormodule vorteil-
         haft ansteuern und schützen. 4. Int. Makroelektronik-Konf. (1988) 175–186

[4.40]   H e u m a n n , K.; B o b e r , G.; P a p p , G.: Qualification of IGBTs and
         SIRET for High Frequency Inverters Application. Schwerpunktheft „Antriebs-
         technik" im Archiv für Elektrotechnik 74 (1990) 3–14

[4.41]   B ö s t e r l i n g , W.; K a u ß e n , F.; S o m m e r , K. H.; T s c h a r n , M.:
         IGBT-Modules in Inverters: Concept, Gate Drive, Fault Protection. PEMC '90,
         Conf. Rec. Vol. 1, 35–41

Zu Abschnitt 5

[5.1]   A b r a h a m , L.; K o p p e l m a n n , F.: Die Zwangskommutierung, ein
         neuer Zweig der Stromrichtertechnik. ETZ-A 87, Nr. 18 (1966) 649–658

[5.2]   H e u m a n n , K.: Elektrotechnische Grundlagen der Zwangskommutierung –
         Neue Möglichkeiten der Stromrichtertechnik. E u. M 84, Nr. 3 (1967) 99–112

[5.3]   C l e w i n g , M.: Kommutierungsvorgänge in selbstgeführten Wechselrichtern.
         Techn. Mitt. AEG-TELEF. 67, Nr. 1 (1977) 61–64

[5.4]   F o c h , H.: Commutation and Stresses of switching Devices in Static Power
         Converters. EPE, Conf. Rec. Survey Pap. (1987) 21–30

[5.5]   H e u m a n n , K.: Abschaltbare Leistungshalbleiter. Siemens-Zeitschrift FuE
         Special 1/91, 27–31

Zu Abschnitt 6

[6.1]   S t o r m , H. F.: A gate-controlled a-c power switch. Proceedings of the Inter-
        mag Conference, Washington (1964) Paper 4.4

[6.2]   W e b e r , J.: Elektronische Wechselstrom- und Drehstromsteller. VDE-Buchr.
        Bd. II, 1966, S. 200–209

[6.3]   H e u m a n n , K.; K o p p e l m a n n , F.: Kontaktloses Schalten mit steuer-
        baren Halbleiterelementen im Niederspannungsbereich. ETZ-A **86**, Nr. 17
        (1965) 552–557

[6.4]   M i c h e l , M.: Die Strom- und Spannungsverhältnisse bei der Steuerung von
        Drehstromlasten über antiparallele Ventile. Diss. TU Berlin, 1966

[6.5]   S a p p e r , M.: Triac – Leistungsstellglieder für die Temperaturregelung.
        BBC-Nachr. Nr. 1/2 (1973) 10–16

[6.6]   B a r d a h l , N.: Thyristor-Wechselstromsteller für moderne Silizium-Abschei-
        dungsanalagen bei Wacker-Chemietronic. Siemens-Z. **47**, Nr. 3 (1973) 160–163

[6.7]   –: Thyristor-Wechselstromsteller für die Glanzverschmelzung von elektroche-
        misch verzinntem Stahlblech. Siemens-Z. **47**, Nr. 7 (1973) 560–562

[6.8]   U n t e r w e g e r , H.: Vergleichende Betrachtung zwischen mechanischem
        Schütz und Halbleiterschütz zum Schalten von Lasten im Niederspannungs-
        bereich. Zürich 1974

[6.9]   H e u m a n n , K.: Halbleiterschalter für die Energietechnik. Wiss. Ber. AEG-
        TELEF. **48**, Nr. 2/3 (1975) 106–118

[6.10] L u k a n z , W.: Halbleiterschalter und -steller für den Mittelspannungsbereich.
        Wiss. Ber. AEG-TELEF. **50**, Nr. 1/2 (1977) 22–31

[6.11] G y u g y i , I.; O t t o , R. A.; P u t m a n , T. H.: Principles And Applications
        Of Static, Thyristor-Controlled Shunt Compensators. IEEE Trans. on Power
        Apparatus and Systems, Vol. PAS-97, No. 5 (1978) 1935–1944

[6.12] H a m m a d , A. E.; M a t h u r , R. M.: A New Generalized Concept For The
        Design of Thyristor Phase-Controlled VAr Compensators. Part I. Steady State
        Performance. IEEE Trans. on Power Apparatus and Systems, Vol. PAS-98, Nr. 1
        (1979) 219–226

[6.13] M a t h u r , R. M.; H a m m a d , A. E.: A New Generalized Concept For The
        Design Of Thyristor Phase-Controlled VAr Compensators. Part II: Transient
        Performance. IEEE Trans. on Power Apparatus and Systems, Vol. PAS-98,
        Nr. 1 (1979) 6–13

[6.14] E l - B i d w e i h y , E.; K a d r y A l - B a d w a i h y ; S a d e k M e t w a l l y ,
        M.; E l - B e d w e i h y , M.: Power Factor AC Controllers for Inductive Loads.
        IEEE Trans. on Ind. Electronics and Control Instrumentation, Vol. IECI-27,
        Nr. 3 (1980) 210–212

[6.15] Ö l w e g a r d , A.; W a l v e , K.; W a g l u n d , G.; F r a n k , H.; T o r -
        s e n g , S.: Improvement of Transmission Capacity By Thyristor Controlled
        Reactive Power. IEEE Trans. on Power Apparatus and Systems, Vol. PAS-100,
        Nr. 8 (1981) 3930–3937

[6.16] F r a n k , H.; I v n e r , S.: Statische Blindstromkompensation in der elektri-
        schen Energieversorgung. ASEA-Zeitschrift, Jahrg. 26, Heft 5–6 (1981)
        113–119

[6.17] L e m i r e , G.; R a j a g o p a l a n , V.: Antiparallel-Connected Thyristor
        Scheme Suitable for Feeding Highly Inductive Reversing Load. IEEE Trans.
        on Industrial Electronics and Control Instrumentation, Vol. IECI-28, No. 3
        (1981) 173–179

338   Literatur

[6.18] S t a m b e r g e r , A.: Ein Drehstromsteller zum Herabsetzen des Wirk- und
        Scheinleistungsbedarfs von Asynchronmaschinen bei Teillast. Elektroniker 9
        (1983) 15—19
[6.19] B r ü n n l e r , A.; S c h m i d t , H.: Hochleistungskrane für den Kombinierten
        Ladungsverkehr — Elektronische Steuerung und Thyristorantriebstechnik.
        EB.-Elektr. Bahnen, 81. Jahrgang, Heft 12 (1983) 356—361
[6.20] K e u t e r , W.; T s c h a r n , M.: Schaltungen von Stellern mit modernen
        Halbleiter-Bauelementen. ETZ, Bd. 107, Nr. 5 (1986) 200—207
[6.21] P e d e r s e n , J.; C r a w s h a w , A.; H a d d o c k , J.; T h a n a w a l a ,
        H.; W o o d h a l a , H.: Features of Power Electronic and Control Equipment
        for Thyristor Controlled Static Reactive Compensation for Cern-Lep. EPE,
        Conf. Rec. Vol. 2 (1987) 1245—1252
[6.22] L e , Th.-N.: Flicker Reduction Performance of Static Var-Compensation with
        Arc-Furnaces. EPE, Conf. Rec. Vol. 2 (1987) 1253—1258

Zu Abschnitt 7

[7.1]   H ö l t e r s , F.: Schaltungen von Umkehrstromrichtern. AEG-Mitt. 48,
        Nr. 11/12 (1958) 621—629
[7.2]   H ö l t e r s , F.; M i k u l a s c h e k , F.: Das Blindleistungsproblem bei
        Stromrichter-Umkehrantrieben. AEG-Mitt. 48, Nr. 11/12 (1958) 649—659
[7.3]   O s t e r m a n n , H.: Der fremdgesteuerte Stromrichtersynchronmotor mit
        steuerbarer Drehzahl. Diss. TU Stuttgart 1961
[7.4]   M e y e r , M.; M ö l t g e n , G.: Kreisströme bei Umkehrstromrichtern. Sie-
        mens-Z. 37, Nr. 5 (1963) 375—379
[7.5]   D e p e n b r o c k , M.: Die Verknüfungen von Frequenz, Dämpfung und
        Steuerwinkel beim Schwingkreiswechselrichter. Arch. f. Elektr. 49, H. 4
        (1964) 235—239
[7.6]   K a n n g i e ß e r , K.-W.: Schwingkreisumrichter für die induktive Erwärmung.
        BBC-Nachr. 46, H. 12 (1964) 637—647
[7.7]   W e s s e l a k , F.: Thyristorstromrichter mit natürlicher Kommutierung. Sie-
        mens-Z. 39, Nr. 3 (1965) 199—205
[7.8]   W e b e r , J.: Stromrichter in halbgesteuerter Brückenschaltung mit Freilauf-
        ventil. Siemens-Z. 39, Nr. 4 (1965) 272—274
[7.9]   G o l d e , E.; L e h m a n n , G.: Schwingkreisumrichter für induktive Erwär-
        mung. AEG-Mitt. 56, Nr. 7 (1966) 445—450
[7.10] K ö l l e n s p e r g e r , D.; T o v a r , K.: Stromrichtermotoren größerer Lei-
        stung. Siemens-Z. 43, Nr. 8 (1969) 686—690
[7.11] P o m p e r , P.: Über das statische und dynamische Verhalten von Schwing-
        kreiswechselrichtern. ETZ-A 92, Nr. 4 (1971) 223—227
[7.12] M c M u r r a y , W.: The Theory and Design of Cycloconverters, The M.I.T.
        Press, 1972
[7.13] G ö l z , G.; G r u m b r e c h t , P.: Umrichtergespeiste Synchronmaschinen.
        Techn. Mitt. AEG-TELEF. 63, Nr. 4 (1973) 141—148
[7.14] F ö h s e , W.; W e i s , M.: AEG-Reihe der BL-Motoren für den mittleren Lei-
        stungsbereich. Techn. Mitt. AEG-TELEF. 67, Nr. 1 (1977) 16—19
[7.15] I m a i , K.: New Applications of Commutatorless Motor Systems for Starting
        Large Synchronous Motors. Invited Paper, IEEE/IAS Conf. Florida 1977

[7.16] N e s t l e r , J.: Oberschwingungsverhältnisse bei Schwingkreiswechselrichtern. ETZ-A **99**, Nr. 3 (1978) 147–151

[7.17] B ü t t n e r , W.: Stromrichter in zweigpaar-halbgesteuerter Zweipulsbrückenschaltung mit gemischter Last und ohmisch-induktivem Innenwiderstand der Wechselstromquelle. Archiv f. Elektrotechnik **60** (1978) 161–167

[7.18] I n t i c h a r , L.: Anlaufverfahren für wechselrichtergespeiste Synchronmotoren. E. u. M. **96**, Nr. 9, 421–424

[7.19] I s s a , N. A. H.; W i l l i a m s o n , A. C.: Control of a naturally commutated inverter-fed variable-speed synchronous motor. ELECTRIC POWER APPLICATIONS Nr. 6 (1979) Vol. 2, 199–204

[7.20] W a r g o w s k y , E.: Gleichphasigkeit für Oberschwingungsströme, verursacht durch Drehstrom-Gleichrichteranlagen. ETZ **101**, Nr. 4 (1980) 222–226

[7.21] S t e i n f e l s , M.: Netzgeführter Direktumrichter mit erhöhter Ausgangsfrequenz. ELEKTRIE **34**, Nr. 8 (1980)

[7.22] S p ä t h , H.: Analyse der Ausgangsspannung des gesteuert betriebenen Direktumrichters mit Hilfe von Ortskurven. Archiv f. Elektrotechnik **62** (1980) 167–175

[7.23] S l o n i m , M. A.; B i r i n g e r , P. P.: Harmonics of Cycloconverter Voltage Waveform (New Method of Analysis). IEEE Trans. on Industrial Electronics and Control Instrumentation, Vol.-27, Nr. 2 (1980) 53–56

[7.24] E r i c s s o n , H.: Stromrichter für Gleichstromantriebe. ASEA-Zeitschrift, Jahrg. 26, Heft 5–6 (1981) 101–105

[7.25] K r u g , H.: Zur Optimierung des Drosselaufwandes bei dynamisch hochwertigen netzgeführten Umkehrstromrichtern. Teil I und Teil II u. Schluß. ELEKTRIE **35**, H. 12 (1981) 641–646; ELEKTRIE **36**, H. 1 (1982) 8–12

[7.26] S e e l i g , A.: Mittelfrequenz-Wechselrichter für das induktive Kochen. Wiss. Ber. AEG-TELEF. **55**, Nr. 1–2 (1982) 80–89

[7.27] G i e r s e , G.: Netzgeführter Stromrichter mit in den Transformator integrierter Saug- und Glättungsdrosselwirkung. ETZ-A **8**, Nr. 3 (1986) 87–92

[7.28] B l u m s c h e i n , E.: Schwingkreiswechselrichter im Dualthyristorbetrieb. ELEKTRIE **7** (1987) 248–249

[7.29] T e g t m e i e r , D.: Untersuchung von Leistungstransistoren in Schwingkreiswechselrichtern hoher Arbeitsfrequenz. Diss. TU Berlin 1990

Zu Abschnitt 8

[8.1] M o r g a n , R. E.: A New Magnetic-Controlled Rectifier Power Amplifier with a Saturable Reactor Controlling On Time. AIEE Trans. (Communic. and Electron.) **80** (1961) 152–155

[8.2] M c M u r r a y , W.; S h a t t u c k , D. P.: A Silicon-Controlled Rectifier with Improved Commutation. AIEE Trans. **80** (1961) Teil I, 531–542

[8.3] A b r a h a m , L.; H e u m a n n , K.; K o p p e l m a n n , F.: Wechselrichter zur Drehzahlsteuerung von Käfigläufermotoren. AEG-Mitt. **54**, Nr. 1/2 (1964) 89–106

[8.4] A b r a h a m , L.; H e u m a n n , K.; K o p p e l m a n n , F.; P a t z s c h k e , U.: Pulsverfahren der Energieelektronik elektromotorischer Antriebe. VDE-Fachber. **23** (1964) 239–252

[8.5] S t e i m e l , K.; H e u m a n n , K.: Kommutatorloser Bahnmotor mit Pulswechselrichter für Akkumulatortriebwagen. AEG-Mitt. **55**, Nr. 3 (1965) 220–226

[8.6]   M e y e r , M.: Beanspruchung von Thyristoren in selbstgeführten Stromrichtern.
        Siemens-Z. Nr. 5 (1965) 495–501

[8.7]   A b r a h a m , L.; H e u m a n n , K.; K o p p e l m a n n , F.: Zwangskom-
        mutierte Wechselrichter veränderlicher Frequenz und Spannung. ETZ-A 86,
        Nr. 8 (1965) 268–274

[8.8]   B y s t r o n , K.: Strom- und Spannungsverhältnisse beim Drehstrom-Dreh-
        strom-Umrichter mit Gleichstromzwischenkreis. ETZ-A 87, Nr. 8 (1966)
        264–271

[8.9]   W a g n e r , R.: Elektronische Gleichstromsteller. VDE-Buchr. Bd. 11, 1966,
        S. 187–199

[9.10] A b r a h a m , L.: Der Gleichstrompulswandler (elektronischer Gleichstrom-
        steller) und seine digitale Steuerung. Diss. TU Berlin 1967

[8.11] W a g n e r , R.: Strom- und Spannungsverhältnisse beim Gleichstromsteller.
        Siemens-Z. 43, Nr. 5 (1969) 458–464

[8.12] B a c k h a u s , G.; M ö l t g e n , G.: Kommutierung beim sechspulsigen
        selbstgeführten Wechselrichter für Betrieb mit eingeprägtem Gleichstrom.
        ETZ-A 90, Nr. 14 (1969) 327–331

[8.13] B r e n n e i s e n , J.; S c h ö n u n g , A.; Bestimmungsgrößen des selbstge-
        führten Stromrichters in sperrspannungsfreier Schaltung bei Steuerung nach
        dem Unterschwingungsverfahren.
        ETZ-A 90, Nr. 14 (1969) 353–357

[8.14] H e i n t z e , K.; T a p p e i n e r , H.; W e i b e l z a h l , M.: Pulswechsel-
        richter zur Drehzahlsteuerung von Asynchronmaschinen. Siemens-Z. (1971)
        154

[8.15] K e l l e r , P.: Aufbau und Schaltungstechnik von statischen Wechselrichtern.
        Bull. SEV 63, Nr. 21 (1972) 1234–1243

[8.16] M ä r z , G.: Die ZDB-Schaltung, ihre Eigenschaften und ihre Anwendung in
        der Leistungselektronik. ETZ-A 93, Nr. 10 (1972) 571–576

[8.17] F o r s t b a u e r , W.: Unterbrechungsfreie Stromversorgung mit Wechselrich-
        tern. Siemens-Z. 47, Nr. 2 (1973) 123–126

[8.18] S c h m i d t , J.: Der spannungsgesteuerte und selbstgeführte Wechselrichter.
        Diss. TH Aachen 1973

[8.19] F r a n z e n , H.; W a i d m a n n , W.: Straßenbahn-Triebwagen mit Thyristor-
        Gleichstromsteller und elektronischer Fahr-Brems-Steuerung. Siemens-Z. 47
        (1973) 3, S. 155–159

[8.20] D e p e n b r o c k , M.: Einphasenstromrichter mit sinusförmigem Netzstrom
        und gut geglätteten Gleichgrößen. ETZ-A 94 (1973) 466–471

[8.21] K a h l e n , H.: Thyristorschalter zum schnellen Abschalten von Gleichströ-
        men. ETZ-A 94, Nr. 9 (1973) 539–542

[8.22] F ö r s t e r , J.: Sektorsteuerung mit löschbaren Stromrichterbrücken. Techn.
        Rundschau Bern 65, Nr. 3 (1973) 25–29

[8.23] M e y e r , M.: Über die Kommutierung mit kapazitivem Energiespeicher.
        ETZ-A 95, Nr. 2 (1974) 79–85

[8.24] K a h l e n , H.: Gleichstromsteller für den motorischen und generatorischen
        Betrieb der Gleichstrom-Reihenschlußmaschine. ETZ-A 95, Nr. 9 (1974)
        441–445

[8.25] F ö r s t e r , J.: An- und Abschnittsteuerung mit Stromrichtern. Elektr. Bah-
        nen 46, Nr. 5 (1975) 124–126

[8.26] K n u t h , D.: Netzbelastungen von anschnitt- und abschnittgesteuerten Ein-
        phasen-Stromrichtern. ETZ-A 97, Nr. 2 (1976) 78–83

[8.27] H o l z m a n n , F.; P a u e r , G.: Lückbetrieb beim Gleichstromstellerantrieb.
        E u. M 96, Nr. 7 (1979) 315–319

[8.28] D e p e n b r o c k , M.: Selbstgeführter Umkehrstromrichter zur Speisung von
        Drehstrommaschinen. Archiv f. Elektrotechnik 61 (1979) 215–220

[8.29] G r a n t , D. A.: Technique for pulse dropping in pulse-width modulated
        inverters. IEE PROC., Vol. 128 No. 1 (1981) 67–72

[8.30] S r i r a g h a v a n , S. M.; P r a d h a n , B. D.; R e v a n k a r , G. N.: Three-
        phase pulse-amplitude and width-modulated inverter system. IEE PROC., Vol.
        128, No. 3 (1981) 167–171

[8.31] B e c k e r , W.; M ü l l e r - H e l l m a n n , A.: Analyse sektorgesteuerter
        Einphasenbrückenschaltungen.
        Archiv f. Elektrotechnik 63 (1981) 219–231

[8.32] A l e x a , D.: Umrichtersystem mit Pulswechselrichter und einem höheren
        Grundschwingungsgehalt der Ausgangsspannung. etz-Archiv Bd. 3, H. 12 (1981)
        433–436

[8.33] B h a d r a , S. N.; N i s i t , K.; C h a t t o p a d h y a y , A. K.: Regenerative
        Braking Performance Analysis of a Thyristor-Chopper Controlled DC Series
        Motor. IEEE Trans. on Industrial Electronics and Control Instrumentation, Vol.
        IECI-28, No. 4 (1981) 342–347

[8.34] B r y c h t a , P.: Selbstgeführter Wechselrichter ohne Kommutierungsthyri-
        storen für Betrieb mit konstanter Eingangsgleichspannung. etz-Archiv, H. 6,
        Bd. 4 (1982) 167–170

[8.35] B i e n i e k , K.: Neue Erkenntnisse zur Auslegung von Wechselrichtern mit
        Phasenfolgelöschung und eingeprägtem Zwischenkreisstrom. etz-Archiv, H. 2,
        Bd. 4 (1982) 43–49

[8.36] H o l t z , J.; W u r m , H.-P.: A new type of voltage fed inverter for the
        megawatt range. EB-Elektr. Bahnen, 80. Jahrgang, H. 7 (1982) 214–221

[8.37] H o l t z , J.; S t a d t f e l d , S.; W u r m , H.-P.: A novel PWM technique
        minimizing the peak inverter current at steady-state and transient operation.
        EB-Elektr. Bahnen, 81. Jahrgang, H. 2 (1983) 55–61

[8.38] B r y c h t a , P.: Ein neuartiger selbstgeführter Drehstromwechselrichter mit
        Rückarbeitstransduktoren für Betrieb mit konstanter Eingangsgleichspannung.
        etz-Archiv Bd. 5, H. 11 (1983) 359–363

[8.39] A l e x a , D.: Eine andere Variante des Umrichtersystems mit Gleichspannungs-
        Zwischenkreis und einem höheren Grundschwingungsgehalt der Ausgangsspan-
        nung. etz-Archiv Bd. 5, H. 6 (1983) 203–205

[8.40] C h o , G. H.: J e o n , S. J.; P a r k , S. B.: Optimum design of a new DC-SC
        circuit. IEE PROC., Vol. 130, Pt. B. No. 3 (1983) 171–180

[8.41] Z i o g a s , P. D.: A Complementary Current Impulse Commutated Thyristor
        Inverter. IEEE Trans. on Industrial Electronics, Vol. IE-30, No. 1 (1983) 29–34

[8.42] H i l d e b r a n d t , N.: Dreistufige selbstgelöschte Brückenschaltung mit sehr
        geringen Netzrückwirkungen für Triebfahrzeugantriebe. ELEKTRIE, H. 8
        (1983) 430–433

[8.43] N e s t l e r , J.; T z i v e l e k a s , I.: Kondensator-Löschschaltung mit Lösch-
        thyristor-Zweigpaar nach McMurray. Teil I: Beschreibung der Löschvorgänge
        etz-Archiv Bd. 6, H. 2 (1984) 45–50. Teil II: Analyse der Löschvorgänge. etz-
        Archiv Bd. 6, H. 3 (1984) 83–90

[8.44] W i l l i a m s , B. W.: Current-impulse-displacement thyristor commutation with controlled trapped energy. IEE PROC., Vol. 131, Pt. B. No. 2 (1984) 21–37

[8.45] G o o d a r z i , G. A.; H o f t , R. G.: GTO Inverter Optimal PWM Waveform. IEEE/IAS Conf. Rec. (1987) 312–316

[8.46] S t i l l , L.: Neuer stromeinprägender Wechselrichter mit GTO-Löschung. ETZ-A 9, Nr. 10 (1987) 309–314

[8.47] H e u m a n n , K.; S c h r ö d e r , H.: Design Criteria for Fast Switching PWM Inverters. PESC 1988, Conf. Rec. Vol. 1, 271–276

[8.48] H e u m a n n , K.; J u n g , M.: Switching Losses and Operational Frequency Limitations of GTO Thyristors in PWM Inverters. PESC 1988, Conf. Rec. Vol. 2, 921–927

[8.49] G a b r i e l , R.: Umrichter für Drehstromantriebe in Haushaltsgeräten mit MOS-Transistoren. Abschaltbare Bauelemente der Leistungselektronik und ihre Anwendungen, ETG-Fachtagung, 1988, Bad Nauheim, Germany

[8.50] M a r q u a r d t , R.: High Power Converter for the New German High Speed Train ICE. EPE 1989, Aachen, Germany, Conf. Rec. Vol. 2, 583–588

Zu Abschnitt 9

[9.1]   M e i s s e n , W.; R u n g e , H.; S c h ö n u n g , A.: Anforderungen der Elektronik in der Energietechnik an die Netzwechselspannung. ETZ-A 90, Nr. 14 (1969) 343–346

[9.2]   I. E. E.: Sources and Effects of Power System Disturbances. International Conference. London, April 1974

[9.3]   B r e t s c h n e i d e r , G.; W a l d m a n n , E.: Zulässige Oberschwingungsspannungen in Stromversorgungsnetzen. ETZ-A 97, Nr. 2 (1976) 90–95

[9.4]   H e u m a n n , K.; S c h u l t z , W.; S c h w a r z , H.-G.: Bestehende und zukünftige Möglichkeiten, Netzrückwirkungen von Stromrichter-Anlagen zu beherrschen. ETZ-A 98, Nr. 5 (1977) 330–334

[9.5]   B e c k e r , H.: S c h u l t z , W.: Grundlagen zur Beurteilung von Oberschwingungsrückwirkungen in Versorgungsnetzen. ETZ-A 98, Nr. 5 (1977) 335–337

[9.6]   S c h m i d t , H.: Netzrückwirkungen in einem Industrienetz mit einem hohen Anteil an Stromrichterleistung. ETZ-A 98, Nr. 5 (1977) 341–345

[9.7]   B o n w i c k , W. J.: Voltage wafeform distortion in synchronous generators with rectifier loading. IEE PROC., Vol. 127, No. 1 (1980) 13–18

[9.8]   H i l d e b r a n d t , N.: Einphasige netz- und selbstgelöschte Gleichrichteranordnungen mit geringen Netzrückwirkungen. ELEKTRIE 34, Nr. 7 (1980) 367–370

[9.9]   B ü c h n e r , P.: Über die Wirkungsweise von Saugkreisen in Netzen mit Stromrichter-Netzrückwirkungen. ELEKTRIE 34, Nr. 3 (1981) 115–118

[9.10] L a b e r , H.: Phase Effects of Current-Source DC Link Converters on Power Systems. Siemens Forsch.- u. Entwickl.-Ber. Bd. 10, Nr. 6 (1981) 346–350

[9.11] M ö l t g e n , G.; N e u p a u e r , H.: Ein netzfreundliches Verfahren zur Bahnstromversorgung über Direktumrichter. EB-Elektr. Bahnen, 79. Jahrgang, H. 7 (1981) 286–314

[9.12] K r ü g e r , K. H.; K u l i c k e , B.: Noncharacteristic Harmonics in a High Voltage Direct Current-Converter Station Caused by System and Firing Angle Asymmetry. Siemens Forsch.- u. Entwickl.-Ber. Bd. 11, Nr. 5 (1982) 241–244

B. Aufsätze und Einzelprobleme 343

[9.13] K l o s s, A.: Stromrichter-Oberschwingungen bei dynamischen Betriebszuständen. Elektroniker Nr. 14 (1982) 26–29

[9.14] S a t t l e r, Ph. K.; S t r ö t g e n, E.: Auswirkung der Versorgung einer stromrichtergespeisten Asynchronmaschine aus dem 16 2/3-Hz-Netz auf die Pendelmomententwicklung etz-Archiv Bd. 6, H. 1 (1984) 25–32

[9.15] K o k z a r a, W.; S z u l c, Z.: Semiconductor Converter Protection against long duration Overvoltages apearing in Supply Sources. EPE, Conf. Rec. Vol. 3 (1987) 35–38

[9.16] N o n a k a, S.; N e b a, Y.: A PWM GTO Current Source Converter-Inverter System with Sinusoidal Inputs and Outputs. IEEE/IAS Conf. Rec. (1987) 247–252

[9.17] E t t n e r, N.; S c h w a r z, H. G.; K e n n e l, R.; S i n g e r, H.; P f e n n i g s t o r f, J.; F u c h s, F. W.: Netzrückwirkungen umrichtergespeister Drehstromantriebe. ETZ Bd. 109, Nr. 14 (1988) 626–629

[9.18] G r e t s c h, R.; D i n k e l, G.: Netzfreundliche Pulsumrichter. ETG Fachber. 23 (1988) 220–234

[9.19] H e u m a n n, K.; C h o e, S.-Y.: Current Control Strategies for Active Filter Inductive with Energy Storage. IPEC '90, Tokio, Japan, Conf. Rec., 817–824

[9.20] H e u m a n n, K.; C h o e, S.-Y.: Stromrichter im Versorgungsnetz. etz 1991

Zu Abschnitt 10

[10.1] H e u m a n n, K.; J o r d a n, K.-G.: Das Verhalten des Käfigläufermotors bei veränderlicher Speisefrequenz und Stromregelung. AEG-Mitt. 54, Nr. 1/2 (1964) 107–116

[10.2] L e i t g e b, W.: Zur Bemessung drehzahlveränderbarer Antriebe konstanter Leistung mit stromrichtergespeisten Drehfeldmaschinen. ETZ-A 94, Nr. 10 (1973) 584–588

[10.3] W e n i g e r, R.: Einfluß der Maschinenparameter auf Zusatzverluste, Momentoberschwingungen und Kommutierung bei der Umrichterspeisung von Asynchronmaschinen. Archiv f. Elektrotechnik 63 (1981) 19–28

[10.4] A n d r e s e n, A.; B i e n i e k, K.: Der Asynchronmotor mit drei und sechs Wicklungssträngen am stromeinprägenden Wechselrichter. Archiv f. Elektrotechnik 63 (1981) 153–167

[10.5] A n d r e s e n, E. Ch.; B i e n i e k, K.; P f e i f f e r, R.: Pendelmomente und Wellenbeanspruchungen von Drehstrom-Käfigläufermotoren bei Frequenzumrichterspeisung. etz-Archiv Bd. 4, H. 1 (1982) 25–33

[10.6] K e v e, T.: Verhalten von umrichtergespeisten Asynchron-Normmotoren. ETZ Bd. 109, Nr. 10 (1988) 448–453

Zu Abschnitt 11

[11.1] F r y z e, S.: Wirk-, Blind- und Scheinleistung in elektrischen Stromkreisen mit nichtsinusförmigem Verlauf von Strom und Spannung. ETZ Bd. 53 (1932) 596–599, 625–627, 700–702

[11.2] T r ö g e r, R.: Energetische Darstellung von Blindstromvorgängen. ETZ-A Nr. 18 (1953) 533–537

344 Literatur

[11.2a] T r ö g e r , R.: Blindstromtarif auf energetischer Grundlage. ETZ-A 77, Nr. 19 (1956) 706–709

[11.3] M o h r , O.; H u t s c h e n r e u t h e r , G.: Die Leistungsdarstellung in Ein- und Mehrphasensystemen durch Zeigerdiagramme. ETZ-A 83, Nr. 8 (1962) 253–263

[11.4] O b e r d o r f e r , G.: Begriffserklärung und Erläuterung der Blindleistung. VDE Buchr. Bd. 10: Blindleistung. Berlin 1963

[11.5] D e p e n b r o c k , M.: Blind- und Scheinleistung in einphasig gespeisten Netzwerken. ETZ-A 85, Nr. 13 (1964) 385–390

[11.6] A b r a h a m , L.; H ä u s l e r , M.: Blindstromkompensation über Halbleiterschalter und Umrichter. VDE-Fachtag. Elektronik 1969, S. 100–114

[11.7] H ä u s l e r , M.: Elektrotechnische Grundlagen des gleichspannungsseitig kommutierenden Stromrichters. ETZ-A 90, Nr. 15 (1969) 363–367

[11.8] H e u m a n n , K.; K n u t h , D.: Energieumformung mit Stromrichtern. ETZ-A 95, Nr. 4 (1974) 189–197

[11.9] F ö r s t e r , J.: Zur Stromrichter-Netzbelastung ETZ-A 96, Nr. 1 (1975) 52–57

[11.10] M ö l t g e n , G.: Der Leistungsfaktor bei Stromrichtern auf fahrdrahtgespeisten Schienenfahrzeugen. Elektr. Bahnen 46, Nr. 9 (1975) 207–213

[11.11] P f e i f f e r , E.: Netzrückwirkungsfreie Leistungssteuerung. ETZ-B 28, Nr. 10 (1976) 297–299

[11.12] S c h r ö d e r , D.: Betriebsergebnisse einer hochdynamischen Kompensationsanlage in einem Industrienetz. ETZ-A 98, Nr. 5 (1977) 338–340

[11.13] K r i s h n a m u r t h y , K. A.; M a h a j a n i , S. B.; R e v a n k a r , G. N.; D u b e y , K.: Selective harmonic elimination and voltage control in thyristor pulse-width modulated inverters. INT. J. ELECTRONICS, Vol. 46, No. 3 (1979) 321–330

[11.14] M ü l l e r - H e l l m a n n , A.: Pulsstromrichter am Einphasen-Wechselstromnetz. ETZ Archiv Nr. 3 (1979) 73–78

[11.15] B o e h r i n g e r , A.; B r u g g e r , F.: Transformatorlose Transistor-Pulsumrichter mit Ausgangsleistungen bis 50 kVA. E u. M Nr. 12 (1979) 538–545

[11.16] B e c k e r , W.: Pulsgesteuerter Einspeisestromrichter für Umrichter mit eingeprägtem Zwischenkreisstrom. ETZ 100, Nr. 9 (1979) 434–436

[11.17] M a i e r , R.: Auslegung von Filtern in der Starkstromtechnik. ETZ 100, Nr. 9 (1979) 438–439

[11.18] K l i n g e r , G.: Toleranzbandgeregelter Pulsstromrichter für eine Einspeiseschaltung der Lokomotive E 120. Elektr. Bahnen 78, Nr. 4 (1980) 598–599

[11.19] P a l a n i a p p a n , R. G.; V i t h a y a t h i l , J.: A Control Strategy for Reference Wave Adaptive Current Generation. IEEE Trans. on Ind. Electronics and Control Instrumentation, Vol. IECI-27, No. 2 (1980) 92–96

[11.20] I t B a u H u a n g ; W e i S o n g L i n : Harmonic Reduction in Inverters by Use of Sinusoidal Pulsewidth Modulation. IEEE Trans. on Ind. Electronics and Control Instrumentation, Vol. IECI-27, No. 3 (1980) 201–207

[11.21] T e n t i , P.: A Quasi Analytical Procedure for Determining the Optimum Commutation Angles of PWM Converters. Archiv f. Elektrotechnik 62 (1980) 343–350

[11.22] K a m p s c h u l t e , B.: Der Einfluß der Energiespeicher im Zwischenkreisumrichter eines Asynchronmaschinenantriebs auf die Oberschwingungen. Archiv f. Elektrotechnik 62 (1980) 359–367

[11.23] E d e l m a n n , H.: Wirkleistung, Blindleistung, Scheinleistung bei periodischen Strömen und Spannungen in funktionsanalytischer Sicht. Siemens Forsch.- u. Entwickl.-Ber. **10**, Nr. 1 (1981) 16–14

[11.24] B e c k , H. P.: Fremdgeführter Zwischenkreisumrichter mit Spannungsrichter zur Speisung von Synchronmaschinen großer Leistung und hoher Drehzahl. Diss. TU Berlin, 1981

[11.25] B e c k , H. P.; M i c h e l , M.: Spannungsrichter – ein neuer Umrichtertyp mit natürlicher Gleichspannungskommutierung. etz-Archiv Bd. 3, H. 12 (1981) 427–432

[11.26] H e c k e l m a n n , H.: Blindleistungskompensation bei nichtsinusförmiger Spannung. etz-Archiv Bd. 4, H. 3 (1982) 85–89

[11.27] F i s c h e r , H. D.: Blindleistungskompensation bei nichtperiodischen Strömen und Spannungen. etz-Archiv Bd. 4, H. 4 (1982) 127–131

[11.28] K ü h n , W.; A c h a r y a , M.: Modulation der Gleichstromleistung bei paralleler Gleichstrom-Drehstrom-Übertragung. etz-Archiv Bd. 4, H. 10 (1982) 315–319

[11.29] M a z z u c c h e l l i , M.; P u g l i s i , L.; S c i u t t o , G.: Analysis and synthesis of ac static power controllers. etz-Archiv Bd. 5, H. 10 (1983) 325–331

[11.30] A p p u n , P.; L i e n a u , W.: Der Vierquadrantensteller bei induktivem und kapazitivem Betrieb etz-Archiv Bd. 6, H. 1 (1984) 3–8

[11.31] N o n a k a , S.; N e b a , Y.: New GTO Current Source Inverter with Pulsewidth Modulation Control Techniques. IEEE Trans. on Ind. Appl. Vol. IA-**22** (1986) 666–672

[11.32] D m o w s k i , A.; S c h w a r z , C.: Drehstromantrieb mit Transistorwechselrichter mit sinusförmigem Eingangsstrom. ETZ Bd. **107**, Nr. 21 (1986) 986–989

[11.33] B r a u n , M.: Selbstgeführter Netzstromrichter mit Spannungsausgang und geringer Netzrückwirkung. Siemens Forsch.- u. Entwickl.-Ber. Bd. 16, Nr. 2 (1987) 55–59

[11.34] B o w e s , S. R.: Developments in PWM Switching Strategies for Microprocessor-Controlled Inverter Drives. IEEE/IAS Conf. Rec. (1987) 323–329

[11.35] S a l z m a n n , T.; W e s c h t a , A.: Progress in Voltage Source Inverters (VSIs) and Current Source Inverters (CSIs) with Modern Semiconductor Devices. IEEE/IAS Conf. Rec. (1987) 577–583

[11.36] C l e m e n s , M.: Dynamische Blindleistungskompensation. AEG Tech. Mag. Nr. 1 (1988) 5–9

[11.37] F l e c k e n s t e i n , V.: Netzrückwirkungsarme 4-Quadranten-Einspeiseschaltung mit Transistoren für Umrichter mit Spannungszwischenkreis. ETG Fachber. **23** (1988) 294–304

[11.38] W e s c h t a , A.: Stromzwischenkreisumrichter mit GTO. ETG Fachber. **23** (1988) 315–332

[11.39] S t e i m e l , A.: GTO-Umrichter im Spannungszwischenkreis. ETG Fachber. **23** (1988) 333–341

[11.40] A b r a h a m , L.; H e u m a n n , K.: Der Einfluß abschaltbarer Halbleiter auf die Antriebstechnik. VDE-Kongreß, Oktober 1988

[11.41] H e u m a n n , K.; P a p p , G.; J u n g , M.: Comparative Study on New Power Transistors with Respect to High Frequency Inverter Applications. EPE 1989, Aachen, Germany, Conf. Rec. Vol. 1, 99–104

[11.42] B o b ̲e r , G.; H e u m a n n , K.: Comparison of IGBT's and HF-GTO's with respect to High Frequency Inverter Application. PESC '91, USA, Conf. Rec. 551–556

[11.43] H e u m a n n , K.: Umrichter mit eingeprägtem Strom und Pulsweiten Modulation für Asynchronmaschinen. etz **114**, Heft 2 (1993) 170–176

[11.44] A r e d e s , M.; H ä f n e r , J.; H e u m a n n , K.: A Combined System of a Passive Filter and a Shunt Active Power Filter to Reduce Line Current Harmonics. IPEC '95, Conf. Rec. 1, 388–393

Zu Abschnitt 12

[12.1]   J ö t t e n , R.: Regelkreise mit Stromrichtern. AEG-Mitt. **48**, Nr. 11/12 (1958) 613–621

[12.2]   –: Die Berechnung einfach und mehrfach integrierender Regelkreise der Antriebstechnik. AEG-Mitt. **52**, Nr. 5/6 (1962) 219–231

[12.3]   L e o n h a r d , W.: Regelkreis mit gesteuertem Stromrichter als nichtlineares Abtastproblem. ETZ (1965) 513

[12.4]   S c h r ö d e r , F.: Untersuchung der dynamischen Eigenschaften von Stromrichterstellgliedern mit natürlicher Kommutierung. Diss. TH Darmstadt 1969

[12.5]   S c h r ä d e r , A.: Eine neue Schaltung zur Kreisstromregelung in Stromrichteranlagen. ETZ-A **90**, Nr. 14 (1969) 331–336

[12.6]   B e n   U r i , J.: Some aspects of the control of electric drives. Electric Power Applic, Vol. 1, No. 3 (1978) 77–85

[12.7]   C h a n , Y. T.; C h m i e l , A. J., P l a n t , J. B.: A Microprocessor-Based Current Controller for SCR-DC Motor Drives. IEEE Trans. on Ind. Electronics and Control Instrumentation, Vol. IECI-27, No. 3 (1980) 169–176

[12.8]   W i l l i a m s , B. W.: Microprocessor Control of DC 3-Phase Thyristor Inverter Circuits. IEEE Trans. on Ind. Electronics and Control Instrumentation, Vol. IECI-27, No. 3 (1980) 223–228

[12.9]   A t h a n i , V. V.; D e s h p a n d e , S. M.: Microprocessor Control of a Three-Phase Inverter in Induction Motor Speed Control System. IEEE Trans. on Ind. Electronics and Control Inst., Vol. IECI-27, No. 4 (1980) 241–298

[12.10] W e i h r i c h , G.; W o h l d , D.: Adaptive Speed Control of D. C. Drives Using Adaptive Observers. Siemens Forsch.- u. Entwickl.-Ber. Bd. 9, Nr. 5 (1980) 283–287

[12.11] A l - N i m m a , D. A.; W i l l i a m s , S.: Study of rapid speedchanging methods in a. c. motor drives. IEE Proc., Vol. 127, No. 6 (1980) 382–385

[12.12] S a u p e , R.: Die drehzahlgeregelte Synchronmaschine – optimaler Leistungsfaktor durch Einsatz einer Schonzeitregelung. ETZ **102**, Nr. 1 (1981) 14–18

[12.13] S e n , P. C.; T r e z i s e , J. C.; S a c k , M.: Microprocessor Control of an Induction Motor with Flux Regulation. IEEE Trans. on Ind. Electronics and Control Inst., Vol. IECI-28, No. 1 (1981) 17–21

[12.14] G u p t a , S. C.; V e n k a t e s a n , K.; E a p e n , K.: A Generalized Firing Angle Controller Using Phase-Locked Loop for Thyristor Control. IEEE Trans. on Industrial Electronics and Control Instrumentation, Vol. IECI-28, No. 1 (1981) 46–49

[12.15] T s o , S. K.; H o , P. T.: Decidated-microprocessor scheme for thyristor phase control of multiphase convertors. IEE Proc., Vol. 128, No. 2 (1981) 101–108

[12.16] H e i s t e r k a m p , H. G.: Verfahren zur Steuerung der Schonzeit bei selbstgeführten Stromrichtern. etz-Archiv Bd. 4, H. 1 (1982) 19–23

[12.17] T a n g , P.-C.; L u , S.-S.; W u , Y.-C.: Microprocessor-Based Design of a Firing Circuit for Three-Phase Full-Wave Thyristor Dual Converter. IEEE Trans. on Industrial Electronics, Vol. IE-29, No. 1 (1982) 67–73

[12.18] G r ö t z b a c h , M.: Dynamisches Verhalten leistungsstarker Stromrichter in vollgesteuerter zweipulsiger Brückenschaltung. etz-Archiv Bd. 4, H. 2 (1982) 51–55

[12.19] O w e n , R. E.; M c G r a n a g h a n , M. F.; V i v i r i t o , J. R.: Distribution System Harmonics: Controls for Large Power Converters. IEEE Trans. on Power App. and Systems Vol. PAS-101, No. 3 (1982) 644–652

[12.20] G r ö t z b a c h , M.: Eigenzeitkonstante netzgeführter Stromrichter infolge natürlicher Kommutierung. etz-Archiv Bd. 4, H. 11 (1982) 355–358

[12.21] T a m a i , S.; S u g i m o t o , H.; Y a n o , M.: Speed Sensor-less Vector Control of Induction Motor with Model Reference Adaptive System. IEEE/ IAS Conf. Rec. (1987) 189–195

[12.22] L o r e n z , R. D.; D i v a n , D. M.: Dynamic Analyses and Experimental Evaluation of Delta Modulators for Field Oriented AC Machine Current Regulators. IEEE/IAS Conf. Rec. (1987) 196–201

[12.23] N a n d a m , P. K.; S e n , P. C.: Observer-Based Sliding Mode Control for Variable Speed Drive Systems. IEEE/IAS Conf. Rec. (1987) 209–214

[12.24] D e p e n b r o c k , M.; S k r o t z k i , T.: Drehmomenteinstellung im Feldschwächbereich bei stromrichtergespeisten Drehfeldantrieben mit direkter Selbstregelung. ETZ-A 9, Nr. 1 (1987) 3–8

[12.25] H e i n e m a n n , G.; L e o n h a r d , W.: Self-Tuning Field Oriented Control of an Induction Motor Drive. IPEC '90, Tokio, Japan, Conf. Rec. Vol. 1, 465–472

[12.26] K i m , N. J.; K a n g , M. H.; Y o o , J. Y.; P a r k , G. T.; A h n , H. G.: Direct Field Oriented Induction Motor Control Based on the Robust Rotor flux Observer and Predictive Current Regulator. IPEC '95, Conf. Rec. Vol 1, 75–80

[12.27] O h t a , M.; T s u k a k o s h i , M.; M a t s u s e , K.; Y a m a d a , T.; H u a n g , L. P.: The Effect of Circuit Parameters on Optimized Flux Control of Deadbeat Flux Level Controlled Direct-Field-Oriented Induction Motor Using Adaptive Flux Obeserver. IPEC '95, Conf. Rec. Vol. 1, 81–86

[12.28] Y o o n , B. D.; K i m , Y. H.; K i m , C. K.: Robust Speed Control of Induction Motor Using Sliding Mode Torque Observer. IPEC '95, Conf. Rec. Vol. 1, 87–92

[12.29] R a p p , H.: Field-Oriented Controlling of a High-Speed Milling-Drive with a Simple On-Line Identification of Its Rotor-Resistance. IPEC '95, Conf. Rec. Vol. 2, 1157–1162

[12.30] B r u g u i e r , C.; R o g n o n , J. P.; C h a m p e n o i s , G.: Current-Model Controls of a Synchronous Motor Without Position and Speed Sensors. IPEC '95, Conf. Rec. Vol. 3, 1302–1308

[12.31] I n u z u k a , K.; M o h r i , K.; M a t s u n o , M.: Torque Control for Squirrel-Cage Induction Motors Using Secondary Current Sensor. IPEC '95, Conf. Rec. Vol. 3, 1309–1314

348   Literatur

Zu Abschnitt 13

[13.1] H e n g s b e r g e r , J.; P u t z , U.; V e t t e r s , L.; Thyristor-Stromrichter für Bahnmotoren. AEG-Mitt. **54**, Nr. 5/6 (1964) 435–442

[13.2] A b r a h a m , L.; K o p p e l m a n n , F.: Käfigläufermotoren mit hoher Drehzahldynamik. AEG-Mitt. **55**, Nr. 2 (1965) 118–123

[13.3] B y s t r o n , K.; M e i s s e n , W.: Drehzahlsteuerung von Drehstrommotoren über Zwischenkreisumrichter. Siemens-Z. **39**, Nr. 4 (1965) 254–257

[13.4] H e i n , W.: Stufenschalter mit Thyristorlastumschalter für Wechselstrom-Triebfahrzeuge. Siemens-Z. **39**, Nr. 4 (1965) 269–271

[13.5] K o r b , F.: Einstellung der Drehzahl von Induktionsmotoren durch antiparallele Ventile auf der Netzseite. ETZ-A **86**, Nr. 8 (1965) 275–279

[13.6] S k u d e l n y , H. Ch.: Stromrichterschaltungen für Wechselstrom-Triebfahrzeuge. ETZ (1966) 249

[13.7] V o g e l , L.; W i e g a n d , A.: Thyristor-Stromrichter für Industrieantriebe. AEG-Mitt. **56**, Nr. 2 (1966) 98–105

[13.8] G e r m a n n , F.: Thyristorwechselrichter für gesicherte Stromversorgungsanlagen. AEG-Mitt. **56**, Nr. 7 (1966) 458–460

[13.9] E l g e r , H.; W e i ß , M.: Untersynchrone Stromrichterkaskade als drehzahlregelbarer Antrieb für Kesselspeisepumpen. Siemens-Z. (1968) 308

[13.10] P o l l a r d , E. M.; F l a i r t y , C. W.; H o d g e s , M. E.; L a u k a i t i s , J. A.: A 20 MW Thyristor A. C. Switch for Induction Heating Power Control and Protection. Power Thyristors and their Applications. IEE Conference Public. No. 53, 177–184, London 1969

[13.11] K u s k o , A.: Solid-State DC Motor Drives. The M.I.T. Press 1969

[13.12] S t i e b l e r , M.; Z a n d e r , H.: Leistungselektronik zur Erregung großer Synchrongeneratoren. ETZ-A **90**, Nr. 14 (1969) 336–342

[13.13] K e u t e r , W.: Kleinthyristoren und Triacs in der Haushalts- und Industrieanwendung. ETZ-B **21**, Nr. 19 (1969) 447–451

[13.14] V ö l g e r , H.: Die Forderungen der elektrophoretischen Lackierungen an die Gleichstromversorgung. Z. f. industr. Metallveredelung Nr. 9 (1970) 399–404

[13.15] S c h ä f e r , W.: Thyristor-Schweißsteuerungen. TZ f. prak. Metallbearb. **64**, Nr. 9 (1970) 511–513

[13.16] B a y e r , K. H.; W a l d m a n n , H.; W e i b e l z a h l , M.: Die Transvektor-Regelung für den feldorientierten Betrieb einer Synchronmaschine. Siemens-Z. (1971) 765

[13.17] F r a n k , H.; L a n d s t r o m , B.: Power-Factor Correction with Thyristor-Controlled Capacitors. ASEA Journal **44**, Nr. 6 (1971) 180–184

[13.18] N e u p a u e r , H.; R i c h t e r , E.: Parallelschwingkreisumrichter für die induktive Erwärmung. Siemens-Z. **45** (1971) 9

[13.19] F ö r s t e r , J.: Löschbare Fahrzeugstromrichter zur Netzentlastung und -stützung. El. Bahnen **43**, Nr. 1 (1972) 13–19

[13.20] B e h m a n n , U.; I n g b e r t , St.: Elektrische Mehrsystem-Triebfahrzeuge in Europa. ETZ-B **24** Nr. 3 (1972) 64–69

[13.21] R u m p f , E.; R o n a d e , S.: Geräte und Verfahren für Steuerung und Regelung einer HGÜ und Gesichtspunkte für ihren Einsatz. ETZ-A **93**, Nr. 3 (1972) 123–133

[13.22] L e h m a n n , G.: Gestaltung von Typenreihen für Thyristor-Leistungsstromrichter. Techn. Mitt. AEG-TELEF. **62**, Nr. 6 (1972) 268–271

[13.23] F o e r s t e r , J.; S c h n e i d e r , G.; S t e n z e l , R.: Die größten Kesselspeisepumpen-Antriebe mit untersynchroner Stromrichterkaskade. Elektr. wirtsch. **71**, Nr. 24 (1972) 695–699

[13.24] B e c k e r , H.: Beherrschung von Blindlastströmen in Verteilernetzen durch statische Kompensationseinrichtungen. VDE-Fachber. **27** (1972)

[13.25] B o e t t g e r , K.; S c h m i d t , J.: Statische Wechselrichter für redundanten Parallelbetrieb. AEG-Mitt. **63**, Nr. 2 (1973) 71–72

[13.26] N i t s c h k e , H.-J.: Der bürstenlose Motor, ein neuer universeller, drehzahlregelbarer Drehstromantrieb. Techn. Mitt. AEG-TELEF. **63**, Nr. 2 (1973) 73–75

[13.27] G r a f , K.: Drehzahlgeregelter Pumpenantrieb durch untersynchrone Stromrichterkaskade für die Bodensee-Wasserversorgung. Siemens-Z. **47**, Nr. 3 (1973) 163–167

[13.28] K n u t h , D.; M ü l l e r , D.: Elektronische Motorschütze. Elektr. Ausrüstung **14**, Nr. 4 (1973) 17–20

[13.29] T r o l l , G.: Gleichstrom-Umrichter für die Ladung von Akkumulatoren auf Fahrzeugen. Techn. Mitt. AEG-TELEF. **63**, Nr. 5 (1973) 182–188

[13.30] S c h n e i d e r , G.: Die untersynchrone Stromrichterkaskade. Techn. Mitt. AEG-TELEF. **63**, Nr. 5 (1973) 188–193

[13.31] E t t n e r , N.; K ä p p n e r , A.: Stromrichtergespeiste drehzahlveränderbare elektrische Antriebe in der chemischen Industrie. Siemens-Z. **47**, Nr. 6 (1973) 454–461

[13.32] Z i e l k e , R. A.: A 50 MW Thyristor Controlled Power Converter. Michigan 1973.

[13.33] B e t z , H.: Der Netzkupplungsumformer Neu-Ulm, eine Anlage zur Stromversorgung der Deutschen Bundesbahn. Techn. Mitt. AEG-TELEF. **63**, Nr. 7 (1973)

[13.34] L ü n s , F.; S c h o l t y s s e k , B.; W e b e r , J.: Regelbare Drehstromantriebe großer Leistung. BBC-Nachr. Nr. 6/7 (1973) 155–161

[13.35] G r o s s m a n n , W.: Die Thyristor-Stromrichter-Lokomotive Re 4/4 161 der Berner Alpenbahn-Gesellschaft Bern–Lötschberg–Simplon (BLS). Bull. SEV **64**, Nr. 7 (1973) 427–435

[13.36] T h o m a s , F. W.; S c h m i d t , W.: Einsatz von Direktumrichtern für das Elektro-Schlacke-Umschmelzverfahren. Siemens-Z. **47**, Nr. 9 (1973) 676–680

[13.37] G l a s , W.: Neuzeitliche Gleichstrom-Versorgungsanlage für Chlor-Elektrolysen. Chemie-Ing.-Techn. **45** (1973) 15

[13.38] M u r p h y , J. M. D.: Thyristor Control of AC Motors. Oxford – London – New York – Toronto – Sydney 1973

[13.39] R e i c h e , W.: Stromrichtergespeiste Industrieantriebe. BBC-Nachr. **55**, Nr. 11 (1973) 344–349

[13.40] M a t t h e s , H. G.: Über den Halbleitereinsatz in Umrichtern zur induktiven Erwärmung, Zürich 1973

[13.41] P e n e d e r , F.; B u t z , H.: Erregersysteme für Drehstrom-Generatoren in Industrie- und mittleren Kraftwerken. BBC-Mitt. **61**, Nr. 1 (1974) 41–50

[13.42] L ü n s , F.: Gleichrichteranlage für eine Chlorelektrolyse mit direktem Anschluß an 110 kV. BBC-Nachr. **56**, Nr. 1/2 (1974) 36–42

[13.43] T e i c h , W.: BBC-Asynchronmotor-Antrieb für Diesellokomotiven – Ein Baukastensystem für viele Leistungsklassen. ETR-Eisenbahntechn. Rdsch. Nr. 5 (1974) 182–188

[13.44] K e h r m a n n , H.; L i e n a u , W.; N i l l , R.: Vierquadrantensteller – eine netzfreundliche Einspeisung für Triebfahrzeuge mit Drehstromantrieb. Elektr. Bahnen **45**, Nr. 6 (1974) 2–9

[13.45] M c T a g g e r t , J.: Applications of Controlled D. C. Drives. IFAC-Symposium, Survey Papers, S. 125–134, Düsseldorf 1974

[13.46] N e u f f e r , I.; W e s s e l a k , F.: Anwendungsmöglichkeiten von stromrichtergespeisten Drehstrommaschinen. IFAC-Symposium. Survey Papers, S. 135–146, Düsseldorf 1974

[13.47] H e u m a n n , K.: Leistungselektronik für ruhende Energiewandlung. IFAC-Symposium. Survey Papers, S. 181–208, Düsseldorf 1974

[13.48] B e c k e r , E.: G a m m e r t , R.: Drehstromversuchsfahrzeug – DE 2500 mit Steuerwagen – Systemerprobung eines Drehstromantriebes an 15 kV, 16 2/3 Hz. Elektr. Bahnen **47**, Nr. 1 (1976) 18–23

[13.49] N i t s c h k e , H.-J.; P u t z , U.: Umrichter für Drehstromantriebe. Techn. Mitt. AEG-TELEF. **67**, Nr. 1 (1977) 2–5

[13.50] C i e ß o w , G.; G ö l z , G.; G r u m b r e c h t , P.: Drehstrom-Antriebssystem für Bahnfahrzeuge. Techn. Mitt. AEG-TELEF. **67**, Nr. 1 (1977) 35–42

[13.51] E l l e r t , F. J.; M o r a n , R. J.: HVDC and Static VAR Control Applications of Thyristors. Invited Paper. IEEE/IAS Conf. Florida 1977

[13.52] G ö l z , G.: Converter-Fed Propulsion Systems with Asynschronous Traction Machines. World Electrotechnical Congress. Moskau 1977

[13.53] H e u m a n n , K.: The Prospective Development of A. C. Thyristor Drives with Induction Motors. World Electrotechn. Congr. Moskau 1977

[13.54] G e r l a c h , R.: Stromrichtererregung für schnellaufende Synchrongeneratoren. Techn. Mitt. AEG-TELEF. **68** (1978) 1/2

[13.55] B i n s w a n g e r , M.; P f i s t e r , F.: Betriebstüchtigung der löschbaren unsymmetrischen Brückenschaltung (LUB) in den Triebzügen ET 420. Elektr. Bahnen **49**, Nr. 10 (1978) 270–274

[13.56] v a n W y k , J. D.: Variable-speed a.c. drives with slip-ring induction machines and a resistively loaded force commutated rotor chopper. Electric Power Applications No. 5, Vol. 2 (1979) 149–160

[13.57] C r o w d e r , R. M.; S m i t h , G. A.: Induction motors for crane applications. Electric Power Applications Vol. 2, No. 6 (1979) 194–198

[13.58] K u b l i c k , Ch.: Unterbrechungsfreie Stromversorgungsanlagen mit Pulswechselrichter. ETZ **100**, Nr. 11 (1979) 540–545

[13.59] P e s c h , H.: Die Hochspannungs-Gleichstrom-Übertragung Cabora Bassa-Apollo: Systemverhalten und Betriebserfahrungen. ETZ **100**, Nr. 26 (1979) 1492–1501

[13.60] C o e n r a d s , J. E. B.; E r i k s s o n , S.: Frequenzumrichteranlauf von großen Synchronmaschinen für industrielle Antriebe. ASEA **25**, Nr. 1 (1980)

[13.61] v o n M ö l l e n d o r f f , H.: Messung der Energieersparnis durch die Nutzbremse bei schienengebundenen Triebfahrzeugen Elektr. Bahnen **78**, Nr. 1 (1980) 21–25

[13.62] B a u e r m e i s t e r , K.: Neue Leistungsbewertung von Triebfahrzeugen und Drehstrom-Antriebstechnik. Elektr. Bahnen **78**, Nr. 2 (1980) 38)45

[13.63] B ö h m , H.; Z ö l l n e r , F.: Erprobung des stromgeführten Drehstromantriebssystems für 50-Hz-Triebfahrzeuge. Elektr. Bahnen **78**, Nr. 4 (1980) 86–92

[13.64] H ö n i g , J.: Umrichter zur Speisung des 16 2/3-Hz-Bahn-Netzes. Elektr. Bahnen **78**, Nr. 4 (1980) 92–97

[13.65] Z i e g l e r , W.: Drehstromantrieb mit Stromzwischenkreisumrichter für Bahnfahrzeuge. Elektr. Bahnen **78**, Nr. 5 (1980) 123–128

[13.66] B o g u s c h , M.; S c h u l z , M.: Elektrische Zugvorheizanlage mit statischem Umrichter. BBC-Nachr. Nr. 3 (1980) 93–99

[13.67] G e m m e k e , K.; M ü l l e r , E.; R u n g e , W.; S c h u l z e , H.; S t e i m e l , A.: Drehstromantrieb für einen DT3-Triebwagen der Hamburger Hochbahn AG. BBC-Nachr. Nr. 12 (1980)

[13.68] W e b e r , H. H.: Stromrichter-Traktionstechnik bei den Schweizerischen Bundesbahnen und ihr prognostierter Nutzen. Elektr. Bahnen **78**, Nr. 12 (1980) 312–319 und **79**, Nr. 1 (1981) 23–31

[13.69] C o s s i é , A.: Evolution de la locomotive à thyristors à la S.N.S.F. Elektr. Bahnen **79**, Nr. 1 (1981) 18–22

[13.70] D r e i m a n n , K.; B ö h m , H.: Drehstrom-Kleinserie der Berliner Verkehrsbetriebe (BVG) – ein Meilenstein der Entwicklung der Drehstrom-Antriebstechnik bei AEG-TELEFUNKEN. Elektr. Bahnen **79**, Nr. 4 (1981) 110–116

[13.71] A m l e r , J.: Energiesparwagen für die Nürnberger U-Bahn – die ersten serienmäßig hergestellten Drehstromtriebwagen. Elektr. Bahnen **79**, Nr. 5 (1981) 202–210

[13.72] B o w l e s , J. P.: Multiterminal HVDC Transmission Systems Incorporating Diode Rectifier Stations. IEEE Trans. on Power Apparatus and Systems, Vol. PAS-100, No. 4 (1981) 1674–1678

[13.73] G i s h , W. B.; S c h u r z , J. R.; M i l a n o , B.; S c h l e i f , F. R.: An Adjustable Speed Synchronous Machine For Hydroelectric Power Applications. IEEE Trans. on Power Apparatus and Systems, Vol. PAS-100, No. 5 (1981) 2171–2176

[13.74] S h i b a t a , F.; O h t s u b o , A.; T s u r u t a , K.; K o h r i n , T.: Speed Control Of A Cascade Induction Motor With Three Sets Of Converters In Its Secondary Circuit. IEEE Trans. on Power Apparatus and Systems, Vol. PAS-100, No. 6 (1981) 2946–2954

[13.75] F i s c h e r , J.; L e i s t i k o w , R.: Die Wechselrichter-Stromversorgung der Magnetbahn-Versuchsanlage Kassel. BBC-Nachr. Nr. 2 (1981) 51–58

[13.76] K ö r b e r , J.: Die Entwicklung der Drehstrom-Antriebstechnik für die Hochleistungslokomotive E 120. BBC-Nachr. Nr. 5/6 (1981) 163–173

[13.77] G a n d e r t , H. J.: Schnelle Erregungssysteme und ihr Beitrag zur Netzstabilität bei großen Generatoren. ETZ **102**, Nr. 6 (1981) 299–302

[13.78] M i l z , K.: Die wirtschaftliche Bedeutung der Leistungselektronik für die Traktionstechnik. Elektr. Bahnen **79**, Nr. 4 (1981) 127–132

[13.79] L i d b e r g , K.: Frequenzumrichter zur Drehzahlsteuerung von Käfigläufermotoren. ASEA-Zeitschrift **26**, H. 5–6 (1981) 107–111

[13.80] B r ö m s , A.: Unterbrechungsfreie Stromversorgung. ASEA-Zeitschrift **26**, H. 5–6 (1981) 121–127

[13.81] F r a n k , K.; R e h n m a n , K.: Frequenzumrichter für die Hilfsbetriebe von Elektroschienenfahrzeugen. ASEA-Zeitschrift **26**, H. 5–6 (1981) 129–134

[13.82] K l e i n r a t h , H.: Drehstromantriebe mit Frequenzumrichtern. E und M **98**, H. 11 (1981) 452–458

[13.83] B l u m s c h e i n , E.: Stromrichter mit intern erhöhter Frequenz. Teil I, II und Schluß. ELEKTRIE **36**, H. 2 (1982) 72–74 und H. 3 (1982) 120–122

[13.84] S e e f r i e d , E.; H o f m a n n , W.: Wechselrichter zur Speisung von Asynchronmotoren auf der Basis von Leistungstransistoren. ELEKTRIE **36**, H. 5 (1982) 231–235

[13.85] A p p u n , P.; F u t t e r l i e b , E.; K o m m i s s a r i , K.; M a r x , W.:
Die elektrische Auslegung der Stromrichterausrüstung der Lokomotive 120
der Deutschen Bundesbahn. Elektr. Bahnen **80**, H. 10 (1982) 290–294 und
H. 11 (1982) 314–316

[13.86] T ö r n e r u d , G.: Thyristor-Gleichstromsteller für die Stockholmer U-Bahn.
Elektr. Bahnen **81**, H. 9 (1983) 292–298

[13.87] K u h n , W.; M o l l , K.: Umrichter nach dem Unterschwingungsverfahren für
industrielle Antriebe. BBC-Nachr. **65**, H. 11 (1983) 375–384

[13.88] B e z o l d , K.-H.; M u e s , M.; N e s t l e r , J.: Anwendung von GTO
Thyristoren auf elektrischen Triebfahrzeugen. Elektr. Bahn. **84**, Nr. 11 (1986)
333–342

[13.89] N i s h i m u r a , T.; M a r u h a s h i , T.; N a k a o k a , M.: Reduction of
Vibration and Acoustic Noise in Induction Motor Driven by Three Phase PWM
AC Chopper Using Static Induction Transistors. PESC (1987) 625–631

[13.90] N i s h i z a w a , J.; M i t s u i , K.; I k e h a r a , K.; M i t a m u r a , K.;
M a r u y a m a , S.; T a m a m u s h i , T.: Low Distortion, High Efficiency
and High Carrier Frequency, Static Induction Transistor (SIT) Type Sinusoidal
PWM Inverter for Uninterruptible Power Supplies. IEEE/IAS Conf. Rec. (1987)
623–629

[13.91] G a t h m a n n , H.; H a r p r e c h t , W.; W e i g e l , W. D.: Recent Developments in AC Drives for Traction. EPE Conf. Rec. Survey Pap. (1987) 5–19

[13.92] M u t s c h l e r , P.; S t e i n , M.: Stromrichtergeräte für Gleichstromantriebe. ETZ, Bd. **108**, Nr. 8 (1987) 322–327

[13.93] H e u m a n n , K.; A b r a h a m , L.: Der Einfluß abschaltbarer Halbleiter
auf die Antriebstechnik. ETG Fachbericht **26** (1988) 95–106

[13.94] S t e m m l e r , H.: Der Einfluß abschaltbarer Thyristoren auf Aufwand und
Eigenschaften hochleistungselektronischer Systeme. ETG Fachber. **23** (1988)
171–186

[13.95] C l e w i n g , M.: Unterbrechungsfreie Stromversorgung mit bipolaren Leistungstransistoren. ETG Fachber. **23** (1988) 235–249

[13.96] N i e h a g e , H.; P u t z , U.: Gleichstromsteller für 3 kV, 800 A mit GTO.
ETG Fachber. **23** (1988) 250–269

[13.97] S p e t h , F.: Spezifikation von Pulsumrichtern für Industrieanwendungen.
ETG Fachber. **23** (1988) 305–314

[13.98] C o n r a d , H.; G r a u p n e r , W.: Anwendung des Dual-Thyristor-Prinzips
für die Erzeuger hoher Frequenzen. 4. Int. Makroelektronik-Konf. (1988)
197–206

[13.99] H e u m a n n , K.; P a p p , G.: Neue abschaltbare Leistungshalbleiter. etz
110, H. 10 (1989) 458–463

[13.100] N i s h i h a r a , M.: Power Electronics Diversity. IPEC '90, Tokio, Japan,
Conf. Rec. Vol. 1, 21–28

[13.101] S t e f a n o v i c , V. R.: Industrial AC Drives – Status of Technology.
PEMC '90, Conf. Rec. Vol. 3, 653–664

[13.102] H e u m a n n , K.; K e l l e r , Ch.; S o m m e r , R.: Resonanzumrichter
im Mittelfrequenzbereich. etz H. 18 (1990) 948–953

[13.103] H e u m a n n , K.; K e l l e r , Ch.; T e g t m e i e r , D.: Stress of Power
Semiconductor Devices in Series Resonant and Quasi Resonant Application.
IPEC '90, Tokio, Japan, Conf. Rec. Vol. 1, 161–168

[13.104] K a m i y a m a , K.; S a i t o , K.; S h i m i z u , I.; I m a g a w a , K.;
          T o b i s e , M.; W a t a n a b e , Y.: The State-of-The-Art Rolling Mill Motor
          Drives in Japan. PEMC '90, Conf. Rec. Vol. 1, 13–17

[13.105] G a b r i e l , R.: Smart Power Switches for Inverter Applications. PEMC '90,
          Conf. Rec. Vol. 2, 329–333

[13.106] K a s s a k i a n , J. G.: High Frequency Switching and Distributed Conversion
          in Power Electronic Systems. PEMC '90, Conf. Rec. Vol. 3, late paper

[13.107] H e u m a n n , K.; K e l l e r , Ch.; S o m m e r , R.: IGBT Devices in a
          Voltage Mode Resonant DC-Link Inverter. EPE 1991, Firenze, Italia, Conf.
          Rec.

[13.108] H e u m a n n , K.; K e l l e r , Ch.; S o m m e r , R.: Comparison of
          Stresses in IGBT Devices using the Quasi-Resonant Current Mode. EPE 1991,
          Firenze, Italia, Conf. Rec.

[13.109] H e u m a n n , K.; G e b h a r d t , H.: A New Specifying Method of Power
          Diodes. EPE 1991, Firenze, Italia, Conf. Rec.

[13.110] H e u m a n n , K.: Elektrische Antriebstechnik – Heute und in Zukunft. Forum Bei-
          trag. etz **113**, Heft 9 (1992) 522–523

[13.111] H e u m a n n , K.: Leistungskomponenten bei elektrischen Antrieben im unteren
          und mittleren Leistungsbereich. SPS/IPC/DRIVES '92, November 1992, Sindelfin-
          gen, 563–587

[13.112] Z w a n z i g e r , P e t e r : IGBT Applications in Power Converters (I). EPE Journal,
          Vol. 3, no 3, September 1993, 167–174

[13.113] H e u m a n n , K.: The Introduction of Induction Motors for Traction Applications.
          Deutsch Koreanischer Workshop „New Transportation Systems", Oktober 1993,
          Taejon, Korea, Proceedings, 90–99

[13.114] H e u m a n n , K.: Die Intelligenz hält Einzug – Umrichter in der Antriebstehnik.
          Elektronik, Bd. 1 (1995) 83–96

Zu Abschnitt 14

[14.1]   H a r r i s o n , R. E.; S h e m i e , R. K.; K r i s h n a y y a , P. C. S.: A Proposed Test
          Specification For HVDC Thyristors Valves. IEEE Trans. on Power Apparatus and
          Systems, Vol. PAS-97, No. 6 (1978) 2207–2214

[14.2]   B u r i , H.; L e i p o l d , Ph.: Anwendungsbezogene Prüfungen schneller Thyristo-
          ren. BBC-Nachr. Nr. 12 (1979) 459–464

Sachverzeichnis

358   Sachverzeichnis

Teubner Studienbücher zur Elektrotechnik

 B. G. Teubner Stuttgart